Engel / Al-Akel

Einführung in den Grund-, Erd- und Dammbau

Lehrbücher des Bauingenieurwesens

Bletzinger/Dieringer/Fisch/Philipp • *Aufgabensammlung zur Baustatik*

Dallmann • *Baustatik*

Band 1: Berechnung statisch bestimmter Tragwerke
Band 2: Berechnung statisch unbestimmter Tragwerke
Band 3: Theorie II. Ordnung und computerorientierte Methoden der Stabtragwerke

Engel/Lauer • *Einführung in die Boden- und Felsmechanik*

Engel/Al-Akel • *Einführung in den Erd-, Grund- und Dammbau*

Fouad/Zapke • *Bauwesen Taschenbuch*

Freimann • *Hydraulik für Bauingenieure*

Göttsche/Petersen • *Festigkeitslehre – klipp und klar für Studierende des Bauingenieurwesens*

Jochim/Lademann • *Planung von Bahnanlagen*

Krawietz/Heimke • *Physik im Bauwesen*

Malpricht • *Schalungsplanung*

Rjasanowa • *Mathematik für Bauingenieure*

Jens Engel

Said Al-Akel

Einführung in den Grund-, Erd- und Dammbau

Konstruktion, Bauverfahren, Nachweise

3., aktualisierte Auflage

Autoren:

Prof. Dr.-Ing. habil. Jens Engel, HTWK Dresden

Prof. Dr.-Ing. Said Al-Akel, HTWK Dresden

Bibliografische Information der Deutschen Nationalbibliothek:
Die Deutsche Nationalbibliothek verzeichnet diese Publikation in der Deutschen Nationalbibliografie; detaillierte bibliografische Daten sind im Internet über
http://dnb.d-nb.de abrufbar.

Internet: www.hanser-fachbuch.de

Lektorat: Frank Katzenmayer
Herstellung: Anne Kurth
Covergestaltung: Max Kostopoulos
Coverkonzept: Marc Müller-Bremer, www.rebranding.de, München
Titelbild: © stock.adobe.com/Kara
Satz: Jens Engel
Druck und Bindung: CPI books GmbH, Leck
Printed in Germany

Print-ISBN 978-3-446-46948-8
E-Book-ISBN 978-3-446-47136-8

Vorwort zur 3. Auflage

Das vorliegende Buch behandelt die Grundlagen des Grundbaus als Teil der Geotechnik. Es ist als Lehrbuch für Studierende an Fachhochschulen konzipiert, soll aber auch für die praktische Arbeit Hilfe und Unterstützung sein.

Es stehen die grundlegenden Arbeitsschritte für den Entwurf und die statischen Nachweise im Mittelpunkt. Aus der Funktion, die das Bauwerk später erfüllen soll, ergeben sich Lastannahmen und Anforderungen an die Standsicherheit und die Gebrauchstauglichkeit. Unter Berücksichtigung der Baugrundverhältnisse muss der Planer die optimale Variante aus einer Vielzahl technisch möglicher Lösungen auswählen. Es sind Kenntnisse zu den konstruktiven Grundlagen und den Vor- und Nachteilen der einzelnen Varianten erforderlich, um schließlich die Realisierbarkeit und den technischen Gesamtaufwand beurteilen zu können.

Für alle weitergehenden Untersuchungen müssen zunächst die Abmessungen mit einfachen Methoden abgeschätzt werden. Dazu sind in den entsprechenden Abschnitten des Buches Faustformeln und konstruktive Grundregeln angegeben, die den Entwurf und die grobe Festlegung der Abmessungen von Gründungen oder anderen Bauwerken des Erd- und Grundbaus erlauben. Diese „Faustformeln" sind außerdem ein nützliches Hilfsmittel, um die Plausibilität von Berechnungsergebnissen zu überprüfen. Die zunehmende Bedeutung solcher Plausibilitätskontrollen resultiert nicht zuletzt aus der verstärkten Nutzung von Computerprogrammen bei der Nachweisführung.

Im vorliegenden Buch werden alle rechnerischen Nachweise auf Grundlage des Eurocodes EC 7 [25] behandelt. Der Vergleich mit Ergebnissen nach früheren Berechnungsmodellen und nach „Faustformeln" kann auch hier sehr hilfreich sein.

Als Lehrbeispiel wird die Planung einer Verkehrstrasse genutzt. In dem in dieser Reihe erschienenen Buch „Einführung in die Boden- und Felsmechanik" wurden an diesem fiktiven Bauwerk bereits die Grundlagen der Baugrunderkundung und -untersuchung dargestellt. Als nächster Schritt sind die Brücke über den Fluss und das südlich anschließende Dammbauwerk auf weichem Untergrund konstruktiv zu entwerfen und die erforderlichen geotechnischen Nachweise zu führen.

Die Übungen bestehen jeweils aus einem Entwurfsteil, bei dem für unterschiedliche Aufgabenstellungen Varianten konstruktiv zu erarbeiten und nach der Vorbemessung mit Faustformeln zu vergleichen sind. Der zweite Teil behandelt schließlich die klassischen Nachweise.

Zur Vertiefung des Stoffs wird in den einzelnen Kapiteln auf Übungsaufgaben verwiesen, die sich auf das Lehrbeispiel beziehen. Aufgabenstellungen, Lösungen und weitere Arbeitsunterlagen sind im Internet abrufbar unter:

https://plus.hanser-fachbuch.de

Den Zugangscode dafür finden Sie auf der ersten Seite des Buchs. Das Beispielprojekt wurde erarbeitet unter Einbeziehung praktischer Erfahrungen bei der Bearbeitung realer Aufgabenstellungen sowie auf Grundlage der Inhalte der Übungen im Rahmen des Bauingenieurstudiums. Besonderer Dank hierbei gilt Herrn M Sc. E. Kammel für die ingenieurtechnische Bearbeitung.

Die Autoren haben sich bemüht, die Erfahrungen in der Ausbildung von Bauingenieuren und bei der Lösung baupraktischer Fragestellungen mit einfließen zu lassen. Neben der Überarbeitung des Layouts sind in der vorliegenden 3. Auflage die Bezüge zu aktuellen Normen und Regelwerken dem aktuellen Stand angepasst worden. Nicht alles konnte in der vorliegenden Auflage gleichermaßen detailliert dargestellt werden. Hinweise zu Korrekturen oder Ergänzungen nehmen wir gern entgegen.

Dresden, im Sommer 2021

Jens Engel
Said Al-Akel

Inhalt

1 Einführung

Nur unter Berücksichtigung der bautechnisch konstruktiven Aspekte ist eine gezielte Untersuchung und Erkundung des Baugrunds möglich. Dazu müssen die Vor- und Nachteile der möglichen Bauweisen bekannt sein. Bereits bei der Bewertung eines Baufelds sollten die möglichen Varianten für Gründung und Baugrube berücksichtigt werden. Der Rasterabstand und die Tiefe der Erkundung werden beispielsweise nach der Art und den Abmessungen der Gründung und der Baugrube gewählt. Ebenso muss bei der Bestimmung von Kennwerten an Boden und Fels von vornherein die spätere bauliche Ausführung beachtet werden. Eine umfassende Zusammenstellung der erforderlichen Grundlagen der Fachgebiete Ingenieurgeologie und Bodenmechanik ist in [55] enthalten. Im Fach Grund-, Erd- und Dammbau werden die Bauweisen und die Regeln der Bemessung als Teil des gesamten ingenieurtechnischen Leistungsumfangs behandelt (siehe *Bild 1.1*).

1.1 Aufgabengebiete

Bevor mit den rechnerischen Nachweisen nach dem Teilsicherheitskonzept begonnen werden kann, sind die Abmessungen abzuschätzen und die Baumaterialien auszuwählen. Erst durch Vergleich und Optimierung mehrerer Varianten ist die endgültige Festlegung der Abmessungen der Vorzugslösung möglich. Dabei gewinnt der Einsatz von Computerprogrammen immer mehr an Bedeutung. Für die Kontrolle der Plausibilität der Ergebnisse wird man auch hier auf Erfahrungswerte zurückgreifen müssen.

Faustformeln können dabei ein sinnvolles Hilfsmittel sein. Sie sind aufgrund praktischer Erfahrungen entstanden, die über Jahrhunderte vor allem aus der handwerklichen Umsetzung von Baumaßnahmen hervorgegangen sind. Bis ins späte Mittelalter wurden der Errichtung von Bauwerken im Wesentlichen die Erfahrungen der Baumeister zugrunde gelegt. Diese sind nach dem Prinzip „Versuch und Irrtum" entstanden. Misserfolge dieser Vorgehensweise sind heute höchstens als Legenden überliefert. Die Ansprüche an Bauwerke wie Kathedralen oder Befestigungsanlagen stiegen und waren Anlass, den Wissensstand voranzutreiben. Im 17. Jahrhundert wurden z. B. in Frankreich Regelquerschnitte für bis zu 30 m hohe Stützmauern von General VAUBAN entwickelt (zitiert in [96]). Mit den Fortschritten in Physik, Mechanik und Mathematik konnten die entsprechenden Hilfsmittel auch auf die Bemessung von Grundbauwerken angewendet werden. Ausgehend von statischen Methoden wurden Lösungen, die zunächst für Spezialfälle galten, so verallgemeinert, dass sie für viele Anwendungen einsetzbar sind. Auf dieser Grundlage entstanden die ersten Theorien des Erddrucks (1773 COULOMB [45]: „Über eine Anwendung der Maxima- und Minima-Rechnung auf einige Probleme bezüglich der Architektur", 1856 RANKINE [85]: „Über die Stabilität von lockerer Erde").

Bild 1.1 Einordnung in die Fachgebiete des Bauingenieurwesens – Übersicht

Rechnerische Untersuchungen sind daher erst seit der Entwicklung der Ingenieurwissenschaften etwa ab dem 18. Jahrhundert bei der Dimensionierung von Grundbauwerken mit eingeflossen. Bemessungsverfahren auf Grundlage älterer Sicherheitskonzepte, z. B. dem summarischen Sicherheitskonzept, sind deshalb eine weitere Möglichkeit zur Prüfung der Plausibilität der Berechnungen. Mit diesen Verfahren liegen langjährige, meist gute Erfahrungen vor und es ist mit einigen Bemessungsansätzen möglich, die erforderlichen Abmessungen direkt zu berechnen.

1.2 Ingenieurleistungen, Beispielprojekt

In der Honorarordnung für Architekten und Ingenieure HOAI [71] sind die Ingenieurleistungen für die unterschiedlichen Spezialgebiete detailliert beschrieben. Die Geotechnik ist eine Querschnittsdisziplin, die Grundlagen für die Ingenieurleistungen der Objekt- und der Tragwerksplanung sowie der Projektsteuerung bereitstellt. Dies betrifft u. a. die folgenden, in der HOAI [71] aufgeführten Leistungen (siehe *Tabelle 1.1*):

- Objektplanung: §41-44 Leistungen bei Ingenieurbauwerken
§45-48 Leistungen bei Verkehrsanlagen
- Fachplanung: §49-52 Tragwerksplanung
- Beratungsleistungen: Anlage 1, 1.3 Geotechnik
Anlage 1, 1.4 Ingenieurvermessung

Kenntnisse zu den Verfahren, den statischen und konstruktiven Kriterien sind genauso wichtig wie die Berücksichtigung der Auswirkungen auf Natur und Umwelt, auf bestehende Bauwerke

Tabelle 1.1 Übersicht über Leistungsphasen und Aufwand für einige Ingenieurleistungen

Phase	Objektplanung §43		Tragwerksplanung §51		Geotechnik Anl. 1.3.3	
1	Grundlagen	2 %	Grundlagen	3%	Erkundungskonzept	15 %
2	Vorplanung	20 %	Vorplanung	10 %	Baugrundbeschreib.	35 %
3	Entwurfsplanung	25 %	Entwurfsplanung	15 %	Gründungsberatung	50 %
4	Genehmigungspl.	5%	Genehmigungspl.	30 %		
5	Ausführungsplanung	15 %	Ausführungsplanung	40 %		
6	Vorbereitung Vergabe	13 %	Vorbereitung Vergabe	2 %		
7	Mitwirkung bei der Vergabe	4 %	Mitwirkung bei der Vergabe			
8	Bauoberleitung	15 %				
9	Objektbetreuung, Dokumentation	1 %				

sowie bezüglich der Inanspruchnahme von Flächen, Medien und Transportleistungen. Bei der ingenieurtechnischen Bearbeitung von Bauvorhaben kann in allen Leistungsphasen auch die Einbeziehung geotechnischer Aspekte erforderlich sein.

1 Grundlagenermittlung: Es sind die wichtigsten Vorgaben aus der Aufgabenstellung und den Randbedingungen des Bauvorhabens zusammenzustellen und hinsichtlich der erforderlichen weiteren Untersuchungen auszuwerten. Die Anforderungen an die Funktion des Bauwerks durch die geplante Nutzung oder an vorübergehende Baumaßnahmen (z. B. Baugrubensicherung, Wasserhaltung) bilden die Grundlage für die Ableitung von Lastannahmen und die Nutzung von Erfahrungen, die unter vergleichbaren Bedingungen gewonnen worden sind. Aus geotechnischer Sicht gehört die Auswertung der vorhandenen Informationen und die Besichtigung der örtlichen Gegebenheiten zu dieser Leistungsphase.

2 Vorplanung: Ziel der Vorplanung ist die Erarbeitung von Lösungsvarianten und deren Beurteilung. Dabei sind die Einflüsse auf die bauliche und konstruktive Gestaltung ebenso zu beachten wie die Wirtschaftlichkeit und die Umweltverträglichkeit. Es sind konstruktive Lösungen für geotechnische Teile des Bauvorhabens zu betrachten, z. B. Gründungen, Baugruben, Geländesicherungen. Voraussetzung dafür sind Kenntnisse und Erfahrungen mit den unterschiedlichen Bauweisen. Bei der Variantenuntersuchung müssen auch die Auswirkungen während baulicher Zwischenzustände berücksichtigt werden. Dies betrifft z. B. die Zwischenlagerung von Aushubmassen, den Wiedereinbau, den Platz- und Medienbedarf für die Baustelleneinrichtung bei speziellen Bauverfahren oder die Auswirkung von Erschütterungen auf bestehende Bauwerke durch die Bautätigkeit.

3 Entwurfsplanung: Die bauliche Lösung wird konstruktiv geplant und eine zeichnerische Darstellung entwickelt, die die wesentlichen Abmessungen und Informationen zur technischen Umsetzung enthält. Faustformeln und Erfahrungswerte können für die Festlegung konstruktiver Lösungen und die Kontrolle der Berechnungsergebnisse sehr hilfreich sein. Ziel ist die überschlägige Bemessung des Tragwerks.

4 Genehmigungsplanung: Eine zentrale Rolle kommt der Aufstellung prüffähiger statischer Berechnungen für das Tragwerk und die Hilfskonstruktionen zu. Teil der Tragwerksplanung sind die Gründungen sowie die geotechnischen Tragwerke wie Baugruben, Dämme, Einschnittböschungen usw.. Für die öffentlich-rechtlichen Verfahren und Genehmigungen sind die erforderlichen Unterlagen und Pläne zu erstellen. Geotechnische Aufgaben können sich in diesem Zusammenhang beispielsweise in Bezug auf die Planung einer Wasserhaltung bzw. Versickerung, der Nutzung der Geothermie, der Verankerung von Baugrubenwänden im Bereich angrenzender Grundstücke oder dem geplanten Einpressen von Substanzen in den Untergrund ergeben.

5 Ausführungsplanung: Die Ergebnisse der einzelnen Fachplaner werden im Rahmen der Ausführungsplanung zusammengeführt. Dies betrifft auch die Vorgaben der Geotechnik für die Bauausführung. Dazu zählen die Festlegungen zur erforderlichen Verdichtung, die Auswahl der Böden, der Sicherungsverfahren für Baugruben und Gräben usw..

6 Vorbereitung der Vergabe: Als Voraussetzung für die Einholung von Angeboten sind die Leistungen und Mengen zu ermitteln und als Einzelpositionen in Leistungsverzeichnissen zu beschreiben. Teil dieser Leistungsbeschreibungen sind auch die Vorgaben für den Erd- und Grundbau oder den Spezialtiefbau. Die Beschreibung der Verfahren und der eingesetzten Stoffe gehört zum Fachgebiet Geotechnik.

7 Mitwirkung bei der Vergabe: Die Angebote müssen geprüft und bewertet werden. Neben der Wirtschaftlichkeit sind hier auch konstruktive bautechnische Aspekte von Bedeutung. Zu den Aufgaben des Fachgebiets Geotechnik gehört die Beurteilung der Bauprodukte oder Verfahren in Hinblick auf ihre Eignung für die speziellen Randbedingungen, die Beratung der Objekt- und Tragwerksplaner bei der Bewertung besonderer Leistungen, vor allem des Spezial- und Tiefbaus.

8 Bauoberleitung: Während der Errichtung des Bauwerks und der Durchführung der Bauhilfsmaßnahmen sind die Einzelheiten und Probleme im Rahmen von Ortsterminen und Beratungen zu klären. Für Bauleistungen des Erd- und Grundbaus ist häufig die Eigen- und Fremdüberwachung als Teil der Ingenieurleistungen erforderlich.

9 Objektbetreuung, Dokumentation: Die Überwachung und Beseitigung von Mängeln sowie die Zusammenstellung der zeichnerischen Darstellungen und rechnerischen Nachweise gehören zu den Ingenieurleistungen dieser Leistungsphase. Probleme im Zusammenhang mit Ausführungsmängeln von Konstruktionen des Erd- und Grundbaus können auch langfristig Auswirkungen auf die neu errichteten oder bereits bestehenden Bauwerke haben. Um derartige Ursachen richtig erkennen und die geeigneten Gegenmaßnahmen einleiten zu können, ist die Erfassung und Dokumentation der maßgebenden Einflussgrößen eine grundlegende Voraussetzung. Es sind außerdem vertiefte Kenntnisse über die Verfahren des Spezialtiefbaus und die geotechnischen Zusammenhänge bei der Beurteilung von Schäden erforderlich.

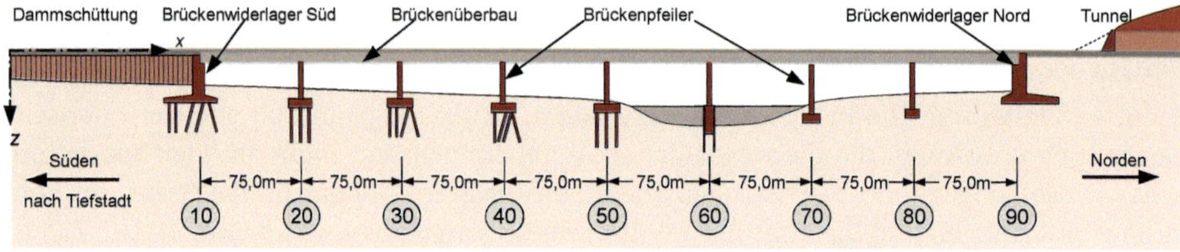

Bild 1.2 Beispiel Bahntrasse Damm-Brücke-Tunnel, Bauwerke und Stationierung

Als Grundlage für die Übungsbeispiele dienen zwei fiktive Bauvorhaben, die bereits im Buch „Einführung in die Boden- und Felsmechanik“ [55] behandelt worden sind. Zwei Verkehrstras-

Tabelle 1.2 Entwurf Bahnbrücke, Kräfte aus Eigen- und Verkehrslastenlasten

Achse	10	20	30	40	50	60	70	80	90
Gewicht Überbau $V_{z1,G}$ in MN	14,00	40,11	34,51	34,51	34,51	34,51	34,51	40,11	14,00
Gewicht Unterbau $V_{z2,G}$ in MN		0,65	1,00	1,17	1,43	1,70	1,87	1,70	
LM 71 $V_{z,Q}$ in MN	3,52	9,18	7,97	7,97	7,97	7,97	7,97	9,18	3,52
Bremsen/Anfahren $H_{x,Q}$ in MN					1,5	1,5			
Bremsen/Anfahren $M_{y,Q}$ in MNm					18,60	20,85			
Wind aus Überbau $H_{y1,Q}$ in kN	521	1494	1285	1285	1285	1285	1285	1494	521
Wind aus Überbau $M_{x1,Q}$ in MNm		9,63	10,86	12,14	14,07	16,00	17,28	18,60	
Wind aus Unterbau $H_{y2,Q}$ in kN		9,6	16,0	19,2	24,0	28,8	32,0	28,8	
Wind aus Unterbau $M_{x2,Q}$ in kNm		14,4	40,0	57,6	90	129,6	160	129,6	
Schiffsanprall in MN						6,50			

sen (siehe *Bild 1.2* und *Bild 1.3*) sollen als Kombination von Damm-, Brücken- und Tunnelbauwerken errichtet werden. Der Untergrund im Bereich des ca. 600 m langen Trassenabschnitts wird im Süden überwiegend von weichen Ablagerungen gebildet. Das Grundwasser ist hier in geringem Abstand zur Geländeoberfläche zu erwarten. Im Norden werden die Baugrundeigenschaften vor allem von den nichtbindigen Sand- und Kiesablagerungen und dem Festgestein geprägt. Die Komplexität der Bauaufgabe und die Gelände- und Untergrundsituation erfordern die Anwendung unterschiedlicher konstruktiver Lösungen. Während im Süden für die Gründung der Einsatz von Pfählen oder tief reichenden Bodenverbesserungen erforderlich sein wird, kann für die im Norden befindlichen Bauwerke eine Flachgründung in Frage kommen. Das Ziel der Erarbeitung des komplexen Übungsbeispiels war es, die unterschiedlichen Aufgabenstellungen und Bauweisen bei der Bearbeitung der geotechnischen Teile einer Ingenieuraufgabe zusammenhängend betrachten zu können. Die in den *Tabellen 1.2* und *1.3* zusammengestellten Lasten sind auf Grundlage eines Vorentwurfs ermittelt worden.

Damm: Dämme sind Bauwerke, bei denen der Boden als Baumaterial eingesetzt wird und in Abhängigkeit von der Funktion des Bauwerks bestimmte Anforderungen an die Eigenschaften erfüllen muss. Bei Straßen- oder Eisenbahndämmen betrifft dies in erster Linie die Tragfähigkeit und das Verformungsverhalten in vertikaler Richtung. Für das Dammbauwerk ist die Gründung nach den gleichen Regeln zu planen wie für Hoch- und Ingenieurbauwerke. Es ist der Einsatz einer Flachgründung unmittelbar unter der Dammaufstandsfläche, eine Bodenverbesserung unter dem Damm oder eine Tiefgründung möglich. Zu den Bauweisen, die zum Einsatz kommen können, gehören u. a. geokunststoffbewehrte Stützbauwerke, Rütteldruck- oder Rüttelstopfsäulen, geokunststoffbewehrte Erdkörper über punktförmigen Traggliedern, Vorbelastung des Untergrunds oder geokunststoffummantelte Säulen.

Brückenwiderlager: Im Bereich des Übergangs zwischen Damm und Brücke wird ein Widerlager angeordnet. Dies besteht aus einer Stützwand, die die Belastungen aus dem Erddruck und der Brücke aufnehmen und über die Gründung in den Untergrund ableiten muss. Die Gründung kann bei tragfähigem Baugrund als Flachgründung erfolgen. Wenn die Tragfähigkeit des Untergrunds für eine Flachgründung nicht ausreicht, kommen z. B. Pfahlgründungen oder Verfahren zur Baugrundverbesserung in Betracht. Für die Errichtung sind möglicherweise Maßnahmen zur Herstellung der Baugrube und zur Wasserhaltung einzuplanen.

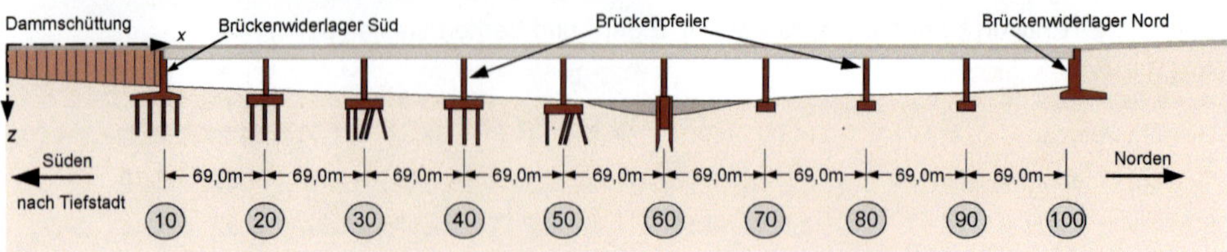

Bild 1.3 Beispiel Straßentrasse Damm-Brücke, Bauwerke und Stationierung

Tabelle 1.3 Entwurf Straßenbrücke, Kräfte aus Eigen- und Verkehrslastenlasten

Achse	10	20	30	40	50	60	70	80	90	100
Überbau $V_{z1,G}$ [MN]	8,92	25,55	21,99	21,99	21,99	21,99	21,99	21,99	25,55	8,92
Unterbau $V_{z2,G}$ [MN]		1,45	1,59	1,69	1,89	1,89	2,09	1,89	1,69	
LM 1 $V_{z,Q}$ [MN]	2,35	5,25	4,63	4,63	4,63	4,63	4,63	4,63	5,25	2,35
Bremsen $H_{x,Q}$ [kN]						474,3	474,3			
Bremsen $M_{y,Q}$ [MNm]						6,59	6,59			
Wind Überbau $H_{y1,Q}$ [kN]	376	1078	928	928	928	928	928	928	1078	376
Wind Überb. $M_{x1,Q}$ [MNm]		11,05	10,16	10,62	11,55	11,55	12,47	11,55	12,34	
Wind Unterbau $H_{y2,Q}$ [kN]		21,8	24,0	25,6	28,8	28,8	32,0	28,8	25,6	
Wind Unterb. $M_{x2,Q}$ [kNm]		74,0	90,0	102,4	129,6	129,6	160,0	129,6	102,4	
Schiffsanprall [MN]						6,50				

Brückenpfeiler: Im ufernahen Bereich ist für die Errichtung der Pfeilerfundamente die Herstellung von Baugruben bis unterhalb des Grundwasserspiegels erforderlich. Für die Pfeiler im Bereich des Flussbetts muss dagegen eine Baugrube im offenen Wasser hergestellt werden. Dafür können z. B. Spundwände oder unterschiedliche Arten von Fangedämmen zum Einsatz kommen.

Einschnitte: Der Übergang zwischen Brücke und Tunnel im Norden macht in einigen Bereichen die Herstellung und Sicherung von Einschnitten erforderlich. Diese können als Böschungen oder als Kombination von Böschung und Stützbauwerk geplant werden. Vernagelungen oder Stützkonstruktionen in Kombination mit Böschungen sind geeignete Verfahren.

Die Anforderungen an die Planung sind sehr vielfältig. Ziel ist es, optimale Lösungen aus einem breiten Spektrum möglicher Bauweisen auszuwählen, diese Vorzugsvariante rechnerisch nachzuweisen und alle Bauhilfsmaßnahmen (Baugrubenverbau) und baubetrieblichen Aspekte bei der Planung zu berücksichtigen.

2 Sicherheitsnachweise im Grundbau

Teil der Planung von Bauvorhaben sind rechnerische Nachweise. Grundlage für diese Berechnungen sind die Vorgaben aus der Nutzung des Bauwerks, die Abmessungen des einzelnen Bauwerksteils sowie die Kennwerte zur Beschreibung der Materialeigenschaften. Boden und Fels sind in diesem Zusammenhang ebenfalls als Baumaterialien aufzufassen. Bei Dammbauwerken oder als Hinterfüllung sind sie Baumaterialien, als geologisch entstandene Ablagerungen Baugrund. Die Verfahren zur Ermittlung der Kennwerte werden in der Boden- und Felsmechanik behandelt [55].

2.1 Einführung

2.1.1 Grundlagen der Berechnungen

Bei der rechnerischen Untersuchung von Konstruktionen des Erd- und Grundbaus sind Kräfte, Momente, Spannungen und Verformungen zahlenmäßig zu beschreiben. Da es sich hierbei um vektorielle Größen handelt, muss die positive Orientierung und die Bezeichnung der Richtungen vereinbart werden (siehe *Bild 2.1*).

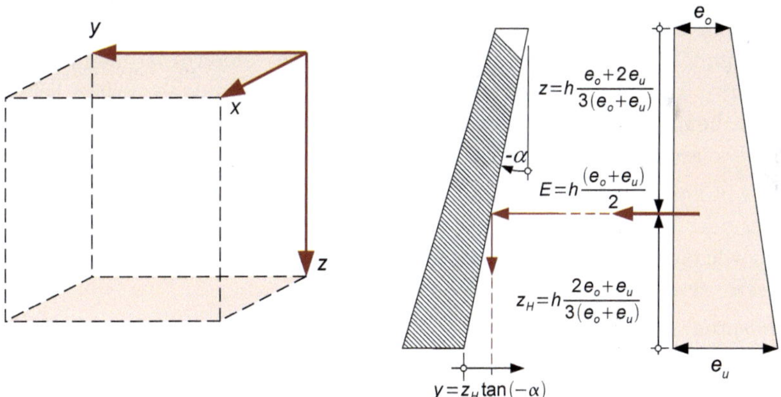

Bild 2.1 Koordinatensystem (links), Bezeichnungen und Rechenregeln für die Ermittlung der Erddruckkraft bei trapezförmiger Druckverteilung (rechts)

Die Festlegung des Koordinatensystems ist auch im Erd- und Grundbau eine Voraussetzung für die rechnerische Behandlung von Tragwerksproblemen. Es werden wie in anderen Bereichen der Bautechnik die Grundlagen und Vereinbarungen der technischen Mechanik angewendet (siehe dazu z. B. [46]). Man benutzt ein rechtsdrehendes, rechtwinkliges Koordinatensystem. Für die Achsenbezeichnung und die Bezeichnung der unterschiedlichen Größen sind Regeln nützlich, die die Lesbarkeit einer Berechnung vereinfachen. Ziel der hier zusammengestellten Festlegungen ist es, den Schreibaufwand bei den rechnerischen Nachweisen unter Beibehaltung eines hohen Maßes an Verständlichkeit zu reduzieren und die grundlegenden Vereinbarungen der Statik zu berücksichtigen.

Koordinatensystem: Es wird hier ein Koordinatensystem gemäß *Bild 2.1* mit den Achsenbezeichnungen x, y und z benutzt, wobei die z-Achse nach unten gerichtet ist. Die Lage des Ursprungs ist der jeweiligen Aufgabenstellung anzupassen.
Vorzeichenregeln: Im Gegensatz zur in der Mechanik üblichen Konvention sind Druckkräfte, Druckspannungen und Verkürzungen hier positiv definiert.
Bezeichner: Beanspruchungen werden hier durch die auf den betrachteten Schnitt bezogene Richtung gekennzeichnet. Neben den im Eurocode genutzten Bezeichnern (V für normal bzw. senkrecht gerichtete Größen, H für tangential bzw. horizontal gerichtete Größen) werden hier auch die Bezeichner N (normal) und T (tangential) verwendet. Normalspannungen werden mit dem Symbol σ und Tangentialspannungen mit τ bezeichnet.
Fußzeiger: Die Fußzeiger werden für unterschiedliche Zwecke genutzt. Bei Widerständen werden die gleichen Buchstaben zur Kennzeichnung der Richtung als Fußzeiger benutzt, die bei Beanspruchungen als Formelzeichen die Richtung angeben (z. B. Beanspruchung tangential H, Widerstand tangential R_H). Für charakteristischen Werte steht der Fußzeiger k und für Bemessungswerte d.

2.1.2 Sicherheitskonzepte

Die zahlenmäßige Erfassung der Sicherheit erfordert den Vergleich mit Referenzzuständen. Dafür werden die Zustände herangezogen, bei denen das Tragwerk gerade versagt oder die vorgesehene Funktion nicht mehr uneingeschränkt erfüllen kann. Grundlage sind Beobachtungen von Schadensereignissen an Bauwerken. Typische Phänomene werden experimentell und theoretisch untersucht, um daraus Verfahren zur Vorhersage dieser Zustände abzuleiten. Diese Verfahren können mathematische Berechnungsmodelle oder Methoden der experimentellen Untersuchung (Probebelastungen) oder eine Mischung aus beiden Vorgehensweisen sein.

Bei Bauwerken, die mit Einzel- oder Streifenfundamenten gegründet sind, z. B. Stützmauern (siehe *Bild 2.2*), Silos oder Türmen, muss die Gründung die Lasten in senkrechter und horizontaler Richtung sowie die Momentenbelastung sicher aufgenommen werden. Die entsprechenden Versagensszenarien sind:

Grundbruch: Beanspruchung vertikal (normal) – Vertikalkraft V (N)

Gleiten: Beanspruchung horizontal (tangential) – Horizontalkraft H (T)

Kippen: Verdrehung – Moment M

Geländebruch: Bauwerk und umgebender Boden versagen als Ganzes

Für andere Bauweisen sind entsprechend andere Szenarien maßgebend.

Es lässt sich damit vorhersagen, unter welchen Bedingungen ein Tragwerk versagt. Die Sicherheit wird schließlich durch Begrenzung der wirklichen Einwirkungen erreicht. Konzepte für

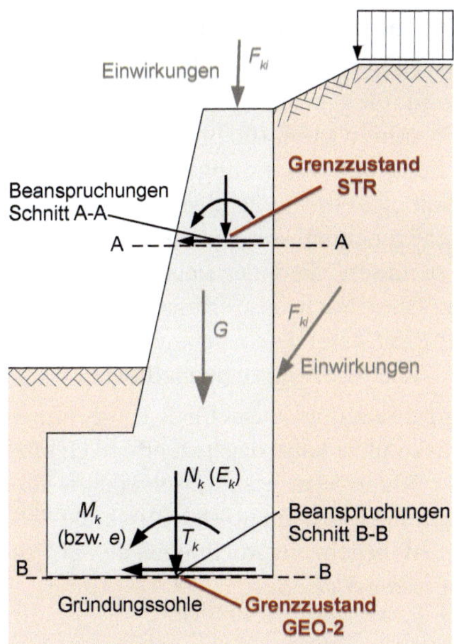

Bild 2.2 Grenzzustand der Tragfähigkeit, Beispiel Stützmauer

zahlenmäßige Vorgaben werden seit vielen Jahrzehnten entwickelt. Einfache Methoden basieren auf der Ermittlung der für das Versagen erforderlichen Beanspruchungen bzw. zugehörigen Abmessungen der Bauteile und die Begrenzung der zulässigen Einwirkungen durch Division der Grenzwerte mit einem summarischen Sicherheitsfaktor η bzw. einen Zuschlag auf die erforderlichen Querschnittsabmessungen.

Mit der Weiterentwicklung der Nachweisverfahren entstand das Bedürfnis, unterschiedliche Einflüsse zahlenmäßige besser zu erfassen. Unsicherheiten infolge streuender Materialeigenschaften, unbekannter Fehler bei deren experimenteller Ermittlung, örtlicher und zeitlicher Veränderungen des Baugrunds, fehlerhafter Bauausführung sowie Fehler bei der Bildung des Berechnungsmodells, sollen durch Sicherheitszu- oder -abschläge bei den Berechnungen berücksichtigt werden. Die entsprechenden Konzepte sollen in sich geschlossen, einfach anwendbar und physikalisch sinnvoll sein. Das aktuelle Sicherheitskonzept nutzt Teilsicherheitsbeiwerte γ, um diese Einflüsse zu erfassen.

Es werden zwei Grenzzustände unterschieden. Nachweise, mit denen das Versagen eines Bauwerks oder Bauteils ausgeschlossen wird, gehören zum Grenzzustand der Tragfähigkeit (ULS - ultimate limit state). Es wird eine Gefährdung für Menschen und Umwelt damit ausgeschlossen. Zum Nachweis dieses Grenzzustands werden die Kräfte, Momente oder Spannungen mit günstig wirkenden Größen bzw. Widerständen verglichen. Diese Vergleiche müssen für alle Schnitte erfüllt sein. Zum rechnerischen Nachweis der Sicherheit werden die charakteristischen Einwirkungen durch Multiplikation mit Teilsicherheitsbeiwerten in Bemessungswerte umgewandelt und die charakteristischen Widerstände durch Division mit Teilsicherheitsbeiwerten abgemindert. Verformungen uns Verschiebungen werden beim Grenzzustand der Tragfähigkeit nicht untersucht.

Es sind die Gleichgewichtsbedingungen zu beachten, d. h. die Summe der ungünstigen Einwirkungen in vertikaler und horizontaler Richtung sowie die Summe der Momente müssen durch Widerstände des Bauteils oder des Baugrunds bzw. günstige Einwirkungen aufgenommen werden. Der Grundsatz der Nachweise besteht dementsprechend aus dem Vergleich von Kräften oder Spannungen normal und tangential und der Bewertung der Momente.

Beim Nachweis des Grenzzustands der Tragfähigkeit wird nur geprüft, ob die planmäßige Beanspruchung zum Versagen des Bauteils oder Bauwerks führen kann. Unabhängig davon reagiert jedes Material auf die Änderung der Beanspruchung mit Verformungen. Diese Verformungen des Bauwerks dürfen die Gebrauchstauglichkeit nicht beeinträchtigen. Es muss deshalb nachgewiesen werden, dass die für die Nutzung maßgebenden Werte nicht überschritten werden. Dafür ist eine zweite Gruppe von Nachweisen zu führen, mit denen sichergestellt wird, dass die vorgesehene Nutzung garantiert werden kann. Diese Nachweise erfassen den Grenzzustand der Gebrauchstauglichkeit (SLS - serviceability limit state). Es sind ebenso wie bei der Tragfähigkeit die drei Komponenten horizontal, vertikal und rotierend zu betrachten.

Bei statisch bestimmten Tragwerken sind Setzungen und Setzungsunterschiede i. Allg. unbedenklich bezüglich der Standsicherheit. Der Gebrauchskomfort kann dagegen erheblich eingeschränkt werden (siehe *Bild 2.3 (a)*). Demgegenüber führen Setzungsunterschiede bei statisch unbestimmten Bauwerken zu Zwangsbeanspruchungen des Tragwerks. Durch die Setzung eines Brückenpfeilers kann bei Durchlaufträgern zu Biegebeanspruchungen an der Unterseite führen, für die das Tragwerk nicht ausgelegt ist (siehe *Bild 2.3 (b)*).

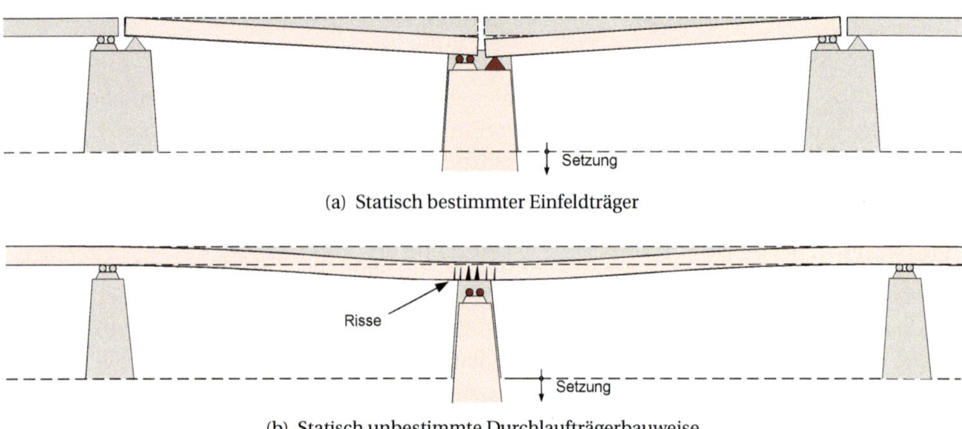

(a) Statisch bestimmter Einfeldträger

(b) Statisch unbestimmte Durchlaufträgerbauweise

Bild 2.3 Auswirkungen von Setzungsunterschieden bei unterschiedlichen statischen Systemen

2.2 Standsicherheit nach DIN EN 1997-1

2.2.1 Grundlagen

Für das gesamte Bauwesen werden die Grundlagen der Tragwerksplanung im Eurocode DIN EN 1990 [24] einheitlich geregelt. Dies betrifft u. a. die Definition und Bezeichnung der Grenzzustände, die Festlegung der Bemessungssituationen und die Regeln für die Berechnung der Beanspruchungen und Widerstände. Der Inhalt der DIN EN 1990 wird in vielen Fachbüchern als Teil der Tragwerksplanung bzw. im Rahmen der Grundlagen der Statik (einschließlich der Lastannahmen) behandelt. Man findet in diesen Kapiteln die Grundlagen in knapper Form, die Berechnungsregeln und die Zahlenwerte für Teilsicherheiten und Kombinationsbeiwerte. Die durch den Eurocode erreichte Vereinheitlichung der Begriffe und Definitionen ist im Bereich der Geotechnik mit der Einführung neuer Bezeichnungen und Grundsätze verbunden. Das Grundkonzept der Nachweisführung mit Teilsicherheitsbeiwerten bleibt erhalten und entspricht weitestgehend der Vorgehensweise der bisher gültigen DIN 1054 (2005) [4].

Im Eurocode EC-7, Teil 1, werden die grundsätzlichen Regelungen der DIN EN 1990 auf die Bemessung in der Geotechnik angewendet. Neben der europäischen Norm DIN EN 1997-1 [25] sind für den Entwurf und die Bemessung in der Geotechnik weitere nationale Dokumente zu beachten, die gemeinsam mit dem EC-7 zu einem Normenhandbuch [54] zusammengefasst worden sind.

Bemessungssituationen: Bisher war es üblich, die Dauer und Häufigkeit des Auftretens von bestimmten Einwirkungen durch Lastfälle zu charakterisieren. Ständige Lasten und regelmäßig auftretende Verkehrslasten sind beispielsweise im Lastfall 1 zusammengefasst worden. Die Sicherheitsbeiwerte für diesen Lastfall waren am größten. Sehr seltene Einwirkungen wurden dagegen dem Lastfall 3 zugeordnet, bei dem deutlich kleinere Sicherheitsbeiwerte anzusetzen waren. Anstelle dieser Lastfälle treten jetzt Bemessungssituationen, mit denen typische Einwirkungskombinationen zusammengefasst werden. In Deutschland werden bei geotechnischen Aufgabenstellungen die ständigen und vorübergehenden Bemessungssituationen getrennt behandelt.

BS-P: Bemessungssituation für ständige (persistent situations) Einwirkungen (früher Lastfall 1). Es werden die Beanspruchungen aus den üblichen Nutzungen erfasst und in ständige und regelmäßig auftretende veränderliche Einwirkungen unterschieden.

BS-T: Bemessungssituation für vorübergehende Einwirkungen (transient situations). Dies betrifft zeitlich begrenzte Zustände (z. B. Bauzustände bei Herstellung oder Umbau von Bauwerken, Baugruben) oder seltene Einwirkungen (z. B. ungewöhnlich groß, planmäßig einmalig, möglicherweise nie) die zusätzlich zu den in BS-P erfassten Einwirkungen auftreten.

BS-A: Bemessungssituation für außergewöhnliche Einwirkungen (accidental situations) (z. B. Feuer, Brand, Explosion, Anprall, extremes Hochwasser, Ankerausfall).

BS-E: Bemessungssituation für Erdbeben (earthquake).

Grenzzustände: Wie oben beschrieben werden grundsätzlich die zwei Grenzzustände ULS und SLS unterschieden. Die Grenzzustände sind einheitlich für das gesamte Bauwesen in [24] definiert. Im EC-7 bzw. der DIN EN 1997-1 [25] sind diese Festlegungen übernommen worden. Durch die Nachweise des Grenzzustands der Tragfähigkeit werden unterschiedliche Versagensszenarien nachgebildet. Dadurch ist es nicht möglich, Einwirkungen und Widerstände einheitlich zu behandeln. Das Eigengewicht des Bodens kann als Belastung auf ein Bauteil eine Einwirkung darstellen, die rechnerisch durch einen Teilsicherheitsbeiwert etwas zu vergrößern ist, kann aber auch als stützender Erddruck als Widerstand auftreten, der dann mit Teilsicherheiten abzumindern ist.

ULS: Grenzzustand der Tragfähigkeit (Ultimate Limit State),

SLS: Grenzzustand der Gebrauchstauglichkeit (Serviceability Limit State).

Beim Nachweis der Lagesicherheit unterscheidet man in stabilisierende und destabilisierende Einwirkungen (siehe *Bild 2.4*). Um diesem unterschiedlichen Tragverhalten bei den rechnerischen Nachweisen Rechnung tragen zu können, werden die verschiedenen Versagensszenarien speziellen Untergruppen des Grenzzustands der Tragfähigkeit zugeordnet. Für jede Untergruppe ist der rechnerische Nachweis und der Ansatz der Teilsicherheitsbeiwerte gesondert geregelt. Auf Grundlage dieser Definitionen wird z. B. der Kippsicherheitsnachweis dem Grenzzustand EQU (Gleichgewichtsverlust) zugeordnet.

EQU: (equilibrium) Gleichgewichtsverlust des als Starrkörper angenommenen Tragwerks oder des Baugrunds, Festigkeiten des Baugrunds oder der Baustoffe sind nicht entscheidend. Es wird damit Kippen und Abheben erfasst.

STR: (structural) Versagen oder sehr große Verformungen des Tragwerks, einschließlich Fundamente, Pfähle, usw., Festigkeit der Baustoffe ist für den Widerstand entscheidend. Ermittlung der Schnittgrößen und Nachweis der inneren Abmessungen.

GEO-2: Versagen oder sehr große Verformung des Baugrunds, wobei die Festigkeit der Locker- und Festgesteine für den Widerstand entscheidend ist. Nachweis der äußeren, bodenmechanisch bedingten Abmessungen.

GEO-3: Versagen oder sehr große Verformung des Baugrunds, wobei die Festigkeit der Locker- und Festgesteine für den Widerstand entscheidend ist. Nachweis der Gesamtstandsicherheit.

UPL: (uplift) Gleichgewichtsverlust von Bauwerk oder Baugrund infolge von Wasserdruck oder anderer Vertikalkräfte. Aufschwimmen.

HYD: (hydraulic) Versagen durch Strömungsgradienten, hydraulischer Grundbruch, innere Erosion, Piping.

Grenzzustand der Gebrauchstauglichkeit: Auch beim Nachweis des Grenzzustands der Gebrauchstauglichkeit SLS sind die drei Wirkungsrichtungen der Beanspruchungen zu untersuchen. Im Gegensatz zum Grenzzustand der Tragfähigkeit ist beim Grenzzustand der Gebrauchstauglichkeit nachzuweisen, dass die Verformungen vertikal und horizontal und die Verdrehungen keine Werte übersteigen, die die Nutzung des Bauwerks beeinträchtigen. Da zwischen Verschiebung und Kraft in einer Richtung ein Zusammenhang besteht, kann für einfache Fälle der Nachweis auch auf eine Begrenzung der Kraft bzw. des Moments in der jeweiligen Richtung zurückgeführt werden.

2.2.2 Nachweisführung

Der Nachweis der Grenzzustände darf mit folgenden Methoden geführt werden:

- rechnerische Nachweise,
- Anwendung konstruktiver Maßnahmen, Entwurf und Bemessung aufgrund anerkannter Tabellenwerte,
- Modellversuche und Probebelastungen,
- Beobachtungsmethode.

Für rechnerische Nachweise sieht der EC7-1 sieht drei mögliche Verfahren vor:

Verfahren 1: Untersuchung von zwei Kombinationen von Teilsicherheitsbeiwerten. Dieses Verfahren ist in Deutschland ausgeschlossen.

Verfahren 2: Beanspruchungen werden mit Teilsicherheitsbeiwerten vergrößert, Widerstände mit Teilsicherheitsbeiwert abgemindert. In der Geotechnik wird die gesamte Berechnung mit charakteristischen Werten durchgeführt, Teilsicherheitsbeiwerte werden am Ende zur Umrechnung der charakteristischen Schnittgrößen in Bemessungsschnittgrößen angewendet. Diese Vorgehensweise wird für die Grenzzustände STR und GEO-2 benutzt (früher GZ 1B).

Verfahren 3: Bei den rechnerischen Nachweisen werden die Scherparameter mit Teilsicherheitsbeiwerten abgemindert und nur die veränderlichen Einwirkungen werden mit Teilsicherheiten erhöht (GEO-3).

Die beiden in Deutschland zulässigen Verfahren werden den unterschiedlichen Grenzzuständen wie folgt zugeordnet:

- **UPL und HYD:** Gegenüberstellung der Bemessungswerte von günstigen und ungünstigen Einwirkungen.
- **STR und GEO-2:** Vergleich von Bemessungswerten der Beanspruchungen $E_{d,i}$ und der Widerstände $R_{d,i}$. Die Bemessungswerte ergeben sich aus den charakteristischen Werten durch Multiplikation bzw. Division mit Teilsicherheitsbeiwerten (Nachweisverfahren 2).
- **GEO-3:** Vergleich von Bemessungswerten der Beanspruchungen $E_{d,i}$ und der Widerstände $R_{d,i}$. Die Bemessungswerte der Widerstände werden mit Bemessungswerten der Scherfestigkeit berechnet (Nachweisverfahren 3).

2.2.3 Einwirkungen und Beanspruchungen

Die Bemessungswerte der Beanspruchungen E_d sind in den maßgebenden Schnitten durch das Bauwerk und den Baugrund sowie in den Berührungsflächen zwischen Bauwerk und Baugrund zu ermitteln. Es wird im Regelfall die Gültigkeit des Superpositionsprinzips vorausgesetzt. Die Einwirkungen werden als charakteristische bzw. repräsentative Werte F_k bzw. F_{rep} in die Berechnung eingeführt. Erst bei der Aufstellung der Grenzzustandsbedingung sind die mit diesen Werten ermittelten charakteristischen bzw. repräsentativen Größen in Form von Schnittkräften mit dem Teilsicherheitsbeiwert γ_F und ggf. mit den Kombinationsbeiwerten ψ für Einwirkungen bzw. Beanspruchungen in Bemessungswerte E_d der Beanspruchungen umzurechnen. In DIN EN 1990 sind die Zusammenhänge für die Berechnung der Beanspruchungen allgemein gültig angegeben. Es wird damit die Vereinheitlichung der Nachweise im gesamten Bauingenieurwesen angestrebt. Die speziellen Erfordernisse der Geotechnik werden durch Konkretisierungen berücksichtigt.

Einwirkungen: Der Träger in *Bild 2.4* ist im Auflager B gelenkig gelagert und wird durch die Linienlast p_1 am Abheben gehindert. Für den Nachweis der Lagesicherheit ist p_1 als stabilisierende Einwirkung zu berücksichtigen und deshalb mit einem Teilsicherheitsbeiwert abzumindern. Zur Berechnung der Schnittkräfte des Trägers im Bereich zwischen den Auflagern A und B (siehe *Bild 2.5*) wird dagegen die Last p_1 eine Einwirkung, die beim rechnerischen Nachweis mit einem Teilsicherheitsbeiwert vergrößert wird. Bei den rechnerischen Nachweisen sind zunächst alle Einwirkungen zusammenzustellen und als Voraussetzung für die Ermittlung der maßgebenden Beanspruchung je nach untersuchtem Versagensablauf zu bewerten und miteinander zu kombinieren.

Charakteristische Einwirkungen F_k sind z. B. Eigengewicht, Erddruck, Wasserdruck, Gründungslasten oder Lasten aus der Nutzung (in *Bild 2.5* p_1, p_2, F_2). Der repräsentative Wert einer Einwirkung F_{rep} ergibt sich aus dem charakteristischen Wert F_k durch Multiplikation mit 1,0

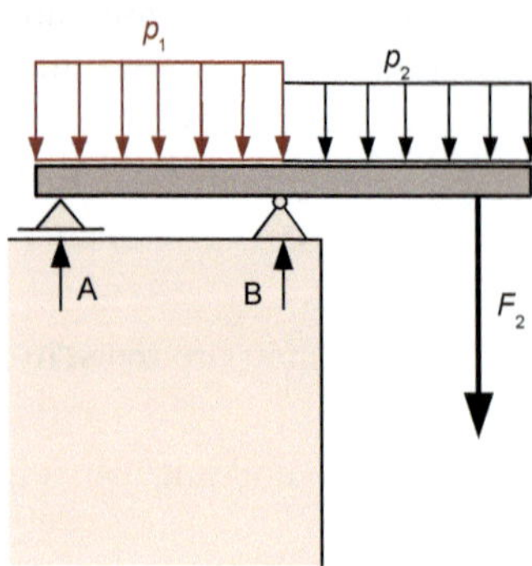

Bild 2.4 Lagesicherheit – Eigengewicht als stabilisierende und destabilisierende Einwirkung

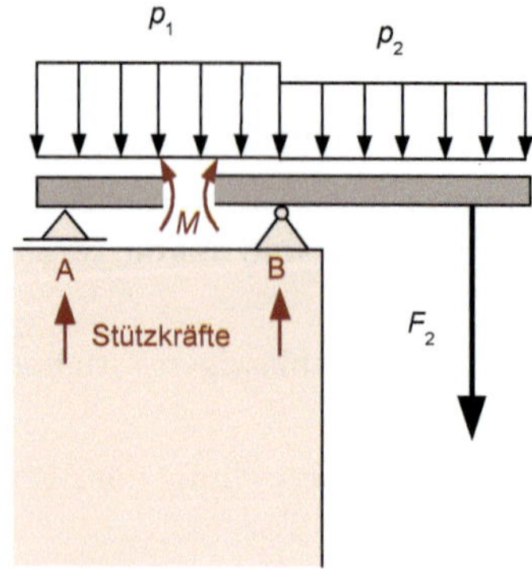

Bild 2.5 Berechnung des Biegemoments am Träger – Eigengewicht als Einwirkung

bei ständigen Einwirkungen und einer veränderlichen Einwirkung oder einem Kombinationsbeiwert ψ bei mehreren veränderlichen Einwirkungen. Bei Bemessungen in der Geotechnik sollten folgende Einwirkungen berücksichtigt werden:

- das Eigengewicht von Boden, Fels und Wasser;
- die Spannungen im Untergrund, Erddruck und gleichzeitig wirkender Druck durch Grundwasser;
- Wasserdrücke offener Gewässer einschließlich der Wellendrücke, Wasserdruck und Strömungskräfte im Untergrund;
- Bauwerkslasten, Auflasten, Pollerzugkräfte, Verkehrslasten;
- Entlastungen oder Bodenaushub, durch Bergbau oder andere Aushöhlungen oder Tunnelbauten verursachte Bewegungen;
- Schwellen und Schrumpfen von Boden oder Fels durch Vegetation, Klima oder Feuchtigkeitsänderungen;
- Bewegungen infolge von kriechenden, rutschenden oder sich setzenden Bodenmassen;
- Bewegungen infolge von Entfestigung, Suffusion, Zerfall, Eigenverdichtung und chemischen Lösungsvorgängen;
- Bewegungen und Beschleunigungen durch Erdbeben, Explosionen, Schwingungen und dynamische Belastungen;
- Temperatureinwirkungen einschließlich der Frostwirkung, Eislasten;
- Vorspannung von Ankern oder Steifen, abwärts gerichteter Zwang (z. B. negative Mantelreibung).

Einwirkungen aus Bauwerken (Gründungslasten) ergeben sich aus der statischen Berechnung des aufliegenden Tragwerks. Für die geotechnische Bemessung sind diese für jede kritische Einwirkungskombination als charakteristische bzw. repräsentative Schnittgrößen in Höhe der Oberkante der Gründungskonstruktion anzugeben. Es ist auch zulässig, bei geotechnischen Nachweisen die Bemessungswerte E_d der Gesamtbeanspruchung zu verwenden, was aber i. Allg. zu unwirtschaftlicheren Abmessungen führt.

Für die Ermittlung der charakteristischen bzw. repräsentativen Gründungslasten sind folgende Regeln zu beachten:

- Bei der linearen Schnittgrößenermittlung werden die charakteristischen bzw. repräsentativen Werte $E_{G,k}$ und $E_{Q,rep}$ der Beanspruchungen in den Gründungsfugen für die kritischen Einwirkungskombinationen unmittelbar übergeben.
- Führen Verkantungen des Fundaments zu nennenswerten Zusatzbeanspruchungen (z. B. Türme auf Fundamentplatten) sind die Schnittgrößen nach Theorie 2. Ordnung zu berücksichtigen. Folgende Vorgehensweise ist zulässig:
  - Die Verformungen des Tragwerks einschließlich seiner Gründung werden mit den kritischen Einwirkungskombinationen unter Verwendung von Bemessungswerten der Einwirkungen ermittelt.
  - Bei der Verformungsermittlung der Gründung dürfen die für charakteristische Lasten ermittelten Steifigkeiten verwendet werden.
  - In einer zweiten Berechnung werden unter Berücksichtigung der zuvor ermittelten Verformungen für die gleichen Einwirkungskombinationen die charakteristischen bzw. repräsentativen Werte $E_{G;k}$ und $E_{Q,rep}$ der Beanspruchungen in den Gründungsfugen mit den charakteristischen bzw. repräsentativen Werten G_k und Q_{rep} der Einwirkungen am Tragwerk bestimmt.
- Bei nichtlinearen Verfahren (z. B. Plastizitätstheorie) dürfen die für den Grenzzustand der Tragfähigkeit berechneten Bemessungswerte in jeweils einen Anteil $E_{G,d}$ und einen Anteil $E_{Q,d}$ aufgeteilt werden. Diese Aufteilung darf sich z. B. an denjenigen Gründungslasten orientieren, die sich bei linearer Berechnung oder am statisch bestimmten Tragwerk ergeben. Um die äquivalenten charakteristischen Werte $E_{G,k}$ und $E_{Q,k}$ zu berechnen, dürfen die Anteile $E_{G,d}$ und $E_{Q,d}$ durch die zugehörigen Teilsicherheitsbeiwerte nach *Tabelle 2.2* dividiert werden.

Berechnung der Beanspruchungen: Beanspruchungen E sind die „Auswirkungen von Einwirkungen F". Der repräsentative Wert einer Einwirkung F_{rep} ergibt sich aus dem charakteristischen Wert F_k durch Multiplikation mit 1,0 oder einem Kombinationsbeiwert ψ nach *Tabelle 2.1*.

$$F_{\text{rep}} = \psi F_k \tag{2.1}$$

Tabelle 2.1 Kombinationsbeiwerte zur Berechnung der Beanspruchungen

Symbol	Beschreibung	Wert
ψ_0	Kombinationsbeiwert einer veränderlichen Einwirkung, BS-P und BS-T	0,8
ψ_1	Beiwert für häufige Werte der veränderlichen Einwirkungen, BS-A	0,7
ψ_2	Beiwert für quasi-ständige Werte der veränderlichen Einwirkungen, BS-E	0,5

Bei ständigen Einwirkungen und bei der Leiteinwirkung der veränderlichen Einwirkungen gilt $F_{\text{rep}} = F_k$. Unter Annahme des Superpositionsprinzips lässt sich die Berechnungsvorschrift auf eine Summation zurückführen. Beanspruchungen sind Schnittgrößen für den untersuchten Schnitt, z. B. Normalkraft, Tangentialkraft, Moment, Spannungen. Sie werden als charakteristische Werte $E_{k,i}$ aus den Einwirkungen $F_{k,i}$ berechnet. Der Bemessungswert der Beanspruchungen wird aus dem charakteristischen Wert der Beanspruchungen $E_{k,i}$ durch Multiplikation mit einem Teilsicherheitsbeiwert nach *Tabelle 2.2* berechnet.

Es wird in ständige (Index G) und veränderliche Lasten unterteilt (Index Q). Der Bemessungswert einer Beanspruchung ergibt sich für die Bemessungssituationen BS-P und BS-T wie folgt:

$$\begin{aligned}\sum E_d &= \sum_{j\geq 1} \gamma_{G,j} E(G_{k,j}) + \gamma_P E(P_k) + \gamma_{Q,1} E(Q_{k,1}) \\ &\quad + \sum_{i>1} \gamma_{Q,i} \psi_{0,i} E(Q_{k,i})\end{aligned} \tag{2.2}$$

$Q_{k,1}$ ist die Leiteinwirkung. Bei nur einer veränderlichen Einwirkung sind Überlegungen zur Überlagerung (Kombination) nicht erforderlich. Sind weitere veränderliche Einwirkungen zu berücksichtigen, wird deren Kombination in den Bemessungssituationen BS-P und BS-T durch die Kombinationsbeiwerte ψ_0 berücksichtigt. Welche Einwirkung als Leiteinwirkung anzusetzen ist, muss rechnerisch ermittelt werden. Maßgebend ist die Kombination, die die größte Beanspruchung ergibt.

Einwirkungen, die aus physikalischen oder betrieblichen Gründen nicht gleichzeitig auftreten können, brauchen in der Einwirkungskombination nicht gemeinsam berücksichtigt zu werden.

Für die Bemessungssituation BS-A ergibt sich:

$$\begin{aligned}\sum E_d &= \sum_{j\geq 1} \gamma_{G,j} E(G_{k,j}) + \gamma_P E(P_k) + E(A_d) \\ &\quad + \gamma_{Q,1} \psi_1 E(Q_{k,1}) + \sum_{i>1} \gamma_{Q,i} \psi_{2,i} E(Q_{k,i})\end{aligned} \tag{2.3}$$

und für die Bemessungssituation BS-E:

$$\sum E_d = \sum_{j\geq 1} E(G_{k,j}) + E(A_{Ed}) + \sum_{i\geq 1} \gamma_{Q,i} \psi_{2,i} E(Q_{k,i}) \tag{2.4}$$

$E(G_{k,j})$	–	Beanspruchung aus einer ständigen Einwirkung ($j \geq 1$)
$E(P_k)$	–	Beanspruchung aus einer Einwirkung aus Vorspannung
$E(Q_{k,1})$	–	Beanspruchung aus der Leiteinwirkung der veränderlichen Einwirkungen
$E(Q_{k,i})$	–	Beanspruchung aus begleitenden veränderlichen Einwirkungen ($i > 1$)
$E(Q_{k,j})$	–	Beanspruchung aus veränderlichen Einwirkungen ($j \geq 1$)
$E(A_d)$	–	Beanspruchung aus einer außerordentlichen Einwirkung
$E(A_{Ed})$	–	Beanspruchung aus Erdbeben

Tabelle 2.2 Teilsicherheitsbeiwerte für Einwirkungen nach DIN EN 1997-1

Einwirkung bzw. Beanspruchung	Formel-zeichen	Bemessungssituation		
		BS-P	BS-T	BS-A
HYD und UPL: Versagen durch hydraulischen Grundbruch oder Aufschwimmen				
destabilisierende ständige Einwirkungen	$\gamma_{G,dst}$	1,05	1,05	1,00
stabilisierende ständige Einwirkungen	$\gamma_{G,stb}$	0,95	0,95	0,95
destabilisierende veränderliche Einwirkungen	$\gamma_{Q,dst}$	1,50	1,30	1,00
stabilisierende veränderliche Einwirkungen	$\gamma_{Q,stb}$	0,00	0,00	0,00
Strömungskraft bei günstigem Untergrund	γ_H	1,45	1,45	1,25
Strömungskraft bei ungünstigem Untergrund	γ_H	1,90	1,90	1,45
EQU: Verlust der Lagesicherheit				
ungünstige ständige Einwirkungen	$\gamma_{G,dst}$	1,10	1,05	1,00
günstige ständige Einwirkungen	$\gamma_{G,stb}$	0,90	0,90	0,95
ungünstige veränderliche Einwirkungen	$\gamma_{Q,dst}$	1,50	1,25	1,00
STR und GEO-2: Grenzzustand des Versagens von Bauwerken, Bauteilen und Baugrund				
Beanspruchungen aus ständigen Einwirkungen (allgemein)	γ_G	1,35	1,20	1,10
Beanspruchungen aus günstigen ständigen Einwirkungen	$\gamma_{G,inf}$	1,00	1,00	1,00
Beanspruchungen aus ständigen Einwirkungen	γ_{E0g}	1,20	1,10	1,00
aus Ruhedruck				
Beanspruchungen aus ungünstigen veränderlichen Einwirkungen	γ_Q	1,50	1,30	1,10
Beanspruchungen aus günstigen veränderlichen Einwirkungen	γ_Q	0,00	0,00	0,00
GEO-3: Grenzzustand des Versagens durch Verlust der Gesamtstandsicherheit				
ständigen Einwirkungen	γ_G	1,00	1,00	1,00
ungünstige veränderliche Einwirkungen	γ_Q	1,30	1,20	1,00
SLS: Grenzzustand der Gebrauchstauglichkeit				
ständigen Einwirkungen	γ_G	1,00		
ungünstige veränderliche Einwirkungen	γ_Q	1,00		

2.2.4 Widerstände

Der Bemessungswert der Widerstände wird in STR und GEO-2 aus dem charakteristischen Wert der Widerstände R_k durch Division mit einem Teilsicherheitsbeiwert nach *Tabelle 2.4* erhalten. In GEO-3 wird der Bemessungswert der Widerstände mit Bemessungswerten der Scherfestigkeit (*Tabelle 2.4*) berechnet. Die Widerstände aus den Bauteilen und dem umgebenden Baugrund werden als charakteristische Größen R_k mit charakteristischen Werten berechnet und mit Teilsicherheitsbeiwerten γ_R in Bemessungswerte umgewandelt.

Tabelle 2.3 Teilsicherheitsbeiwerte γ_M für Materialwiderstände des Bodens

Bodenkenngröße	Formelzeichen	Bemessungssituation		
		BS-P	BS-T	BS-A
UPL: Versagen durch hydraulischen Grundbruch oder Aufschwimmen				
Reibungsbeiwert $\tan\varphi'$ des dränierten Bodens	$\gamma_{\varphi'}$	1,00	1,00	1,00
Reibungsbeiwert $\tan\varphi_u$ des undränierten Bodens	$\gamma_{\varphi u}$	1,00	1,00	1,00
Kohäsion c' des dränierten Bodens	$\gamma_{c'}$	1,00	1,00	1,00
Scherfestigkeit c_u des undränierten Bodens	γ_{cu}	1,00	1,00	1,00
GEO-2: Versagen von Bauwerken, Bauteilen und Baugrund				
Reibungsbeiwert $\tan\varphi'$ des dränierten Bodens	$\gamma_{\varphi'}$	1,00	1,00	1,00
Reibungsbeiwert $\tan\varphi_u$ des undränierten Bodens	$\gamma_{\varphi u}$	1,00	1,00	1,00
Kohäsion c' des dränierten Bodens	$\gamma_{c'}$	1,00	1,00	1,00
Scherfestigkeit c_u des undränierten Bodens	γ_{cu}	1,00	1,00	1,00
GEO-3: Versagen durch Verlust der Gesamtstandsicherheit				
Reibungsbeiwert $\tan\varphi'$ des dränierten Bodens	$\gamma_{\varphi'}$	1,25	1,15	1,10
Reibungsbeiwert $\tan\varphi_u$ des undränierten Bodens	$\gamma_{\varphi u}$	1,25	1,15	1,10
Kohäsion c' des dränierten Bodens	$\gamma_{c'}$	1,25	1,15	1,10
Scherfestigkeit c_u des undränierten Bodens	γ_{cu}	1,25	1,15	1,10

Tabelle 2.4 Teilsicherheitsbeiwerte γ_R für Widerstände von Bauteilen und Boden

Widerstand	Formelzeichen	Bemessungssituation		
		BS-P	BS-T	BS-A
STR und GEO-2: Grenzzustand des Versagens von Bauwerken, Bauteilen und Baugrund				
Bodenwiderstände				
Passiver Erddruck (Erdwiderstand) und Grundbruchwiderstand	$\gamma_{R,e}$, $\gamma_{R,v}$	1,40	1,30	1,20
Gleitwiderstand	$\gamma_{R,h}$	1,10	1,10	1,10
Pfahlwiderstände aus statischen und dynamischen Pfahlprobebelastungen				
Spitzenwiderstand	γ_b	1,10	1,10	1,10
Mantelwiderstand (Mantelreibung, Druck)	γ_s	1,10	1,10	1,10
Gesamtwiderstand (Druck)	γ_t	1,10	1,10	1,10
Mantelwiderstand (Mantelreibung, Zug)	$\gamma_{s,t}$	1,15	1,15	1,15
Pfahlwiderstände auf Grundlage von Erfahrungswerten				
Druckpfähle	γ_b, γ_s, γ_t	1,40	1,40	1,40
Zugpfähle (nur in Ausnahmefällen)	$\gamma_{s,t}$	1,50	1,50	1,50
Herausziehwiderstände				
Boden- und Felsnägel	γ_a	1,40	1,30	1,20
Verpresskörper von Verpressankern	γ_a	1,10	1,10	1,10
Flexible Bewehrungselemente	γ_a	1,40	1,30	1,20
GEO-3: Grenzzustand des Versagens durch Verlust der Gesamtstandsicherheit				
Scherfestigkeit siehe Bodenkenngrößen (*Tabelle 2.3*)				
Herausziehwiderstände siehe Grenzzustand STR und GEO-2				

2.2.5 Nachweise

2.2.5.1 Grenzzustand der Tragfähigkeit ULS

Nachweisverfahren 2 für STR und GEO-2: Das Ziel der Nachweise des Grenzzustands STR und GEO-2 ist die Ermittlung der bodenmechanisch bedingten Abmessungen und der Nachweis der von der Materialfestigkeit abhängigen Abmessungen. Damit das Versagen von Bauwerken, Bauteilen oder des Baugrunds sicher ausgeschlossen werden kann, müssen die wahrscheinlichen Schadensabläufe durch rechnerische Verfahren oder Belastungsversuche nachgebildet werden. Auf diese Weise erhält man einen Maximalwert der Beanspruchung, bei dessen Erreichen das Bauwerk vollständig versagt. Durch die Sicherheitsbeiwerte muss ein ausreichend großer Abstand zu diesem Bruchzustand gewährleistet werden. Im ersten Schritt sind das Bauwerk und das statische System zu entwerfen. Für die weitere Berechnung bilden die Annahmen über Abmessungen und Materialeigenschaften die Grundlage. Die Berechnung ist mit veränderten Abmessungen zu wiederholen, bis das Ergebnis eine ausreichend sichere und wirtschaftliche Lösung ergibt.

Ablauf Nachweis STR und GEO-2

1. Bauwerk mit Abmessungen entwerfen, statisches System wählen.
2. Berechnung der charakteristischen Einwirkungen F_{ki} (Auflasten, Erddruck usw.)
3. Ermittlung der charakteristischen bzw. repräsentativen Beanspruchungen (Spannungen oder Schnittgrößen: Auflagerkräfte, Querkräfte, Biegemomente) in allen für die Bemessung maßgebenden Schnitten, getrennt für ständige, regelmäßig auftretende veränderliche und begleitende veränderliche Einwirkungen für die maßgebenden Bemessungssituationen. Dazu ist es u. U. sinnvoll, zuerst die Beanspruchungen infolge ständiger und veränderlicher Lasten gemeinsam zu berechnen und von diesen die Beanspruchung infolge ständiger Lasten abzuziehen, um den Anteil veränderliche Beanspruchung zu bestimmen.
4. Ermittlung der charakteristischen Widerstände $R_{k,i}$ getrennt für Konstruktionsteile und Boden (z. B. Grundbruchwiderstand) durch Berechnung, Probebelastung oder auf Grundlage von Erfahrungswerten.
5. Ermittlung der Bemessungswerte der Beanspruchungen $E_{d,i} = E_{ki}\gamma$.
6. Ermittlung der Bemessungswerte der Widerstände $R_{d,i} = \frac{R_{ki}}{\gamma_R}$.
7. Nachweis der Einhaltung der Grenzzustandsbedingung.

$$\sum E_{d,i} \leq \sum R_{d,i}.$$

Der Ausnutzungsgrad μ erlaubt eine erste Bewertung der Wirtschaftlichkeit.

$$\mu = \frac{\sum E_{d,i}}{\sum R_{d,i}}$$

Für alle Nachweise muss die Bedingung $\mu \leq 1,0$ erfüllt sein. Es sollten Werte nahe 1,0 für μ angestrebt werden.

Gesamtstandsicherheit – Nachweisverfahren 3 für GEO-3: Dieses Nachweisverfahren (siehe *Bild 2.6*) wird beim Nachweis des Böschungs- und Geländebruchs und i. d. R. beim Nachweis der Standsicherheit konstruktiver Hangsicherungen verwendet. Teilsicherheiten werden auf

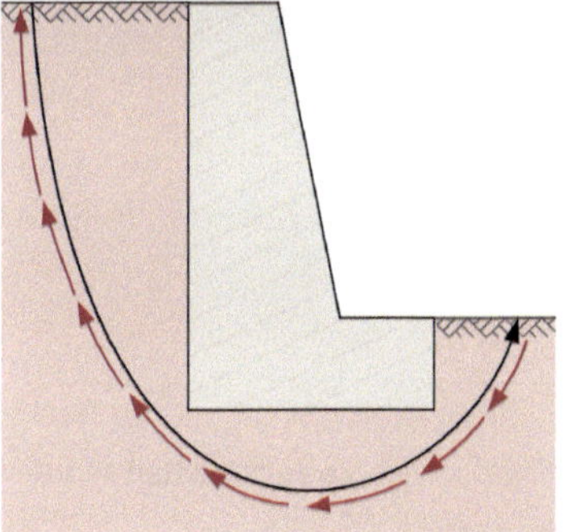

Bild 2.6 Nachweis der Gesamtstandsicherheit (Geländebruch), Grenzzustand GEO-3

die Einwirkungen bzw. Beanspruchungen und auf die Baugrundkennwerte angewendet. Die charakteristischen Werte der Scherfestigkeit sind in Bemessungswerte umzurechnen.

$$\tan\varphi'_d = \frac{\tan\varphi'_k}{\gamma_{\varphi'}} \qquad \tan\varphi_{ud} = \frac{\tan\varphi_{uk}}{\gamma_{\varphi u}} \qquad c'_d = \frac{c'_k}{\gamma_{c'}} \qquad c_{u,d} = \frac{c_{u,k}}{\gamma_{cu}}$$

Lagesicherheit, Kippen: Ein starrer Körper auf einer starren Unterlage kippt, wenn das Kippmoment M um die Kippkante größer ist als das widerstehende Moment R_M (siehe *Bild 2.7*). Bei Bauwerken, die auf Böden gegründet worden sind, lässt sich i. Allg. die Lage der Kippkante nicht angeben. Das Versagen beim Kippen ist daher eine Kombination aus Verkippung und Setzung. Es wird eine fiktive Kippkante angenommen und zusätzlich die Ausmitte der Resultierenden begrenzt. Die Nachweise werden im *Abschnitt 3.3* behandelt.

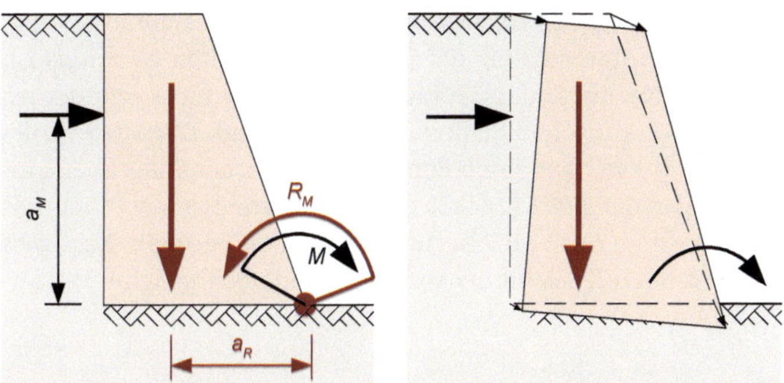

Bild 2.7 Kippen eines Starrkörpers auf starrer und nachgiebiger Unterlage

Aufschwimmen UPL: Für den Auftriebsfall (siehe *Bild 2.8*) ist nachzuweisen, dass der Bemessungswert der Summe der destabilisierenden vertikalen Einwirkungen $V_{dst;d}$ kleiner oder gleich der Summe des Bemessungswerts der stabilisierenden ständigen vertikalen Einwirkungen $G_{stb;d}$ und eines eventuellen zusätzlichen Auftriebs-Widerstands R_d ist:

$$V_{dst;d} = G_{dst;d} + Q_{dst;d} \leq G_{stb;d} + R_d. \tag{2.5}$$

Hydraulischer Grundbruch HYD: Es ist nachzuweisen, dass der Bemessungswert der destabilisierenden Strömungskraft $S_{dst;d}$ für jedes infrage kommende Bodenprisma kleiner ist als der

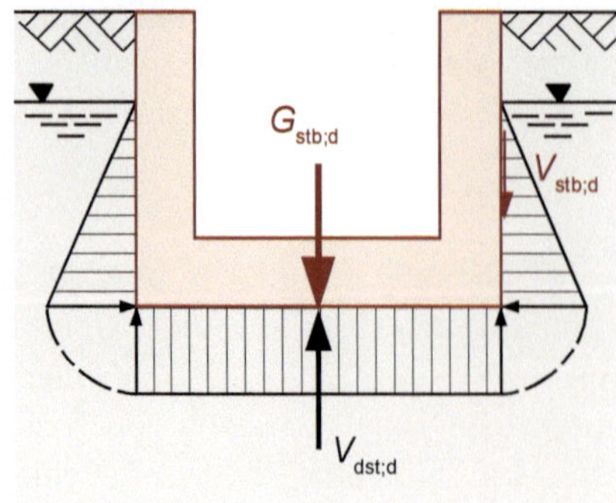

Bild 2.8 Nachweis der Lagesicherheit (Aufschwimmen), Grenzzustand UPL

Bemessungswert des stabilisierenden Gewichts unter Auftrieb $G'_{stb;d}$.

$$S_{dst;d} \le G'_{stb;d} \tag{2.6}$$

2.2.5.2 Grenzzustand der Gebrauchstauglichkeit SLS

Es ist nachzuweisen, dass der Bemessungswert einer Beanspruchung E_d kleiner oder gleich groß ist wie der Bemessungswert für die Begrenzung einer Beanspruchung C_d.

$$E_d \le C_d \tag{2.7}$$

Grenzwerte für die Begrenzung der Beanspruchung beziehen sich im Regelfall auf Verformungen. Diese Grenzwerte müssen während der Planung eines Bauwerks vereinbart werden. Der Nachweis kann auch dadurch geführt werden, dass ein hinreichend geringer Anteil der Bodenfestigkeit mobilisiert wird, sodass die Verformungen innerhalb der für die Gebrauchstauglichkeit geforderten Grenzen bleiben. Voraussetzung für diesen vereinfachten Nachweis ist, dass die Größe der Verformung beim Nachweis der Gebrauchstauglichkeit nicht erforderlich ist und vergleichbare Erfahrungen unter ähnlichen Bedingungen (Baugrund, Tragwerk) vorliegen. Die Nachweise dürfen auch geführt werden durch Bemessung einfacher Baugrubenkonstruktionen aufgrund der Festlegungen der DIN 4124 [32], durch den vereinfachten Nachweis für Flachgründungen oder durch Anwendung der Beobachtungsmethode. Die beim Nachweis der Gebrauchstauglichkeit anzusetzenden Teilsicherheitsbeiwerte sind i. d. R. gleich 1,0 zu setzen.

3 Flächengründungen

Flächengründungen sind eine wirtschaftliche Gründungsart, wenn unmittelbar unter dem Bauwerk oder in geringer Tiefe unterhalb der Gründungssohle mit tragfähigem Boden zu rechnen ist. Bei einer Flächengründung wird die Beanspruchung aus dem Bauwerk auf eine ausreichend große Fläche verteilt. Grundlage der rechnerischen Nachweise sind theoretische Ansätze der Statik. Die grundlegenden Kenntnisse zu den Berechnungsgrundlagen und den erforderlichen Kennwerten sind Gegenstand des Fachs Bodenmechanik und werden hier als bekannt vorausgesetzt. Sie sind ausführlich in [55] dargestellt.

3.1 Funktion, Tragwerk

Man unterscheidet zwischen „Flach-“ und „Flächengründung“. Mit zunehmender Größe der Fläche nimmt die Sohlspannung ab, sodass der unmittelbar unter der Sohlfläche anstehende Baugrund in der Lage ist, die Spannungen sicher aufzunehmen. Die Größe der Fläche richtet sich nach dem Widerstand des Baugrunds. Ist der Baugrund direkt unterhalb des Bauwerks ausreichend tragfähig, handelt es sich um eine Flächengründung als Flachgründung (siehe z. B. *Bild 3.1*).

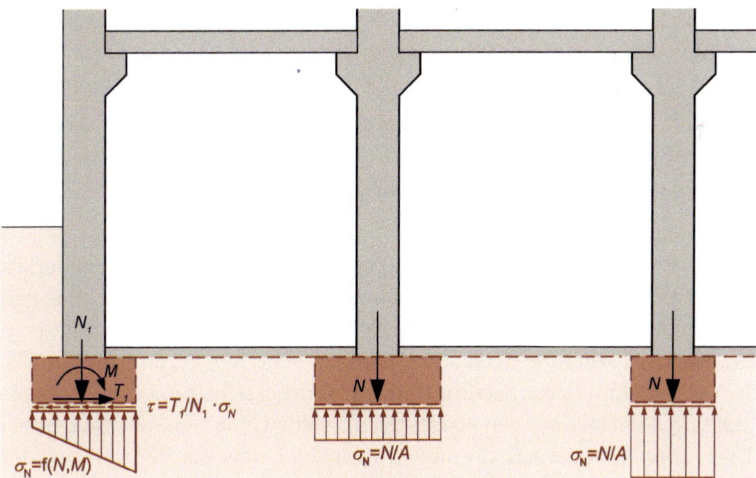

Bild 3.1 Prinzip der Lastabtragung bei Flächengründungen als Einzel- oder Streifenfundament

Wenn unmittelbar unter dem Bauwerk (unterster nutzbarer Teil des Bauwerks) tragfähiger Baugrund in ausreichender Mächtigkeit ansteht, ist die Flachgründung meist die einfachste und wirtschaftlichste Gründungsart. *Bild 3.2* zeigt ein Beispiel einer Baugrube mit einem

Plattenfundament und *Bild 3.3* die Kombination von Einzelfundamenten (Blockfundamente) und einem Plattenfundament. Muss die Fundamentsohle dagegen auf einer tiefer liegenden Schicht abgesetzt werden, z. B. durch eine Pfeiler- oder Brunnengründung, handelt es sich um eine Flächengründung als Tiefgründung.

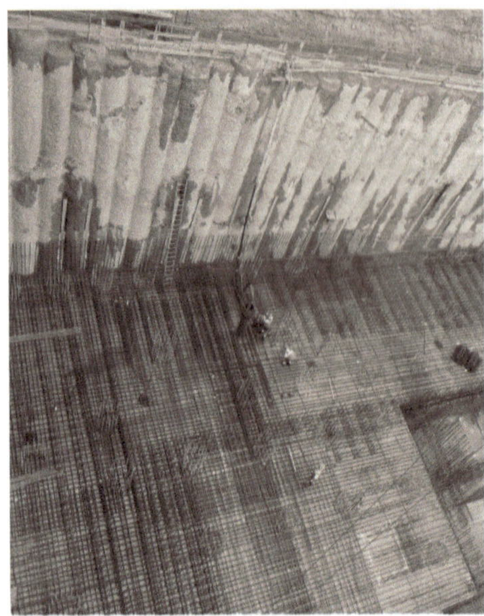

Bild 3.2 Baugrube und Plattenfundament

Bild 3.3 Block- und Plattenfundamente

Maßgebend für den Entwurf und die Bemessung von Flächengründungen sind die Normal- und Tangentialkräfte sowie die Momentenbelastung in der Sohlfuge. Diese Beanspruchungen müssen durch Widerstände des Bodens aufgenommen werden. Es sind folgende Anforderungen zu erfüllen:

- Kräfte und Momente müssen sicher in der Sohlfuge aufgenommen werden, ohne dass Verschiebungen und Verformungen einen nutzungsabhängigen Grenzwert übersteigen und
- die Spannungen im Fundament dürfen einen materialabhängigen Größtwert nicht überschreiten.

Nach konstruktiven und wirtschaftlichen Überlegungen erfolgt die Auswahl des Baumaterials der Fundamente (Beton, Stahlbeton) sowie die Wahl der Gründungsart. Mit den Grundlagen der Bodenmechanik lassen sich die Spannungen in der Sohlfuge, die Grundbruchlast und die Setzungen berechnen. Aus der Forderung nach ausreichender Sicherheit gegen Grundbruch, der Beschränkung der Größe der mittleren Setzung und unter Berücksichtigung von Erfahrungen wurden früher zulässige Sohlspannungen abgeleitet, mit denen eine vereinfachte Bemessung möglich war. Diese können heute z. B. für die Vorbemessung oder die Überprüfung der Plausibilität benutzt werden.

3.2 Bauweisen, Entwurf und Vorbemessung

3.2.1 Einzel- und Streifenfundamente

Man unterscheidet die verschiedenen Arten der Flächengründung als Flachgründung in:

- Einzelfundamente (unter Einzellasten, z. B. Stützen)
- Streifenfundamente (Bankette, unter Stützenreihen oder Wänden)
- Plattengründungen (ganze Bauwerke oder ausgedehnte Bauwerksteile).

Die Lastabtragung erfolgt bei allen vorgenannten Gründungen in der Sohle zwischen der Aufstandsfläche und dem Baugrund durch Spannungen normal σ und tangential τ zur Fundamentsohle. Es wird keine nennenswerte Einspannung im Sinne von horizontal belasteten Pfählen oder Stützwänden angesetzt. Das Prinzip der Übertragung der Lasten über eine ausreichend große Fläche kann auch für Tiefgründungen benutzt werden. Die Flächengründung als Tiefgründung wird im *Abschnitt 3.2.3* behandelt.

Der erste Schritt der Nachweisführung für alle Teile eines Bauwerks ist die Annahme der Abmessungen und die Wahl des Baumaterials. Bei Einzel- und Streifenfundamenten muss die Grundrissform und die Fundamentdicke vor Beginn der rechnerischen Nachweise angenommen werden. Die Wahl der Abmessungen ist wiederum abhängig von der Art des Baumaterials.

Regeln für die Festlegung der Grundrissform: Die Grundrissform von Fundamenten soll der Belastung, den Untergrundverhältnissen und der Steifigkeit des gesamten Bauwerks angepasst sein. Ziel ist es, außermittige Beanspruchungen in der Fundamentsohle zu begrenzen und günstige Voraussetzungen für die Planung des Tragwerks oberhalb der Gründung zu schaffen.

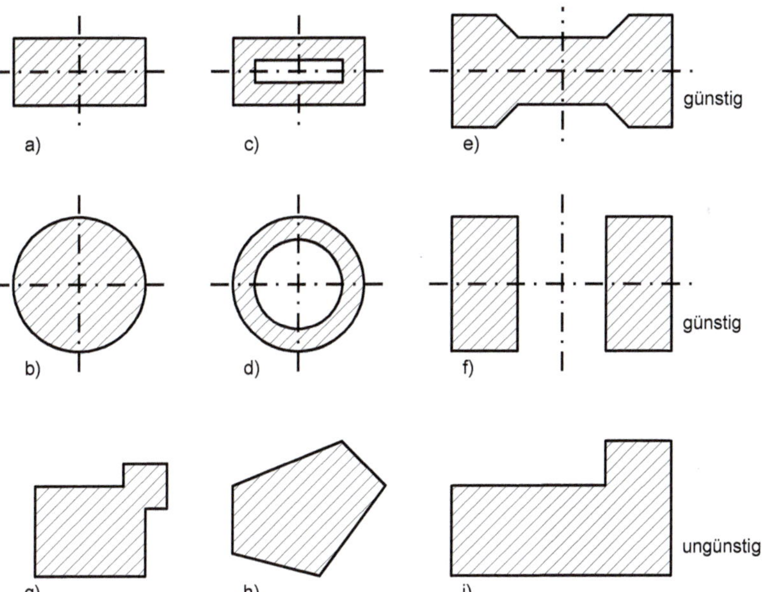

Bild 3.4 Günstige und ungünstige Grundrissformen von Einzelfundamenten

Bei nahezu gleichmäßigen Untergrundverhältnissen unterhalb des Bauwerks sind symmetrische Grundrisse zu bevorzugen. Die Grundrissformen a bis f in *Bild 3.4* sind deshalb sehr günstig. Bei den Grundrissformen c und d wird durch Verwendung von Aussparungen die Bildung von klaffenden Sohlfugen verhindert. Diese Aussparungen können konstruktiv z. B. mit Weichfaserplatten hergestellt werden. Eine typische Anwendung dafür sind turmähnliche Bauwerke, die durch stark wechselnde Windrichtungen beansprucht werden (siehe *Bild 3.5*).

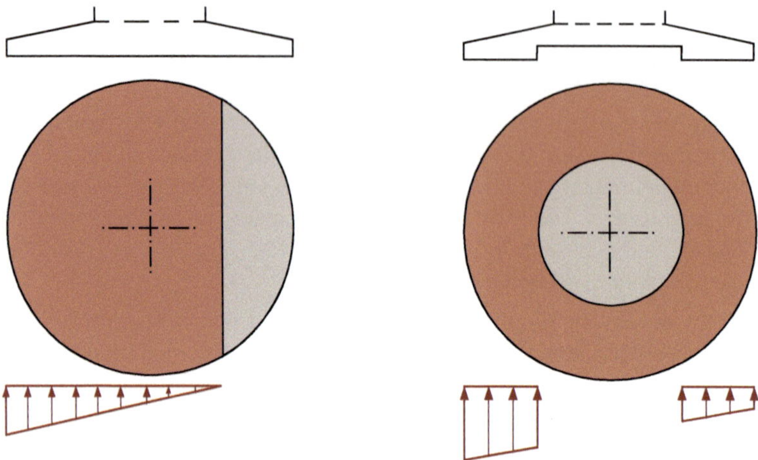

Bild 3.5 Vermeidung klaffender Sohlfugen durch Anordnung von Aussparungen bei Gründungen mit wechselnder Momentenbeanspruchung

Die Grundrissformen e und f sind günstig, wenn mit einer Momentenbeanspruchung überwiegend um eine Achse zu rechnen ist, beispielsweise bei Brückenpfeilern oder Maschinenfundamenten, Bei den Grundrissformen g, h und i ist auch bei homogenem Baugrund mit Verkantungen zu rechnen, wenn Verformungen nicht fast vollständig ausgeschlossen werden können. Wenn sich unsymmetrische Grundrisse nicht vermeiden lassen oder wenn der Baugrund unterhalb der Gründung unterschiedliche Zusammendrückbarkeit aufweist, sollte das Bauwerk insgesamt steifer ausgebildet werden. Dies ist z. B. im Bereich von Bergbaugebieten, bei Erdfallrisiko oder beim Überbauen von Trümmerschutt zu prüfen. Näheres hierzu siehe z. B. Grundbautaschenbuch, Band 3 [73].

Gründungstiefe: Bei der Wahl der Gründungstiefe sind die folgenden Gesichtspunkte zu beachten:

- Die Gründungssohle sollte in einer ausreichend tragfähigen Schicht liegen. Bei sehr großer Steifigkeit des Baugrunds können kleine Setzungsunterschiede mit großen Unterschieden in der Sohlspannung verbunden sein. Dies führt wiederum zu Lastumlagerungen in der aufgehenden Konstruktion. Durch die Anordnung einer Polsterschicht lassen sich solche negativen Auswirkungen vermindern.
- Bei Annäherung an Nachbarfundamente kann es zu einer gegenseitigen Beeinflussung der Fundamente kommen (siehe *Bild 3.6*). Es ist deshalb zu prüfen, ob sich die Setzungsmulden der Fundamente überlagern oder ob eine Beeinflussung durch andere Effekte, z. B. dynamische Einwirkungen, zu erwarten ist.
- Die Gründungssohle muss in frostfreier Tiefe liegen (siehe *Bild 3.7*). Dies gilt auch für den Bauzustand.

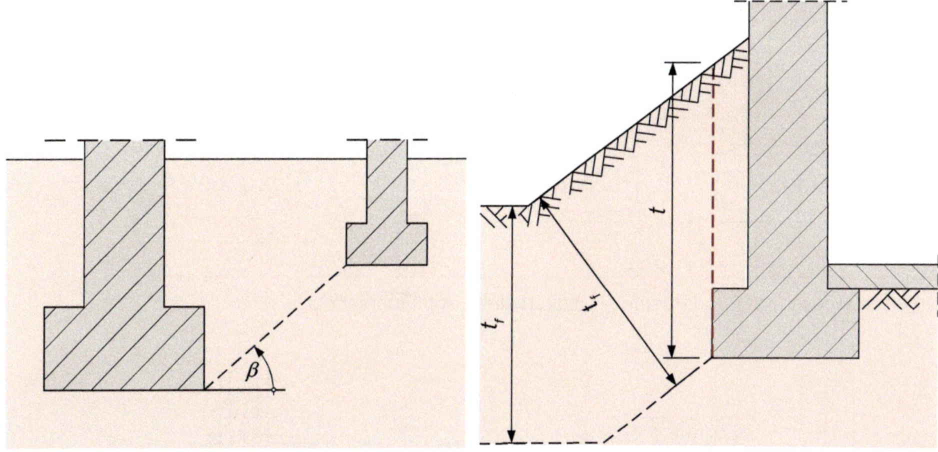

Bild 3.6 Abstand und Tiefe von Fundamenten zur Vermeidung der gegenseitigen Beeinflussung

Bild 3.7 Mindestüberdeckung zur Vermeidung von Frosteindringung

- Es ist sicherzustellen, dass die Gründungssohle unterhalb der durch Tiere oder Pflanzen aufgelockerten Zone liegt.
- Bei weichen, stark zusammendrückbaren Schichten in größeren Tiefen unter der Gründungssohle ist zu prüfen, ob bei geringer Gründungstiefe eine Auswirkung der Fundamentlast bis in diese Schicht vermieden werden kann.
- Mit zunehmender Fundamentbreite nimmt zwar die Sohlspannung ab, die Grenztiefe bis zu der der Untergrund zusammengedrückt wird, nimmt dagegen zu. Wenn im Bereich bis zur Grenztiefe eine stärker zusammendrückbare Schicht auftritt, kann sich eine Verringerung der Einbindetiefe und der Fundamentbreite günstig auswirken.
- Gründung von Einzel- und Streifenfundamenten sollte oberhalb des Grundwasserspiegels liegen.
- Bei fließenden Gewässern besteht Kolkgefahr. Dies muss bei der Gründung von Pfeilern oder Uferbefestigungen berücksichtigt werden.

In Deutschland wird i. d. R. eine Gründungstiefe von mindestens 80 cm als Frostschutz gefordert. Es liegt dabei die Abhängigkeit der Frosteindringtiefe vom Bemessungswert des Frostindex F_d zugrunde. Der Frostindex erfasst die Länge und den Temperaturverlauf der zusammenhängenden Kälteperiode über die Temperatursumme in °Cd. In DIN EN ISO 13793 [9] sind die Einzelheiten zur Bemessung der frostsicheren Gründung geregelt. Danach ist bei Unterschreitung der Frostschutztiefe die Anordnung einer Rand- oder Erdbodendämmung (Perimeterdämmung) erforderlich. Bei der Planung sind auch die Frostperioden während der Bauzeit zu berücksichtigen.

Material: Bei historischer Bebauung sind oft Steinpackungen als Einzel- und Streifenfundament ausgeführt oder überhaupt keine besonderen Maßnahmen für die Herstellung von Fundamenten ergriffen worden. Die üblichen Bauweisen für Flachgründungen sind heute Fundamente aus unbewehrtem (siehe *Bild 3.8*) oder bewehrtem Beton (siehe *Bild 3.9*).

Streifenfundamente: Streifenfundamente dienen zur Gründung langgestreckter Bauteile, z. B Wänden, die als Scheibe wirken und nahezu gleichmäßig belastet sind oder zur Gründung von

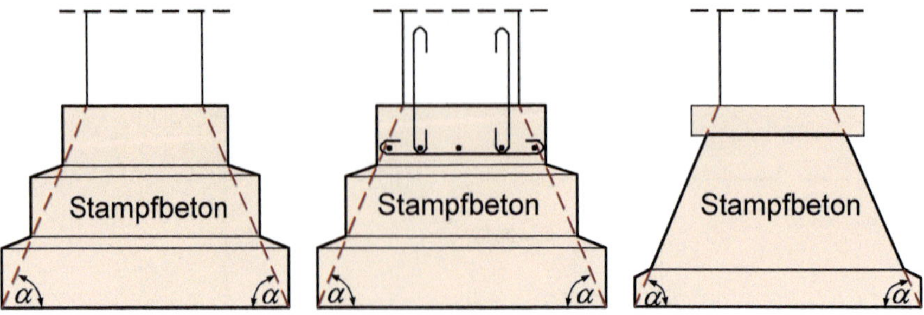

Bild 3.8 Unbewehrte Fundamente – Lastverteilung und Querschnitt

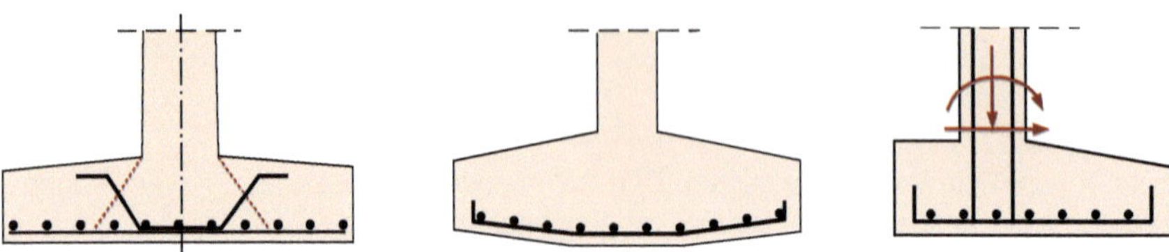

Bild 3.9 Beispiele für Querschnitte bewehrter Fundamente

Stützenreihen. Wegen des rechteckigen, langgestreckten Querschnitts (siehe *Bild 3.10*) reicht es aus, einen Ausschnitt mit der Länge 1 eines Streifenfundaments für die Nachweise zu betrachten.

Werden auf den Streifenfundamenten tragende Wandkonstruktionen abgesetzt, ist i. Allg. wegen der Scheibenwirkung und der damit verbundenen großen Steifigkeit der Wände keine Bewehrung der Fundamente erforderlich. In diesen Fällen können Streifenfundamente aus unbewehrtem Beton oder aus Mauerwerk hergestellt werden. Häufig werden unbewehrte Fundamente gegen das Erdreich betoniert. Müssen die Streifenfundamente in einigen Abschnitten Einzellasten aufnehmen, ist i. d. R. eine Bewehrung erforderlich.

Einzelfundamente: Bei punktförmiger Belastung einer Gründung, z. B. durch Stützen und Pfeiler, werden Einzelfundamente angeordnet. Im Wohnhausbau kommen Einzelfundamente z. B. unter Balkonpfeilern oder Kaminen zum Einsatz. Man unterscheidet Blockfundamente, abgetreppte und abgeschrägte Fundamente sowie Köcherfundamente.

Köcherfundamente (siehe *Bild 3.11*) kommen vor allem für die Gründung vorgefertigter Stützen zum Einsatz. Bei Plattenfundamenten ist eine Verstärkung im Bereich der Lasteinleitung erforderlich. Während unbewehrte Blockfundamente in der Vergangenheit zur Einsparung von Beton oft abgetreppt oder schräg hergestellt worden sind, ist heute meist die Ausführung schlanker, bewehrter Fundamente wirtschaftlicher. Erst bei großen Einzellasten, die größere Fundamentgrundflächen erfordern, kommen abgetreppte oder abgeschrägte Fundamente unter erheblicher Einsparung von Beton und Bewehrung zum Einsatz. Werden abgeschrägte Fundamente verwendet, ist die Sicherung der Schalung gegen Auftrieb erforderlich. Eine Abschrägung der oberen Fundamentfläche kann bis 25° Neigung ohne obere Schalung vorgenommen werden.

Einzelfundamente für Stützen im Fertigteilbau werden meist als Köcherfundamente (Becher- oder Hülsenfundamente) ausgeführt. Diese Fundamente sind bewehrt und bestehen aus einer lastverteilenden Fundamentplatte und einem ebenfalls bewehrten Köcher zur Einspannung

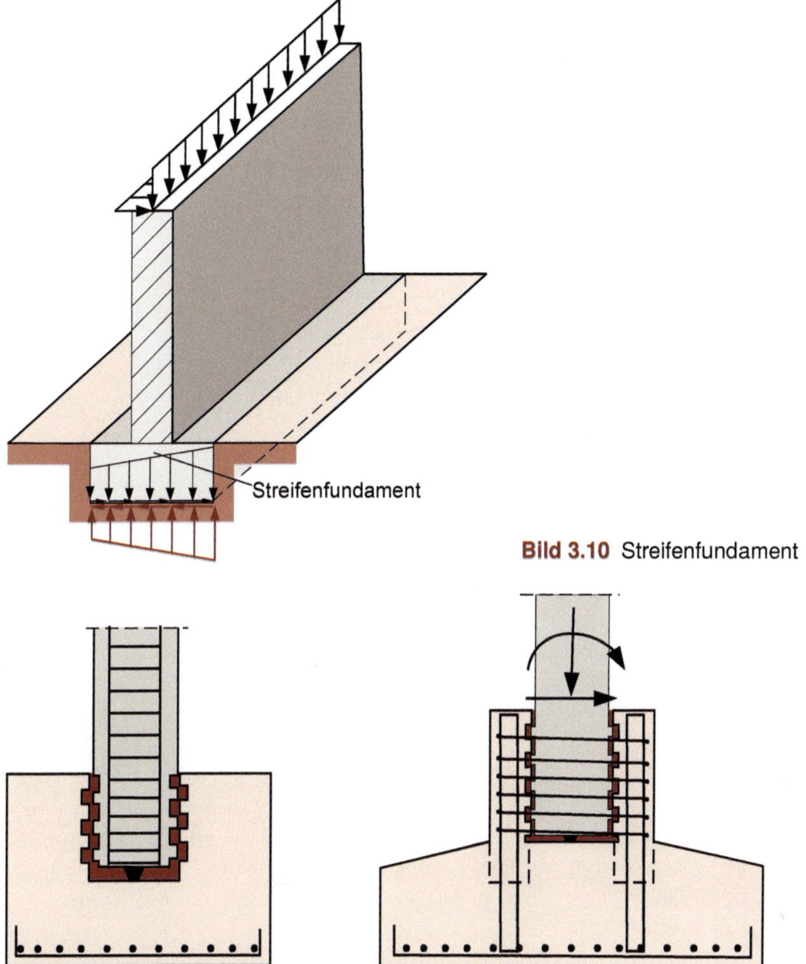

Bild 3.10 Streifenfundament

Bild 3.11 Köcherfundamente für die Gründung von Stützen

der Stütze. Um eine günstige Kraftübertragung von der Stütze auf den Köcher zu gewährleisten, werden die Kontaktflächen des Köchers und der Stütze profiliert (Profiltiefe >1,5 cm). Köcherfundamente müssen erhebliche Einspannmomente im Schaftbereich aufnehmen.

Vorbemessung: Bei Flächengründungen ist die Grundfläche der Fundamente so groß zu wählen, dass die auf die Fläche bezogene Beanspruchung den Widerstand des Baugrunds nicht übersteigt.

Die auf die Fläche bezogene Normalkraft ist die Sohlspannung σ_0. Als Maß zur zahlenmäßigen Beschreibung des auf die Fläche bezogenen Widerstands senkrecht zur Fundamentsohle kann für die Vorbemessung die früher gebräuchliche zulässige Sohlspannung σ_{zul} benutzt werden. Mit der Begrenzung der mittleren Sohlspannung wird die Sicherheit gegen Grundbruch und die Begrenzung der Setzungen erreicht (siehe auch *Abschnitt 3.3.4*).

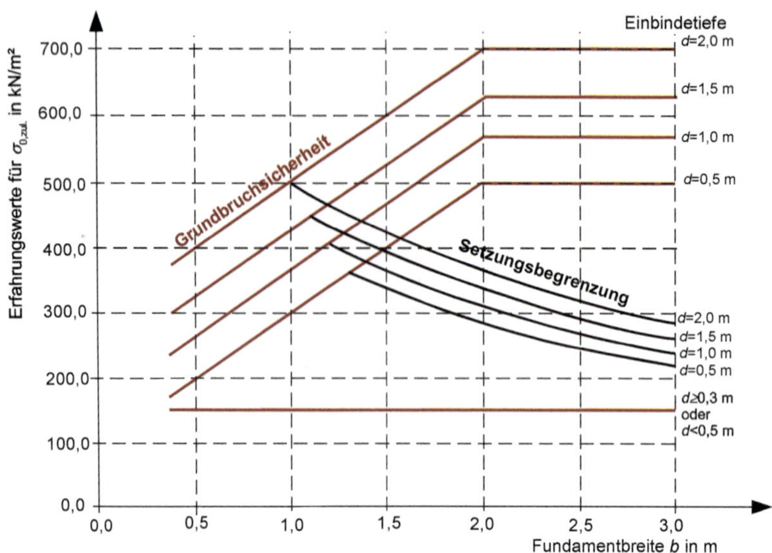

Bild 3.12 Erfahrungswerte für charakteristische, zulässige Sohlspannungen für Streifenfundamente auf nichtbindigem, mitteldicht gelagertem Boden

Tabelle 3.1 Erfahrungswerte der zulässigen Sohlspannung σ_{zul} in kN/m^2 für Streifenfundamente auf bindigen oder gemischtkörnigen Böden

kleinste Einbindetiefe [m]	gemischtkörniger Böden			tonig schluffiger Böden			Ton			Schluff
	SU*, ST, ST*, GU*, GT*			TL, UM, TM			TA			UL,UM
	mittlere Konsistenz			mittlere Konsistenz			mittlere Konsistenz			
	steif	halbfest	fest	steif	halbfest	fest	steif	halbfest	fest	Schluff
0,50	150	220	330	120	170	280	90	140	200	130
1,00	180	280	380	140	210	320	110	180	240	180
1,50	220	330	440	160	250	360	130	210	270	220
2,00	250	370	500	180	280	400	150	230	300	250

Der Grundwert von σ_{zul} wird durch den Sachverständigen für Geotechnik im Rahmen der Baugrundbegutachtung festgelegt oder darf näherungsweise aus *Bild 3.12* bzw. *Tabelle 3.1* abgelesen werden. Die Regeln für die Abminderung bzw. Erhöhung von $\sigma_{R,d}$ gemäß *Abschnitt 3.3.4* gelten in gleicher Weise für die zulässigen Sohlspannungen σ_{zul}.

Vor der Abschätzung der erforderlichen Abmessungen der Gründung sind die Teile der aufgehenden Konstruktion zu bemessen. Aus den Eigenlasten des Bauwerks oberhalb der Gründung und den Verkehrslasten und sonstigen Einwirkungen werden die Schnittkräfte an der Oberkante der Gründung ermittelt. Die Aufgabe besteht bei der Vorbemessung von Fundamenten darin, auf Grundlage dieser Schnittkräfte und der Eigenschaften des Untergrunds die Fundamentabmessungen überschläglich zu ermitteln. Es handelt sich nicht um einen rechnerischen Nachweis, sondern um die Abschätzung der Größenordnung der Fundamentabmessungen. Dazu muss auf Erfahrungswerte (Faustformeln) zurückgegriffen werden, bei denen die Zahlenwerte eine unvermeidbare Streuung einschließen. Alle Faustformeln (siehe [64]), auch die

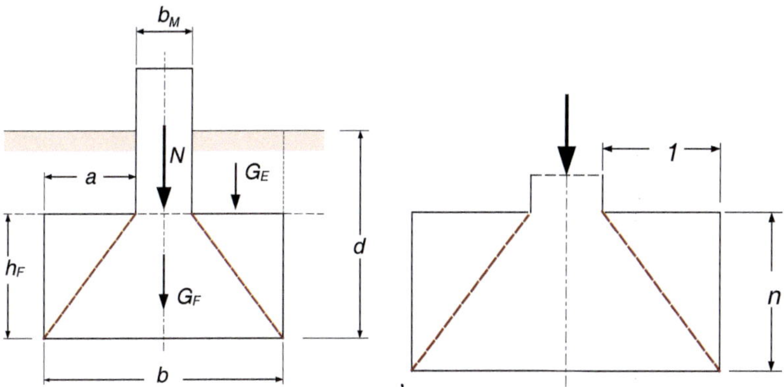

Bild 3.13 Bezeichnungen bei Einzel- und Streifenfundamenten

für die Vorbemessung anderer Gründungsvarianten oder Bauweisen, gelten für oft ausgeführte Regelfälle. Bei Bauwerken mit sehr speziellen Nutzungen oder komplizierten Konstruktionen sind diese Faustformeln nur eine grobe Näherung.

In Höhe der Fundamentsohle ergibt sich die mittlere Sohlnormalspannung σ_0 aus dem Quotienten der Normalkräfte N und der Fläche A.

$$\sigma_0 = \frac{N}{A}$$

Die Normalkraft an der Unterseite des Fundaments setzt sich gemäß *Bild 3.13* zusammen aus der Summe der Vertikalkräfte an der Fundamentoberkante, dem Eigengewicht des Fundaments G_F und dem Gewicht des auf dem Fundament aufliegenden Erdreichs G_E. Als obere Grenze für die Sohlspannung darf der Wert σ_{zul} nicht überschritten werden. Damit lässt sich anschreiben:

$$\sigma_{zul} = \frac{\sum V + (G_F + G_E)}{\text{erf}\,A}$$

Für den Quotienten $q_G = (G_F + G_E)/\text{erf}\,A$ kann die Größenordnung in Abhängigkeit der Belastung der Fundamentoberkante auf Grundlage umfangreicher Erfahrungen abgeschätzt werden. Mit q_G wird aus obiger Gleichung

$$\sigma_{zul} = \frac{\sum V}{\text{erf}\,A} + q_G$$

und nach Umstellung erhält man folgende Gleichung zur näherungsweisen Festlegung der erforderlichen Fundamentfläche:

$$\text{erf}\,A = \frac{\sum V}{\sigma_{zul} - q_G} \qquad (3.1)$$

Nach LÖSER [80], [77] kann q_G näherungsweise für Stampfbeton zu $q_G \approx \frac{\sqrt{\sum V}}{1{,}6}$ und für Stahlbeton zu $q_G \approx \frac{\sqrt{\sum V}}{3}$, mit $\sum V$ in kN und q_G in $\frac{\text{kN}}{\text{m}^2}$ angenommen werden.

Auf Grundlage dieser Erfahrungswerte ist es möglich, zunächst die erforderliche Sohlfläche der Fundamente abzuschätzen. Bei Einzelfundamenten wird die erforderliche Fläche A und bei Streifenfundamenten die erforderliche Breite b ermittelt. Zu einer vollständigen Planung gehört außerdem noch die Festlegung der Dicke h_F des Fundaments und der Einbindetiefe d.

Kriterien für die Festlegung der Einbindetiefe sind die ausreichende Frostsicherheit, die Grundbruchsicherheit sowie die Berücksichtigung der Lastausbreitung innerhalb des Fundaments. Der Ausbreitungswinkel innerhalb von Betonfundamenten ist abhängig von der Sohlspannung und der Betongüte (siehe *Tabelle 3.2*). Bei Polstergründungen ist außerdem die Lastausbreitung im Kiespolster zu berücksichtigen.

Durch die Angabe einer bestimmten Bandbreite der einzelnen Parameter wird die Streuung der Werte in Abhängigkeit der vielen Einflüsse berücksichtigt. Für den ersten Vorentwurf sollten zunächst die Parameter gewählt werden, die zu den wirtschaftlichsten Abmessungen führen.

Die anderen Werte sind vor allem zur Kontrolle der Plausibilität von Berechnungsergebnissen vorgesehen. Für Streifenfundamente wird ein Ausschnitt der Länge 1 betrachtet. Wenn die Ergebnisse der Tragwerksplanung für die aufgehende Konstruktion vorliegen, sind die entsprechenden Lasten für die Vorbemessung der Fundamente zu nutzen. Als grobe Orientierung können bei Gebäuden auch die als Faustformeln aufgeführten Lastannahmen genutzt werden (siehe [88]).

Faustformeln – Einzel- und Streifenfundamente

Lastannahmen:

Außenwand : $q_a = 10h + 10$ [kN/m]		Innenwand : $q_i = 2{,}3 l_i h$ [kN/m]	
l_i	Deckenspannweite [m]	h	Wandhöhe [m]
q_0	Eigen- und Verkehrslast der Decke [kN/m²]		
$q_0 \approx 8$	Wohnhäuser [kN/m²]	$q_0 \approx 10$	Geschäftshäuser [kN/m²]
Wandlast	$F_w = A_w q_w n$ [kN]		
n	Geschosszahl	$f \approx 1{,}2-1{,}4$	Stützenfaktor
A_w	Wandfläche [m²]	A	Deckenfläche
$q_w \approx 4-5$	Wandlast [kN/m²]	Last	$\sum V = A q_0 n f + F_w$ [kN]

Vorbemssung Fundament:

Fundamentfläche : $\text{erf}A = \frac{\sum V}{\sigma_{zul} - \frac{\sqrt{\sum V}}{f_g}}$ mit $\sum V$ in kN, σ_{zul} in kN/m², erf A in m²

unbewehrt $f_g \approx 1{,}6$, bewehrt $f_g \approx 3{,}0$

Fundamentdicke : $h_F = n\frac{(b-b_M)}{2} \geq 0{,}3\,\text{m}$ unbewehrt n siehe *Tabelle 3.2*
bewehrt $n \approx 0{,}25...0{,}3$

3.2.2 Plattengründung

Plattengründungen (siehe *Bild 3.14*) müssen Wand- und Stützenlasten aufnehmen und sie durch die Wechselwirkung mit dem Untergrund als Sohlspannung abtragen. Man unterscheidet einachsig und zweiachsig ausgesteifte Platten. Einachsig ausgesteifte Plattengründungen sind Platten, die durch Wände vor allem in einer Richtung ausgesteift werden. Nach statischen Gesichtspunkten gehören auch Fundamentbalken (Streifenfundamente) zu dieser Gruppe.

Tabelle 3.2 Tangens n des Lastverteilungswinkels von Beton für Vorbemessungen

Betonfestigkeitsklasse	Bodenpressung in kN/m²				
	100	200	300	400	500
C8/10 (B5)	1,6	2	2	unzulässig	
C8/10 (B10)	1,1	1,6	2	2	2
C12/15 (B15)	1	1,3	1,6	1,8	2
C20/25 (B25)	1	1	1,2	1,4	1,6
C30/37 (B35)	1	1	1	1,2	1,3

Die Anwendung von Plattengründung ist aus konstruktiven oder wirtschaftlichen Gründen sinnvoll, wenn:

- die Summe der Flächen der Einzel- und Streifenfundamente > $\frac{1}{2}$ der Gesamtfläche ist (z. B. nach Vorbemessung mit vorhandener Last und zulässiger Sohlspannung σ_{zul}),
- bei Gründungen unter Wasser und
- bei der Errichtung von Flüssigkeitsbehältern oder Gastanks.

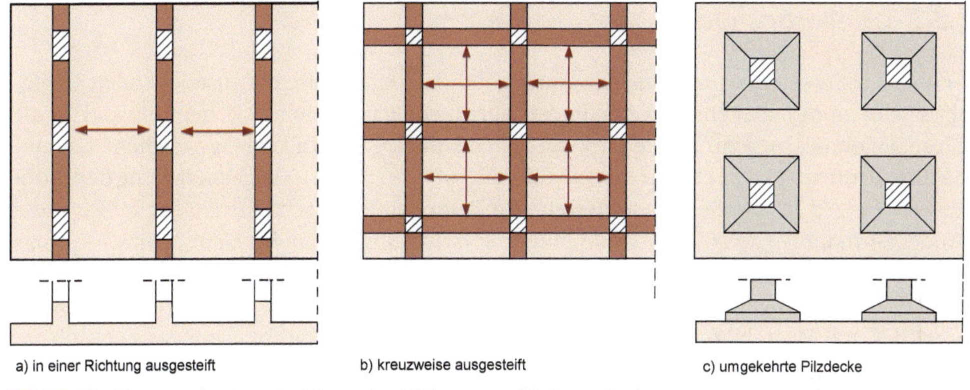

Bild 3.14 Formen der konstruktiven Ausbildung von Plattengründungen

Plattengründungen können vereinfacht mit einem vielfach gestützten Durchlaufträger verglichen werden. In manchen Bereichen liegt die Zugzone des Querschnitts oben, in manchen Bereichen unten. Der Momentenverlauf kann wie bei Durchlaufträgern unterschiedliche Vorzeichen aufweisen. Bei Plattengründungen und Fundamentbalken hängt die Bewehrungsführung daher stark von den Schwankungen des Momentenverlaufs ab.

Im Bereich der Lasteintragung kann wie bei Einzelfundamenten eine Schubbewehrung erforderlich sein. Man versucht, die Dicke von Gründungsplatten so zu bemessen, dass auf eine Schub- bzw. Durchstanzbewehrung verzichtet werden kann. Neben den Einwirkungen aus dem aufgehenden Tragwerk und den Verkehrslasten sind bei der Bemessung die Zwangsschnittgrößen aus der Interaktion zwischen Gründung und Baugrund zu berücksichtigen. Hierzu zählen insbesondere die Beanspruchungen aus der Behinderung der Verformungen im jungen Betonalter. Bei wasserundurchlässigen Gründungsplatten ist die Begrenzung der Rissbreiten bei der Bemessung zu berücksichtigen (ca. 0,10–0,15 mm). Die für die Rissbreitenbeschränkung erforderliche Bewehrung reicht in manchen Fällen für die Aufnahme der Belastungen aus dem Bauwerk.

Der Einsatz großformatiger Bewehrungsmatten ist zu bevorzugen, da bei kleinformatigen Matten wegen der Überlappung die wirkliche Nutzhöhe zum Teil deutlich von den rechnerischen Annahmen abweichen kann. Steife Kellergeschosse wirken sich günstig auf die Bemessung aus, da dadurch Momente und Querkräfte besser abgetragen werden können. Als Orientierung für die Vorbemessung kann für die Plattendicke d die 10fache Anzahl der Geschosse in cm angesetzt werden.

Faustformel - Plattenfundament

$d \approx 10\,\text{cm} \cdot \text{Geschosszahl}$

Übung 3.1

Entwurf Flächengründung

http://www.zaft.htw-dresden.de/grundbau

3.2.3 Pfeilergründung

Wenn bei kleineren Bauvorhaben eine Flachgründung wegen der nicht ausreichenden Tragfähigkeit des unmittelbar anstehenden Bodens nicht möglich ist, kann u. U. der Aufwand für die Baustelleneinrichtung zur Herstellung von Pfählen im Vergleich mit der eigentlichen Pfahlherstellung zu unwirtschaftlichen Lösungen führen. In diesen Fällen ist die Tieferlegung der Gründungssohle, i. d. R. mithilfe von unbewehrtem Beton, eine wirtschaftliche Alternative. Diese Art der Gründung wird als Pfeilergründung bzw. Gründungspfeiler bezeichnet. Im Gegensatz zur „Brunnengründung", bei der Brunnenringe oder Senkkästen als vorgefertigte Elemente in den Untergrund abgesenkt werden, wird bei einer Pfeilergündung eine Baugrube hergestellt und i. d. R. mit Magerbeton aufgefüllt. Die Wirtschaftlichkeit hängt vor allem davon ab, ob der tragfähige Baugrund bereits in Tiefen von wenigen Metern unterhalb der Baugrubensohle erreicht wird. Durch die größere Einbindetiefe vergrößert sich der aufnehmbare Sohlwiderstand des tiefer gelegten Fundaments im Vergleich zur Flachgründung erheblich.

Pfeilergründungen gehören zu den „Flächengründungen als Tiefgründung". Es handelt sich dabei um überwiegend vertikal belastete, starre Bauteile, die die Lasten in eine tiefer liegende, tragfähige Schicht übertragen. Während die Voraussetzungen für den Ansatz des stützenden Erddrucks infolge der Reaktion an der Stirnseite bei Flachgründungen (Einzel- oder Streifenfundamente) nur selten in vollem Umfang erfüllt sind, erfolgt bei Pfeilergründungen die Abtragung horizontaler Lasten planmäßig über die Bodenreaktion an den Stirnseiten. Durch die Verdrehung wird der passive Erddruck teilweise mobilisiert.

Für die Herstellung der Pfeiler ist eine Baugrube erforderlich, die mit einem Verbau oder durch eine vernagelte Spritzbetonschale gesichert werden muss. Alternativ ist auch die Verwendung von Stützsuspensionen möglich. Der Beton ist so einzubringen, dass eine Entmischung oder die Vermischung mit der Stützsuspension verhindert werden. Dafür ist z. B. das Kontraktorverfahren geeignet. Die Bemessung erfolgt nach den gleichen Verfahren wie bei Einzel- bzw. Streifenfundamenten. Maßgebend ist meist der Sohlwiderstand (zum Ansatz der horizontalen Widerstände vor den Stirnseiten siehe *Bild 3.15*).

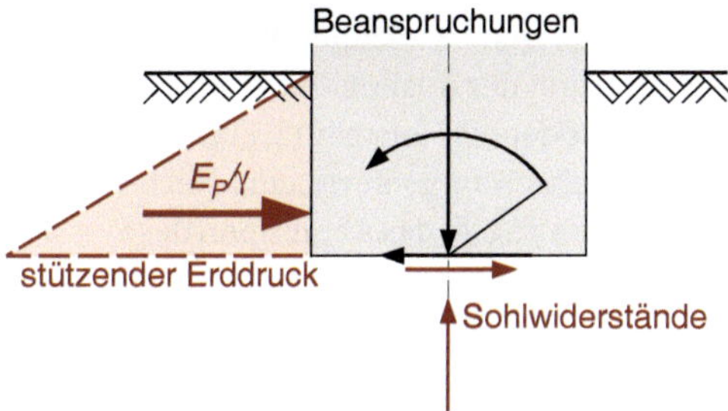

Bild 3.15 Tragverhalten Einzelfundament und Pfeilergründung

3.2.4 Kastengründung

Erstmals erwähnt wurde die Gründung mit Senkkästen durch HERODOT (484–425 v. Chr.) im Zusammenhang mit dem Ausbau des Hafens Samos. Angeblich soll auch für den Bau des Leuchtturms von Ostia ein Schwimmkasten zur Anwendung gekommen sein. In arabischen Schriften wurde 1204 ein Senkkasten aus Mauerwerk erwähnt. Diese Senkkastenbauweise gehört daher zu den ältesten Varianten der Tiefgründungen. Ein Kasten, der am unteren Ende Schneiden aufweist (siehe *Bild 3.16*), wird durch das Ausheben des Bodens im Kasteninneren allmählich zum Absinken gebracht. Das Prinzip beruht auf dem gezielten Herbeiführen des Grundbruchs unter den Schneiden. Senkkästen können vorgefertigte Teile von Bauwerken sein, z. B. als Tiefgarage.

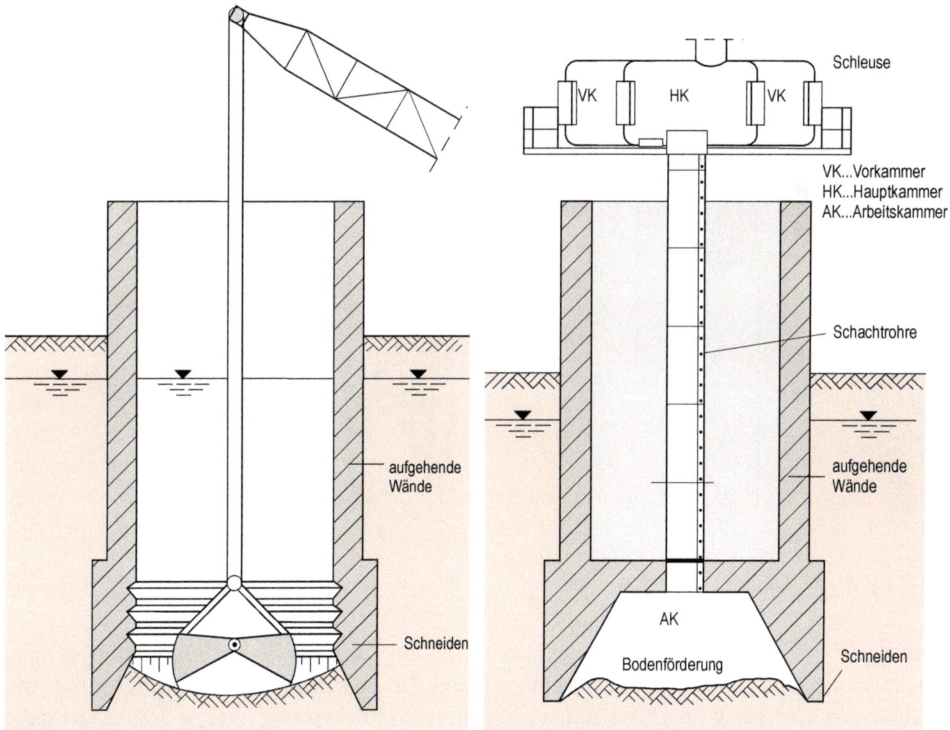

Bild 3.16 Offener Senkkasten

Bild 3.17 Druckluftsenkkasten

Offene Senkkästen: Sie werden auch als Brunnengründungen bezeichnet. Während des Absenkvorgangs ist keine Grundwasserabsenkung nötig, wenn der Aushub unter Wasser erfolgt. Durch Einbindung in eine wasserundurchlässige Schicht oder die Herstellung einer Unterwasserbetonsohle kann der Kasten nach unten wasserdicht abgeschlossen werden. Nach der Fertigstellung eines auftriebssicheren Abschlusses nach unten erfolgt das Abpumpen des Wassers aus dem Kasten.

Druckluftsenkkasten: Nach einer Idee des französischen Bergbauingenieurs und Geologen J. Triger ist im 19. Jahrhundert in Frankreich für das Arbeiten unter Wasser eine Druckkammer entwickelt worden, die das Prinzip der Taucherglocke nutzt. Diese Senkkästen werden oft nach dem französischen Wort als „Caissons" bezeichnet.

Der Arbeitsraum wird bei Caissons (siehe *Bild 3.17*) durch erhöhten Luftdruck frei von Wasser gehalten. Die Sohle ist wie bei einer offenen Kastengründung begehbar, sodass sich deren Beschaffenheit überprüfen lässt und Hindernisse beseitigt werden können. Auch das Betonieren im Trockenen ist dadurch möglich.

Der Kreisquerschnitt weist die kürzeste Schneidenlänge auf, bietet ein günstiges Verhältnis von Wandreibungs- zu Grundfläche und gewährleistet einen überwiegend auf Druck beanspruchten Wandquerschnitt. Deshalb ist der Kreis die ideale Querschnittsform für Senkkästen. Die Wahl der Grundrissform von Senkkästen richtet sich aber i. Allg. nach der Grundrissform des gesamten Bauwerks und der Funktion des Senkkastens. Bei rechteckigem Grundriss sollte dieser möglichst durch Querwände in quadratische Zellen unterteilt werden. Langgestreckte Grundrisse mit $L/B \geq 2$ sind zu vermeiden.

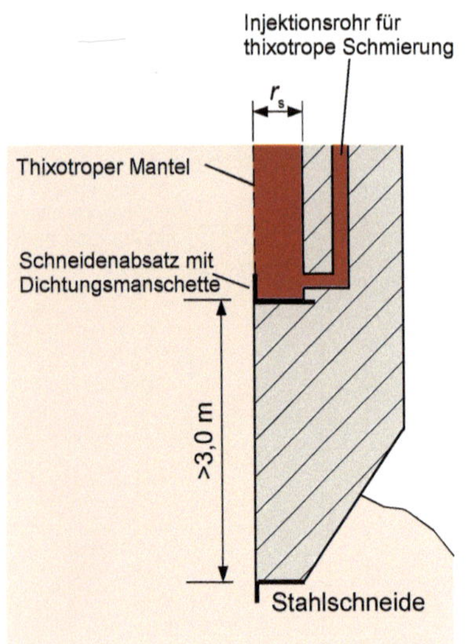

Bild 3.18 Ausbildung der Schneide

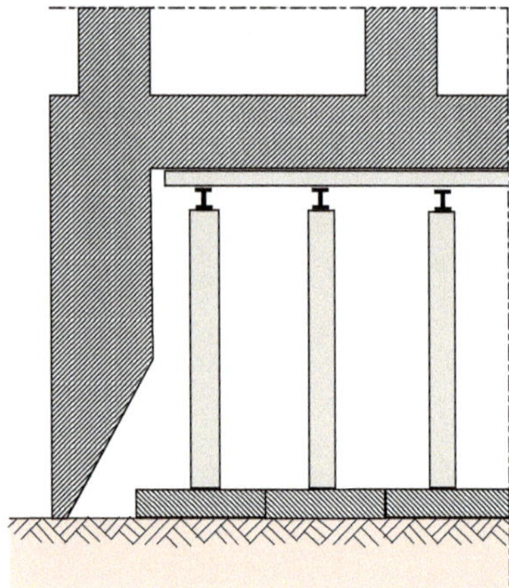

Bild 3.19 Abstützung der Arbeitskammer

Außenwände: Zur Gewährleistung einer ausreichenden Führung des Kastens beim Absenken besteht bis ca. 3 m oberhalb der Schneide direkter Kontakt zwischen dem Untergrund und Senkkasten (siehe *Bild 3.18*). Durch den anschließenden Rücksprung um $r_s \approx$ 5-10 cm wird die Mantelreibung zwischen der Kastenaußenwand und dem Boden im darüber liegenden Teil ausgeschaltet. Bei offenen Senkkästen kann das Maß r_s auch größer gewählt werden, wenn der

Spalt mit einer Tonsuspension gestützt wird. Dagegen sollte der Spalt bei Druckluftsenkkästen zur Vermeidung von Ausbläsern schmaler gewählt werden und die Bedingung $r_s \leq 10\,\text{cm}$ erfüllen.

Arbeitskammern: Die am meisten beanspruchten Teile von Senkkästen sind die Arbeitskammern. Für ihre Herstellung wird meist ein Erdmodell an der Geländeoberfläche benutzt. Als Erdmodell bezeichnet man eine profilierte Schüttung, mit der der Raum der Arbeitskammer nachgebildet wird und als Wiederlager für die Aufnahme der Schalung der Arbeitskammerinnenseite dient. Vor Beginn des Absenkvorgangs kann die Abstützung der Kammer zur Vermeidung ungleichmäßiger Einsenkungen erforderlich sein (siehe *Bild 3.19*).

Druckluftschleusen: Bei Druckluftsenkkästen ist als Zugang für die Arbeitskräfte und als Voraussetzung für den Transport von Material und Maschinen die Anordnung von Druckluftschleusen erforderlich. Der maximale Kammerdruck darf 3 bar nicht übersteigen. Entsprechend liegt der Prüfdruck der Kammern bei maximal $p_{max} = 3,0...4,5\,\text{bar}$. Die Zugänge sind mit einer Höhe $h > 1,6$ m (i. Allg. > 2,0 m) und einem Luftraum von mindestens 0,75 m^3 je Person auszubilden. Es muss die Bedienung von innen gewährleistet sein.

Gestaltung der Schneiden: Die Schneiden müssen so beschaffen sein, dass die Spannung darunter einen begrenzten Grundbruch auslöst und dadurch das Absinken des Kastens ermöglicht. Bei Druckluftsenkkästen muss eine Mindesteinbindung zur Vermeidung von Ausbläsern gewährleistet sein.

Herstellung: Nach der Herstellung des Senkkastens wird das Leergerüst oder das Erdmodell entfernt und der Absenkvorgang kontrolliert eingeleitet. Unplanmäßiges und vor allem vorzeitiges Absinken ist zu vermeiden. Dazu kann die Unterfütterung mit Holzballungen erforderlich sein. Während des Absenkvorgangs ist die Lage des Kastens ständig zu überwachen. Insbesondere Verkantungen müssen unbedingt vermieden werden.

3.3 Nachweise

Nachdem durch die Tragwerksplanung Kräfte und Momente getrennt für die einzelnen Einwirkungen in Höhe der Oberkante der Gründung ermittelt worden sind und die Gründung in ihren Abmessungen entworfen worden ist, sind die rechnerischen Nachweise für den Grenzzustand der Tragfähigkeit ULS und der Gebrauchstauglichkeit SLS zu führen. Es ist nachzuweisen, dass

- keine mögliche Kombination der angreifenden Momente, Normal- und Tangentialkräfte zu einem Versagen des Untergrunds und der Gründung führt – äußere Standsicherheit,
- kein Versagen eintritt durch Verlust des Verbunds innerhalb der Gründung bzw. des an der Lastabtragung beteiligten Untergrundbereichs – innere Standsicherheit und
- die Verformungen die zulässigen Grenzwerte nicht überschreiten – Gebrauchstauglichkeit.

Das Grundprinzip der Nachweise besteht im Vergleich der Bemessungswerte der Beanspruchungen und Widerstände. Es sind Beanspruchungen durch Momente (Kippen), Normalkräfte (Grundbruch) und Tangentialkräfte (Gleiten) und die damit verbundenen Verformungen zu berücksichtigen.

Als Voraussetzung für die Ableitung eines Rechenmodells sind bestimmte Idealisierungen erforderlich. Diese betreffen bei Flächengründungen vor allem die Berechnung der Spannungsverteilung (siehe *Bild 3.20*) in der Gründungssohle. Die Spannungsverteilung in der Sohlfuge ist eine wichtige Eingangsgröße für die Berechnung der Schnittkräfte in den Bauteilquerschnitten als Grundlage für die Bemessung der Stahlbeton- oder Betonfundamente. Diese Berechnungen werden hier zum Nachweis der inneren Sicherheit gezählt.

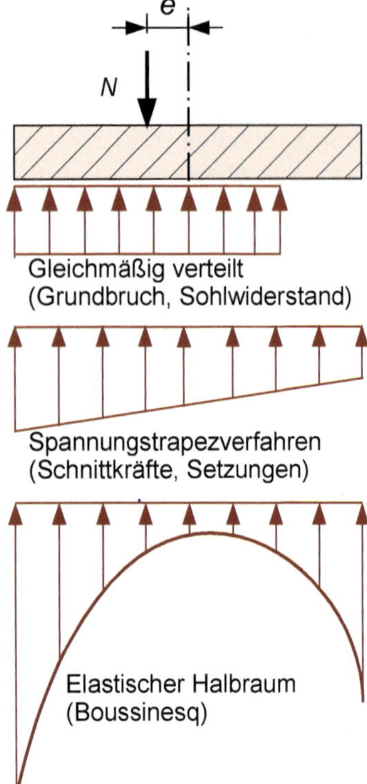

Bild 3.20 Vereinfachte Spannungsverteilungen bei Einzel- und Streifenfundamenten

3.3.1 Grundlagen – Spannungsverteilung, Schnittkräfte

3.3.1.1 Einzel- und Streifenfundamente

Zur Berechnung der Verteilung der Normalspannung σ_0 betrachtet man den Grundriss der Sohlfläche als auf Biegung und Normalkraft beanspruchten Querschnitt nach den Regeln der Festigkeitslehre (siehe z. B. [62]), wobei das Ebenbleiben des Querschnitts vorausgesetzt wird. Im Grundbau ist es üblich, das Moment durch das Produkt der Ausmitte e und der Normalkraft N zu ersetzen.

Die Spannungsverteilung bei Biegung und Normalkraft ist wegen der Annahme des ebenen Querschnitts geradlinig begrenzt. Für mittige Belastung erhält man eine gleichmäßige Verteilung. Zur Vereinfachung der Berechnungen wird beim Nachweis des Sohlwiderstands und beim Grundbruchnachweis mit einer gleichmäßigen Spannungsverteilung gerechnet. Dabei nimmt man an, dass die Normalkraft in der Mitte eines Querschnitts angreift, der selbst ein Teil des Gesamtquerschnitts ist (siehe *Bild 3.21*).

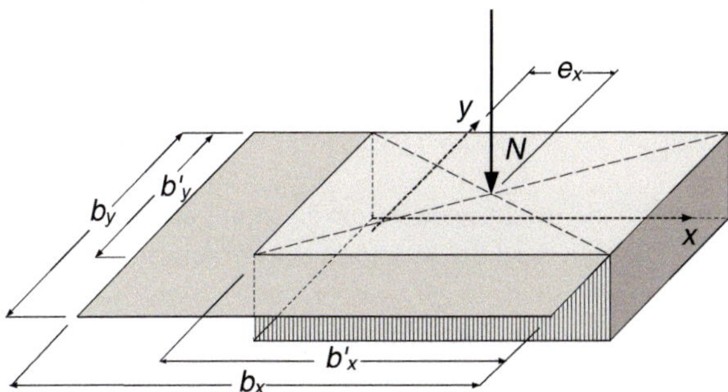

Bild 3.21 Gleichmäßige Spannungsverteilung unter Einzelfundamenten

Die Berechnung der gleichmäßig verteilten Sohlspannung erfolgt i. Allg. unter Berücksichtigung der Erdauflast und des Fundamenteigengewichts. Es wird die wirksame Fläche des Fundaments $A' = a'b'$ zugrunde gelegt. Für die Berechnung der wirksamen Abmessungen ist die Ausmitte in x-Richtung e_x und in y-Richtung e_y mit den charakteristischen Beanspruchungen zu ermitteln.

$$b'_x = b_x - 2e_x \qquad b'_y = b_y - 2e_y \qquad \sigma = \frac{N}{b'_x b'_y}$$

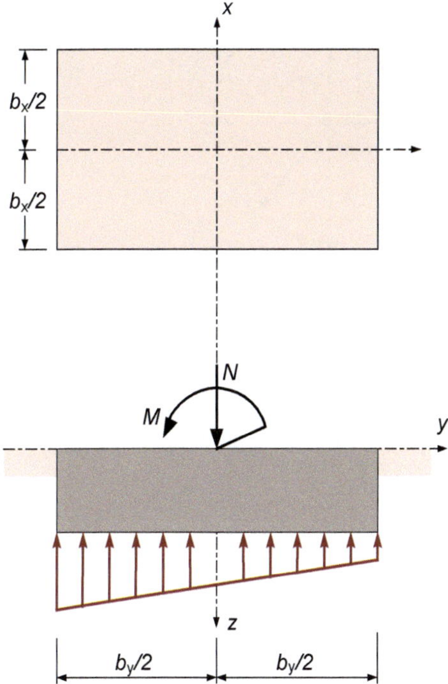

Bild 3.22 Rechteckfundament und geradlinig begrenzte Sohlspannung

Aus Moment und Normalkraft lässt sich die geradlinig begrenzte Spannungsverteilung über das Flächenträgheitsmoment berechnen. Der Anteil der Sohlspannung infolge der Normalkraft N ergibt sich aus dem Quotienten von Kraft und Fläche, der Anteil infolge Biegung aus dem Moment M und zugehörigen Trägheitsmoment I bzw. dem Widerstandsmoment W.

$$\sigma = \frac{N}{A} + \frac{M_y}{I_y}x + \frac{M_x}{I_x}y$$

Bei Querschnitten, die komplett auf Druck beansprucht werden, erhält man gemäß *Bild 3.22* eine trapezförmige Spannungsverteilung. Deshalb wird die Methode zur Berechnung der geradlinig begrenzten Spannungsverteilung auch als Spannungstrapezverfahren bezeichnet. Das Spannungstrapezverfahren wird zur Berechnung der Sohlspannungen für die Setzungsberechnung und zur Berechnung der Schnittkräfte für die Massivbaubemessung der Fundamente benutzt. Da keine Zugspannungen in der Sohlfuge aufgenommen werden können, muss in Bereichen, in denen rechnerisch Zugspannungen wirken, eine gerissene Zugzone angenommen werden. Man bezeichnet dies auch als „klaffende Sohlfuge". Dies trifft immer dann zu, wenn die Resultierende die erste Kernweite verlässt.

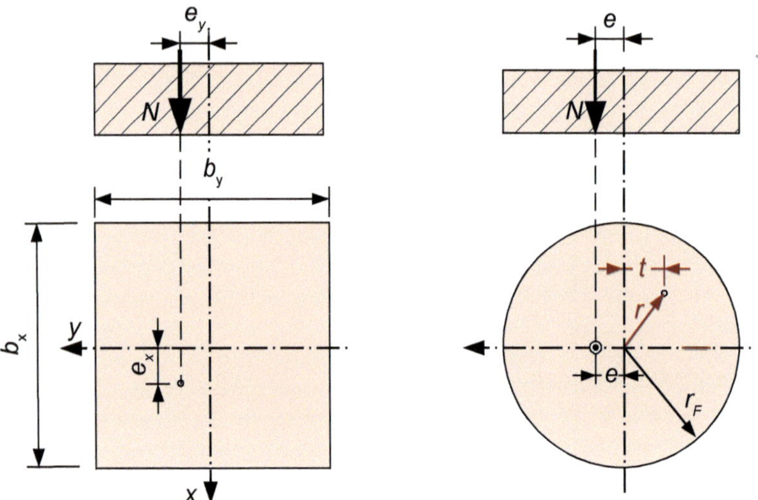

Bild 3.23 Geometrie von Rechteck- und Kreisfundament

Für die meisten Fälle lässt sich die Berechnung auf einen Rechteckquerschnitt zurückführen. Mit den Grundlagen der Festigkeitslehre und den Bezeichnungen nach *Bild 3.23* ergeben sich die Gleichungen für die Berechnung der Spannungsverteilung für einen vollständig unter Druck belasteten Rechteckquerschnitt.

$$I_y = b_y \frac{b_x^3}{12} \quad I_x = b_x \frac{b_y^3}{12}$$

$$\sigma_{1...4} = \frac{N}{A} + \frac{M_y}{I_y}x + \frac{M_x}{I_x}y = \frac{N}{b_x b_y} \pm \frac{N e_x 12}{b_y b_x^3}\frac{b_x}{2} \pm \frac{N e_y 12}{b_x b_y^3}\frac{b_y}{2} = \frac{N}{b_x b_y}\left\{1 \pm \frac{6e_x}{b_x} \pm \frac{6e_y}{b_y}\right\}$$

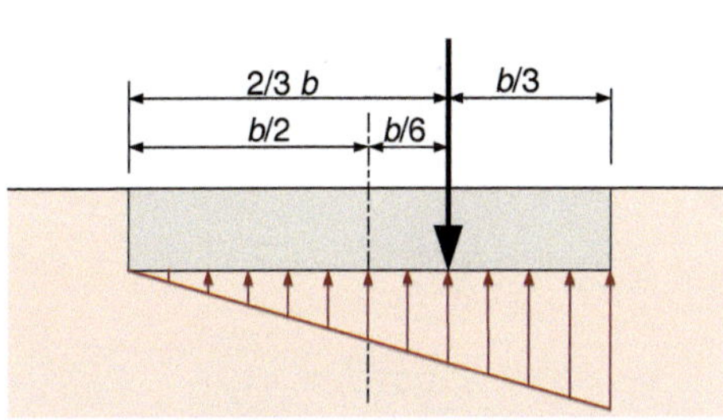

Bild 3.24 Streifenfundament, geradlinige Sohlspannungsverteilung, Ausmitte von $b/6$

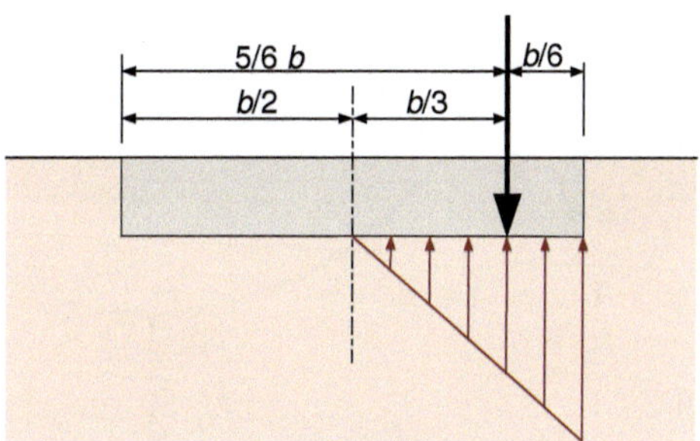

Bild 3.25 Geradlinige Spannungsverteilung, bis Schwerpunkt klaffender Fuge

Rechenregeln – geradlinig begrenzte Spannungsverteilung

innerhalb 1. Kernweite:	Rechteckfundament $\frac{e_x}{b_x} + \frac{e_y}{b_y} \leq \frac{1}{6}$
	$\sigma_{1,..,4} = \frac{N}{b_x b_y}\left(1 \pm \frac{6e_x}{b_x} \pm \frac{6e_y}{b_y}\right)$
außerhalb 1. Kernweite:	max. Eckpressung $\max \sigma = \mu \frac{N}{b_x b_y}$
	μ aus Nomogramm in *Bild 3.26*
einachsige Außermitte	bei Streifenfundament ($b_y = 1$) ist $\max \sigma = \frac{4N}{(3b_x - 6e_x) b_y}$

Die Resultierende liegt bei Rechteckfundamenten innerhalb der 2. Kernweite, wenn die Bedingung:

$$\left(\frac{e_x}{b_x}\right)^2 + \left(\frac{e_y}{b_y}\right)^2 \leq \frac{1}{9}$$

eingehalten wird. Für Kreisquerschnitte gelten die Bedingungen $\frac{e_r}{r} \leq 0{,}25$ für die erste und $\frac{e_r}{r} \leq 0{,}59$ für die zweite Kernweite.

Die Lage der Resultierenden bestimmt maßgeblich die Größe der Spannungen. Solange die Nulllinie außerhalb des Querschnitts liegt, tritt keine klaffende Fuge auf und der gesamte Querschnitt ist durch Druck belastet. Für die Berechnungen sind zwei Fälle zu unterscheiden. Solange die Resultierende die erste Kernweite nicht verlässt, ist der gesamte Querschnitt unter Druck. Die zweite Kernweite begrenzt den Bereich der Lage der resultierenden Normalspannung, bei dem der Querschnitt maximal bis zum Schwerpunkt gerissen ist (siehe *Bild 3.25*). Anschaulich lassen sich diese Verhältnisse für Streifenfundamente darstellen. Unter der Annahme, dass die Nulllinie gerade mit dem Rand des Fundaments zusammenfällt, gelten die in *Bild 3.24* dargestellten geometrischen Verhältnisse. Damit der Querschnitt noch vollständig unter Druck bleibt, muss sich eine dreieckförmige Spannungsverteilung einstellen. Die Ausmitte e ergibt sich für diesen Fall zu $e = \frac{b}{2} - \frac{b}{3} = \frac{b}{6}$. Bei klaffender Fuge mit $e > \frac{b}{6}$ erhält man die Größe der maximalen Randspannung zu $\sigma_{max} = \frac{4N}{(3b-6e)}$ und die kleinere Randspannung ist Null.

Bei den bisher genannten Verfahren zur Ermittlung der Spannungsverteilung wird die Wechselwirkung zwischen Gründung und Untergrund sehr stark vereinfacht. Dazu sind Annahmen zum Materialverhalten des Untergrunds erforderlich. Die Steifigkeit des Fundaments wird im Verhältnis zur Steifigkeit des Untergrunds durch die zwei Grenzfälle „starr" oder „schlaff" be-

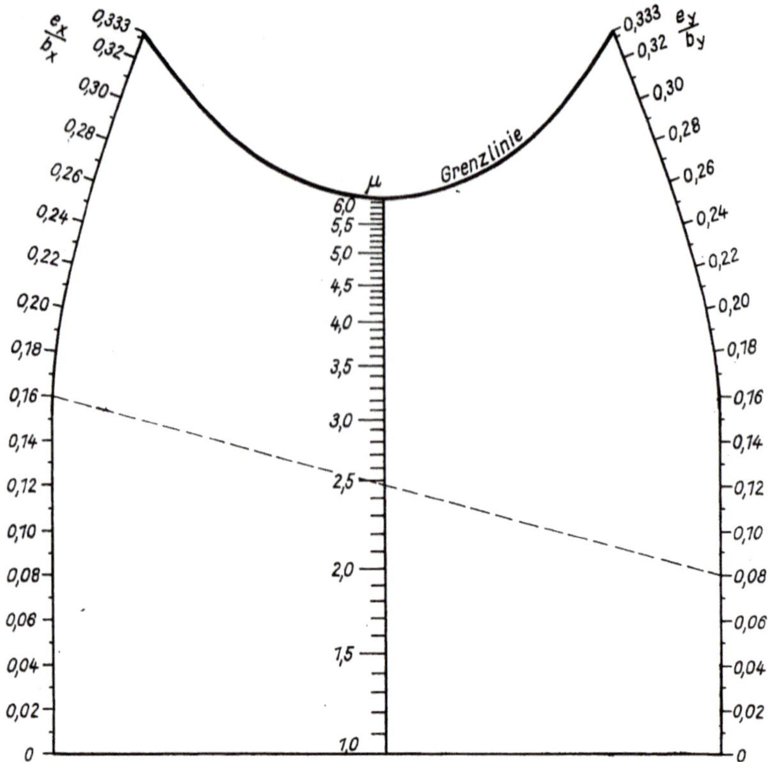

Bild 3.26 Nomogramm zur Berechnung der maximalen Eckpressung nach HÜLSDÜNKER

rücksichtigt. Zur Unterscheidung des Zusammenwirkens von Bauwerk und Untergrund wird die Systemsteifigkeit K benutzt.

$$K_s = \frac{E_b I}{E_s b l^3} = \frac{E_b}{12 E_s} (\frac{d}{l})^3 \quad K_c = \frac{E_b I}{k_s b l^4} \tag{3.2}$$

In den *Gleichungen 3.2* bezeichnet d die Dicke und l die Länge des Fundaments, E_b den E-Modul des Baustoffs (Beton), E_s den Steifemodul und k_s den Bettungsmodul des Bodens. Ab $K_c > 0,65$ bzw. $K_s > 0,1$ verhalten sich Gründungskörper starr, ab $K_c < 0,003$ bzw. $K_s < 0,001$ schlaff (siehe DIN 4018 [28]). Für die Beurteilung der Systemsteifigkeit sollten bei der Berechnung des Trägheitsmoments I die mitwirkenden Geschosse (ca. unterste 2 bis 3 Geschosse) berücksichtigt werden.

Auf Grundlage der Idealisierung des Materials unterhalb der Gründungssohle als elastisch isotroper Halbraum sind für starre Fundamente z. B. von BOUSSINESQ oder FRÖHLICH (siehe [55]) geschlossene Lösungen entwickelt worden. Die Sohlspannungsverteilung für ein mittig belastetes Rechteckfundament lässt sich auf Grundlage dieser Theorie mit *Gl. 3.3* berechnen.

$$\sigma_0(x,y) = \frac{4N}{b_x b_y \pi^2 \sqrt{\left\{1 - \left(\frac{2x}{b_x}\right)^2\right\}\left\{1 - \left(\frac{2y}{b_y}\right)^2\right\}}} \tag{3.3}$$

Für Kreisfundamente mit dem Radius r_F kann die Sohlspannungsverteilung mit *Gl. 3.3* berechnet werden, wenn die Ausmitte kleiner als $r_F/3$ ist.

$$\sigma_0(x,y) = \frac{N}{2\pi r_F^2} \frac{1+\frac{3et}{r_F^2}}{\sqrt{1-\left(\frac{r}{r_F}\right)^2}} \tag{3.4}$$

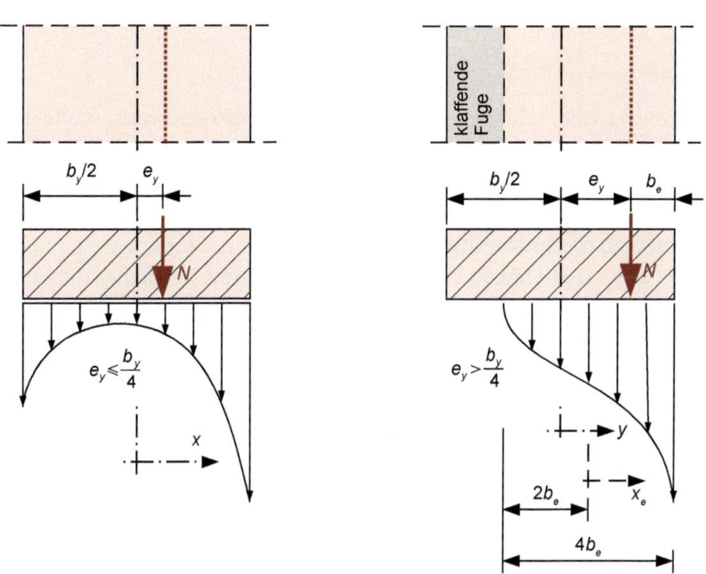

Bild 3.27 Sohlspannung unter starren Streifenfundamenten

Die Sohlspannungsverteilung starrer Streifenfundamente auf dem elastischen Halbraum lässt sich mit den Bezeichnungen gemäß *Bild 3.27* mit den *Gln. 3.5* und *3.6* berechnen. Rechnerisch ergeben sich in allen Gleichungen Randspannungen, die entweder 0 sind oder unendlich anwachsen. Der Untergrund ist natürlich nicht in der Lage, diese unendlich großen Sohldrücke aufzunehmen.

$$e_y \leq \frac{b_y}{4} \quad : \quad \sigma_0(y) = \frac{2N}{b_y\pi} \frac{1+\frac{8e_y y}{b_y^2}}{\sqrt{1-\left(\frac{2y}{b_y}\right)}} \tag{3.5}$$

$$e_y > \frac{b_y}{4} \quad : \quad \sigma_0(y) = \frac{N}{2b_e\pi} \frac{1+\frac{y_e}{2b_e}}{\sqrt{1-\left(\frac{y_e}{2b_e}\right)}} = \frac{N}{2b_e\pi}\sqrt{\frac{2b_e+y_e}{2b_e-y_e}} \tag{3.6}$$

Bei Überschreiten eines bestimmten Grenzwerts der Sohlspannung, dessen Größe mit der Grundbruchberechnung abgeschätzt werden kann, bilden sich Zonen im Untergrund aus, in denen Fließvorgänge stattfinden. In der Folge kommt es zu Spannungsumlagerungen in weniger beanspruchte Bereiche.

Sehr biegsame Fundamente passen sich der Setzungsmulde ohne nennenswerten Widerstand an und besitzen nur eine sehr geringe lastverteilende Wirkung. Die Sohlspannungsverteilung ist dann fast identisch mit der Verteilung der Auflast. Im Bereich der Einleitung hoher Kräfte kann es unter Wänden oder Stützen zu örtlichen Überbeanspruchungen des Baugrunds kommen. Durch Vergrößerung der Dicke der Fundamente lässt sich eine bessere Druckverteilung erreichen. Bei der Bemessung sind die dadurch anwachsenden Biegemomente zu beachten.

Übung 3.2

Sohlspannung Einzel- und Streifenfundament

http://www.zaft.htw-dresden.de/grundbau

3.3.1.2 Berechnung elastischer Fundamente

In Abhängigkeit von der Belastung, der Steifigkeit der Gründung bzw. des Bauwerks sowie den Eigenschaften des Baugrunds bilden sich unter den Fundamenten Setzungsmulden aus. Die Durchbiegung des Fundaments passt sich dieser Setzungsmulde an. Auf Grundlage der Biegelinie lässt sich mit den Verfahren der Festigkeitslehre und Statik die Verteilung der Flächenbelastung berechnen, die genau zu dieser Durchbiegung führt. Das Fundament wird dazu als elastischer Balken betrachtet, dessen Steifigkeit sich durch E-Modul und Trägheitsmoment I beschreiben lässt.

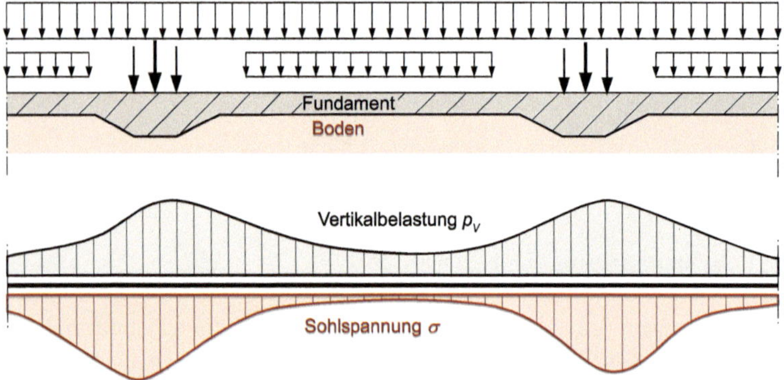

Bild 3.28 Plattengründung, Belastung und Sohldruckverteilung – schematisch

Durch den Boden wird an der Unterseite der Fundamente die Sohlspannung gemäß *Bild 3.28* als Reaktion auf die Belastung mobilisiert. Die Sohlspannung muss mit der aus der Biegelinie abgeleiteten Flächenbelastung übereinstimmen, solange Kontakt zwischen Fundamentsohle und Untergrund besteht. Mit diesem Ansatz ist es möglich, Berechnungsverfahren zur Ermittlung der Sohlspannungsverteilung zu entwickeln, wobei elastisches Verhalten des Fundaments vorausgesetzt wird. Gedanklich lässt sich die Sohlspannungsberechnung durch das Drehen des Bauwerks um 180° veranschaulichen. Die aufgehenden Wände sind dann Stützen und müssen die Belastung aus der Decke aufnehmen, die durch eine Flächenlast σ_0 belastet wird. Die Belastungsfigur auf der Decke führt genau zu den Durchbiegungen, die im realen Fall die Gründung aufnehmen muss.

In *Bild 3.29* ist eine Fundamentplatte bzw. ein Balken der Länge L dargestellt. Das Fundament wird durch eine beliebige Vertikalbelastung p_V beansprucht. Die Sohlspannung σ_0 soll berechnet werden. Dazu wird das Fundament in n gleiche Abschnitte der Länge a unterteilt und die Belastung abschnittweise als konstant angenommen. Ersetzt man die vereinfachte Belastung je Balkenabschnitt durch die Einzelkräfte V_i und $F_{N,i}$, so ergibt sich die am unverformten Balken angegebene Belastung.

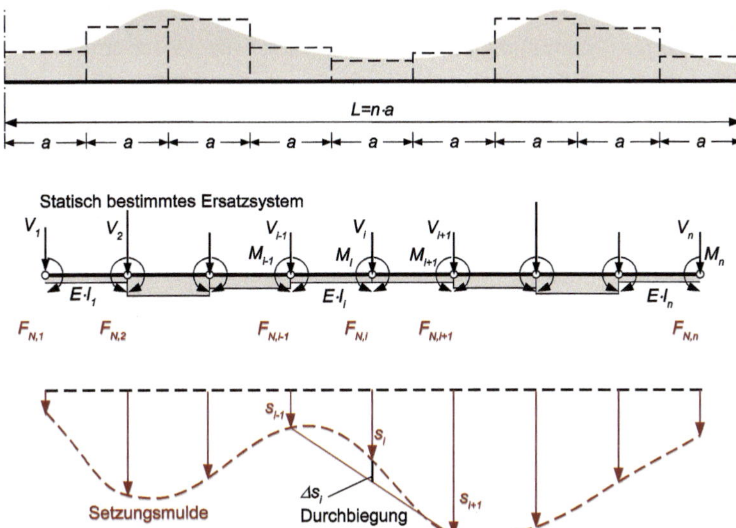

Bild 3.29 Statisches Modell eines gebetteten Fundamentbalkens

Wegen der Verformbarkeit von Fundamentbalken und Untergrund sind die Kräfte V_i und $F_{N,i}$ zunächst unbekannt. Aus der Bedingung für das Gleichgewicht der Vertikalkräfte folgt, dass $\Sigma V_i = \Sigma F_{N,i}$ sein muss. Die Aufgabe besteht darin, für einen durch die Kräfte V_i belasteten, statisch unbestimmt gelagerten Balken die Auflagerkräfte $F_{N,i}$ zu berechnen. Benutzt man zur Lösung des Problems die Kraftgrößenmethode, dann ergibt sich am statisch bestimmten Hauptsystem unter Vernachlässigung der Einflüsse aus Längs- und Querkräften die auf die Punkte $i-1$ und $i+1$ bezogene Vertikalverschiebung des Punktes i zu

$$y_i = \frac{a^2}{12EI}\left(M_{i-1} + 4M_i + M_{i+1}\right)$$

E : Elastizitätsmodul $\qquad$ I : Trägheitsmoment des Balkens

Die Setzung an der Stelle i ist s_i. Der auf die Sekante zwischen den Punkten $i+1$ und $i-1$ bezogene Setzungszuwachs (Durchbiegung) im Punkt i ist nach *Bild 3.29*

$$\Delta s_i = s_i - \frac{s_{i-1} + s_{i+1}}{2} = \frac{1}{2}\left(-s_{i-1} + 2s_i - s_{i+1}\right).$$

Da die Durchbiegung und Setzung in jedem Punkt gleich groß sein müssen, ergibt sich für den Punkt i folgende Verträglichkeitsbedingung:

$$-s_{i-1} + 2s_i - s_{i+1} = \frac{a^2}{6EI}\left(M_{i-1} + 4M_i + M_{i+1}\right) \tag{3.7}$$

Nach *Bild 3.29* ist $M_i = M_{i-1} + a\left(F_{N,i-1} - V_{i-1}\right)$ und

$$M_{i+1} = M_i + a\left(F_{N,i-1} - V_{i-1}\right) = M_{i-1} + a\left(F_{N,i-1} + F_{N,i} - V_{i-1} - V_i\right)$$

Es ist allgemein

$$M_i = M_1 + a \sum_{k=1}^{i-1} \left(F_{N,k} - V_k\right).$$

Unter der Voraussetzung, dass die Belastung innerhalb der einzelnen Balkenabschnitte jeweils konstant ist, erhält man für das Biegemoment im Punkt 1

$$M_1 = \frac{a}{8} \left(F_{N,1} - V_1\right).$$

Mit den vorgestellten Gleichungen ergibt sich

$$\begin{aligned} -s_{i-1} + 2s_i - s_{i+1} &= \frac{a^3}{EI} \left[\frac{1}{8}(F_{N,1} - V_1) + \sum_{k=1}^{i-2} \left(F_{N,k} - V_k\right) \right. \\ &\quad \left. + \frac{5}{6} \left(F_{N,i-1} - V_{i-1}\right) + \frac{1}{6} \left(R_{N,i} - N_i\right) \right] \end{aligned}$$

Auf der rechten Seite dieser Gleichung sind nur noch die Sohldruckkräfte F_N unbekannt. Auf der linken Seite stehen die Setzungsbeträge s_{i-1}, s_1 und s_{i+1}. Zu ihrer Ermittlung muss der Zusammenhang zwischen der Verformung des Untergrunds und der Sohlspannung mathematisch beschrieben werden. Beim Bettungsmodulverfahren wird angenommen, dass die Einsenkung immer proportional zur Sohlspannung σ_0 ist. Dies lässt sich durch die Gleichung $k_s = \frac{\sigma_0}{s} = \frac{F_n}{sa}$ beschreiben. k_s ist der Bettungsmodul des Untergrunds. Ein andere Möglichkeit zur Lösung ergibt sich aus der Bedingung, dass die Setzungen und die Durchbiegung des Fundaments gleich groß sein müssen. Zur Berechnung der Setzungen wird der Steifemodul E_S als Bodenkennwert benutzt. Der auf dieser Grundlage entwickelte Berechnungsansatz ist das Steifemodulverfahren.

Bettungsmodulverfahren: Die einfachste Annahme zur Berechnung der Sohlspannungsverteilung geht von dem Gedanken aus, dass sich ein Bodenelement proportional zu der Sohlspannung zusammendrückt, unbeeinflusst vom Verhalten der angrenzenden Bereiche. Der Proportionalitätsfaktor an der Stelle i ist der Bettungsmdodul $k_{s,i}$:

$$k_{s,i} = \frac{F_{N,i}}{as_i}.$$

Die gesuchten Setzungsbeträge erhält man zu

$$s_i = \frac{Q_i}{ak_{s,i}}. \tag{3.8}$$

Das Verfahren wurde erstmalig 1867 von WINKLER mit einem konstanten Bettungsmodul zur Berechnung des Eisenbahnoberbaus angewendet. Es ist 1889 von SCHWEDLER und 1930 von ZIMMERMANN in verbesserter Form veröffentlicht worden. Schwierigkeiten bereitet die richtige Bestimmung des Bettungsmoduls. Dieser ist kein Bodenkennwert, sondern auch von der Fundamentgeometrie und der Belastung abhängig. Der Bettungsmodul kann aus der Setzung s_m im kennzeichnenden Punkt unter Ansatz der mittleren Sohlpressung σ_0 berechnet werden.

$$k_s = \frac{\sigma_0}{s_m}. \tag{3.9}$$

Die idealisierte Sohlspannungsverteilung starrer Fundamente weist zum Rand hin eine starke Zunahme der Sohlspannung auf (siehe *Bild 3.27*). Diese Zunahme der Spannungen führt teilweise zu plastischen Baugrundverformungen an den Fundamenträndern. Konstruktiv und rechnerisch lässt sich dies durch die Anpassung der Trägheitsmomente und die Erhöhung des Bettungsmoduls im Randbereich berücksichtigen. In vielen Stabstatikprogrammen wird das Bettungsmodulverfahren wegen seiner numerischen Robustheit und der vorliegenden positiven Erfahrungen zur Berechnung der Sohlspannungsverteilung von Streifen- und Plattengründungen genutzt. Weniger zutreffend ist die Berechnung von Verformungen auf Grundlage des Bettungsmodulverfahrens. Eine gleichmäßige Setzung ergibt rechnerisch nach dieser Methode auch eine gleichmäßige Spannungsverteilung, was nicht richtig ist. Diese Nachteile lassen sich mit dem Steifemodulverfahren umgehen.

Steifemodulverfahren: Die Durchbiegung einer Fundamentplatte muss mit der Setzungsmulde übereinstimmen. Diese Überlegung wurde von OHDE benutzt, um auf Grundlage von Setzungsberechnungen die Sohlspannung aus der Biegelinie des Fundaments iterativ zu berechnen, bis Übereinstimmung besteht zwischen der rechnerischen Setzungsmulde und der Plattendurchbiegung. Wesentliche Weiterentwicklungen sind durch KANY vorgenommen worden. Die Setzungskoordinaten s_{i-1}, s_i, s_{i+1} werden wie folgt ermittelt:

- Annahme einer virtuellen Kraft auf der Oberfläche des Halbraums $\bar{F}_N = 1$.
- Berechnung der Setzungsmulde punktweise. Setzungsordinate unter $\bar{F}_N$ ist $\bar{s}_0$. Die Setzung wird in unterschiedlichen Abständen a, $2a$, $3a$ von der Kraft $\bar{F}_N$ berechnet und $\bar{s}_1, \bar{s}_2, \bar{s}_3$ usw. bezeichnet.
- Die Last $\bar{F}_N$ an der Stelle i ruft an der Stelle j eine Setzung $\bar{s}_3$ hervor. Infolge der Last $\bar{F}_N$ an der Stelle j ergibt sich eine Setzung $\bar{s}_3$ an der Stelle i.

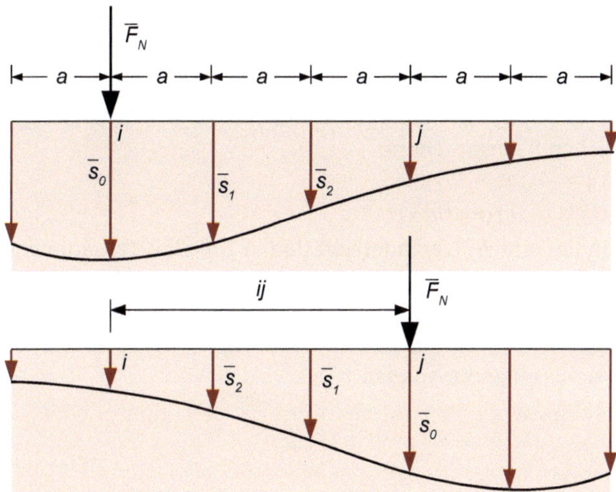

Bild 3.30 Setzungseinflusslinie infolge einer virtuellen Einzellast $\bar{F}_N$

Lineares Verformungsverhalten vorausgesetzt, sind die in *Bild 3.30* dargestellten Kurven mit den Ordinaten $\bar{s}$ die Setzungseinflusslinien für einen Halbraum. Eine beliebige Kraft $F_{N,j}$ an der Stelle j erzeugt eine Setzung $F_{N,j}\overline{s_{ij}}$ an der Stelle i. $\overline{s_{ij}}$ ist der Setzungseinflusswert im Abstand $\overline{ij}$ vom Setzungseinflusswert $\bar{s}_0$.

Mit der Balkenteilung und Belastung des Halbraums an den Stellen $1, 2, ..., n$ mit den Sohldruckkräften $F_{N,1}, F_{N,2}, ..., F_{N,n}$, erhält man an der Stelle i durch Superposition folgenden Setzungsbetrag:

$$s_i = F_{N,1}\bar{s}_{i-1} + F_{N,2}\bar{s}_{i-2} + ... + F_{N,i-1}\bar{s}_1 + F_{N,i}\bar{s}_0 + ... + F_{N,n}\bar{s}_{n-1},$$

oder kürzer:

$$s_i = \sum_{k=1}^{i} \left(F_{N,k}c_{i-k}\right) + \sum_{k=i+1}^{n} \left(F_{N,k}c_{k-i}\right). \tag{3.10}$$

Mit dieser Gleichung können die gesuchten Setzungsbeträge in die Formänderungsgleichungen eingesetzt werden. Bei bekanntem Steifemodul lassen sich die Setzungseinflusswerte $\bar{s}$ berechnen. Es bleiben nur die Sohldruckkräfte F_N als Unbekannte übrig. Für Bettungsmodulverfahren *Gl. 3.8* und Steifemodulverfahren *Gl. 3.10* lässt sich bei Balkenteilung nach *Bild 3.29* die Formänderungsbeziehung nach *Gl. 3.7* $(n-2)$mal anschreiben. Die Forderungen nach Summe aller Vertikalkräfte $\Sigma V = 0$ und Summe der Momente an einer beliebigen Stelle i $\Sigma M_i = 0$ ergeben zwei weitere Gleichungen.

Bettungsmodul- und Steifemodulverfahren wurden hier für balkenartige Fundamentkörper angegeben. Beide Verfahren lassen sich auch für plattenartige Fundamente erweitern. Dabei wächst der Rechenaufwand beträchtlich an, besonders beim Steifemodulverfahren.

3.3.2 Grenzzustand der Tragfähigkeit (ULS)

Es ist nachzuweisen, dass die Normalkraft, die Querkraft und das Moment im untersuchten Schnitt sicher aufgenommen werden können. Der maßgebende Schnitt ist hier die Kontaktfläche zwischen Fundament und Baugrund. Bei nur einer veränderlichen Einwirkung ergibt sich die Beanspruchungen normal und tangential zur Sohlfuge aus der Summe der Bemessungswerte der ständigen und veränderlichen Beanspruchung.

- Beanspruchung normal : $V_d = V_{G,k}\gamma_G + V_{Q,k}\gamma_Q$
- Beanspruchung tangential : $H_d = H_{G,k}\gamma_G + H_{Q,k}\gamma_Q$

Die Teilsicherheitsbeiwerte γ_G (ständig) und γ_Q (veränderlich) sind in *Tabelle 2.2* zusammengestellt. Bei der Berechnung der resultierenden charakteristischen Beanspruchung in der Sohlfläche E_k werden alle charakteristischen Einwirkungen $F_{k,i}$ (z. B. Erddruck, Eigengewicht, Lasten aus dem Tragwerk) berücksichtigt. Unter bestimmten Voraussetzungen darf eine Bodenreaktion an der Stirnseite des Fundaments angesetzt werden.

3.3.2.1 Grundbruch

Der Nachweis der Grundbruchsicherheit wird mit dem Nachweisverfahren 2 (GEO-2) geführt. In [55] sind die Grundlagen der Berechnungsalgorithmen dargestellt. Die Berechnung selbst ist nach DIN 4017 [27] durchzuführen. Alle Einwirkungen F werden als charakteristische Werte (Teilsicherheitsbeiwert $\gamma_F = 1,0$) angesetzt. Für den rechnerischen Nachweis sind die Bemessungswerte der Beanspruchungen V_d zu ermitteln. Diese ergeben sich durch Multiplikation der charakteristischen Beanspruchungen mit den entsprechenden Sicherheitsbeiwerten. $R_{v,k}$ ist der charakteristische Wert des Grundbruchwiderstands.

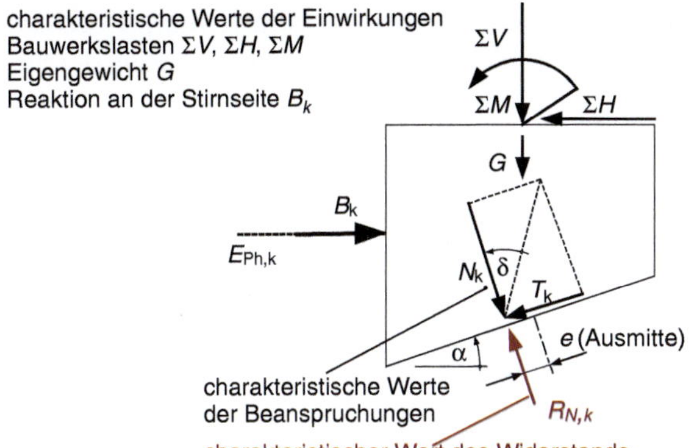

Bild 3.31 Einwirkungen, Beanspruchungen und Widerstand beim Grundbruchnachweis

Die Beanspruchungen normal zur Sohle können abweichend zur DIN EN 1997-1 auch mit N bezeichnet und der Widerstand mit R_N bezeichnet werden (siehe *Bild 3.31*). In *Gl. 3.11* ist die Rechenvorschrift für den Vergleich der Bemessungswerte der Beanspruchungen normal zur Gründungssohle mit den Bemessungswerten der Widerstände dargestellt. Mit Nutzung der Bezeichner N_k und $R_{N,k}$ erhält man folgende Rechenvorschrift:

$$V_d = V_{G,k}\gamma_G + V_{Q,k}\gamma_Q \leq R_{v,d} = \frac{R_{v,k}}{\gamma_{R,v}} \tag{3.11}$$

Neben den Bodeneigenschaften und den Abmessungen des Fundaments ist R_v auch von der Größe der Einwirkungen (Neigung, Ausmitte) abhängig. Die Ausmittigkeit (Exzentrizität) wird mit charakteristischen Werten ermittelt. Bei der Ermittlung der resultierenden charakteristischen Beanspruchung in der Sohlfläche dürfen Bodenreaktionen B_k an den Stirnseiten des Fundaments wie charakteristische Einwirkungen angesetzt werden. Für den Ansatz dieser Bodenreaktionen B_k sind die Bedingungen $B_k \leq \frac{E_{p,k}}{2}$ und B_k kleiner als die entgegenwirkende charakteristische Beanspruchung einzuhalten. Der Vergleich muss für die Richtungen erfolgen, in denen horizontale Beanspruchungen auftreten. Die passiven Erddruckkräfte $E_{p,k}$ sollen mit $\delta_p = 0$ berechnet werden.

$$T_k = T_{Q,k} + T_{G,k} - B_k \geq 0 \tag{3.12}$$

B_k vermindert die tangentiale Beanspruchung in der Sohlfläche und dadurch auch die Ausmitte. Da die Lastneigung und die Ausmitte beim Grundbruchnachweis über die wirksame Fläche und den Lastneigungsbeiwert berücksichtigt werden, hat der Ansatz von B_k entscheidenden Einfluss auf das Ergebnis.

Die Berechnung von $R_{v,k}$ erfolgt mit den charakteristischen Werten φ_k, c_k bzw. $c_{u,k}$. Es sind die Kombinationen der Einwirkungen zu untersuchen, die sich aus

a) dem größten V_k mit dem dazugehörigen größten T_k und

b) dem kleinsten V_k mit dem dazugehörigen größten T_k

ergeben. Zur Mobilisierung des Grundbruchwiderstands sowie der Reaktionskraft B_k sind Verformungen erforderlich. Dies muss bei der Beurteilung der Gebrauchstauglichkeit berücksichtigt werden. Es ist sicherzustellen, dass ein vorübergehender Verlust der stützenden Wirkung nicht zum Versagen führt. Bei den rechnerischen Untersuchungen sind solche Szenarien, z. B.

das Ausheben eines Rohrgrabens, durch entsprechende Bemessungssituationen zu berücksichtigen. Bei Veränderungen an bestehenden Bauwerken führt die Vernachlässigung der Reaktion an der Stirnseite u. U. zu Ergebnissen, die mit dem wirklichen Zustand des Bauwerks nicht im Einklang stehen.

3.3.2.2 Gleitsicherheit

Der Nachweis für den Gleitwiderstand gehört zum Nachweisverfahren 2 (Geo-2). Sofern der Sohlreibungswinkel $\delta_{S,k}$ nicht ermittelt wird, darf bei Ortbetonfundamenten anstelle des kritischen Reibungswinkels der charakteristische Reibungswinkel φ'_k angesetzt werden, wobei keine größeren Werte als $\varphi = 35°$ verwendet werden sollten. Dies gilt auch bei vorgefertigten Fundamenten, wenn die Fertigteile im Mörtelbett verlegt werden. Bei vorgefertigten Fundamenten ohne Mörtelbett ist als charakteristischer Sohlreibungswinkel $\delta_{S,k} = \frac{2}{3}\varphi'_k$ zu verwenden.

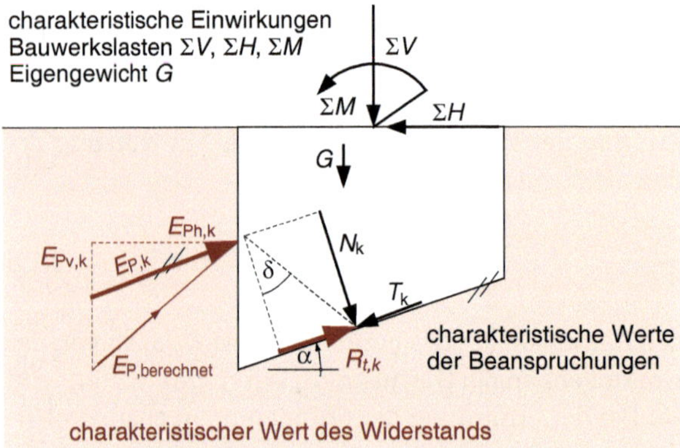

Bild 3.32 Beanspruchungen und Widerstände beim Nachweis der Gleitsicherheit

Beim Gleitsicherheitsnachweis (siehe *Bild 3.32*) wird der Bemessungswert der Einwirkungen tangential zur Gründungssohle mit dem Bemessungswert der parallel zur Sohle wirkenden Widerstände verglichen.

$$H_d \le R_d + R_{p,d} \tag{3.13}$$

H_d bezeichnet hier die Resultierende aller tangentialen Bemessungseinwirkungen T_d in der Sohlfläche, R_d den Bemessungswert des Widerstands tangential, $R_{T,d}$ und $R_{p,d}$ den Bemessungswert des passiven Erddrucks $E_{p,d}$. Der passive Erddruck sollte mit dem Erddruckneigungswinkel $\delta_p = 0$ berechnet werden. Die Bezeichnungen $H_d, R_d, R_{p,d}$ der DIN EN 1997-1 werden hier durch $T_d, R_{T,d}$ und $E_{p,d}$ ersetzt, weil damit eine durchgängig systematische Darstellung der Nachweise möglich ist. Aus *Gl. 3.13* wird damit:

$$T_d = T_{G,k}\gamma_G + T_{Q,k}\gamma_Q \le R_{t,d} + E_{p,d} = \frac{R_{t,k}}{\gamma_{R,h}} + \frac{E_{p,k}}{\gamma_{R,e}} \tag{3.14}$$

Bei der Berechnung des Widerstands in der Fundamentsohle sind folgende Regelungen zu beachten:

- Zur Erfassung der Langzeitstandsicherheit wird der konsolidierte (dränierte) Zustand zugrunde gelegt.

  $$R_{t,k} = N_k \tan\delta_{S,k}$$

  Für Fundamente aus Ortbeton mit Verzahnung im Baugrund ist der charakteristische Sohlreibungswinkel $\delta_{S,k} = \varphi'_k \leq 35°$, bei fehlender Verzahnung und bei Fertigteilen ohne Mörtelbett ist $\delta_{S,k} = \frac{2}{3}\varphi'_k$.
- Die Anfangsstandsicherheit wird mit dem undränierten Zustand erfasst. Dieser Zustand gilt für rasche Beanspruchungen gesättigter Böden. Der Widerstand ist mit der undränierten Kohäsion $c_{u,k}$ und der Fundamentfläche A zu ermitteln.

  $$R_{t,k} = Ac_{u,k}$$

- Wenn durch die geometrische Ausbildung des Fundaments eine Bruchfläche erzwungen wird, die durch den Boden verläuft, z. B. durch Sporne, berechnet sich der Widerstand in tangentialer Richtung wie folgt:

  $$R_{t,k} = N_k \tan\varphi'_k + Ac'_k.$$

3.3.2.3 Lagesicherheit – Grenzzustände EQU, HYD

Wenn die Möglichkeit besteht, dass Teile der Gründung durch ungünstig wirkende Beanspruchungen in ihrer Lage verändert werden, ist der Nachweis der Lagesicherheit zu führen. Dies ist z. B. erforderlich, wenn Teile der Gründung unter Auftrieb stehen oder wenn Zugkräfte die Gründung einschließlich des angehängten Bodens anzuheben drohen. Für den Nachweis werden die günstigen Einwirkungen (stabilisierend, z. B. Eigengewicht) den ungünstigen Einwirkungen gegenübergestellt (z. B. Strömungskräfte oder Auftrieb).

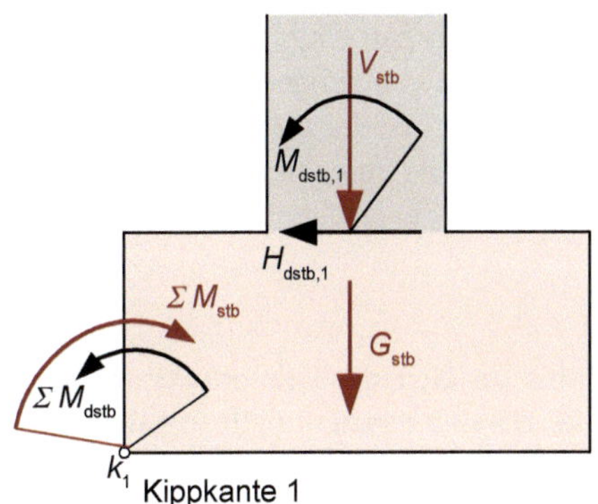

Bild 3.33 Kippsicherheitsnachweis, Vergleich stabilisierender und destabilisierenden Beanspruchungen

Kippen: Bei Einzel- und Streifenfundamenten ist die Sicherheit gegen Gleichgewichtsverlust durch Kippen im Grenzzustand EQU nachzuweisen. Dazu wird der Nachweis durch Vergleich der Bemessungswerte der destabilisierenden und stabilisierenden Einwirkungen bezogen auf eine fiktive Kippkante am Fundamentrand gemäß *Bild 3.33* geführt.

$$\sum M_{dst;d} \leq \sum M_{stb;d} \tag{3.15}$$

Mit abnehmender Steifigkeit und Scherfestigkeit des Untergrunds wandert die Kippkante zunehmend in die Fundamentfläche hinein. Der Nachweis um die Fundamentkante allein ist deshalb nicht ausreichend. Es ist zusätzlich nachzuweisen, dass die Gründungssohle infolge ständiger und veränderlicher Lasten mindestens bis zum Schwerpunkt unter Druck belastet bleibt. Diese Forderung ist erfüllt, wenn unter Annahme eine linearen Spannungsverteilung die Resultierende innerhalb der zweiten Kernweite liegt. Besondere Vorkehrungen sind erforderlich, wenn die Ausmitte der Resultierenden bei Rechteckfundamenten 1/3 der Seitenlänge, bei Kreisfundamenten 0,6 des Radius überschreitet.

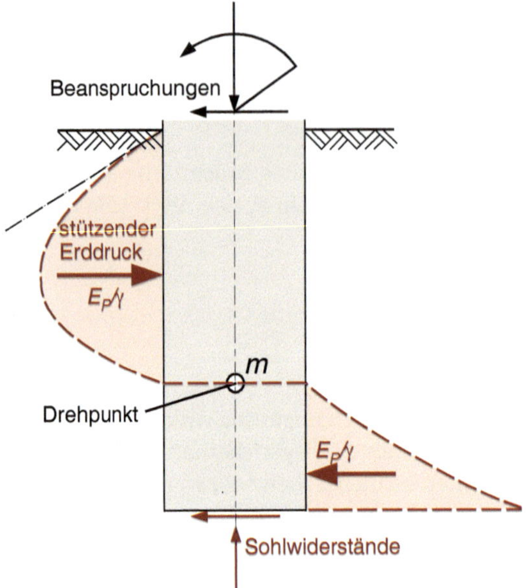

Bild 3.34 Kräftepaar des mobilisierten passiven Erddrucks

Für den Nachweis der Standsicherheit eines ausreichend tief in den Untergrund einbindenden Fundamentkörpers, der durch Momente und Horizontallasten beansprucht wird, darf ein Kräftepaar aus beidseitigen Bodenreaktionen angesetzt werden (siehe *Bild 3.34*). Die Größe des Kräftepaares darf aus den Gleichgewichtsbedingungen für die Bemessungswerte der Einwirkungen abgeleitet werden, wobei die Randbedingung

$$E_{p,mob} \leq 0,25 E_{p;k}$$

eingehalten werden sollte ($E_{p;k}$ passive Erddruckkraft bis zur Tiefe des Drehpunkts). Maßgebend ist die charakteristische Resultierende in der Sohle, die sich aus der ungünstigsten Kombination der charakteristischen Werte ständiger und veränderlicher Einwirkungen für die Bemessungssituationen BS-P und ggf. BS-T ergibt.

Übung 3.3

Nachweise Einzel- und Streifenfundament

http://www.zaft.htw-dresden.de/grundbau

Stabilität turmartiger Bauwerke: Bei turmartigen Bauwerken ist zu prüfen, ob kleine Änderungen der Neigung zu einem Verlust der Stabilität führen können. Dazu wird die Wirkung einer kleinen Auslenkung ζ rechnerisch untersucht (siehe *Bild 3.35*).

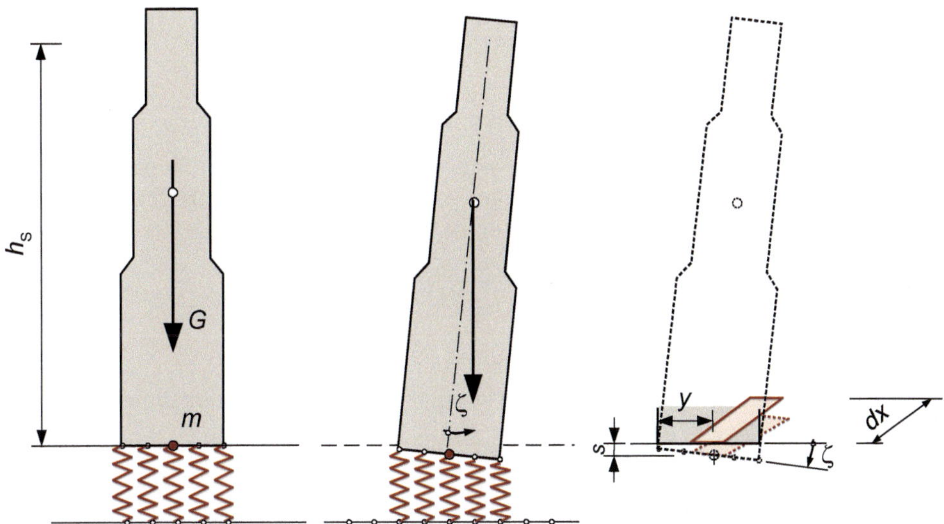

Bild 3.35 Nachweis der Kippsicherheit turmartiger Bauwerke über einen Bettungsansatz

Unter Annahme einer Bettungsreaktion im Bereich der Fundamentsohle erhält man das Moment M_B infolge Bettung aus der Integration $M_B = \int_{\frac{-b}{2}}^{\frac{b}{2}} x\sigma \underbrace{dx\,dy}_{dA} = \int_{\frac{-b}{2}}^{\frac{b}{2}} x^2 \zeta k_s dA$ und mit dem Trägheitsmoment $I = \int_{\frac{-b}{2}}^{\frac{b}{2}} x^2 dA$ folgt daraus $M_B = \zeta k_s I$. Turmartige Bauwerke sind stabil, solange eine kleine Änderung ϑ aufgenommen werden kann. Es muss demnach gelten $\frac{dM}{d\zeta} \geq 0$. Aus $\frac{d(\zeta k_s I - G h_s \zeta)}{d\zeta} \geq 0$ erhält man die kritische Höhe des Schwerpunkts $h_s = \frac{k_s I}{G}$. Der Bettungsmodul k_s ergibt sich aus der Sohlspannung und der Setzung zu $k_s = \frac{\overline{\sigma}}{\overline{s}}$, wobei für die mittlere Sohlspannung $\overline{\sigma} = \frac{G}{A}$ gesetzt werden kann. Es folgt $k_s = \frac{G}{A\overline{s}}$ und damit für h_s:

$$h_s = \frac{I}{A\overline{s}} \tag{3.16}$$

In der DIN 4019-2 [29] ist dieser Nachweis ebenfalls enthalten. Der Gefahr des Stabilitätsverlusts ist durch konstruktive Maßnahmen, z. B. Tieferlegung der Gründung, zu begegnen.

3.3.3 Grenzzustand der Gebrauchstauglichkeit (SLS)

Der Nachweis des Grenzzustands der Gebrauchstauglichkeit soll sicherstellen, dass die Nutzung eines Bauwerks nicht durch unzulässige Verformungen beeinträchtigt wird. Wie bei den Nachweisen für den Grenzzustand der Tragfähigkeit ULS sind die vertikalen und horizontalen Beanspruchungen (Normalkraft, Tangentialkraft) und die Verdrehungen (Moment) zu betrachten. Anstelle der Verdrehungen infolge von Momenten darf der Nachweis auch durch die Begrenzung der Ausmitte der Sohldruckresultierenden geführt werden.

Bei Gründungen auf nichtbindigen und bindigen Böden soll die in der Sohlfläche infolge der aus ständigen Einwirkungen resultierenden Beanspruchung zu keiner klaffenden Sohlfuge führen. Die Resultierende der ständigen Einwirkungen muss dafür innerhalb der 1. Kernweite liegen. Der Nachweis ist für Rechteckfundamente erbracht, wenn folgende Gleichung eingehalten wird:

$$\frac{e_x}{b_x} + \frac{e_y}{b_y} \le \frac{1}{6}$$

Die Ausmittigkeit der Resultierenden infolge ständiger und veränderlicher Einwirkungen soll höchsten so groß sein, dass die Fundamentsohle noch bis zum Schwerpunkt durch Druck belastet bleibt. Dieser Nachweis ist erfüllt, wenn die Resultierende innerhalb der 2. Kernweite liegt. Für Rechteckfundamente gilt dafür die Bedingung:

$$\left(\frac{e_x}{b_x}\right)^2 + \left(\frac{e_y}{b_y}\right)^2 \le \frac{1}{9}$$

mit e_x Ausmitte in x-Richtung, e_y Ausmitte in y-Richtung, b_x Fundamentabmessung in x-Richtung und b_y Fundamentabmessung in y-Richtung.

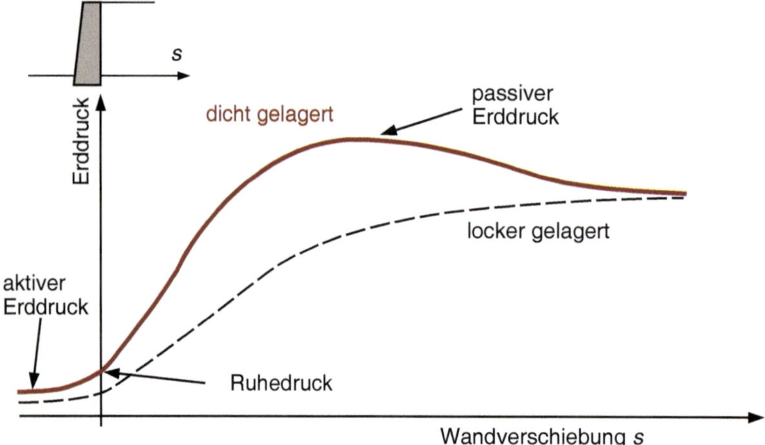

Bild 3.36 Mobilisierung des stützenden Erddrucks

Für die Nachweise des Grenzzustands der Tragfähigkeit darf die Reaktion des Bodens an der Stirnseite des Fundaments mit angesetzt werden, wenn sichergestellt ist, dass diese dauerhaft wirksam bleibt (BS-P). Vorübergehende Zustände ohne stützenden Erddruck an der Stirnseite sind durch entsprechende Bemessungssituationen (z. B. BS-T) zu berücksichtigen. Durch die Tangentialkräfte wird im Bereich der Stirnseite eine Bewegung des Fundaments in Richtung des Bodens hervorgerufen. Der Grenzwert der Reaktionskraft an der Stirnseite ist die passive Erddruckkraft E_p. Für deren Mobilisierung sind sehr große Verschiebungen erforderlich, die die Gebrauchstauglichkeit eines Bauwerks beeinträchtigen würden. Eine Vorhersage der Verschiebung ist rechnerisch über die Betrachtung der Mobilisierung des passiven Erddrucks gemäß *Bild 3.36* möglich. Die Grundlagen dafür sind z. B. in [55] oder DIN 4085 [30] zusammengestellt. Für praktische Aufgaben reicht es meist aus, die zulässige Gebrauchslast zu begrenzen. Wenn bei den Berechnungen keine Reaktion an der Stirnseite angesetzt werden muss, sind auch die für die Mobilisierung des Erddrucks erforderlichen Verschiebungen nicht zu erwarten. Der Nachweis gegen unzuträgliche Verschiebungen ist erbracht, wenn

- an der Stirnseite keine Bodenreaktion für den Gleitsicherheitsnachweis angesetzt werden muss bzw.
- bei mindestens mitteldicht gelagerten nichtbindigen Böden oder mindestens steifen bindigen Böden höchstens ein Drittel des charakteristischen passiven Erddrucks als Bodenreaktion an Stirnseite und höchsten zwei Drittel des charakteristischen Gleitwiderstands in der Sohle zur Herstellung des Gleichgewichts der charakteristischen bzw. repräsentativen Kräfte parallel zur Sohlfläche erforderlich sind.

$$\frac{E_{p,k}}{3} + \frac{2}{3} R_{t,k} \geq T_k$$

Andernfalls sind spezielle Untersuchungen erforderlich, z. B. mit dem Ansatz der Mobilisierungsfunktion des passiven Erddrucks vor der Stirnseite zur Bewertung der für die Mobilisierung der erforderlichen Bodenreaktion notwendigen Verschiebung.

Neben der Begrenzung der Verdrehung und der Horizontalverschiebungen dürfen auch die Setzungen bestimmte Grenzwerte nicht übersteigen. Bei Ermittlung des maßgebenden, setzungswirksamen Sohldrucks sind die besonderen Eigenschaften des Untergrunds zu berücksichtigen. Das bedeutet, dass bei nichtbindigen Böden die regelmäßig auftretenden veränderlichen Einwirkungen zu berücksichtigen sind, während diese veränderlichen Einwirkungen bei bindigen Böden vernachlässigt werden dürfen, wenn die Einwirkungszeit wesentlich kleiner ist als zum Ausgleich des Porenwasserdrucks erforderlich. Die Setzungen sind unter Berücksichtigung der aufgehenden Konstruktion zu beurteilen (Empfehlungen „Verformungen des Baugrunds bei baulichen Anlagen“ EVB [47]). Anhaltswerte für zulässige Setzungen sind in *Tabelle 3.3* zusammengestellt.

Tabelle 3.3 Empfehlung für die Grenzwerte von Setzungen in cm

	nichtbindig: mitteldicht	bindige Böden
	bindig: halbfest	steife Konsistenz
Rahmenkonstruktionen, Skelettbauten (Stahlbeton, Stahl mit Ausfachung)	2,5	4,0
statisch unbestimmte Rahmenkonstruktionen, Skelettbauten oder Durchlaufträger (Stahlbeton, Stahl, ohne Ausfachung)	3,0	5,0
statisch bestimmte Konstruktionen ohne Ausfachung	5,0	8,0
Wandbauten aus Mauerwerk, mit Ringanker und Geschossdecken	3,0	5,0

Die in *Bild 3.37* dargestellten Kriterien gehen auf BJERRUM [42] zurück. Sie sind nur bei der Muldenlagerung von Bauwerken zutreffend. Bei Sattellagerung sollten diese Werte halbiert werden. Kommen waagerechte Verschiebungen hinzu, sind die eintretenden Schäden größer. Bei der Neubemessung von Bauwerken sind die oben angegebenen Grenzwerte einzuhalten. Vorhandene Bauwerke können anhand dieser Kriterien überprüft werden.

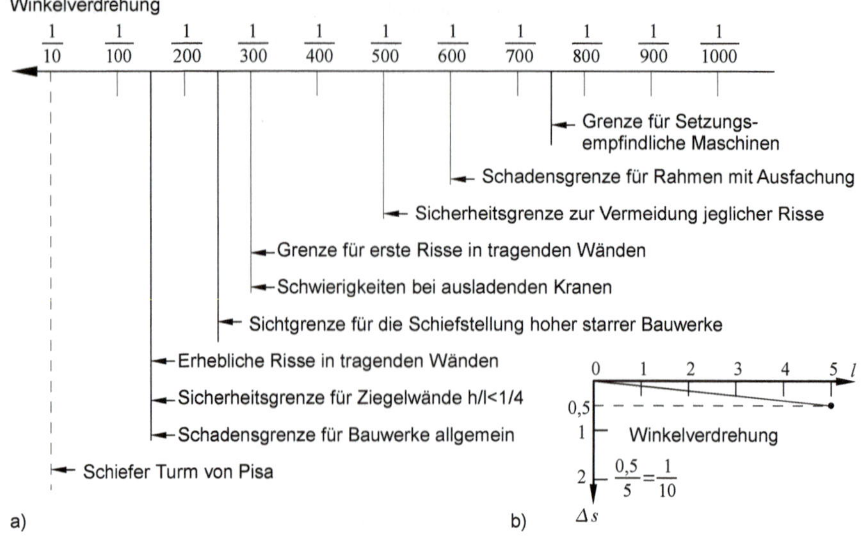

Bild 3.37 Grenzwerte für Setzungsunterschiede

3.3.4 Nachweis des Sohlwiderstands

In einfachen Fällen dürfen die Nachweise im Grenzzustand GEO-2 für Grundbruch und Gleiten sowie im Grenzzustand SLS (Nachweis der Setzungen) durch Vergleich des Bemessungswerts des Sohldrucks $\sigma_{E,d}$ mit dem Bemessungswert des Sohlwiderstands $\sigma_{R,d}$ geführt werden. Bei mittig belasteten Fundamenten und Sohlspannungen in der Größenordnung der Bemessungswerte des Sohlwiderstands ist bei nichtbindigen Böden und Fundamentbreiten von bis 1,5 m mit Setzungen von etwa 1,5-2,0 cm zu rechnen. Bei allen anderen Böden ist von Setzungen in der Größenordnung von 2,0-4,0 cm auszugehen.

Der vereinfachte Nachweis mit Bemessungswerten des Sohlwiderstands darf unter folgenden Voraussetzungen geführt werden:

- Fundamentsohle, Geländeoberfläche und Schichtgrenzen sind annähernd waagerecht.
- Der Baugrund ist bis in Tiefen von $t \geq 2b$ und $t \geq 2\,\text{m}$ (t - Tiefe unter Fundamentsohle, b - Fundamentbreite) ausreichend tragfähig (*Tabelle 3.5*).
- Das Fundament wird nicht regelmäßig oder überwiegend dynamisch beansprucht.
- Es ist nicht mit nennenswerten Porenwasserdrücken in bindigen Böden zu rechnen.
- Eine stützende Wirkung des Bodens vor dem Fundament darf nur in Rechnung gestellt werden, wenn diese durch konstruktive Maßnahmen dauerhaft sichergestellt ist.
- Die Neigung der charakteristischen Beanspruchung in der Sohlfläche erfüllt die Bedingung $\tan\delta = \frac{H_k}{V_k} \leq 0,2$.
- Der Nachweis gegen Gleichgewichtsverlust durch Kippen ist erfüllt (siehe *Abschnitte 3.3.2* und *3.3.3*).

Eine Erhöhung der Werte $\sigma_{R,d}$ in *Tabelle 3.4* und *Tabelle 3.7* ist nach folgenden Regeln möglich:

Tabelle 3.4 Bemessungswert $\sigma_{R,d}$ in kN/m² für Streifenfundamente auf nichtbindigem Boden

kleinste Einbindetiefe in m	ausreichende Grundbruchsicherheit						für ausreichende Grundbruchsicherheit und Setzungsbegrenzung					
	für b bzw. b' in m						für b bzw. b' in m					
	0,50	1,00	1,5	2,00	2,50	3,00	0,50	1,00	1,50	2,00	2,50	3,00
0,50	280	420	560	700	700	700	280	420	460	390	350	310
1,00	380	520	660	800	800	800	380	520	500	430	380	340
1,50	480	620	760	900	900	900	480	620	550	480	410	360
2,00	560	700	840	980	980	980	560	700	590	500	430	390
[a]	210											

[a] bei Bauwerken mit Einbindetiefe $0,30 \leq d \leq 0,50$ m und b bzw. $b' \geq 0,30$ m

Tabelle 3.5 Voraussetzungen für die Anwendung von $\sigma_{R,d}$ bei nichtbindigen Böden

Eigenschaft	Bodengruppe nach DIN 18196	
	SE, GE	SE, SW, SI, SU
	SU, ST, GU, GT	GE, GW, GT, GU
Ungleichförmigkeit C_U	≤ 3	> 3
Lagerungsdichte D	$\geq 0,30$	$\geq 0,45$
Verdichtungsgrad D_{Pr}	$\geq 95\,\%$	$\geq 98\,\%$
Spitzenwiderstand Drucksonde q_c	$\geq 7,5$ MN/m²	$\geq 7,5$ MN/m²

- Bei Kreis- und Rechteckfundamenten mit mindestens 0,5 m Breite, 0,5 m Einbindetiefe und $b'_x / b'_y < 2$ darf $\sigma_{R,d}$ um 20 % vergrößert werden. Für auf Grundlage des Grundbruchs ermittelte $\sigma_{R,d}$ gilt die Bedingung $d \geq 0,6b'$
- Bei hoher Festigkeit des Bodens (Bedingungen gemäß *Tabelle 3.6*) bis $t \geq 2b$ und $t \geq 2$ m unterhalb der Fundamentsohle darf $\sigma_{R,d}$ um 50 % vergrößert werden.

Tabelle 3.6 Voraussetzungen für Erhöhung von $\sigma_{R,d}$ um 50 %

Eigenschaft	Bodengruppe nach DIN 18196	
	SE, GE, SU, GU, ST, GT	SE, SW, SI, SU, GE, GW, GT, GU
Ungleichförmigkeit C_U	≤ 3	> 3
Lagerungsdichte D	$\geq 0,50$	$\geq 0,65$
Verdichtungsgrad D_{Pr}	$\geq 98\,\%$	$\geq 100\,\%$
Spitzenwiderstand Drucksonde q_c	$\geq 15,0$ MN/m²	$\geq 15,0$ MN/m²

Für die Abminderung von $\sigma_{R,d}$ gelten die folgenden Vorgaben:

- Liegt der Grundwasserspiegel in Höhe der Gründungssohle, ist $\sigma_{R,d}$ für ausreichende Grundbruchsicherheit um 40 % zu reduzieren. Bei einem Abstand zwischen Fundamentsohle und Grundwasser kleiner b' darf geradlinig interpoliert werden (0 % Abminderung bei einem Abstand= b', 40 % bei Abstand=0). $\sigma_{R,d}$ für die Begrenzung der Setzungen ist mit dem abgeminderten Wert für ausreichende Grundbruchsicherheit zu vergleichen. Der kleinere Wert ist maßgebend.

Tabelle 3.7 Bemessungswert $\sigma_{R,d}$ in kN/m^2 für Streifenfundamente mit Breiten b bzw. b' von 0,50 bis 2,00 m für gemischtkörnige und bindige Böden

kleinste Einbindetiefe [m]	gemischtkörniger Böden			tonig schluffiger Böden			Ton			Schluff
	SU*, ST, ST*, GU*, GT*			TL, UM, TM			TA			UL,UM
	mittlere Konsistenz			mittlere Konsistenz			mittlere Konsistenz			
	steif	halbfest	fest	steif	halbfest	fest	steif	halbfest	fest	Schluff
0,50	210	310	460	170	240	390	130	200	280	180
1,00	250	390	530	200	290	450	150	250	340	250
1,50	310	460	620	220	350	500	180	290	380	310
2,00	350	520	700	250	390	560	210	320	420	350
$q_u^{b)}$ in kN/m^2	120 –300	300 –700	>700	120 –300	300 –700	> 700	120 –300	300 –700	>700	

$^{b)}$ mittlere, einaxiale Druckfestigkeit

- Bei geneigter Last und nichtbindigem Boden ist $\sigma_{R,d}$ mit dem Faktor $\left(1 - \frac{H_k}{V_k}\right)$ abzumindern, wenn H_k parallel zur längeren Seite wirkt und $b'_x : b'_y \geq 2{,}0$ ist. In allen anderen Fällen ist der Faktor $\left(1 - \frac{H_k}{V_k}\right)^2$ anzuwenden.
- Bei bindigen Böden und $2 < b' < 5{,}0$ m Abminderung um 10 % je Meter Breite über 2 m. Wenn $b' > 5{,}0$ m sind Nachweise GEO-2 und SLS erforderlich.

4 Pfahlgründungen

Eine Flachgründung ist wirtschaftlich nur dann sinnvoll, wenn der ausreichend tragfähige Boden in geringem Abstand unterhalb des Bauwerks ansteht oder wenn die Tragfähigkeit des Baugrunds durch Spezialverfahren verbessert werden kann. Als Alternative kommt die Tiefgründung in Betracht. Pfahlgründungen sind die am häufigsten eingesetzten Varianten der Tiefgründung. Sie kommen auch zur Anwendung, wenn sehr große Einzellasten in der Gründung aufzunehmen sind. Pfähle können Lasten in axialer Richtung und quer zur Pfahlachse (horizontal) abtragen. Horizontal belastete Pfähle werden u. a. für die Herstellung von Stützwänden oder die Sicherung von Hängen und Böschungen eingesetzt.

4.1 Funktion, Tragwerk

4.1.1 Anwendungsgebiete

Bei axial belasteten Pfählen, die überwiegend Druckkräfte aufnehmen müssen, erfolgt die Lastabtragung über den Mantelwiderstand im Bereich des Pfahlschafts, der auch als „Mantelreibung" bezeichnet wird, und über den Spitzenwiderstand im Bereich des Pfahlfußes (siehe *Bild 4.1*). Wird der Widerstand im Pfahlfußbereich nicht zur Lastabtragung herangezogen, spricht man bei Druckpfählen von einer „schwimmenden Gründung". Dies ist immer dann der Fall, wenn keine tragfähige Schicht erreicht wird oder eine bestimmte Nachgiebigkeit der Pfähle für das gesamte Tragverhalten erforderlich ist. Für die Herstellung der Pfahlgründung steht eine breite Palette unterschiedlicher Verfahren zur Verfügung, aus denen das für die vorgesehene Baumaßnahme optimale Verfahren auszuwählen ist.

Der Einbau der Pfähle soll so erfolgen, dass die Pfahlwiderstände möglichst groß sind. Im Pfahlmantelbereich ist eine große Horizontalspannung und eine raue Pfahloberfläche und im Pfahlfußbereich eine Aufweitung der Querschnittsfläche vorteilhaft (siehe *Bild 4.2*).

Pfahlgründungen kommen mittlerweile auch dort zum Einsatz, wo früher teilweise Flächengründungen gewählt worden sind. Insbesondere für konzentrierte Lasten kann eine Pfahlgründung wirtschaftliche Vorteile im Vergleich zu Flächengründungen bieten. Es lassen sich dadurch aufwendige Baugrubensicherungen und große Fundamentmassen vermeiden. Pfähle können als axial oder auch als horizontal beanspruchte Gründungselemente genutzt werden. Horizontal beanspruchte Pfähle leiten die Beanspruchung durch die Bettung im Pfahlmantelbereich in den Untergrund ab. Sie werden eingesetzt als Gründung, als Teil von Stützwänden oder zur Sicherung (Verdübelung) von Hängen.

Eine besondere Form der Bohrpfähle sind die sogenannten Barrettes. Die Bezeichnung Barrettes stammt aus Frankreich und wird auch in angelsächsischen Ländern für Bohrpfähle mit nicht kreisförmigem Querschnitt verwendet, z. B. Schlitzwandlamellen.

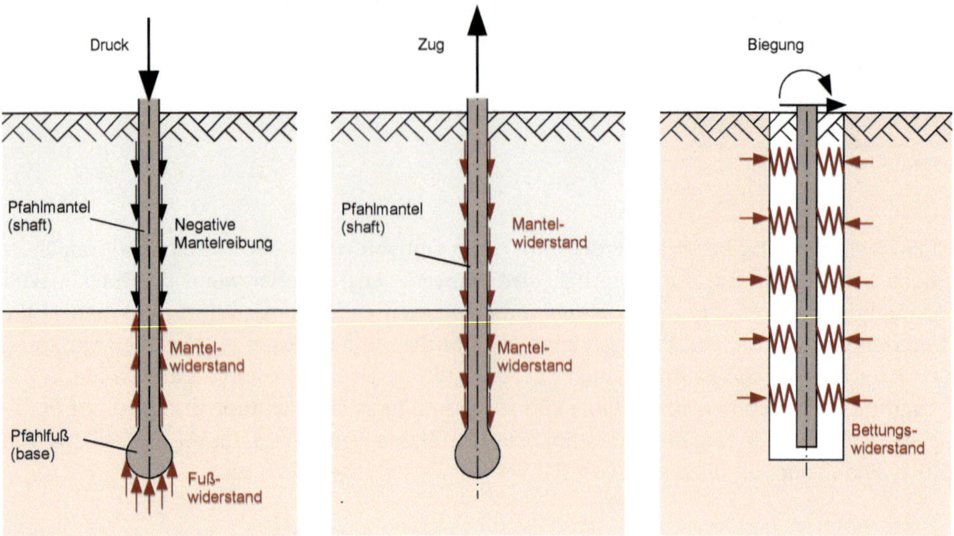

Bild 4.1 Druckpfähle (links), Zugpfähle (Mitte) und horizontal belastete Pfähle (rechts), Beanspruchungen und Widerstände

Die große Bedeutung von Pfahlgründungen für den konstruktiven Ingenieurbau, den Hoch- und Industriebau sowie den Verkehrs-, Tief- und Wasserbau zeigt sich nicht zuletzt in der Vielzahl der am Markt angebotenen Pfahlsysteme. Jedes Pfahlsystem stellt spezielle Anforderungen an die Baustelleneinrichtung sowie die erforderliche Gerätetechnik und ist nur für bestimmte Anwendungsfälle geeignet. Meist sind mehrere unterschiedliche Pfahltypen für die Erfüllung der konstruktiven Anforderungen geeignet. Für die Wahl der optimalen Variante sind deshalb neben den konstruktiven Vorgaben auch die wirtschaftlichen Aspekte zu beachten.

In zunehmendem Maße kommen auch bei der Gründung von Bauwerken Verfahren zum Einsatz, die die Nachhaltigkeit und die Energieeffizienz verbessern helfen. Durch den Einsatz von Energiepfählen (siehe [90] und [97]) ist die geothermische Nutzung des Untergrunds bzw. des Grundwassers möglich. Neben der Lastabtragung kommt bei Energiepfählen die Nutzung als geothermischer Wärmeüberträger hinzu. Dabei darf seine Tragfähigkeit nicht beeinträchtigt werden, z. B. durch Frostbildung oder die Schwächung des Querschnitts durch Wärmetauscherrohre. Pfähle werden durch den Einbau von Rohren zu Energiepfählen erweitert. Ein Wärmeträger, z. B. Wasser, zirkuliert zum Temperaturausgleich zwischen dem Erdspeicher und dem Bauwerk. Einzelheiten zur Nutzung der oberflächennahen Geothermie sind in der VDI-Richtline 4640 (Blatt 2) [2] zusammengestellt.

4.1.2 Tragwerke für Gründungen mit Pfählen

Pfahlrost: Bei einem Pfahlrost werden die Beanspruchungen aus der aufgehenden Konstruktion komplett von den Pfählen abgetragen. Die Pfahlrostplatte dient lediglich der Lastverteilung auf die Pfahlköpfe. Sie überträgt keine Belastung in den Baugrund.

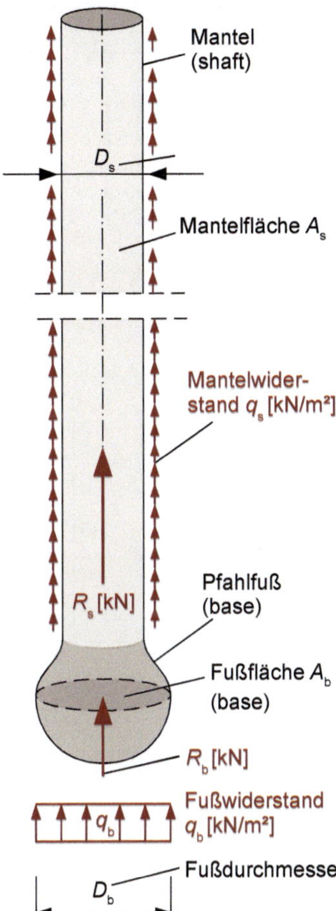

Bild 4.2 Bezeichnungen und geometrische Verhältnisse bei Pfählen

Früher verstand man unter Pfahlrost eng gestellte Holzpfähle, deren Köpfe durch hölzerne Verbände zimmermannsmäßig zu geschlossenen Rosten verbunden waren. Nach dem Abstand der Pfahlrostplatte zum Untergrund wird unterschieden in „hohen" (siehe *Bild 4.3*) und „tiefen" (siehe *Bild 4.4*) Pfahlrost.

Die Pfähle sollten möglichst im Bereich der Angriffspunkte der Kräfte angeordnet werden. Bei Einzellasten werden deshalb die Pfähle zu Gruppen zusammengefasst und unter Flächenlasten gleichmäßig verteilt. Häufig binden die Pfähle unmittelbar in die Fundamente der Bauwerke ein. Die konstruktive Ausbildung der Anbindung der Pfähle an die Gründung muss so ausgebildet werden, dass die Kräfte schadensfrei in die Pfähle eingeleitet werden können. Auf Druck beanspruchte Pfähle belasten die Fundamente im Einbindebereich i. d. R. auf Durchstanzen nach oben während bei Zugpfählen das Herausreißen der Pfähle nach unten durch die Ankopplung verhindert werden muss.

Nach der Lage der Pfahlrostplatte zum Untergrund unterscheidet man tiefliegende und hochliegende Pfahlroste. Bei tiefliegenden oder tiefen Pfahlrosten liegt die Rostplatte auf dem Untergrund auf und die Pfähle sind auf ihrer ganzen Länge im Untergrund eingebunden. Ragen die Pfähle über den Untergrund hinaus, z. B. bei Gründungen im Wasser, in aufgefüllten, nicht

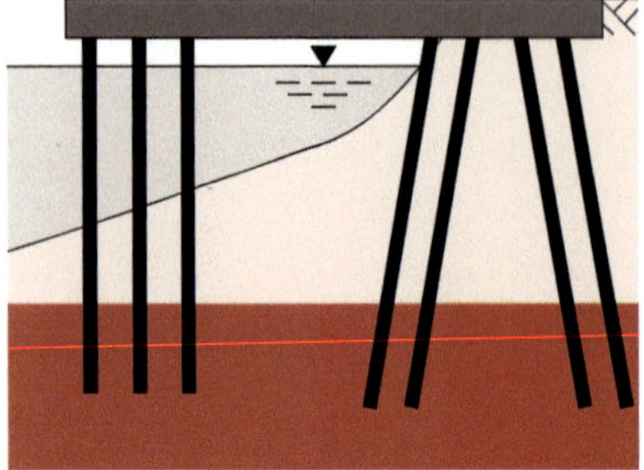

Bild 4.3 Hochliegender Pfahlrost

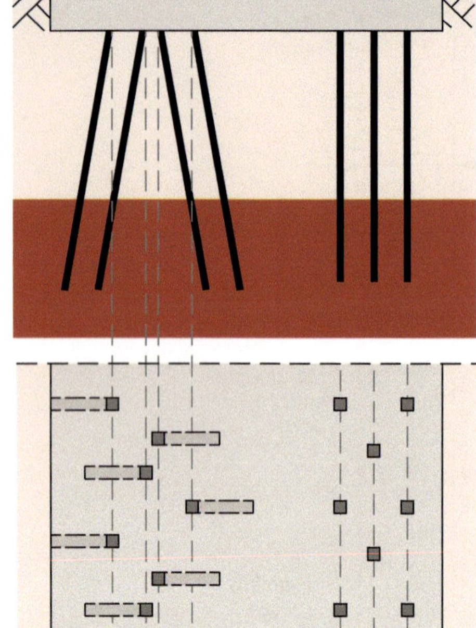

Bild 4.4 Tiefliegender Pfahlrost

tragfähigen Materialien oder wenn die Pfähle als Stützen bis über das Gelände geführt werden, dann handelt es sich um einen hohen oder hochliegenden Pfahlrost.

Kombinierte Pfahl-Plattengründung KPP: Als kombinierte Pfahl-Plattengründung (KPP) (siehe *Bild 4.5*) wird die Verbundkonstruktion aus Fundamentplatte und Gründungspfählen bezeichnet. Die Fundamentplatte verteilt in Abhängigkeit von ihrer Biegesteifigkeit die aus der aufgehenden Konstruktion resultierenden Einwirkungen $\sum F_{i;k}$ und p als charakteristische Beanspruchung E_k direkt über die Sohlnormalspannung $\sigma_0(x, y)$ auf den Untergrund sowie über die Pfahlkräfte auf die Gründungspfähle $R_{i;k}$. Über die Gründungsfläche integriert, ergibt sich aus der Sohlnormalspannung der Widerstand der Fundamentplatte $R_{slf;k}$. Der Anteil der Pfähle wird durch den summarischen Pfahlwiderstand $\sum R_{pli;k}$ erfasst. Der Gesamtwiderstand R_k der KPP ergibt sich demnach zu:

$$R_k = \sum_{i=1}^{n} R_{pli;k} + R_{slf;k} \geq E_k$$

Kombinierte Pfahl-Plattengründungen erlauben die konzentrierte Einleitung großer Lasten und tragen wesentlich zur Verringerung der Bauwerksverformungen bei. Es handelt sich um eine geotechnische Verbundkonstruktion aus Fundamentplatte, Pfählen und dem Baugrund, bei dem das Verhalten der einzelnen Komponenten so aufeinander abgestimmt ist, dass durch die Wechselwirkung eine gemeinsame Lastabtragung erfolgt.

In Abhängigkeit von den örtlichen Gegebenheiten werden zwei Grenzfälle unterschieden:

- Die Pfähle dienen ausschließlich der Reduzierung der Setzungen. Dazu wird die Tragfähigkeit der Pfähle gezielt vollständig ausgenutzt. Wegen der vollständigen Mobilisierung der Pfahlwiderstände ist die auf die einzelnen Pfähle entfallende Kraft unabhängig von der wei-

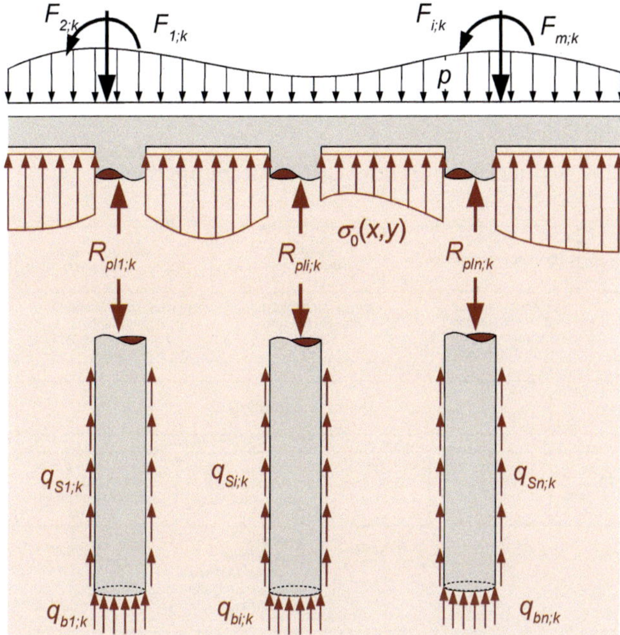

Bild 4.5 Lastabtragung bei kombinierten Pfahl-Platten-Gründungen (KPP)

teren Setzung der Platte. Die Pfahlkräfte können als Einzellasten angesetzt werden und beeinflussen den Momentenverlauf der Platte günstig.

- Die Tragfähigkeit der Pfähle wird nur bis zum Grenzzustand der Tragfähigkeit ULS oder der Gebrauchstauglichkeit ausgenutzt. Das Widerstands-Setzungs-Verhalten des Pfahls kann in diesem Bereich durch eine Federkonstante angenähert werden. Die Sohlspannung unter der Fundamentplatte lässt sich z. B. mit dem Bettungsmodulverfahren ermitteln.

Das Konzept der ersten Variante ist u. a. für die Gründung von Hochhäusern in Frankfurt a. M. eingesetzt worden. Ein Beispiel dafür ist der 60-geschossige, 256 m hohe Messeturm [93]. Das Gebäude weist eine 6 m dicke Fundamentplatte auf, die auf Pfählen aufliegt, die ca. 27 bis 35 m tief in den Frankfurter Ton einbinden. Durch die Anwendung der kombinierten Pfahl-Plattengründung konnte die Setzung im Vergleich zu einer reinen Plattengründung von ca. 40 cm auf 15 bis 20 cm reduziert werden.

4.2 Bauweisen, Entwurf und Vorbemessung

In Deutschland gilt der Grundsatz, dass die Bemessung von Pfählen auf Grundlage von Pfahlprobebelastungen bzw. daraus abgeleiteten Erfahrungswerten erfolgen soll. Für die systematische Sammlung und Auswertung der Ergebnisse von Pfahlprobebelastungen ist die Unterscheidung der Pfahlarten eine grundlegende Voraussetzung. Die Pfahlart ist daher ein für die Bemessung der Pfahlgründung mit Erfahrungswerten entscheidendes Merkmal. Man unterteilt die Pfahlarten nach

- der Art der Lastabtragung in axial und horizontal belastete Pfähle,
- der Platzierung im Untergrund nach DIN EN 1997-1 in Verdrängungs-, Bohr- und verpresste Mikropfähle,
- der Herstellungsart: in Fertig- und Ortpfähle und
- der Einbringung: in Ramm-, Bohr-, Schneckenbohr- oder Ortbetonrammpfähle.

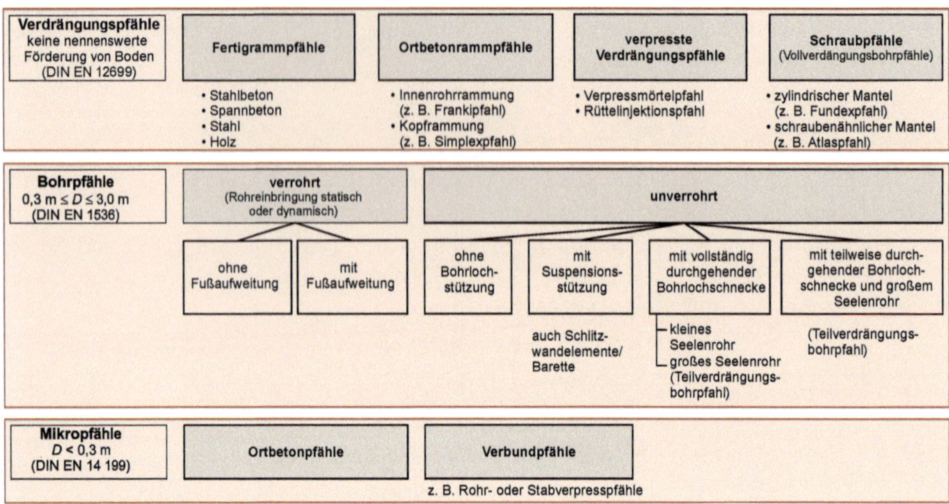

Bild 4.6 Übersicht über genormte Pfahlarten

Bild 4.6 gibt die Systematik der Unterteilung der Pfahlarten nach den Empfehlungen des Arbeitskreises „Pfähle" EA-Pfähle der DGGT [50] wieder. In diesen Empfehlungen sind die Grundlagen für die Planung von Pfahlgründungen umfassend beschrieben. Die Herstellung ist in den Normen über die Ausführung spezieller geotechnischer Arbeiten (Bohrpfähle DIN EN 1536 [12], Verdrängungspfähle DIN EN 12 699 [7], Mikropfähle DIN EN 14 199 [10], Fertigpfähle aus Beton DIN EN 12 794 [8]) geregelt. Die Entscheidung für den Einsatz von Ortpfählen oder von Fertigpfählen hängt vor allem von den Baugrundverhältnissen vor Ort ab. Ortpfähle werden auf der Baustelle durch Einbau von Beton in einen Hohlraum im Untergrund hergestellt. Die Herstellung des Hohlraums kann durch Verdrängung des umgebenden Bodens mittels Einrammen oder Eindrehen von Rohren oder durch Ausbohren des Bodens (Bohrpfähle), ggf. mit Aussteifung der Bohrlochwandung durch ein Bohrrohr oder stützende Tonsuspension, erfolgen. Vorteilhaft ist der Einsatz von Ortpfählen bei stark wechselnden Bodeneigenschaften, bei großen Pfahldurchmessern und großen Längen. Fertigpfähle werden in den Untergrund eingerammt, eingedrückt oder eingedreht. Als Materialien kommen z. B. Holz, Stahl und Stahlbeton in Betracht. Je größer die Verdrängung ist, desto größer ist die Tragfähigkeit, desto größer wird aber auch der Rammwiderstand.

Eine Pfahlgründung besteht i. d. R. aus mehreren Pfählen. Bei einem Pfahlrost werden die Beanspruchungen vollständig durch die Pfähle als axiale Lasten aufgenommen. Die Verteilung der Pfähle im Grundriss richtet sich nach der Lasteintragung durch die aufgehende Konstruktion. Unter Einzellasten werden meist Pfahlgruppen angeordnet, während bei Flächenlasten die gleichmäßige Verteilung der Pfähle zu bevorzugen ist. Entsprechend sollten unter Streifenlasten die Pfähle in Reihen angeordnet werden.

4.2.1 Verdrängungspfähle

Verdrängungspfähle werden überwiegend als axial beanspruchte Pfähle eingesetzt. Der Stand der Technik der Herstellung ist in DIN EN 12699 zusammengestellt. DIN EN 12794 regelt die Herstellung von vorgefertigten Gründungspfählen aus Beton. Die Bodenverdrängung kann durch den Pfahl selbst oder durch ein Ramm- oder Bohrrohr erfolgen. Fertigteilrammpfähle sind i. d. R. sofort belastbar. Bei nichtbindigen Böden ist mit der Verdichtung in der unmittelbaren Umgebung des Pfahls, bei wassergesättigten, bindigen Böden mit der Entstehung von Porenwasserüberdruck zu rechnen.

4.2.1.1 Fertigrammpfähle

Fertigrammpfähle sind seit vielen Jahrhunderten für die Gründung von Bauwerken im Einsatz. Die Tragfähigkeit wird i. d. R. durch Probebelastungen ermittelt. Aus den Ergebnissen sind Erfahrungswerte der Tragfähigkeit abgeleitet worden (siehe *Tabelle 4.1* und *Tabelle 4.2*). In *Tabelle 4.3* sind Anhaltswerte für den Spitzendruck und die Mantelreibung als Grundlage für die Abschätzung der Tragfähigkeit des einzelnen Pfahls aufgeführt.

Holzpfähle sind die älteste Pfahlart. Sie sind leicht handhabbar, relativ preiswert und besitzen unter Wasser eine nahezu unbegrenzte Lebensdauer. Nachteilig ist der schnelle Fäulnisbeginn bei Luftzutritt und die Empfindlichkeit der Pfähle beim Rammen. Deshalb sollten Holzpfähle nur dort eingesetzt werden, wo die Voraussetzungen für einen ständig ausreichend hohen Wasserstand erfüllt sind. Die Pfahlköpfe müssen komplett unterhalb des Wasserspiegels liegen.

Tabelle 4.1 Größenordnung (Vorbemessung) der axialen Tragkraft von Rammpfählen in kN

Einbindetiefe in tragfähigen Boden in m	Holz D_b in cm					Stahl- und Spannbeton				
	Durchmesser D_s					Seitenlänge a_s in cm				
	15	20	25	30	35	20	25	30	35	40
3	100	150	200	300	400	200	250	50	450	550
4	150	200	300	400	500	250	350	450	600	700
5	–	300	400	500	600	–	400	550	700	850
6	–	–	–	–	–	–	–	650	800	1000

Die maximalen Längen von Holzpfählen liegen im Bereich bis 20 m. Der mittlere Durchmesser ist von der Pfahllänge abhängig und beträgt bei Pfählen von 4 bis 6 m Länge etwa 25 bis 30 cm. Bei größeren Längen lässt sich der Durchmesser nach der Faustformel

$$d \approx 0{,}2\,\text{m} + 0{,}01\,l$$

abschätzen, wobei die Pfahllänge l in m einzusetzen ist. Der Pfahlfuß von Holzpfählen wird durch Behauen als vierseitige Spitze ausgebildet und in manchen Fällen mit einer Stahlkappe verstärkt. Zur Vermeidung von Rammschäden sollte der Pfahlkopf ebenfalls verstärkt werden. Beim unbemerkten Auftreffen auf Hindernisse sind Schäden bis zur völligen Zerstörung möglich. Die Anwendung von Holzpfählen ist deshalb auf gut bzw. mindestens normal rammbaren Baugrund beschränkt. Holzpfähle werden für untergeordnete Bauwerke oder als Bauhilfsmaßnahmen (Gerüst, Krangründung) eingesetzt. Es sind Tragfähigkeiten von 100 bis 600 kN erreichbar.

Tabelle 4.2 Größenordnung (Vorbemessung) der axialen Tragkraft von Rammpfählen in kN

Einbindetiefe in den tragfähigen Boden in m	Stahlträgerprofile[1)] Breite oder Höhe in cm		Stahlrohr-[2)] und Stahlkastenprofile[3)] D bzw. a in cm		
	30	35	35 bzw. 30	40 bzw. 35	45 bzw. 40
3	–	–	350	450	550
4	–	–	450	600	700
5	450	550	550	700	850
6	550	650	650	800	1000
7	600	750	700	900	1100
8	700	850	800	1000	1200

Zwischenwerte geradlinig (linear) interpolieren

1) Breite I-Träger mit Breite zu Höhe ca. 1:1, z. B. HEB-Profile

2) Werte für Pfähle mit geschlossener Spitze. Für offene Pfähle 90 % des Tabellenwerts ansetzen, wenn fester Bodenpfropfen innerhalb des Pfahls mit Sicherheit vorhanden ist.

3) D äußerer Durchmesser des Stahlrohrpfahls oder mittlerer Durchmesser eines zusammengesetzten, radialsymmetrischen Pfahls, a_s mittlere Seitenlänge von annähernd quadratischen oder flächeninhaltsgleichen rechteckigen Kastenpfählen

Stahlpfähle unterteilt man nach ihrem Querschnitt in Kasten-, Rohr- und Trägerpfähle. Kastenpfähle bestehen aus mehreren Spundwandbohlen, die zu einem Kasten zusammengeschweißt sind. Für Trägerprofile werden Doppel-T-Breitflanschträger oder ähnliche Spezialprofile verwendet. Kasten- und Rohrpfähle können unten offen, ohne Pfahlspitze eingebracht werden. Durch das Anschweißen von Stahlblechen oder Stahlprofilen in Längen ab ca. 2,50 m lässt sich die Mantel- und Fußoberfläche vergrößern und dadurch die Tragfähigkeit erhöhen. Man bezeichnet diese Pfähle auch als Stahlflügelpfähle. Stahlpfähle lassen sich leicht verlängern und verursachen vergleichsweise geringe Erschütterungen beim Rammen. Sie können mit Neigungen bis 1:1 hergestellt werden. Die maximale Länge wird nur durch den zunehmenden Rammwiderstand begrenzt. Der Pfahl muss aber wegen des Transports in einzelnen Pfahlabschnitten mit maximalen Längen von ca. 20 bis 30 m angeliefert werden. Die Verlängerung erfolgt i. Allg. durch Schweißverbindungen. Dadurch verfügen die Stöße über eine hohe Druck-, Zug- und Biegezugfestigkeit. Im Vergleich mit anderen Pfahlarten sind die relativ hohen Kosten, die Korrosionsanfälligkeit, der Einfluss von Sandschliff und das um eine Achse geringere Trägheitsmoment in manchen Fällen nachteilig. Es sind Belastungen im Gebrauchszustand von 500 bis 2000 kN mit Fertigrammpfählen aus Stahl erreichbar.

Stahlbetonfertigpfähle haben i. Allg. quadratische Querschnitte mit Seitenlängen zwischen 20 und 45 cm. Durch spezielle Kupplungselemente ist die Verlängerung der Pfähle möglich. Stahlbetonfertigpfähle sind verhältnismäßig schwer und erfordern oft den Einsatz schwerer Rammgeräte. Bei der Bemessung sind die Lastfälle Lagerung und Aufrichten zu beachten, bei denen im Gegensatz zur späteren Nutzung eine Beanspruchung durch Biegung aufgenommen werden muss. Für die Aufnahme dieser Beanspruchungen sowie der Bauwerkslasten und der Einwirkungen infolge der Rammung müssen die Pfähle standardmäßig eine entsprechend dimensionierte schlaffe oder vorgespannte Bewehrung aufweisen. Im Gebrauchszustand kann mit Belastungen von 500 bis 2000 kN gerechnet werden.

Tabelle 4.3 Größenordnung (Vorbemessung) für Mantel- und Spitzenwiderstand von Rammpfählen

Bodenart	Bereich unter OK der tragfähigen Schicht[4] in m	Pfahlmantelwiderstand q_s in kN/m² für abgewickelten Umfang				Pfahlspitzenwiderstand q_b [MN/m²] umrissener Umfang des Pfahlfußes			
		Holzpfähle	Stahlbetonpfähle	Stahlrohrpfähle[3] Kastenpfähle offen[1]	Stahlträgerprofile[2]	Holzpfähle	Stahlbetonpfähle	Stahlrohrpfähle[3] Kastenpfähle offen[1]	Stahlträgerprofile[2]
nichtbindige	< 5,0	20-45	20-45	20-35	20-30	2,0-3,5	2,0-5,0	1,5-4,0	1,5-3,0
Böden	5,0-10,0	40-65	40-65	35-55	30-50	–	3,5-6,5	3,0-6,0	2,5-5,0
	> 10,0	–	60	50-75	40-75	3,0-7,5	4,0-8,0	3,5-7,5	3,0-6,0
bindige Böden[5]									
I_c =0,5-0,75		5-20							
I_c =0,75-1,0		20-45				0 - 2			
Geschiebe-	< 5,0		50-80	40-70	30-50		2,0-6,0	1,5-5,0	1,5-4,0
mergel[6]	5,0-10,0			60-90	40-70		5,0-9,0	4,0-9,0	3,0-7,5
halbfest-fest	> 10,0		80-100	80-100	50-80		8,0-10	8,0-10	6,0-9,0

[1] für Kastenweiten oder Rohrdurchmesser ≤ 500 mm

[2] für Profilweiten < 350 mm; bei höheren Profilen Stege anschweißen

[3] für Stahlkastenpfähle mit geschlossenem Fuß siehe Stahlbetonpfähle

[4] für q_s ist das die Einbindelänge des Pfahls, für q_b Einbindetiefe in die tragfähige Schicht

[5] Konsistenzzahl I_c; [6] halbfeste bis feste Konsistenz, auf Grundlage örtlicher Erfahrungen einschätzen.

Vorbemessung von Fertigrammpfählen: Erfahrungswerte zur Abschätzung der Tragfähigkeit sind in den *Tabellen 4.1* bis *4.3* aufgeführt. Für den Entwurf von Pfahlgründungen mit Verdrängungspfählen können die im Folgenden zusammengestellten Faustformeln und Erfahrungswerte angewendet werden, wenn der Untergrund im Bereich der Lastabtragung durch die Pfähle von ausreichend tragfähigem, nichtbindigem Boden gebildet wird, bei dem ein Spitzenwiderstand der Drucksondierung von $q_c \geq 10\,\mathrm{MN/m^2}$ zu erwarten ist oder wenn der Untergrund aus annähernd halbfestem, bindigem Boden mit $I_C \geq 1,0$ bzw. $c_u \geq 150\,\mathrm{kN/m^2}$ besteht.

Fertigteilrammpfähle sollten mindestens 3 m in den tragfähigen Baugrund einbinden. Unterhalb der Pfähle muss der tragfähige Bereich bei Einzelpfählen bis zu einem Abstand von $\geq 4\,D_b$ oder $\geq 1,5$ m und bei Pfahlgruppen bis $\geq 2\,b$ vorhanden sein, wobei b den äußeren Abstand der Randpfähle bezeichnet. Dies ist bereits bei der Erkundung des Untergrunds zu berücksichtigen. Zwischen benachbarten Pfählen sollte der Abstand a nicht kleiner sein als $a \geq 3\,D_b \geq 1,0\,\mathrm{m} + D_b$, wobei der Pfahlfußdurchmesser in m einzusetzen ist. Wenn nichtbindiger Boden mit $q_c \geq 15\ \mathrm{MN/m^2}$ oder halbfester bindiger Boden mit $I_C \geq 1,0$ bzw. $c_u \geq 200\,\mathrm{kN/m^2}$ zu erwarten ist, darf mit einer um 25 % höheren Gebrauchslast der Pfähle gerechnet werden. Bei gerammten Fertigteilverdrängungspfählen aus Stahl- oder Spannbeton liegen die Pfahlkopfsetzungen i. d. R. unter 1,5 cm.

Faustformel - Fertigpfähle

Voraussetzungen:

- Mindesteinbindetiefe in den tragfähigen Baugrund 3 m
- Mächtigkeit der tragfähigen Schicht unterhalb des Pfahls
  Einzelpfahl: $\geq 4\,D_b$ oder $\geq 1,5$ m
  Pfahlgruppe: $\geq 2\,b$ (b äußerer Abstand der Randpfähle)
- Mindestabstände benachbarter Pfähle: $a \geq 3\,D_b \geq 1,0\,\text{m} + D_b$

Faustformeln

zul $F = 10D_X - k$

zul F in kN mit D_X in cm, Holzrammpfahl $D_X = D_{\text{mittel}}$ und $k = 0$,
Stahlbetonrammpfahl $D_X = D_s$ und $k = 10D_S - 250$ für $D_s \geq 25$ cm
D_s - Pfahlmanteldurchmesser, D_b - Pfahlfußdurchmesser

4.2.1.2 Ortbetonrammpfähle

Ortbetonrammpfähle gehören zur Gruppe der Verdrängungspfähle und werden auch als Ortbetonverdrängungspfähle bezeichnet. Bei Ortbetonrammpfählen wird ein unten verschlossenes Vortreibrohr in den Untergrund eingerammt und nach dem Einbringen der Bewehrung und dem Einfüllen des Betons wieder gezogen.

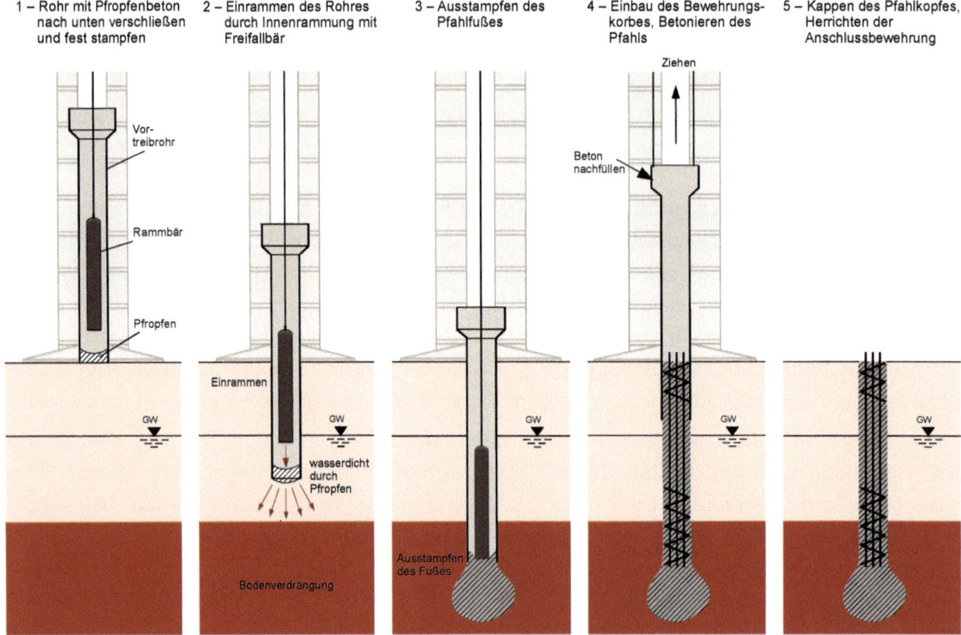

Bild 4.7 Ortbetonverdrängungspfahl, Herstellungsverfahren mit Innenrohrrammung, z. B. System Franki

Als unterer Verschluss kann ein Deckel benutzt werden, der als verlorene Spitze im Boden verbleibt (Kopframmung, siehe *Bild 4.8*), oder das Vortreibrohr wird mit einem Pfropfen aus Beton oder Boden verschlossen (Innenrohrrammung, siehe *Bild 4.7*), der nach Erreichen der

Solltiefe ausgerammt wird. Ortbetonrammpfähle nach dem Prinzip der Innenrohrrammung werden auch als Franki-Pfahl bezeichnet. Vor Beginn des Einrammvorgangs wird das Vortreibrohr unten mit einem Pfropfen aus nahezu trockenem Beton oder einem Sand-Kies-Gemisch verschlossen.

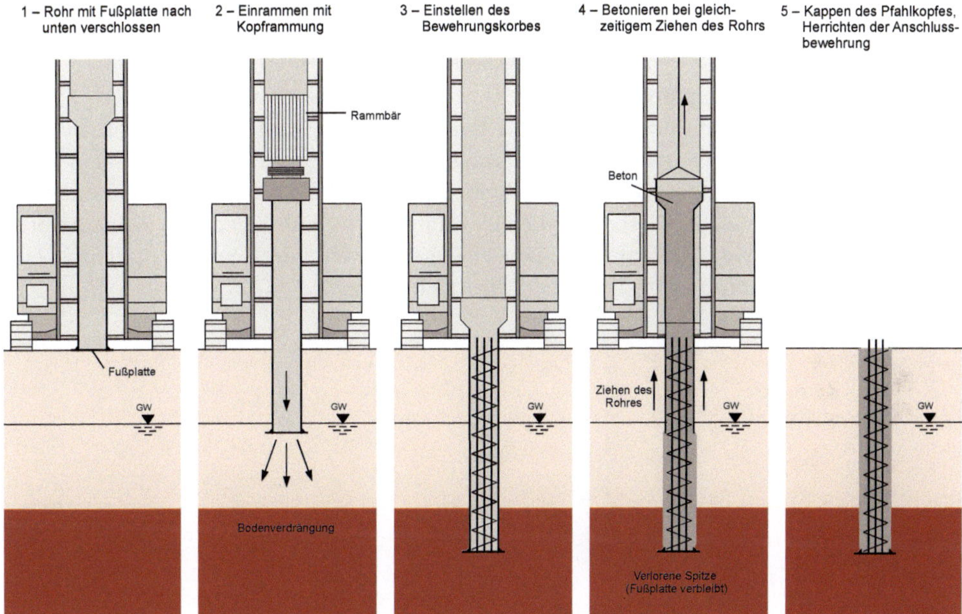

Bild 4.8 Prinzip der Herstellung von Ortbetonverdrängungspfählen mittels Kopframmung, z. B. System Simplex

Durch das Verdichten mit dem Rammbären verspannt sich das eingefüllte Material, dichtet das Vortreibrohr nach unten ab, kann als Rammpolster die Rammenergie aufnehmen und das Rohr somit nach unten ziehen. Nach Erreichen der Endtiefe wird das Vortreibrohr durch Vorrichtungen im Kopfbereich gehalten und das Pfropfenmaterial ausgerammt, sodass ein aufgeweiteter Pfahlfuß entsteht. Nach dem Einbau der Bewehrung und dem Einfüllen des fließfähigen Betons wird das Vortreibrohr bei ständigem Nachfüllen mit Beton gezogen. Üblich sind Rohrdurchmesser von 42 cm, 51 cm, 56 cm und 61 cm. Franki-Pfähle können bis zu Neigungen von 4:1 hergestellt werden und erreichen im Gebrauchszustand eine Tragfähigkeit von 1000 bis 4000 kN.

Zur Steigerung der Pfahltragfähigkeit kann vor der eigentlichen Pfahlherstellung eine zusätzliche Bodenverbesserung durch Einbringen und Verdichten von grobkörnigem Boden erfolgen. Im Fußbereich wird das Rohr dafür ein bis zwei Meter tiefer gerammt, als für die spätere Pfahlunterseite erforderlich, und anschließend bei gleichzeitigem Einfüllen, Verdichten und Ausrammen von Kies oder Schotter gezogen. Ortbetonrammpfähle nach dem Prinzip der Kopframmung werden auch als Simplex-Pfähle bezeichnet. Das Vortreibrohr wird bei diesem Pfahltyp nach unten mit einer verlorenen Fußplatte verschlossen und bis zur Endtiefe eingerammt. Dazu schlägt der Rammbär auf eine auf dem Rohrkopf aufgesetzte Rammplatte. Die Erschütterungen in der Umgebung sind bei der Kopframmung i. Allg. größer als bei der Innenrammung. Auch bei dieser Pfahlart ist die Verbesserung des Untergrunds in der Umgebung des Pfahls möglich. Dazu wird das mit der Fußplatte unten verschlossene Rohr bis zu 2 m unter die spätere Pfahlunterkante gerammt, mit Kies befüllt und komplett gezogen. Der Herstellungsvorgang wird anschließend mit dem unten wieder verschlossenen Rohr fortgesetzt. Durch das Einrammen erfolgt eine Verdichtung der Kiesschüttung verbunden mit der Erhöhung der Tragfähigkeit des Pfahls. Die üblichen Rohrdurchmesser sind die gleichen wie bei Franki-Pfählen. Simplex-Pfähle können bis zu Neigungen von 4:1 hergestellt werden und erreichen im Gebrauchszustand eine Tragfähigkeit von 500 bis 2500 kN.

Verpresste Verdrängungspfähle: Ein Verpressmörtelpfahl (VM-Pfahl, siehe *Bild 4.9*) besteht aus einem Stahlrammpfahl, der unter gleichzeitiger Zugabe von Mörtel in den Boden gerammt wird. Dazu ist am unteren Ende ein Pfahlfuß angeschweißt, der einen etwas größeren Querschnitt als der Pfahlschaft aufweist, sodass beim Einrammen ein Hohlraum zwischen Pfahlschaft und Boden entsteht. Dieser wird bereits während des Einbringens mit Zementmörtel verfüllt. Im Gegensatz zu Mikropfählen nach DIN EN 14199 wird der Zementmörtel nicht eingepresst, sondern nur mit hydrostratischem Druck eingebracht.

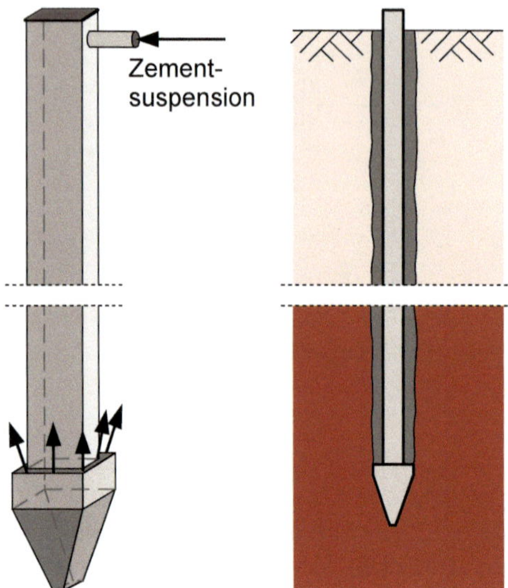

Bild 4.9 Verpressmörtelpfahl

Es muss eine vollkommene Ummantelung des Pfahlschafts sichergestellt werden. Die überwiegend als Zugpfähle zur Anwendung kommenden Verpressmörtelpfähle erreichen im Gebrauchszustand Tragfähigkeiten von 1000 bis 2500 kN.

Im Gegensatz zu VM-Pfählen wird beim Rüttelinjektionspfahl (RI-Pfahl) nur ein schmaler Spalt zwischen Boden und Pfahlschaft erzeugt. Es ist deshalb auch nicht die Verdrängung eines großen Bodenvolumens wie beim VM-Pfahl erforderlich und der Eindringwiderstand ist deutlich geringer. RI-Pfähle können somit auch mit dem Rüttelverfahren eingebracht werden, wodurch sich die Lärmbelastung im Vergleich zum Rammen erheblich reduzieren lässt. Die dynamischen Auswirkungen (Schwingungen) auf die Umgebung können ähnlich groß sein wie bei VM-Pfählen. Der Zementmörtel wird über Injektionsrohre eingepumpt, wodurch eine gute Verzahnung zwischen Boden und Pfahlschaft sichergestellt ist. RI-Pfähle werden überwiegend als Zugpfähle eingesetzt. Ihre Belastbarkeit liegt im Gebrauchszustand im Bereich 500 bis 1500 kN.

Der Rohrverpresspfahl ist bisher nicht genormt und wird der Gruppe der Mikropfähle zugerechnet, wenn sein Durchmesser kleiner als 30 cm ist. Mit Durchmessern über 30 cm ist er ein Sonderpfahl, für dessen Anwendung eine bauaufsichtliche Zulassung oder eine Zustimmung im Einzelfall vorliegen sollte. Beim Rohrverpresspfahl wird ein dickwandiger Stahlrohrpfahl in den Untergrund eingebohrt und mit Zementsuspension im Schaft- und im Fußbereich verpresst. Er ist für die Abtragung großer Zugkräfte geeignet und wegen der erschütterungs- und lärmarmen Herstellung für den Einsatz in immissionsempfindlichen Gebieten gut geeignet.

4.2.1.3 Vollverdrängungsbohrpfähle (Schraubpfahl)

Schraubpfähle bzw. Vollverdrängungsbohrpfähle gehören zu den Ortbetonverdrängungspfählen. Die Pfähle werden vor Ort hergestellt, indem ein unten verschlossenes Rohr mittels Bohrschnecke in den Untergrund eingeschraubt wird. Der Boden wird dabei zur Seite hin verdrängt, im Rohrinneren ist das Einbringen von Beton und Bewehrung möglich.

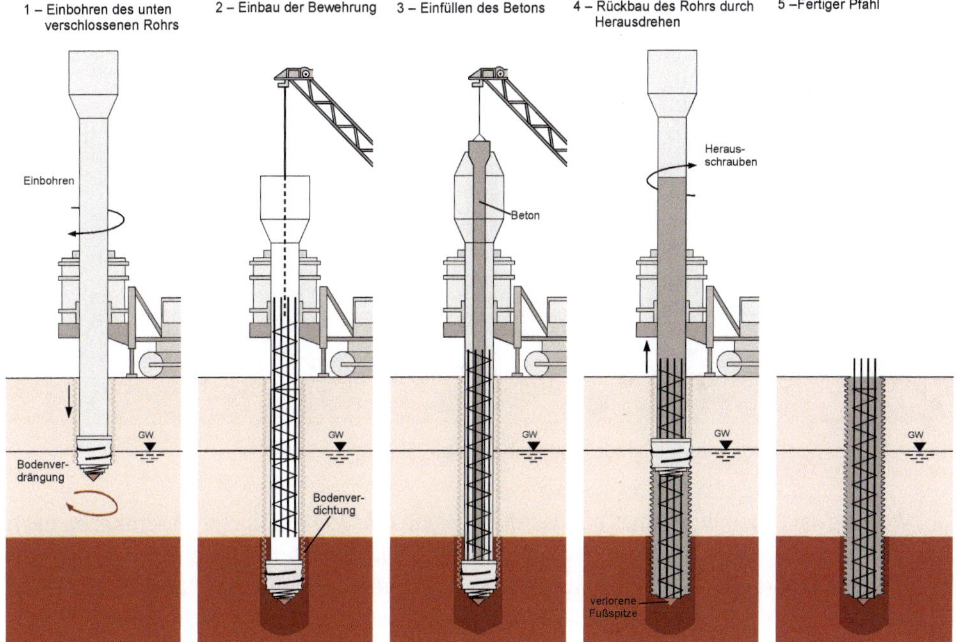

Bild 4.10 Herstellung eines Vollverdrängungsbohrpfahl, System „Atlas“

Ein wesentliches Merkmal von Vollverdrängungsbohrpfählen ist die Herstellung ohne nennenswerte Förderung von Boden. Bei der Herstellung von Schraubpfählen, deren Pfahlfuß sich unterhalb des Grundwassersspiegels befindet, ist ein dichter Verschluss des Vortreibrohrs nach unten sicherzustellen und beim Ziehen ein ständiger Betonüberdruck im Vortreibrohr zu gewährleisten. Das Abteufen des Vortreibrohrs erfolgt drehend und drückend ohne dynamische Einwirkungen. Dichte oder feste Bodenschichten lassen sich nur begrenzt durchfahren. In DIN 12699 [7] ist die Herstellung von Schraubpfählen genormt.

Bei der Herstellung eines Atlaspfahls (siehe *Bild 4.10*) wird ein Vortriebrohr, welches am unteren Ende einen Schneidkopf aufweist, mit einem leistungsstarken Drehbohrantrieb unter gleichzeitigem vertikalen Anpressdruck erschütterungsfrei in den Boden eingedreht. Der Schneidkopf wird nach unten von einer verlorenen Spitze wasserdicht verschlossen. Nachdem die Solltiefe erreicht worden ist, kann ein Bewehrungskorb eingesetzt und das Rohr mit fließfähigem Beton gefüllt werden. Durch Rückwärtsdrehen und Ziehen des Vortriebsrohrs löst sich die Fußspitze und der austretende Beton füllt den entstehenden Hohlraum. Der fertige Pfahlschaft weist eine schraubenähnliche, wendelförmige Betonwulst auf. Die Pfähle können bis Neigungen von 4:1 hergestellt werden. Es werden Tragfähigkeiten im Gebrauchszustand von 500 bis 1700 kN erreicht.

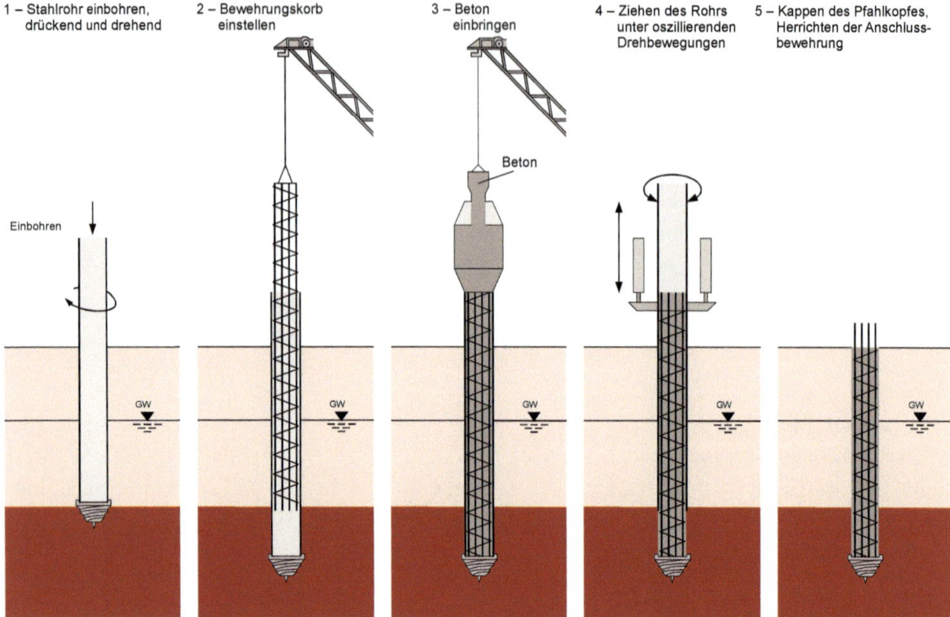

Bild 4.11 Herstellung eines Vollverdrängungsbohrpfahl, System „Fundex"

Der Vorgang der Herstellung eines Fundexpfahls (siehe *Bild 4.11*) erfolgt im Wesentlichen nach dem gleichen Ablauf wie die Herstellung von Atlaspfählen. Im Unterschied zum Atlaspfahl verbleibt aber die gesamte wendelförmige Spitze als verlorener Pfahlfuß im Boden. Das Ziehen des Vortriebsrohrs erfolgt durch oszillierende Drehbewegung bei gleichzeitiger Aufwärtsbewegung. Die Tragfähigkeit im Gebrauchszustand liegt im Bereich 500 kN bis 1500 kN.

4.2.2 Bohrpfähle

In der DIN EN 1536 ist die Herstellung von Bohrpfählen mit Durchmessern $0,3 \leq D \leq 3,0\,\mathrm{m}$ geregelt. Darüber hinaus werden auch Gründungskörper mit anderen Querschnittsformen zu den Bohrpfählen gerechnet, wenn sie auf ähnliche Weise hergestellt werden, z. B. Barrettes (Schlitzwandelemente). Bei Bohrpfählen wird ein Hohlraum im Untergrund hergestellt und der Schaft des Pfahls gegen das anstehende Erdreich betoniert. Es kann in Abhängigkeit der Festigkeit des Untergrunds bis zum Betonieren eine Stützung der Bohrlochwandung durch

Verrohrung oder durch Flüssigkeitsüberdruck erforderlich sein. Damit soll gleichzeitig die Auflockerung und Entspannung des umgebenden Bodens vermindert werden. Bohrpfähle lassen sich durch das weite Spektrum möglicher Durchmesser und Längen flexibel an die jeweiligen Baugrundverhältnisse und Beanspruchungen anpassen. Im Zuge der Herstellung kann der wirklich vorhandene Bodenaufbau überprüft und auf unerwartete Verhältnisse reagiert werden.

Bild 4.12 Herstellung eines verrohrten Bohrpfahls

Verrohrte Bohrpfähle: Bei verrohrten Bohrpfählen (siehe *Bilder 4.12* und *4.13*) wird der Boden im Schutz einer Verrohrung gelöst und gefördert. Verrohrte Bohrpfähle werden ab 80 cm Schaftdurchmesser überwiegend unter Verwendung hydraulischer Verrohrungsmaschinen oder mit schweren Drehbohranlagen hergestellt, die das Verrohren mit dem Drehkopf oder mit angebauter Verrohrungsmaschine ermöglichen. Zur Beherrschung der großen Mantelreibungskräfte kann bei großen Bohrtiefen die Verwendung einer teleskopartigen Verrohrung erforderlich sein.

Bild 4.13 Bohrrohre und Ankopplungsvorrichtung für die Verrohrung

Der Durchmesser der Verrohrung wird dabei mit zunehmender Tiefe abschnittweise verringert. Zum Lösen und Fördern können Schneckenbohrer im Drehbohrverfahren, Bohreimer (Kastenbohrer), Kernbohrer oder Greifer am Seilbagger zum Einsatz kommen. Nach Herstellung der Bohrung bis zur Endtiefe und meist nach Einstellen des Bewehrungskorbs wird der Pfahl im Kontraktorverfahren betoniert und gleichzeitig die Verrohrung gezogen.

Maschinell hergestellte Bohrpfähle mit großen Durchmessern werden meist aus wirtschaftlichen Gründen bevorzugt. Die modernen Maschinen erlauben die Herstellung von Bohrlöchern mit großen Durchmessern mit dem gleichen Aufwand wie bei kleineren Abmessungen. Der größere Anpressdruck sichert das Vorauseilen des Bohrrohrs vor dem Bohrwerkzeug, wodurch der Entzug von Boden aus der Umgebung des Pfahls verhindert wird. Während bei kleinen Pfahldurchmessern beim Ziehen der Verrohrung die Gefahr von Einschnürungen besteht, ist bei Durchmessern ab 90 cm nicht mehr mit derartigen Erscheinungen zu rechnen.

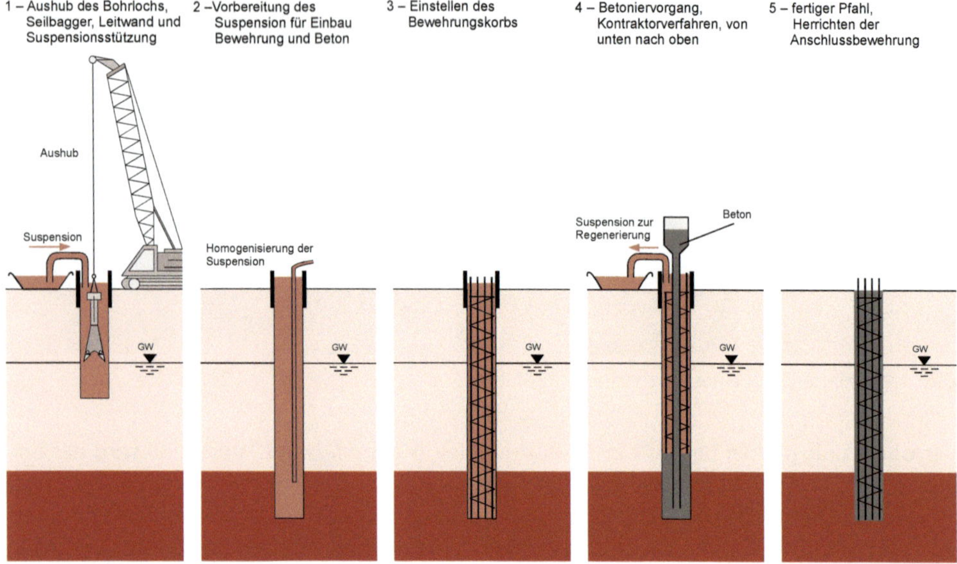

Bild 4.14 Bohrpfahl mit suspensionsgestützter Bohrlochwandung

Unverrohrte Bohrpfähle: Zu den unverrohrten Bohrpfählen gehören flüssigkeitsgestützte Bohrpfähle, Schneckenbohrpfähle mit durchgehender Bohrschnecke und unverrohrt hergestellte Pfähle in standfestem Boden. Zur Stützung der Bohrlochwandung wird bei flüssigkeitsgestützten Bohrpfählen meist eine Suspension aus Wasser und hochplastischen Tonen, i. d. R. Bentonit, verwendet. Deshalb bezeichnet man diese Art der Pfahlherstellung auch als suspensionsgestütztes Bohren (siehe *Bild 4.14*). Durch Gewährleistung eines höheren Flüssigkeitsdrucks im Bohrloch wird eine Strömung ins Erdreich hinein sichergestellt. Die Suspension besitzt wegen der festen Bestandteile eine größere Dichte als Wasser. Der Flüssigkeitsüberdruck lässt sich damit durch einen ständig hohen Suspensionsspiegel im Bohrrohr erzeugen. Voraussetzung für das Funktionieren der Stützung mit Suspension ist allerdings, dass sich im Bereich der Bohrlochwandung ein Filterkuchen aus Feinteilchen bilden kann. Nach Erreichen der Endtiefe wird die Suspension homogenisiert und teilweise auch ausgetauscht, der Bewehrungskorb eingestellt und der Bohrpfahl von unten nach oben im Kontraktorverfahren betoniert, wobei die Suspension nach oben verdrängt, aufgefangen und wiederaufbereitet wird.

Das kennzeichnende Merkmal von Schneckenbohrpfählen ist die Herstellung der Bohrung mit einer durchgehenden Bohrschnecke. Die Bohrschnecke wird bis zur Endtiefe in den Untergrund eingedreht. Dabei füllen sich die Schneckengänge mit Boden und fördern nur das nicht verdrängte Bohrgut. Nach Erreichen der Endtiefe wird die gefüllte Bohrschnecke aus der Bohrung gezogen, wobei die Drehrichtung der Schnecke beibehalten oder der Drehvorgang ausgeschaltet wird. Der Boden wird mittels Räumer beim Ziehen von den Schneckengängen entfernt und gleichzeitig über das Seelenrohr Beton in den frei werdenden Hohlraum gepumpt. Durch die stets mit Bohrgut gefüllte Schnecke wird bei diesem Bohrverfahren die gleiche Stützwirkung wie bei verrohrten Bohrungen erreicht, eine Entspannung der Bohrlochwandung wirkungsvoller verhindert und der Kontakt zwischen Boden und Bohrpfahl durch den erhöhten Betondruck verbessert. Das Verfahren ist geeignet bei festen bis lockeren Böden und bei verwittertem Fels. Es sollte nicht eingesetzt werden bei gleichförmigen Böden mit $C_U \leq 3$ und bei Böden mit geringer undränierter Kohäsion $c_u \leq 15\,\text{kN/m}^2$.

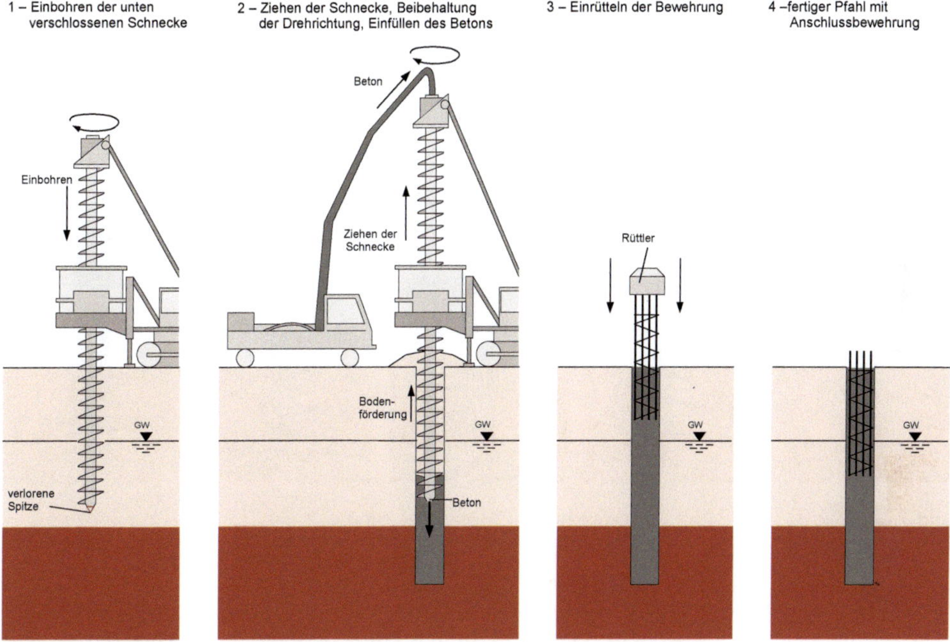

Bild 4.15 Herstellung von Schneckenbohrpfählen mit kleinem Seelenrohr

Die Bohrung soll schnell und mit der geringstmöglichen Umdrehungszahl abgeteuft werden, um die Auswirkungen auf den umgebenden Baugrund zu minimieren. Beim Ziehen der Bohrschnecke ist darauf zu achten, dass der umgebende Boden standfest bleibt oder der aufsteigende Beton den umgebenden Boden standfest stützt. Die Ziehgeschwindigkeit muss so langsam gewählt werden, dass unter der Bohrschnecke kein Sog entsteht und der Beton muss unter einem Druck stehen, der die sofortige Verfüllung des frei werdenden Raums sicherstellt. Dafür ist der Beton kontinuierlich so nachzupumpen, dass kein Boden am unteren Ende der Bohrschnecke von der Seite eindringen kann. Wegen der vielfältigen Einflüsse muss die Herstellung von Schneckenbohrpfählen fortlaufend überwacht werden. Im Vergleich zu verrohrt hergestellten Bohrpfählen ist mit einem Betonmehrverbrauch von ca. 10-30 % zu rechnen. Dieser ergibt sich unter anderem durch das Einbringen des Betons unter Druck, die Wasserausfilterung und die unebene Pfahlmanteloberfläche.

Nachteilig beim Bohren mit durchgehender Bohrschnecke ist der große Bohrwiderstand, da auf der gesamten Bohrlochlänge die Reibung zwischen Untergrund und Bohrschnecke überwunden werden muss. Dies erfordert Antriebe und Gerätekonstruktionen, die für ein entsprechend großes Drehmoment ausgelegt sind. Den großen Leistungen, die mit diesem Verfahren möglich sind, stehen deshalb hohe Gerätekosten gegenüber. Der Schneckenbohrpfahl ist beim Bauen in der Nähe erschütterungsempfindlicher Bauwerke besonders geeignet.

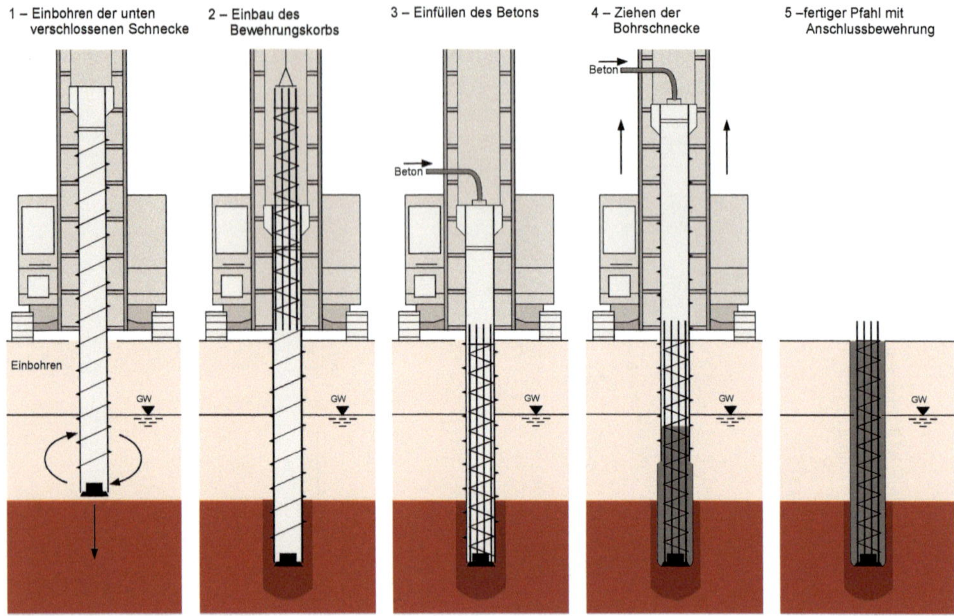

Bild 4.16 Herstellung von Schneckenbohrpfählen mit großem Seelenrohr

Die *Bilder 4.15* und *4.16* zeigen schematisch den Herstellungsvorgang von Schneckenbohrpfählen mit kleinem und großem Seelenrohr. In den Empfehlungen des Arbeitskreises Pfähle [50] wird diese Pfahlart als „unverrohrt hergestellte Bohrpfähle mit durchgehender Bohrschnecke" bezeichnet. Man unterscheidet in Bohrschnecken mit kleinem Seelenrohr (Durchmesser ca. 10-15 cm) und großem Seelenrohr (Durchmesser größer als der halbe Außendurchmesser der Bohrschnecke).

Bei Schneckenbohrpfählen mit großem Seelenrohr wird der Boden in der Umgebung des Pfahls teilweise verdrängt und dadurch verdichtet. Diese Pfähle werden deshalb auch als Teilverdrängungsbohrpfähle bezeichnet. Demgegenüber wird bei Schneckenbohrpfählen mit kleinem Durchmesser des Seelenrohrs der Boden vollständig entnommen.

Betonieren der Pfähle: Der Beton darf nur dann im freien Fall eingebracht werden, wenn bei lotrechten Pfählen kein Wasser ansteht und sichergestellt wird, dass der Frischbeton die Bohrlochsohle erreicht, ohne die Wandung zu berühren. Für das Betonieren unter Wasser ist das Kontraktorverfahren zu verwenden. Das Kontraktorrohr muss bei Beginn des Betonierens auf der Sohle aufsitzen und immer im Frischbeton eintauchen. Die Betongüte ist vor dem Einbau zu kontrollieren. Einzelheiten dazu sind in der Herstellungsnorm DIN EN 1536 [12] geregelt. In *Bild 4.17* ist die Ermittlung des Ausbreitmaßes des Betons unmittelbar vor dem Einbringen

Bild 4.17 Kontrolle des Ausbreitmaßes bei der Herstellung von Bohrpfählen

in das Bohrrohr dargestellt. Das Ausbreitmaß ist hierbei abhängig von den Randbedingungen: beim Betonieren im Trockenen z. B. 46 – 53 cm, bei Kontraktorverfahren unter Wasser oder bei Pumpbeton ca. 53 – 60 cm und bei flüssigkeitsgestützten Pfählen 57 – 63 cm.

Vorbemessung, Faustformeln: Der Bemessung von Bohrpfählen werden in Deutschland seit vielen Jahrzehnten die Ergebnisse von Pfahlprobebelastungen zugrunde gelegt. Die Größenordnung der Tragfähigkeit von Einzelpfählen kann deshalb auch auf Grundlage von Erfahrungen angegeben werden. Die folgende Faustformel gibt einen ersten Anhaltswert zur Abschätzung der axialen Tragfähigkeit. Bei der Anwendung dieser Faustformel wird vorausgesetzt, dass die Baugrundeigenschaften bekannt sind und es sich um eine Regelbauweise handelt, bei der die folgenden konstruktiven Mindestanforderungen eingehalten werden.

Faustformeln – Bohrpfahl

Voraussetzungen:

- Pfahllänge im Boden $\geq 5\,\text{m}$
- Einbindetiefe in der tragfähigen Schicht $\geq 3\,\text{m}$
- Abstand der Pfähle $\geq 3D_b$
- Neigung des Bohrpfahls $\geq 8:1$

$R_{Pl} = 10D_X - k_{Pl}$

R_{Pl} - Pfahlkraft in kN, D_X in cm, D_s Pfahldurchmesser, D_b Pfahlfußdurchmesser

Bohrpfahl ohne Fuß : $D_X = D_s$; $k_{Pl} = 100$

Bohrpfahl mit Fuß : $D_X = D_b$; $k_{Pl} = 300$; $D_b \leq 2D_S$

4.2.3 Mikropfähle

Mikropfähle sind Kleinpfähle mit einem Durchmesser bis 30 cm. Wegen des geringeren Pfahldurchmessers sind Mikropfähle nur für die Aufnahme kleiner Lasten geeignet. Die Tragfähigkeit der Mikropfähle liegt je nach Bodenart, Pfahldurchmesser und Pfahllänge im Bereich von 60 bis 800 kN. DIN EN 14199 [10] regelt Konstruktion und Herstellung von „Pfählen mit kleinem Durchmesser“. Hauptanwendungsgebiete sind Unterfangungen und Nachgründungen von Bauwerken sowie die Herstellung von Gründungen und Grundbauwerken unter beengten Platzverhältnissen. Sie werden aber auch zur Sicherung von Hängen und Geländesprüngen, zur Baugrubensicherung oder als Widerlager zur Aufnahme von Zugkräften eingesetzt. Kleinpfähle können als Zug- oder Druckpfähle und für dauerhafte Bauaufgaben oder temporäre Zwecke, z. B. Baugrubensicherungen, eingesetzt werden.

Mikropfähle, die mit durchgehender Längsbewehrung an Ort und Stelle betoniert werden, sind früher auch als *Wurzelpfähle* bezeichnet worden. Sie gehören zur Gruppe der *Ortbetonpfähle. Verbundpfähle* besitzen demgegenüber ein durchgehendes Tragglied, in den meisten Fällen aus Stahl.

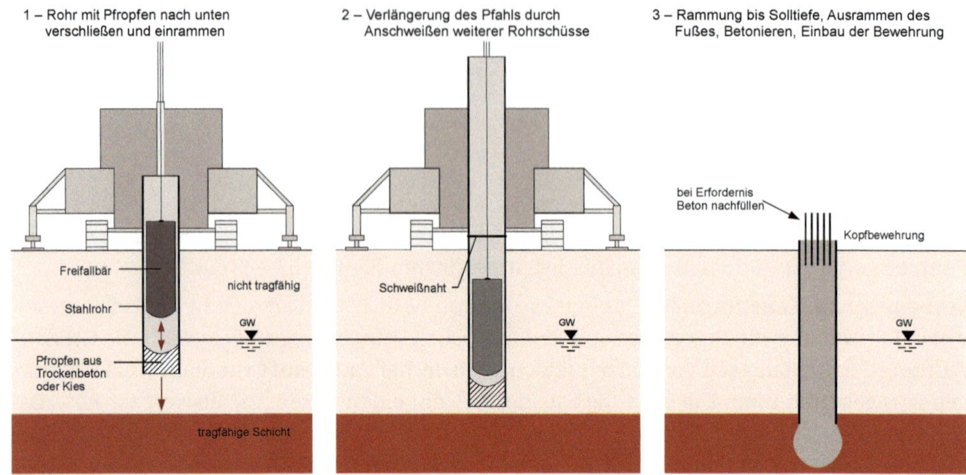

Bild 4.18 Schematische Darstellung der Herstellung eines Stahlrohrpfahls

Die Herstellung von Mikropfählen kann als Bohrpfahl oder als Verdrängungspfahl erfolgen. Einstab-, Rohr- (siehe *Bild 4.18*) oder Stahlhülsenpfähle sind Verbundpfähle . Durch das Verpressen mit Beton oder Zementmörtel im Bereich der Krafteintragung (Verpressdruck ≥5 bar) und das Nachverpressen mit einem Verpressdruck von 50-60 bar wird der Mantelwiderstand erheblich gesteigert. Es sind seit den 60er-Jahren des 20. Jahrhunderts eine Vielzahl an unterschiedlichen technischen Lösungen entwickelt worden. Einzelheiten dazu finden sich in Firmenschriften oder den Online-Informationen der Firmen (Beispiele: GEWI–Pfahl DYWIDAG München, MESI – Mehrstufeninjektionspfahl Firma Keller, SVV – Stabverpresspfahl Firma Bauer, TITAN Fa. Ischebeck, Rohrpfahl Stump u.a.m.).

Sehr verbreitet sind Einstabpfähle, bei denen der Stab ein Außengewinde aufweist (z. B. GEWI-Verbundpfahl), wodurch die Verlängerung durch Schraubverbindung über Muffen leicht zu realisieren ist. Eine Sonderform sind Einstabgewindepfähle, bei denen ein spezieller aufgebohrter Gewindestahl und eine verlorene Spitze benutzt werden (z. B. TITAN der Fa. Ischebeck). Mit diesen ist das Einbringen des Verpressguts bereits während des Einbohrens und das Verpressen von unten nach oben möglich.

Der Duktilpfahl ist ein Kleinrammpfahl aus duktilen Schleudergussrohren, die durch Muffen miteinander verbunden werden. Übliche Längen dieser Pfähle liegen bei 5 bis 6 m. Das unterste Rohr ist mit einer Spitze verschlossen. Die Rohre werden bis zur geforderten Tiefe eingerammt und anschließend ausbetoniert. Auch bei Duktilpfählen ist zur Erhöhung der Tragfähigkeit das Verpressen möglich. Die Tragfähigkeit von Duktilpfählen liegt bei ca. 300-700 kN bei Durchmessern von $d \approx 118$ mm bis 1300 kN bei verpressten Pfählen mit $d \approx 170$ mm.

Der Rohrverpresspfahl ist ein nicht genormter, dickwandiger Stahlrohrpfahl mit Schaft- und Fußverpressung. Er ist für die Abtragung großer Zugkräfte geeignet. Es werden ca. 3 m lange Stahlrohrschüsse miteinander gekoppelt und im Drehspülverfahren eingebaut. Die Nutzlast im Gebrauchszustand liegt im Bereich zwischen 0,75 bis 1,5 MN für Durchmesser von 73 mm bis 102 mm und bei bis zu 2,5 MN bei Durchmessern von 114 mm und einer Wandstärke von 28 mm.

Übung 4.1

Entwurf Pfahlgründung

http://www.zaft.htw-dresden.de/grundbau

4.3 Berechnung, Nachweise

4.3.1 Grundlagen

Wie bei allen geotechnischen Nachweisen sind auch bei Pfahlgründungen Bemessungswerte der Beanspruchungen mit den Bemessungswerten der Widerstände zu vergleichen. Dabei wird unterschieden in axial und quer zur Pfahlachse beanspruchte Pfähle. Während bei planmäßig quer zur Pfahlachse belasteten Pfählen die Bettung des Pfahls und die Mobilisierung des räumlichen passiven Erddrucks die Lastabtragung bestimmen, sind bei axial beanspruchten Pfählen der Fußwiderstand q_b und der Mantelwiderstand q_s (Mantelreibung) die bestimmenden Größen. Zur Gewährleistung der Tragfähigkeit muss der Pfahl die Beanspruchungen ohne Schäden aufnehmen können (innere Standsicherheit) und diese in den Untergrund abtragen (äußere Standsicherheit). Für die Nachweisführung sind die Beanspruchung und der Widerstand jedes einzelnen Pfahls zu ermitteln, wobei die gegenseitige Beeinflussung der Pfähle zu berücksichtigen ist. Wie bei Flächengründungen wirkt sich das Tragverhalten eines Pfahls auf den Nachbarpfahl aus, wenn der Abstand zwischen den Einzelpfählen einen bestimmten Wert unterschreitet. Man bezeichnet diese wechselseitige Beeinflussung als Gruppenwirkung.

Der Vorgang der Herstellung des Pfahls führt in der unmittelbaren Umgebung zur Beeinflussung der bodenmechanischen Eigenschaften des Baugrunds, z. B. infolge Zusammendrückung und Auflockerung im Pfahlfußbereich. Für die Lastabtragung sind Verformungen erforderlich, die in der Mantelfläche und im Bereich der Pfahlspitze übertragen werden. Die Größe der einzelnen Widerstände lässt sich noch nicht auf Grundlage theoretischer Verfahren zutreffend vorhersagen. Selbst die Anwendung nichtlinearer Stoffgesetze in Verbindung mit numerischen Methoden ist nicht ausreichend zuverlässig! Deshalb ist die Probebelastung das wichtigste Kriterium zur Ermittlung der Pfahlwiderstände.

Aufgrund der Schwierigkeiten bezüglich der Berechnung der Pfahltragfähigkeit mit theoretisch fundierten Ansätzen wird die Probebelastung der Ermittlung der Tragfähigkeit zugrunde gelegt. Gemäß DIN EN 1997-1 [25] darf die Bemessung von Pfahlgründungen mit einem der folgenden Verfahren erfolgen:

- statische Probebelastungen,
- dynamische Probebelastungen,

- empirische Verfahren, deren Eignung durch Probebelastungen nachgewiesen worden ist,
- gesicherte Beobachtungen an vergleichbarer Pfahlgründung.

Die aus Probebelastungen erhaltene Widerstands-Setzungs (Hebungs)-Linie WSL ist die Grundlage für die Pfahlbemessung. Bei den unterschiedlichen Herstellungsverfahren wird der Spannungszustand im Boden jeweils in einer für das Verfahren typischen Art beeinflusst. Deshalb dürfen nur Widerstands-Setzungs-Linien gleicher Pfahltypen miteinander verglichen werden. Aus der systematischen Auswertung von Pfahlprobebelastungen wurden Erfahrungswerte für die Prognose von Widerstands-Setzungs-Linien abgeleitet. Dabei hat sich die Einteilung der Pfahlarten nach der Herstellung in die drei Gruppen Verdrängungspfahl, Bohrpfahl und Mikropfahl herausgebildet.

Wenn die Durchführung von Probebelastungen mit wirtschaftlich vertretbarem Aufwand nicht möglich ist, darf zur Ermittlung der WSL auf Erfahrungswerte zurückgegriffen werden, z. B. nach den Empfehlungen des Arbeitskreises Pfähle [50]. Man ermittelt die Pfahlkopfsetzung s und den mobilisierten Pfahlwiderstand $R(s)$ jeweils getrennt für den Anteil Spitzenwiderstand R_b und Mantelwiderstand R_s und überlagert diese.

$R_{s,k} = \sum A_{s,i} q_{s,i}$ – Spannung etwa parabolisch über Pfahl verteilt, nach kleinen Verschiebungen s_{sg} voll mobilisiert. $A_{s,i}$ - Mantelfläche

$R_{b,k} = A_b q_{b,k}$ – Spitzendruck $q_b D_b = konst.$

Aus der WSL (Arbeitslinie) des Einzelpfahls erhält man den Widerstand im Grenzzustand der Tragfähigkeit (ULS) bei der Setzung s_1. Ist aus der Widerstands-Setzungs-Linie der Probebelastung oder rechnerisch ermittelten Näherung kein Maximalwert der Tragfähigkeit abzulesen, gilt der bei der Setzung s_1 ermittelte Wert der aufnehmbaren Pfahlkraft als Tragfähigkeit im Grenzzustand. Es wird i. d. R. eine Pfahlsetzung von 10 % des Pfahldurchmessers zugrunde gelegt ($s_1 = 0,1D$, D - maßgebender Pfahldurchmesser).

4.3.2 Beanspruchungen E axial belasteter Pfähle

4.3.2.1 Grundsätze

Bei axial belasteten Pfählen sollte der Anteil der Beanspruchung quer zur Pfahlachse Q nicht größer als 5 % der Beanspruchung in axialer Richtung N betragen $\frac{Q}{N} \leq 0,05$. Zur Berechnung der Beanspruchung des einzelnen Pfahls sind die Einwirkungen F aus Gründungslasten und die grundbauspezifischen Einwirkungen getrennt zu ermitteln. Schubkräfte auf die Seiten- oder Mantelfläche eines im Boden eingebetteten Bauteils sind als ständige Einwirkungen anzusetzen, wenn damit zu rechnen ist, dass sich der Boden relativ zum Bauteil überwiegend vertikal bewegt.

Normalerweise setzt sich der Druckpfahl relativ zum umgebenden Baugrund und mobilisiert dadurch einen der Bewegung entgegengerichteten Widerstand. Setzt sich dagegen der umgebende Boden stärker als der Druckpfahl, wird in der Mantelfläche des Pfahls eine nach unten gerichtete Kraft mobilisiert. Diese Kraft ist die negative Mantelreibung (siehe *Bild 4.19*) und als ständige Einwirkung zu behandeln. Betrachtet man die Verschiebung von Pfahl und Boden, gibt es einen *neutralen Punkt*, bei dem der Unterschied zwischen den Verschiebungen verschwindet. Der neutrale Punkt kennzeichnet den Bereich der größten Pfahlbeanspruchung und kann nur aus Verformungsberechnungen ermittelt werden. Als Vereinfachung setzt man die negative Mantelreibung $\tau_{n,k}$ häufig in der gesamten zusammendrückbaren Schicht und allen darüber liegenden Schichten an. Bei den Nachweisen darf das Eigengewicht der Druckpfähle vernachlässigt werden.

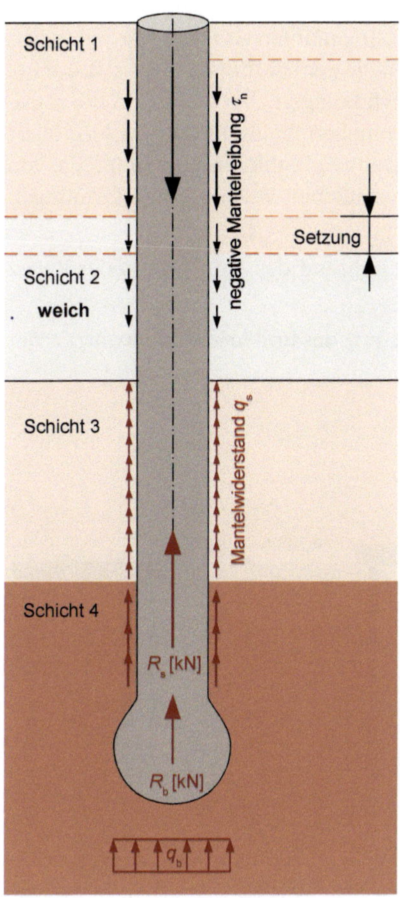

Bild 4.19 Negative Mantelreibung

Der charakteristische Wert der negativen Mantelreibung ergibt sich für bindige Böden nach *Gl. 4.1* und für nichtbindige Böden gemäß *Gl. 4.2*.

$$\tau_{n,k} = c_u \tag{4.1}$$

$$\tau_{n,k} = \sigma_z K_0 \tan\varphi = \sigma_z (1 - \sin\varphi) \tan\varphi \tag{4.2}$$

$\tau_{n,k}$ – charakteristischer Wert der negativen Mantelreibung
c_u – charakteristischer Wert der Scherfestigkeit des undränierten Bodens
σ_z – effektive Vertikalspannung
K_0 – Erdruhedruckbeiwert $(1 - \sin\varphi)$
φ – Reibungswinkel des Bodens

Es kann auch zu einer Beanspruchung der Pfähle durch Hebungen des Bodens in der Umgebung kommen. Mit solchen Erscheinungen ist z. B. zu rechnen, wenn die Herstellung der Pfähle vor dem endgültigen Aushub der Baugrube erfolgt. Durch den Endaushub kommt es zu Hebungen des Baugrunds, in deren Folge bei Zugpfählen eine nach oben gerichtete, negative Mantelreibung auftreten kann. Mit zunehmendem Baufortschritt werden diese Zugkräfte i. Allg. durch die Bauwerkslast überdrückt.

Biegebeanspruchungen durch seitlichen Druck auf die Pfähle können bei senkrechten Pfählen als Folge von horizontalen Bodenbewegungen und bei Schrägpfählen als Folge von Setzungen und Hebungen des Bodens auftreten. Seitendruck auf Pfähle gemäß *Bild 4.20* tritt z. B. auf bei der Hinterfüllung von auf Pfählen gegründeten Brückenwiderlagern, bei Pfählen in Böschungen oder wenn die Belastung weicher, fließfähiger Böden neben Pfahlgründungen vergrößert wird. Auch nach längerer Zeit kann es noch zum Versagen von Pfahlgründungen infolge von Seitendruckbelastungen kommen. Dies hängt u. a. vom zeitlichen Verlauf der Verformungen im Untergrund ab, die sich unterteilen lassen in:

- volumenkonstante Schubverformungen unmittelbar während des Aufbringens der Belastung,
- Konsolidationssetzungen verbunden mit der Verringerung des Bodenvolumens unter einer Lastfläche neben der Pfahlgründung und
- langandauernde Kriechverformungen.

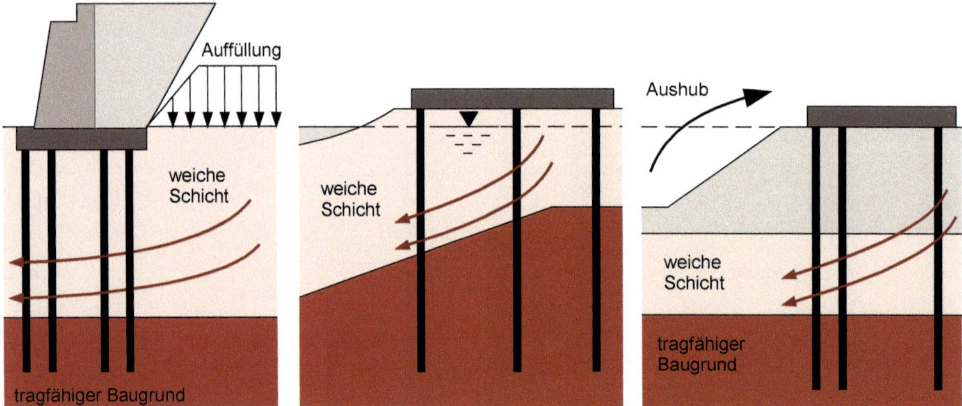

Bild 4.20 Seitendruck auf Pfähle infolge Oberflächenlast, weichen Schichten auf geneigter Schichtgrenze oder Aushubentlastung

In weichen oder breiigen bindigen Böden sollte die Auswirkung des Seitendrucks auf die Pfähle durch bodenmechanische Ansätze überprüft werden. Dies betrifft bindige Böden mit einer Konsistenzzahl $I_c < 0{,}50$ oder einer undränierten Kohäsion $c_u < 25\,\mathrm{kN/m^2}$, bei denen wegen der Randbedingungen ein Seitendruck nicht auszuschließen ist. Die Einwirkungen aus dem Seitendruck auf Pfähle sollten in diesen Fällen immer untersucht werden. Bei einer Bemessung von Pfählen auf Seitendruck sind i. d. R. der charakteristische Fließdruck $p_{f,k}$ und der charakteristische resultierende Erddruck Δe_k zu berücksichtigen. Maßgebend ist der kleinere Wert. Zur Ermittlung des Seitendrucks auf die Pfähle wird davon ausgegangen, dass der plastifizierte Boden den Pfahl umfließt. Beim Vorbeifließen des Bodens ist die undränierte Scherfestigkeit voll ausgeschöpft. Der charakteristische horizontale Fließdruck $p_{f,k}$ berechnet sich mit der undränierten Kohäsion $c_{u,k}$ und der Kantenlänge des Pfahlquerschnitts a_s bzw. dem Pfahldurchmesser D_s nach *Gl. 4.3*.

$$p_{f,k} = \eta_a 7 c_{u,k} a_s \quad \text{bzw.} \quad p_{f,k} = \eta_a 7 c_{u,k} D_s \tag{4.3}$$

Der Anpassungsfaktor η_a nach [102] berücksichtigt die Erhöhung des Fließdrucks in Abhängigkeit der Verbauverhältnisse und ist *Bild 4.21* zu entnehmen.

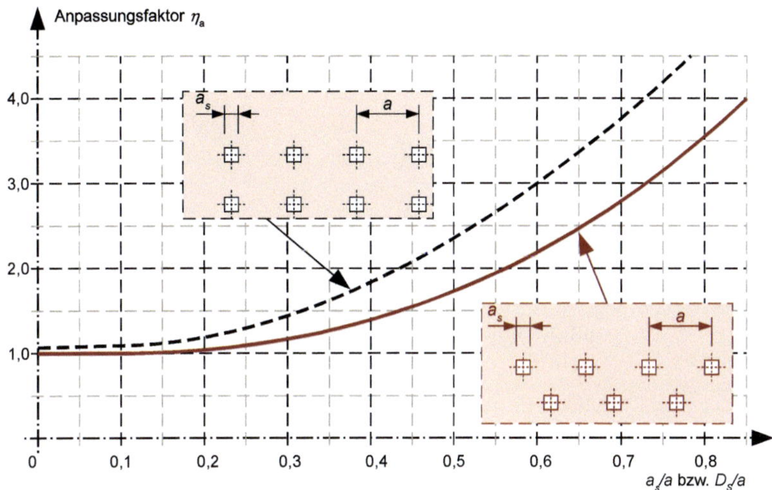

Bild 4.21 Anpassungsfaktor η_a zur Berücksichtigung der Anordnung der Pfähle

Zur Berechnung des resultierenden Erddrucks als horizontale Beanspruchung der Pfähle wird die Differenz der Erddrücke auf gegenüberliegenden Flächen entlang der Pfähle bestimmt. Der aktive Erddruck ergibt sich mit der Wichte des Bodens γ, der charakteristischen Kohäsion c'_k bzw. $c_{u,k}$ und einer möglicherweise wirkenden Oberflächenlast p_k zu

$$e_{a,k} = \gamma z + p_k - 2c_{u,k} \quad (4.4)$$

$$e_{a,k} = (\gamma z)K_{agh} - 2c'_k\sqrt{K_{agh}} \quad (4.5)$$

wobei *Gl. 4.4* für den undränierten Anfangszustand und *Gl. 4.5* für den dränierten Endzustand zu verwenden ist. Im undränierten Zustand ist $\varphi = 0$ und der Erddruckbeiwert ist $K_{pgh} = K_{agh} = 1,0$ bei Annahmen horizontaler Erddruckneigung $\delta_a = \delta_p = 0$. Damit ist der passive Erddruck auf die gedachte senkrechte Fläche entlang der Pfahlachsen $e_{p,k} = \gamma z$. Die Differenz der Erddrücke $\Delta e_k = e_{a,k} - e_{p,k}$ ist unter Berücksichtigung der Gruppenwirkung und der Anordnung der Pfähle im Grundriss in den horizontalen Seitendruck auf den Einzelpfahl $p_{e,k}$ umzurechnen. Einzelheiten dazu sind ausführlich in [50] dargestellt.

4.3.2.2 Beanspruchungen bei Pfahlrostgründungen

Die Pfähle werden als axiale beanspruchte Stäbe (Pendelstäbe) idealisiert. Räumliche, statisch bestimmt gelagerte Pfahlroste nach *Bild 4.22* erfordern deshalb mindestens 6 Gelenkstäbe. Folgende Anforderungen sind einzuhalten:

- Es dürfen sich höchstens 3 Pfähle in einem Punkt schneiden.
- Höchstens 3 Pfähle dürfen parallel zueinander sein.
- Die Pfähle müssen in mindestens 3 voneinander unabhängigen Ebenen stehen.

Entsprechend ist eine ebene Pfahlgründung statisch bestimmt, wenn das Tragwerk durch 3 Pfähle so gestützt wird, dass sich höchstens 2 Pfähle in einem Punkt schneiden und höchs-

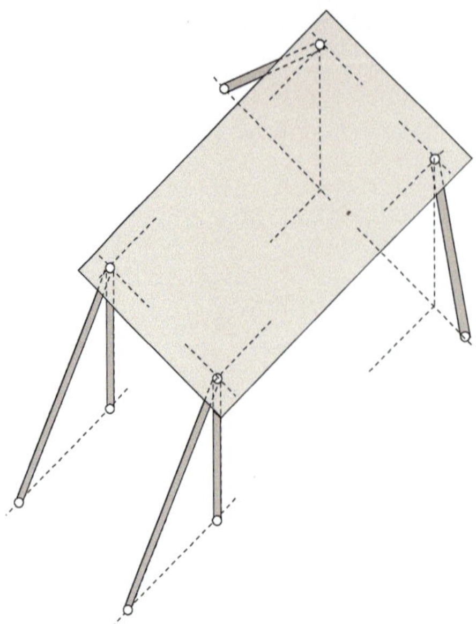

Bild 4.22 Beispiel eines statisch bestimmt gelagerten Pfahlrosts

tens 2 Pfähle parallel zueinander stehen. Wenn die vorgenannten Bedingungen nicht eingehalten sind, spricht man von einem kinematisch unbestimmten Pfahlsystem. Es sind Dreh- und Verschiebungsmöglichkeiten gegeben, für die durch Pfahlnormalkräfte allein kein Gleichgewicht möglich ist. Beim Entwurf sollte versucht werden, die Hauptlasten der Gründung durch Normalkräfte in den Pfählen aufzunehmen. Es ist nicht wirtschaftlich, alle Nebenwirkungen ebenfalls so aufzunehmen. Was jeweils noch als Nebenwirkung angesehen werden kann, hängt von dem Maß der zumutbaren elastischen Verformungen der Pfähle ab.

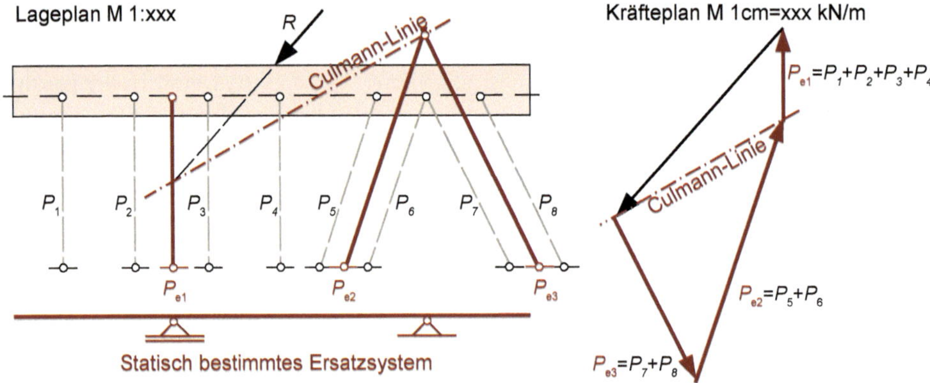

Bild 4.23 Ausnutzung der Symmetrie statisch unbestimmt gelagerter Pfahlroste

Bei statisch unbestimmten Systemen, bei denen mehrere Pfähle mit einer gemeinsamen Schwerachse vorkommen, kann ein statisch bestimmtes Ersatzsystem nach *Bild 4.23* gebildet werden. Dazu fasst man die Pfähle zusammen, die parallel liegen und sich durch einen mittleren Pfahl ersetzen lassen, sodass damit ein statisch bestimmtes System gebildet wird. Die Ermittlung der Pfahlkräfte erfolgt analytisch durch Anwendung der Gleichgewichtsbedingungen ($\sum H=0$, $\sum V=0$, $\sum M=0$) oder grafisch (CULMANN–Verfahren). Anschließend werden die für die Pfahlgruppen berechneten Kräfte zu gleichen Teilen auf die Einzelpfähle aufgeteilt.

4.3.3 Widerstände R axial auf Druck beanspruchter Pfähle

4.3.3.1 Statische Pfahlprobebelastung

Bei statischen Pfahlprobebelastungen soll möglichst der Grenzzustand der Tragfähigkeit erreicht werden. Dazu muss der Versuchsaufbau so geplant werden, dass die erforderliche Prüflast P_p aufgebracht werden kann. Diese ist erreicht, wenn eines der beiden folgenden Kriterien erfüllt ist.

Grenzsetzung: Die Pfahlsetzung erreicht 10 % des maßgebenden Durchmessers D. ($D = D_s$ bei Kreisquerschnitt ohne Fußaufweitung, $D = D_b$ bei Kreisquerschnitt mit Fußaufweitung, $D = 1,13 a_s \sqrt{\frac{a_L}{a_s}}$ bei Rechteckquerschnitt gemäß Bild 4.26)

Kriechmaß: Das Kriechmaß wird aus dem zeitlichen Verlauf der Setzung bei konstanter Pfahlbelastung nach Gl. 4.6 ermittelt. Dazu wird die Differenz der zu den Zeiten t_a und t_b gemessenen Pfahlkopfsetzungen s_a bzw. s_b ausgewertet. Häufig liegt das Kriechmaß für die Festlegung der Grenzlast in der Größenordnung von 2 mm, ist aber in Abstimmung mit dem Sachverständigen für Geotechnik festzulegen.

$$k_s = \frac{s_b - s_a}{\lg t_b - \lg t_a} \tag{4.6}$$

Für die Ableitung von charakteristischen Pfahlwiderständen aus den Ergebnissen statischer Pfahlprobebelastungen sind die Streuungsfaktoren ξ der Tabelle 4.4 anzuwenden.

Tabelle 4.4 Streuungsfaktoren ξ für statische Pfahlprobebelastungen

n	1	2	3	4	≥ 5
ξ_1	1,35	1,25	1,15	1,05	1,00
ξ_2	1,35	1,15	1,00	1,00	1,00

Der Faktor ξ_1 bezieht sich auf den Mittelwert der gemessenen Widerstände, der Faktor ξ_2 auf den kleinsten Wert. Aus den Ergebnissen der Probebelastungen wird der charakteristische Wert des Pfahlwiderstands nach folgender Gleichung berechnet:

$$R_{c;k} = \text{MIN}\left\{\frac{R_{c;m,mitt}}{\xi_1}, \frac{R_{c;m,min}}{\xi_2}\right\} \tag{4.7}$$

Es werden der Mittelwert und der kleinste gemessene Wert der Probelastungen für R_m eingesetzt. Bei Druckpfählen dürfen die Werte für ξ_1 und ξ_2 durch 1,1 dividiert werden, wenn Lasten von „weichen“ zu „steifen“ Druckpfählen umgelagert werden können und die Bedingung $\xi_1 \geq 1$ bzw. $\xi_2 \geq 1$ eingehalten wird. Die konstruktiven Voraussetzungen für diese Umlagerung sind z. B. bei einer steifen Kopfplatte über mehrere Pfähle erfüllt.

4.3.3.2 Erfahrungswerte für Einzelpfähle

Bohrpfahl: Bei Bohrpfählen sind im Vergleich zu Verdrängungspfählen relativ große Setzungen zur vollen Mobilisierung des Pfahlwiderstands erforderlich. Deshalb ist es bei diesem

Pfahltyp seit vielen Jahrzehnten üblich, für die Beurteilung des Tragverhaltens die bei Probebelastungen ermittelte Widerstands-Setzungs-Linie WSL zugrunde zu legen.

Tabelle 4.5 Erfahrungswerte für den Mantel- und Spitzenwiderstand von Bohrpfählen

Pfahlspitzenwiderstand $q_{b,k}$ in kN/m² nach EA-Pfähle									
s/D_s	nichtbindiger Boden			bindiger Boden			Fels		
oder	bei $q_c^{2)}$ in MN/m²			bei $c_u^{3)}$ in kN/m²			bei $q_u^{4)}$ in MN/m²		
$s/D_b^{1)}$	7,5	15	25	100	150	250	0,5	5	20
0,02	550-800	1050-1400	1750-2300	350-450	600-750	950-1200			
0,03	700-1050	1350-1800	2250-2950	450-550	700-900	1200-1450	1500-2500	5000-10000	10000-20000
0,1 (=s_g)	1600-2300	3000-4000	4000-5300	800-1000	1200-1500	1600-2000			
Zwischenwerte geradlinig interpolieren. Bei Fußverbreiterung: Werte auf 75 % abmindern									

Bruchwert der Pfahlmantelreibung $q_{s,k}$ in kN/m² nach EA-Pfähle								
nichtbindiger Boden			bindiger Boden			Fels		
bei $q_c^{2)}$ in MN/m²			bei $c_u^{3)}$ in kN/m²			bei $q_u^{4)}$ in MN/m²		
7,5	15	≥ 25	60	150	≥ 250	0,5	5	20
55-80	105-140	130-170	30-40	50-65	65-85	70-250	500-1000	500-2000

[1] bezogene Pfahlkopfsetzung; s Pfahlkopfsetzung; D_s Pfahldurchmesser; D_b Pfahlfußdurchmesser

[2] Spitzenwiderstand der Drucksonde; [3] undränierte Kohäsion; [4] einaxiale Druckfestigkeit

Diese lässt sich mit den Erfahrungswerten der *Tabelle 4.5* gemäß *Bild 4.24* konstruieren. Es sollten folgende Bedingungen erfüllt sein:

- Durchmesser 0,3 m – 3,0 m
- Mindesteinbindelänge in der tragfähigen Schicht 2,5 m
- Mächtigkeit der tragfähigen Schicht unter Pfahlfuß $\geq 3D_b$ bzw. $\geq 1{,}5$ m
- Anforderungen $c_u \geq 100\,\text{kN/m}^2$ bzw. $q_c \geq 7{,}5\,\text{MN/m}^2$ für tragfähige Schicht
- Achsabstand der Pfähle $a \geq 3D_s$

Unabhängig von diesen Vorgaben sollte der Spitzendruck der Drucksondierung im Bereich des Pfahlfußes Werte von $q_c \geq 10\,\text{MN/m}^2$ aufweisen. Der Anteil der Mantelreibung (Mantelwiderstand $R_{s,k}$) am Pfahlwiderstand wird bereits nach einer kleinen Setzung von s_{sg} voll mobilisiert. Diese Pfahlkopfsetzung s_{sg} lässt sich nach *Gl. 4.8* mit der Pfahlmantelwiderstandskraft $R_{s,k}$ in MN berechnen.

$$s_{sg} = 0{,}5 R_{s,k} + 0{,}5 \leq 3\,\text{cm} \tag{4.8}$$

Der Mantelwiderstand $R_{s,k}$ ist für jede Schicht einzeln als Produkt der spezifischen Mantelreibung $q_{s,ki}$ der Schicht i mit der Pfahlmantelfläche A_{si} zu berechnen.

$$R_{s,k} = \sum A_{s,i}\, q_{s,i}$$

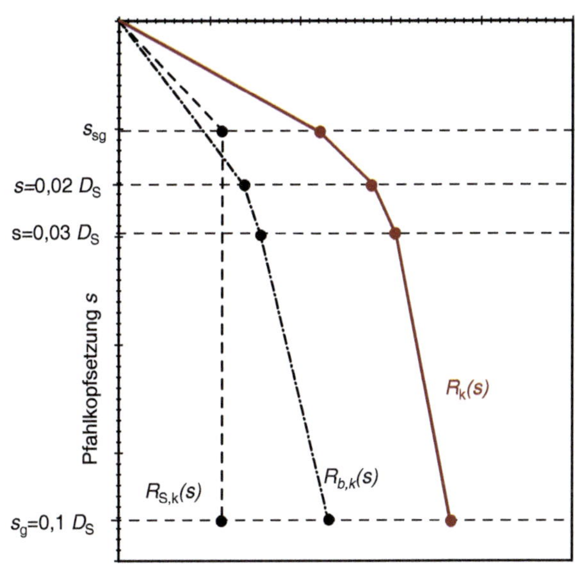

Bild 4.24 Widerstands-Setzungs-Linie (WSL) eines Bohrpfahls

Bei Zugpfählen ist zur Mobilisierung der Mantelreibung der 1,3fache Wert der Pfahlkopfverschiebung erforderlich $s_{sg}(\text{Zug}) = 1,3 s_{sg}(\text{Druck})$. Der Anteil aus dem Pfahlfußwiderstand erfordert i. Allg. deutlich größere Verformungen zur vollen Mobilisierung als der Mantelwiderstand.

$$R_k(s) = R_{b,k}(s) + R_{s,k}(s) = q_{b,k} A_b + \sum q_{s,ki} A_{si} \tag{4.9}$$

A_{si} – Pfahlmantelfläche innerhalb der Schicht i
$q_{s,ki}$ – charakteristischer Wert Pfahlmantelreibung Schicht i
$R_k(s)$ – setzungsabhängiger charakteristischer Pfahlwiderstand
$R_{b,k}(s)$ – setzungsabhängiger charakter. Pfahlfußwiderstand
$R_{s,k}(s)$ – setzungsabhängiger charakter. Pfahlmantelwiderstand

Die Widerstands-Setzungs-Linie ergibt sich aus der Überlagerung der einzelnen Anteile. Für den Fußwiderstand sind Erfahrungswerte für bezogene Setzungen des Pfahlkopfs von $s_g = 0,02D$, $s_g = 0,03D$ und $s_g = 0,1D$ tabelliert.

Vollverdrängungsbohrpfähle (Schraubpfähle): Für die Anwendung der Erfahrungswerte zur rechnerischen Ermittlung der Widerstands-Setzungs-Linie wird vorausgesetzt, dass die Mächtigkeit der tragfähigen Schicht unterhalb des Pfahlfußes mindestens dem dreifachen Pfahlfußdurchmesser, wenigstens aber 1,50 m entspricht und für diesen Bereich eine undränierte Kohäsion $c_{u,k} \geq 100\,\text{kN/m}^2$ bzw. ein Spitzendruck der Drucksondierung von $q_c \geq 10\,\text{MN/m}^2$ nachgewiesen ist. Wegen fehlender Datengrundlage können für Fundexpfähle in *Tabelle 4.6* noch keine Erfahrungswerte für bindige Böden angegeben werden. Die Ermittlung der charakteristischen Werte für die Widerstands-Setzungs-Linie erfolgt analog zur Vorgehensweise bei Bohrpfählen. *Tabelle 4.7* enthält die Erfahrungswerte für Atlaspfähle.

Gerammte Verdrängungspfähle: Für die Anwendung der Erfahrungswerte für Verdrängungspfähle zur Konstruktion der WSL nach *Bild 4.25* sollten die im Folgenden aufgeführten Bedingungen erfüllt sein.

Tabelle 4.6 Erfahrungswerte der axialen Tragkraft von Fundexpfählen

Pfahlspitzenwiderstand $q_{b,k}$ in kN/m² nach EA-Pfähle			
s/D_b[1]	nichtbindiger Boden bei q_c[2] in MN/m²		
	7,5	15	25
0,02	1300–1900	2500–3100	3650–4350
0,03	1650–2500	3250–3950	4650–5550
0,1 (=s_g)	3800–5500	7200–8800	8300–10000

Pfahlmantelreibung $q_{s,k}$ in kN/m² nach EA-Pfähle		
nichtbindiger Boden bei q_c[2] in MN/m²		
7,5	15	≥ 25
35–50	85–115	115–145

[1] bezogene Pfahlkopfsetzung; s Pfahlkopfsetzung; D_b Pfahlfußdurchmesser

[2] Spitzenwiderstand der Drucksonde

Tabelle 4.7 Erfahrungswerte der axialen Tragkraft von Atlaspfählen

Pfahlspitzenwiderstand $q_{b,k}$ in kN/m² nach EA-Pfähle						
s/D_s[1]	nichtbindiger Boden bei q_c[2] in MN/m²			bindiger Boden bei c_u[3] in kN/m²		
	7,5	15	25	100	150	250
0,02	950–1400	1650–2300	2650–3450	600–800	900–1250	1300–1950
0,03	1200–1850	2150–2950	3350–4450	750–950	1050–1500	1650–2350
0,1 (=s_g)	2750–4000	4750–6500	6000–8000	1350–1750	1800–2500	2200–3250

Bruchwert der Pfahlmantelreibung $q_{s,k}$ in kN/m² nach EA-Pfähle					
nichtbindiger Boden bei q_c[2] in MN/m²			bindiger Boden bei c_u[3] in kN/m²		
7,5	15	≥ 25	60	150	≥ 250
85-105	160–200	200–245	40–60	75–95	95–120

[1] bezogene Pfahlkopfsetzung; s Pfahlkopfsetzung; D_s Pfahldurchmesser

[2] Spitzenwiderstand der Drucksonde; [3] undränierte Kohäsion

- geschlossene Stahlrohrpfähle bis D_s=0,8 m
- offene Stahlrohr- und Hohlkastenpfähle $D_s = 0,3 - 1,6\,\text{m}$
- Stahl-/Spannbeton $D_{eq} = 0,25 - 0,5\,\text{m}$
- Mindesteinbindetiefe in den tragfähigen Baugrund: 2,5 m
- Mächtigkeit der tragfähigen Schicht unterhalb des Pfahls $\geq 1,5\,\text{m}$ bzw. $\geq 5D_{eq}$, ($q_c \geq 7,5\,\text{MPa}$, $c_u \geq 100\,\text{kN/m}^2$)

Bild 4.25 zeigt die Elemente der Widerstands-Setzungs-Line von gerammten Verdrängungspfählen. Im Gegensatz zum typischen Verlauf der WSL von Bohrpfählen nimmt der Anteil des Pfahlmantelwiderstands auch nach der anfänglichen Mobilisierung weiter zu. Ein großer Teil des gesamten Pfahlwiderstands ist bei gerammten Verdrängungspfählen nach geringen Setzungen mobilisiert. Die Erfahrungswerte der *Tabelle 4.8* gelten nicht für Holz- oder Gusseisenpfähle.

$$D_{eq} = 1,13 a_s \quad \text{quadratischer Querschnitt} \tag{4.10}$$

$$D_{eq} = 1,13 a_s \sqrt{\frac{a_L}{a_s}} \quad \text{rechteckiger Querschnitt} \tag{4.11}$$

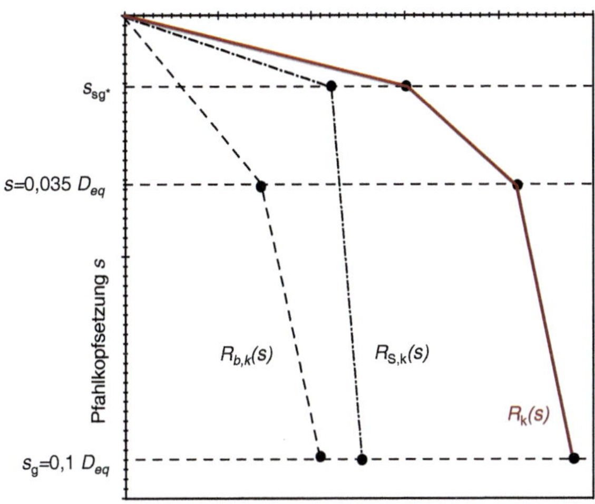

Bild 4.25 Widerstands-Setzungs-Linie eines gerammten Verdrängungspfahls

Tabelle 4.8 Erfahrungswerte für Mantel- und Spitzenwiderstand von Fertigrammpfählen

Pfahlspitzenwiderstand $q_{b,k}$ in kN/m² nach EA-Pfähle						
s/D_{eq}[1]	nichtbindiger Boden bei q_c[2] in MN/m²			bindiger Boden bei c_u[3] in kN/m²		
	7,5	15	25	100	150	250
0,035	2200–5000	4000–6500	4500–7500	350–450	550–700	800–950
0,1 (=s_g)	4200–6000	7600–10200	8750–11500	600–750	850–1100	1150–1500
Zwischenwerte geradlinig interpolieren.						
Pfahlmantelreibung $q_{s,k}$ in kN/m² nach EA-Pfähle						
	nichtbindiger Boden bei q_c[2] in MN/m²			bindiger Boden bei c_u[3] in kN/m²		
	7,5	15	≥ 25	60	150	250
s_{sg*}	30–40	65–90	85–120	20–30	35–50	45–65
$s_{sg} = s_g$	40–60	95–125	125–160	20–35	40–60	55–80

[1] bezogene Pfahlkopfsetzung; s Pfahlkopfsetzung; D_{eq} äquivalenter Pfahldurchmesser

[2] Spitzenwiderstand der Drucksonde; [3] undränierte Kohäsion

Zur Berechnung der widerstehenden Kräfte aus dem spezifischen Mantelwiderstand ist der äquivalente Pfahldurchmesser D_{eq} von quadratischen Pfählen nach *Gl. 4.10* und von rechteckigen Pfählen nach *Gl. 4.11* mit den Beiwerten gemäß *Tabelle 4.9* zu berechnen. Erfahrungswerte für Fertigrammpfähle (vorgefertigte Beton- oder Stahlpfähle) sind z. B. in den Empfehlungen EA-Pfähle ([50]) zusammengestellt. Die Berechnung der charakteristischen Widerstands-Setzungs-Linie bis zur Grenzsetzung $s_1 = s_g$ erfolgt auf Grundlage von *Gl. 4.12.*

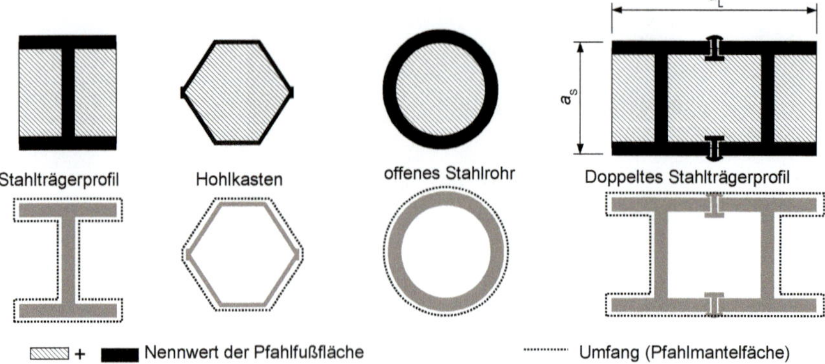

Bild 4.26 Äquivalenter Durchmesser von Rammpfählen

Tabelle 4.9 Beiwerte η_b und η_s für Fertigrammpfähle

Pfahltyp		η_b	η_s
Stahlbeton und Spannbeton		1,00	1,00
Stahlträgerprofil[1]	$s = 0{,}035D_{eq}$	$0{,}61 - 0{,}3\frac{h}{b_F}$	0,60
$(h \leq 0{,}50\,\text{m})$	$s = 0{,}100D_{eq}$	$0{,}78 - 0{,}3\frac{h}{b_F}$	
doppeltes Stahlträgerprofil		0,25	0,60
offenes Stahlrohr und Hohlkasten		$0{,}95e^{-1{,}2D_b}$	$1{,}1e^{-0{,}63D_b}$
$(0{,}3 \leq D_b \leq 1{,}6\,\text{m})$			
geschlossenes Stahlrohr		0,80	0,60
$(D_b \leq 0{,}8\,\text{m})$			

[1] h Höhe des Profils; b_F Flanschbreite des Profils

$$R_k(s) = R_{b,k}(s) + R_{s,k}(s) = \eta_b q_{b,k} A_b + \sum \eta_s q_{s,k,i} A_{s,i} \tag{4.12}$$

A_b	– Pfahlfußfläche	$A_{s,i}$	– Pfahlmantelfläche Schicht i
$q_{b1,k}$	– Pfahlspitzenwiderstand	$q_{s,k,i}$	– Pfahlmantelreibung Schicht i
η_b	– Faktor Spitzenwiderstand	$R_k(s)$	– Pfahlwiderstand
η_s	– Faktor Mantelwiderstand	$R_{b,k}(s)$	– Pfahlfußwiderstand (base)
$R_{s,k}(s)$	– Pfahlmantelwiderstand (shaft)	D_{eq}	– äquivalenter Pfahlfußdurchmesser
s_g	– Grenzsetzung $s_g = 0{,}1D_{eq}$	s_{sg*}	– ein Punkt der Mobilisierung
a_L	– Länge der kleineren Seite	a_S	– Länge der größeren Seite

Zur Mobilisierung des Mantelwiderstands ist eine charakteristische Setzung s_{sg*} erforderlich. Mit *Gl. 4.13* ergibt sich die Setzung s_{sg*}, wobei der Anteil des Pfahlwiderstands infolge der Mantelreibung $R_{s,k}$ ist in MN einzusetzen ist.

$$s_{sg*} = 0{,}5R_{s,k}(s_{sg*}) \leq 1{,}0\,\text{cm} \tag{4.13}$$

Ortbetonrammpfahl: Bei Ortbetonrammpfählen ist zur Mobilisierung des vollen Pfahlmantelwiderstands nach den vorliegenden Erfahrungen eine Pfahlkopfsetzung von $s_{sg*} \leq 1{,}0\,\text{cm}$

Bild 4.27 Ausgegrabener Ortbetonrammpfahl

erforderlich. Diese kann ebenfalls mit *Gl. 4.13* berechnet werden. Die Widerstands-Setzungs-Linie WSL wird ähnlich wie bei Bohrpfählen durch die Überlagerung der Anteile infolge des Spitzen- und Mantelwiderstands erhalten.

$$R_k(s) = R_{b,k}(s) + R_{s,k}(s) = q_{b,k} A_b + \sum q_{s,ki} A_{si} \tag{4.14}$$

Tabelle 4.10 Erfahrungswerte für Franki-Pfähle (Ortbetonrammpfähle Innenrohrrammung)

Pfahlmantelreibung $q_{s,k}$ in kN/m² nach EA-Pfähle					
nichtbindiger Boden bei $q_c^{1)}$ in MN/m²			bindiger Boden bei $c_u^{2)}$ in kN/m²		
7,5	15	≥ 25	60	150	≥ 250
70-95	115-150	135-180	35-45	55-70	70-90

1) Spitzenwiderstand der Drucksonde; 2) undränierte Kohäsion

Ortbetonrammpfähle nach dem Verfahren der Innenrohrrammung (Franki-Pfahl, siehe *Bild 4.27*) weisen als typisches Merkmal die Fußaufweitung infolge des Ausrammens des unteren Pfropfens auf. Orientierungswerte für die Ermittlung der Pfahltragfähigkeit sind in *Tabelle 4.10* aufgeführt. „SIMPLEX"-Pfähle sind Ortbetonrammpfähle, die mit dem Verfahren der Kopframmung hergestellt werden. In *Tabelle 4.11* sind die Erfahrungswerte für den Spitzen- und den Mantelwiderstand für „SIMPLEX"-Pfähle zusammengestellt.

Tabelle 4.11 Erfahrungswerte für Ortbetonrammpfähle (Kopframmung – SIMPLEX)

Pfahlspitzenwiderstand $q_{b,k}$ in kN/m^2 nach EA-Pfähle				
s/D_b [1)]	nichtbindiger Boden bei q_c [2)] in MN/m^2			
	7,5	15	25	
0,035	2200–5000	4000–6500	4500–7500	für bindige Böden noch keine
0,1	4200–6000	7600–10200	8750–11500	Erfahrungswerte verfügbar
Zwischenwerte geradlinig interpolieren.				

Pfahlmantelreibung $q_{s,k}$ in kN/m^2 nach EA-Pfähle						
	nichtbindiger Boden bei q_c [2)] in MN/m^2			bindiger Boden bei c_u [3)] in kN/m^2		
s/D_b [1)]	7,5	15	≥ 25	60	150	250
s_{sg*}	55–70	105–135	130–165	25–40	45–65	60–85
$s_{sg} = s_g = 0,1 D_b$	55–70	105–135	30–165	25–40	45–65	60–85
[1)] bezogene Pfahlkopfsetzung; s Pfahlkopfsetzung; D_b Pfahlfußdurchmesser						
[2)] Spitzenwiderstand der Drucksonde; [3)] undränierte Kohäsion						
Zwischenwerte linear interpolieren						

Die Setzungen im Gebrauchszustand sind bei Franki-Pfählen sehr gering und betragen erfahrungsgemäß 0,5 – 1,0 cm. Der Pfahlmantelwiderstand darf erst 0,8 m über der Rammtiefe angesetzt werden. Erfahrungswerte des Pfahlfußwiderstands und des erforderlichen Pfahlfußvolumens für Franki-Pfähle können aus Bemessungsnomogrammen (EA Pfähle [50]) in Abhängigkeit vom Verhältnis der geleisteten Rammarbeit W_{ist} zur Norm-Rammarbeit W_{norm} oder der undränierten Kohäsion c_u bzw. dem Spitzenwiderstand der Drucksondierung q_c abgelesen werden.

Verpresste Mikropfähle: Im Ausnahmefall darf auch für Mikropfähle der charakteristische, axiale Pfahlwiderstand mit Erfahrungswerten bestimmt werden. Dafür ist folgende Gleichung zu benutzen:

$$R_k = R_{s,k} = \sum q_{s,k,i} A_{s,i}$$

$A_{s,i}$ – Nennwert der Pfahlmantelfläche Schicht i

$q_{s,k,i}$ – Pfahlmantelwiderstand der Schicht i

Die Werte gemäß *Tabelle 4.12* dürfen angewendet werden, wenn die Einbindung des Pfahls in die tragfähige Schicht mindestens das Dreifache des Pfahlfußdurchmessers und nicht weniger als 1,50 m beträgt und der Spitzenwiderstand der Drucksondierung für diesen Bereich $q_c \geq 7,5\ \text{MN/m}^2$ ist. Es wird in der EA-Pfähle unabhängig davon empfohlen, die Pfähle in Schichten mit $q_c \geq 10,0\ \text{MN/m}^2$ abzusetzen und die Pfahllänge auf 12 m zu begrenzen.

Bei Druckpfählen ist in wenigen Fällen das Versagen infolge des Knickens eingetreten [105]. Für Mikropfähle in Bodenschichten mit einer undränierten Scherfestigkeit von weniger als 10 kPa ist nach DIN EN 14199 [10] der Nachweis gegen Knicken unter Berücksichtigung von Imperfektionen zu führen. Eine Ummantelung oder eine dauerhafte Verrohrung der Mikropfähle zum Schutz des frischen Verpressguts kann in instabilen und weichen Böden erforderlich sein.

Tabelle 4.12 Erfahrungswerte für den Mantelwiderstand von verpressten Mikropfählen

Pfahlmantelreibung $q_{s,k}$ in kN/m² nach EA-Pfähle, nichtbindiger Boden				
$q_c^{3)}$ in MN/m²	VM-Pfahl	RI-Pfahl	Mikropfähle[1)]	Rohrverpresspfahl[2)]
7,5	105-135	90-115	135-175	170-210
15	180-230	150-195	215-280	255-320
≥ 25	225-275	180-220	255-315	305-365
Pfahlmantelreibung $q_{s,k}$ in kN/m² nach EA-Pfähle, bindiger Boden				
$c_u^{4)}$ in kN/m²	VM-Pfahl	RI-Pfahl	Mikropfähle[1)]	Rohrverpresspfahl[2)]
60	40-50	keine	55-65	70-80
150	80-90	Angaben	95-105	115-125
≥ 250	95-105		115-125	140-150

[1)] verpresste Mikropfähle $D_s \leq 0{,}3$ m
[2)] für Umfang Außendurchmesser Bohrwerkzeug, Bohrrohr oder Verrohrung ansetzen, bei Außenspülung Durchmesser plus 2 cm
[3)] Spitzenwiderstand der Drucksonde; [4)] undränierte Kohäsion

Die Kohäsion des undränierten Bodens ist ein Maß für die seitliche Stützung des Pfahls durch den umgebenden Boden. Zur Verhinderung des Knickens eines Druckpfahls reicht bereits eine geringe seitliche Stützung. Ein Haupteinsatzgebiet der Mikropfähle ist allerdings die Gründung von baulichen Anlagen in Gebieten, in denen gering tragfähige Schichten anstehen. Zu diesen Böden gehören weiche, mineralische Schluff- oder Tonablagerungen, z. B. Seeton, oder auch organische Böden mit unterschiedlichem Zersetzungsgrad. Während sich die undränierte Scherfestigkeit c_u anorganischer Böden i. Allg. nur durch Verdichtung und Verfestigung ändert, finden in manchen organischen Böden, z. B. Torf, Zersetzungsvorgänge statt, die zu einer Veränderung des Stoffbestands und damit der Scherfestigkeit führen. Unter Wasser erfolgt die Zersetzung nur langsam. Der Vorgang wird beschleunigt, wenn der Torf mit der Bodenluft in Kontakt kommt. Für eine erste Beurteilung von Torfen ist deren Zersetzungsgrad zu erfassen. Dies kann z. B. auf Grundlage der in *Tabelle 4.13* zusammengestellten Kriterien erfolgen.

Tabelle 4.13 Bewertung des Zersetzungsgrads von Torf mit Handversuchen

Beobachtung: Beim Quetschen in der Hand entweicht zwischen den Fingern: ...	Torfart nach Zersetzungsgrad
klares bis schwach gelbbraunes Wasser	stark verfilzter, nicht zersetzter Torf
bis ein Drittel Torfsubstanz und trübes Wasser; Rückstand breiig; Pflanzenstruktur tritt deutlicher hervor als im unzerquetschten Torf	verfilzter, wenig zersetzter Torf
mehr als ein Drittel Torfsubstanz	stark zersetzter Torf

In situ kann der c_u-Wert mit dem Flügelscherversuch ermittelt werden. Bei Versuchen in organischen Schichten sind die Messungen nur dann auswertbar, wenn die Böden keine faserigen Bestandteile aufweisen. Diese faserigen Anteile sind aber typisch für diesen Boden. Torfe lassen sich nicht mit den für mineralische Böden entwickelten Konzepten der Bodenmechanik sinnvoll beschreiben. Vor allem das Konzept der effektiven Spannungen und der undränierten Scherfestigkeit ist nicht ohne Weiteres übertragbar. Daher ist die Forderung nach einem mindestens nachweisbaren c_u-Wert für Torfe wenig sinnvoll zum Nachweis der Knicksicherheit in stark organischen Böden. Ursprünglich ist die Verwendung des c_u-Kriteriums aus der Betrachtung des Fließdrucks auf Pfähle abgeleitet worden, der z. B. bei weichen, bindigen Böden durch eine Oberflächenbelastung hervorgerufen wird.

Für den Knicknachweis müssen die Auflagerungsbedingungen an den Stabenden bekannt sein. Die Pfahlköpfe sind meist in das Stahlbetonfundament einbetoniert. Daher kann am oberen Ende der Pfahl als unverdrehbar und unverschieblich angenommen werden, wenn die Fundamente keine seitliche Verschiebung erfahren. Am unteren Pfahlende sind die Auflagerbedingungen nicht genau bekannt. In Abhängigkeit von der Steifigkeit des tragfähigen Bodens, in den die Pfähle einbinden, ist das untere Pfahlende teilweise eingespannt. Auch eine Vorverformung, z. B. infolge des Eigengewichts, oder die Abweichung von der senkrechten Pfahlachse infolge der Herstellung des Bohrlochs, ist nicht auszuschließen.

Ein Nachweis gegen Knicken enthält daher eine Vielzahl von Unsicherheiten, sodass bei Mikropfählen in weichen, organischen Böden Probebelastungen zuverlässigere Ergebnisse liefern. Es darf auf Probebelastungen verzichtet werden, wenn Ergebnisse unter vergleichbaren Verhältnissen vorliegen. Da der Aufwand für Zugversuche wesentlich geringer ist als für Druckbelastungen, wird häufig diese Art der Probebelastung favorisiert. Wenn die Pfahlkräfte überwiegend über die gesamte Länge durch Mantelreibung in den Boden übertragen werden, ist diese Vorgehensweise zulässig. Bei Mikropfählen in weichen Böden sollten immer Druckprobebelastungen durchgeführt werden oder Ergebnisse herangezogen werden, die unter vergleichbaren Bedingungen gewonnen worden sind. Durch Druckprobebelastungen wird bei Mikropfählen in weichen Böden auch die Knickgefährdung erfasst.

Ist aus Kostengründen eine Probebelastung nicht sinnvoll, sollte der Knicknachweis in weichen organischen Böden für den seitlich nicht gestützten Pfahl geführt werden. Durch Anwendung von Pfahltypen mit größerer Steifigkeit, z. B. Stahlrohrpfählen oder Rammpfählen aus duktilem Gusseisen, lässt sich das Problem der Knickgefährdung konstruktiv lösen.

Übung 4.2

Bemessung Pfahlgründung

http://www.zaft.htw-dresden.de/grundbau

4.3.4 Nachweise bei axial beanspruchten Pfählen

4.3.4.1 Nachweis der Tragfähigkeit STR, GEO-2

Der Grenzzustand der Tragfähigkeit ULS ist für Pfähle durch Probebelastungen oder mit Erfahrungswerten nachzuweisen. Bei der Berechnung des Bemessungswerts der Beanspruchungen ist die maßgebende Kombination aus ständigen und veränderlichen Einwirkungen zugrunde zu legen. Die Ermittlung der Bemessungswerte der axialen Widerstände erfolgt auf Grundlage der charakteristischen Werte und der Abminderung mit Teilsicherheitsbeiwerten. Bei der Auswertung von Probebelastungen sind die Vorgaben der DIN EN 1997-1 [25] und die Empfehlungen des Arbeitskreises Pfähle [50] zu beachten.

Gruppenwirkung: Zur rechnerischen Ermittlung der Widerstands-Setzungs-Linie des gesamten Pfahlblocks sind spezielle Untersuchungen erforderlich, z. B. mittels dreidimensionaler FEM-Studien. Das Lastabtragungsverhalten wird von der Pfahlart, den geometrischen Vorgaben und den Baugrundeigenschaften beeinflusst. Einzelheiten sind in DIN EN 1997-2 [26] bzw. in der EA-Pfähle [50] geregelt.

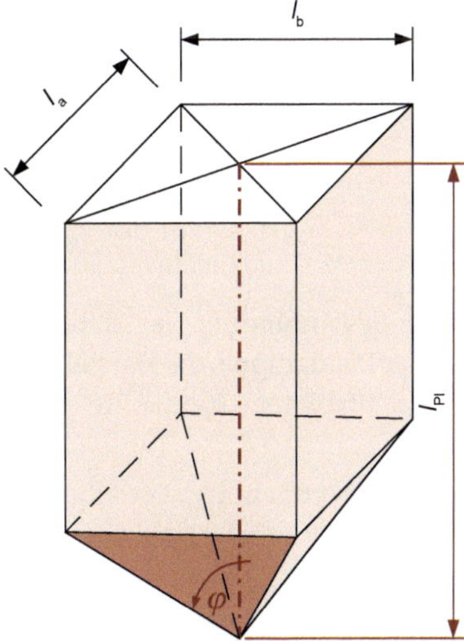

Bild 4.28 Geometrie des am Zugpfahl angehängten Bodenvolumens

Der Boden wird im Bereich von Zugpfahlgruppen durch die Pfähle vernagelt. Für die Nachweise ist das zusammenhängende Bodenvolumen gemäß *Bild 4.28* zu betrachten. Im Randbereich (Mantelfläche des Blocks) ist die Berücksichtigung der Scherfestigkeit des Bodens zulässig. Die Summe der Widerstände der Einzelpfähle darf nicht größer sein, als das Gewicht des Bodenblocks zuzüglich der „Mantelreibung". Mit *Bild 4.28* ergibt sich für die Berechnung des Gewichts des Bodenblocks am Einzelpfahl:

$$G_{Pl} = l_a l_b \left(l_{Pl} - \frac{\sqrt{l_a^2 + l_b^2}}{3 \tan \varphi} \right) \gamma \eta_z$$

$\eta_z = 0,8$ – Anpassungsfaktor

Bei Druckpfahlgruppen wird für den Grenzzustand ULS die Annahme getroffen, dass Boden und Pfähle als Block zu betrachten sind. Die Verdrängung kann eine Erhöhung des Spitzenwiderstands $q_{b,E} \uparrow$ des Einzelpfahls zur Folge haben, der Bohrvorgang kann diesen vermindern $q_{s,E} \downarrow$. Der Gesamtwiderstand einer auf Druck beanspruchten Pfahlgruppe im Grenzzustand der Tragfähigkeit darf berechnet werden, in dem der Block wie ein großer Pfahl behandelt wird.

4.3.4.2 Nachweis der Gebrauchstauglichkeit SLS

Sind die Verformungen der Pfahlgründung für das Gesamttragwerk von Bedeutung (zulässige Setzungen), ist der Nachweis gegen Verlust der Gebrauchstauglichkeit zu führen. Der Wert für $R_{SLS,k}$ ergibt sich aus der Widerstands-Setzungs-Linie in Abhängigkeit des Betrags der zulässigen Setzung.

$$E_{SLS,d} = E_{SLS,k} \leq R_{SLS,d} = R_{SLS,k} \tag{4.15}$$

Die Festlegung der aufnehmbaren Grenzverschiebung $s_{SLS,k}$ muss unter Berücksichtigung der Konstruktion und der Nutzung des Bauwerks erfolgen. Für die Ermittlung der Schnittkräfte am Tragwerk sind vor allem die Setzungsunterschiede zu berücksichtigen.

Im Grenzzustand der Gebrauchstauglichkeit wird der Einfluss der Gruppenwirkung durch das Verhältnis der Setzung der gesamten Pfahlgruppe s_G zur Setzung des Einzelpfahls s_P berücksichtigt.

$$G_{\mathrm{SLS}} = \frac{s_G}{s_P} \tag{4.16}$$

Einfluss auf die Größe des Quotienten G_{SLS} haben u. a. die Art der Anbindung der Pfähle an die aufgehende Konstruktion (starr oder gelenkig), die Größe der Pfahlgruppe, die Herstellung der Pfähle sowie die geometrischen Verhältnisse (Pfahlabstand a, Pfahlbreite b_P und Breite der Pfahlgruppe b_G).

Einzelheiten zur Berücksichtigung der Gruppenwirkung sind [50] zu entnehmen. Die folgende Gleichung ist eine Näherung zur Abschätzung des Gruppeneinflusses:

$$G_{\mathrm{SLS}} = \frac{s_G}{s_P} = \left(\frac{4\frac{b_G}{b_P} + 9}{\frac{b_G}{b_P} + 12} \right)^2 \tag{4.17}$$

b_P – Breite Einzelpfahl s_P – Setzung des Einzelpfahls
b_G – Breite Gruppe s_G – Setzung der Pfahlgruppe

4.3.5 Horizontal belastete Pfähle

Beanspruchungen quer zur Pfahlachse können als Einwirkungen aus dem Bauwerk oder infolge Seitendrucks und Setzungsbiegung auftreten. Bei der Stabilisierung von Hängen werden Pfähle auch zur Hangverdübelung eingesetzt. Das Tragverhalten der quer zu Pfahlachse beanspruchten Pfähle ist gekennzeichnet durch die Bewegung des Pfahls gegen den Boden oder die Bewegung des Bodens gegen den Pfahl. Dabei spielt die Steifigkeit des Pfahls im Vergleich zum umgebenden Boden eine wichtige Rolle. Bei kurzen, gedrungenen Pfählen kann der Pfahl

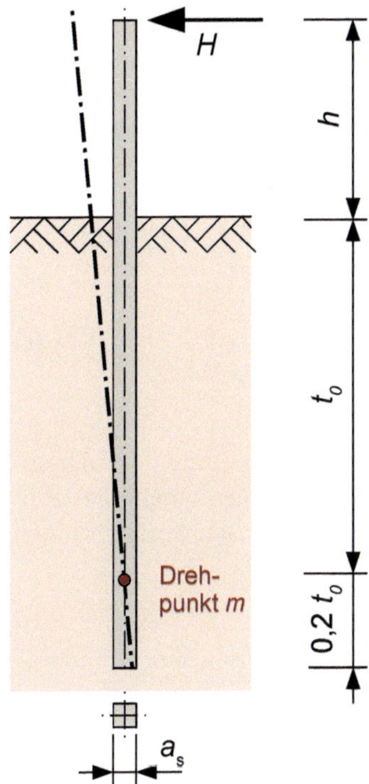

Bild 4.29 Starrer, horizontal beanspruchter Pfahl

wie ein starrer Körper gemäß *Bild 4.29* betrachtet werden, während bei schlanken, biegsamen Pfählen die Verformungen des Pfahls zu berücksichtigen sind.

Pfähle mit geringer Einbindetiefe – kurze Pfähle – werden z. B. für die Gründung von Lärmschutzwänden, Leitungsmasten oder Träger für Baugruben eingesetzt. Für die Ableitung der Berechnungsannahmen können diese Pfähle als starr angenommen werden. Damit ist die Benutzung der Erddrucktheorie zur Berechnung der Widerstände vor dem Pfahl möglich. Von BLUM sind auf dieser Grundlage Berechnungsverfahren abgeleitet worden, die teilweise durch Weiterentwicklungen und die Einbeziehung neuerer Messergebnisse weiter verbessert worden sind (siehe z. B. NEUBERG [82]).

Beim Verfahren von BLUM wird das Gleichgewicht der Momente um den Drehpunkt m gebildet. Man erhält mit den Angaben von *Bild 4.29*:

$$t_0^4 + 4a_s t_0^3 - \frac{6H}{\gamma K_{pgh}}(h + t_0) = 0$$

Diese Bestimmungsgleichung lässt sich lösen bei Kenntnis der Wichte γ des Bodens und des räumlichen Erddruckbeiwerts K_{pgh}.

Biegsame Pfähle sind ähnlich wie Plattengründungen zu behandeln. In Abhängigkeit von der Bettung im Untergrund, der Steifigkeit der Pfähle und der Belastung verformen sich die Pfähle. Dieses Verhalten kann durch die Idealisierung des einzelnen Pfahls als elastisch gebetteter Balken erfasst werden, was durch die folgende Differentialgleichung beschrieben werden kann.

$$EI\frac{d^4w}{dz^4} + k_s w = 0$$

Die Pfahlsteifigkeit wird durch das Produkt von Elastiztätsmodul und Trägheitsmoment EI erfasst. Entlang der Tiefe z erhält man die rechnerische Horizontalverschiebung w und die sich im Gleichgewichtszustand einstellende Spannungsverteilung. Zur Beschreibung der Wechselwirkung zwischen Pfahl und Boden wird der Bettungsmodul k_s benutzt. Er hat die gleiche Bedeutung wie bei Plattengründungen (siehe *Abschnitt 3.3.1.2*) und ist abhängig von der Pfahlgeometrie und dem Verformungsverhalten des Bodens. Wenn keine Ergebnisse von Probebelastungen unter vergleichbaren Bedingungen zur Verfügung stehen, darf k_s näherungsweise aus dem Steifemodul E_s und dem Pfahldurchmesser D_s berechnet werden.

$$k_s = \frac{E_s}{D_s} \tag{4.18}$$

Bei Pfählen mit einem Durchmesser über 1,0 m ist $D_s = 1{,}0$ m einzusetzen.

Zur Berechnung horizontal beanspruchter Pfähle werden üblicherweise Computerprogramme eingesetzt. Für eine erste Abschätzung der Größenordnung von Biegemoment, horizontaler Bodenpressung und Pfahlkopfauslenkung können Näherungsverfahren benutzt werden (z. B. nach TITZE [95] zitiert in [38]).

5 Stützkonstruktionen

Häufig ist die Herstellung und Sicherung von Geländesprüngen erforderlich. Während bei Baugruben eine wirtschaftliche Lösung für die vorübergehende Stützung der senkrechten Baugrubenwände ausreicht, muss die Sicherung von Einschnitten oder übersteilen Dammschüttungen für die entsprechend längere Nutzungsdauer des Bauwerks ausgelegt werden. In allen Fällen ist eine wirtschaftliche und ausreichend sichere Lösung aus unterschiedlichen Varianten auszuwählen oder für die speziellen Randbedingungen zu entwickeln.

5.1 Funktion, Tragwerk

Stützbauwerke sind Bauweisen zur Sicherung von Geländesprüngen. Sie müssen neben den Einwirkungen durch die aufgehende Konstruktion u. a. die Belastungen aus Erddruck, Wasserdruck, Strömungskräften und Verkehr (siehe *Bild 5.1*) sicher aufnehmen.

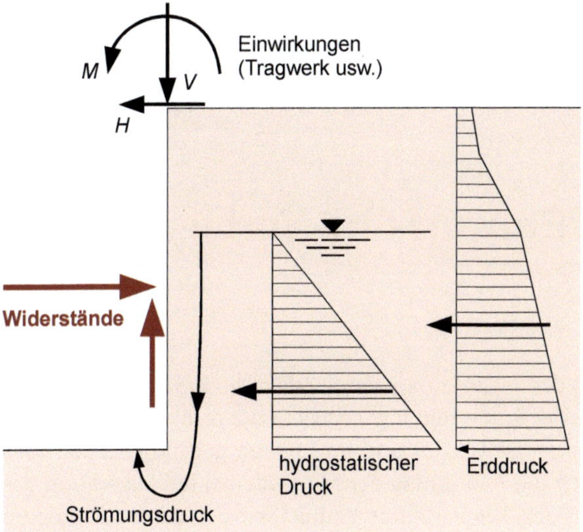

Bild 5.1 Einwirkungen bei Stützbauwerken

Die bauliche Gewährleistung der erforderlichen Widerstände lässt sich durch die Herstellung eines schweren, massigen Körpers (Verbundbauweise, siehe *Bild 5.2* links) oder durch schalenartige, auf Biegung beanspruchte, gestützte Wandelemente (Stützbauweise, siehe *Bild 5.2* rechts) erreichen. Stützungen können z. B. durch Bettung der Wand im Untergrund, durch Anker oder Steifen hergestellt werden. Wand und Stützungen bilden ein Tragwerk, dessen Komponenten nach den Regeln der Statik zu bemessen sind.

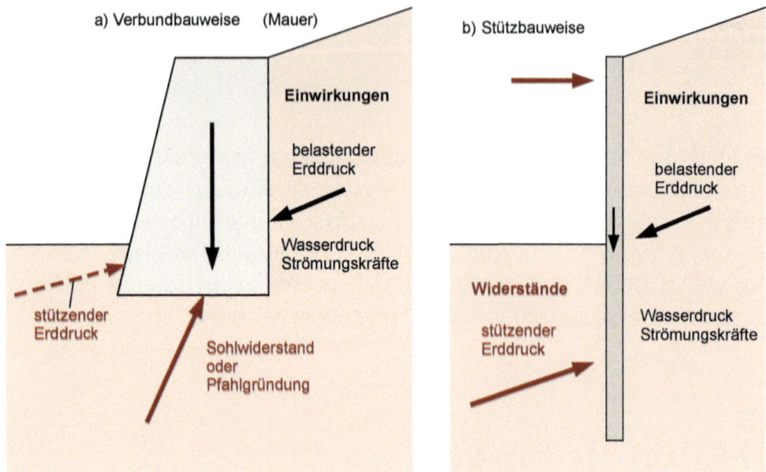

Bild 5.2 Lastabtragung bei Verbund- und Stützbauweise

Es sind alle maßgebenden Schnitte bei der Bemessung zu berücksichtigen. Bei Schnitten durch das Baumaterial der Stützmauer spricht man von innerer Standsicherheit, bei Betrachtung von Schnitten zwischen Bauwerk und Baugrund oder Baugrund/Baugrund von äußerer Standsicherheit. Ziel der bautechnischen Lösung sollte es darüber hinaus auch sein, die Einwirkungen durch konstruktive Maßnahmen zu begrenzen. Durch die Anordnung von Entwässerungseinrichtungen ist z. B. die Verringerung des hydrostatischen Drucks möglich.

5.2 Bauweisen, Entwurf und Vorbemessung

5.2.1 Verbundbauweise

Bei Konstruktionen nach dem Prinzip der **Verbundbauweise** wirken die Kräfte aus dem Erd- und Wasserdruck auf einen Block ein, der durch sein Eigengewicht die resultierende Kraft so beeinflusst, dass die Stabilität des Blocks als Ganzes und im Inneren gewährleistet ist. Das typische Beispiel ist Mauerwerk. Durch die Anordnung der Mauersteine, die Fugen und das Fugenmaterial entsteht ein massiver Block. Die Verbundwirkung lässt sich auch auf anderen Wegen erreichen, z. B. durch Bewehrung, Vernagelung oder Massivbauelemente. Zur Verbundbauweise gehören alle Formen von Stützmauern, Bewehrte-Erde-Bauweisen und vernagelten Konstruktionen.

5.2.1.1 Schwergewichtsmauern

Konstruktion: Durch das Gewicht der Mauer wird die Lage der Resultierenden im Querschnitt festgelegt und der Sohlreibungswiderstand erhöht. Dieses Prinzip der Lastabtragung entspricht dem Vorgehen im Mauerwerksbau bzw. bei Flächengründungen und gilt sinngemäß bei allen konstruktiven Varianten von Stützmauern.

Einfachste Variante ist die Trockenmauer, deren Vorzug die hohe Durchlässigkeit ist. Eine moderne Variante der Trockenmauern ist die Bauweise mit Gabionen. Der Begriff „Gabione" geht auf das oberitalienische Wort „gabbione" zurück, dessen lateinische Herkunft das Wort „cavea"= Käfig ist. Die Gabionenbauweise wurde um das Jahr 1890 für Uferschutzzwecke erfunden [103]. Die Firma Maccaferri (Bologna) verwendete 1893 die ersten einfachen zylinderförmigen Gabionen aus Maschen mit einfach gedrilltem Draht zum Schließen eines Dammbruches am Fluss Reno in der Nähe von Bologna. Der Begriff Gabione ist keine Markenbezeichnung ausschließlich für Produkte von Maccaferri.

Gabionen sind mit Steinen befüllte Käfige aus Drahtgeflecht oder an den Knotenpunkten geschweißten Drahtgittern. Die Oberfläche der Drähte wird zum Schutz gegen Korrosion verzinkt. Auch zusätzliche Überzüge mit Kunststoff sind schon vorgenommen worden, sind aber wenig sinnvoll. In Deutschland werden Gabionen im technischen Regelwerk auch als Drahtschotterbehälter, Drahtgeflechtbehälter oder Drahtgitterbehälter bezeichnet. Hohe schottergefüllte Gabionen neigen zu Verformungen, z. B. Ausbauchungen der Vorderseite. Der empfohlene Einsatzbereich für Gabionenmauern liegt bei Mauerhöhen zwischen 1 und 6 m. Höhere Mauern erfordern viel Sorgfalt beim Entwurf, der Bemessung und der Herstellung. Die Entwässerung der Mauerrückseite ist eine wichtige Forderung an die Konstruktion. Zur Aufnahme der Belastung infolge Wasserdruck sind i.Allg. sehr massive Querschnitte erforderlich, die meist unwirtschaftlich sind. Es ist bei den rechnerischen Nachweisen zu prüfen, ob durch Strömung der Wasserdruck hinter der Stützmauer abgebaut wird.

Der Mauerquerschnitt (siehe *Bild 5.3*) sollte dem Kräfteverlauf angepasst sein. Die Lage der Resultierenden wird durch die sogenannte Stützlinie charakterisiert. Diese darf die erste oder zweite Kernweite – abhängig von der Bemessungssituation – nicht verlassen. Maßnahmen zur Abschirmung des Erddrucks, z. B. mit Schleppplatten (siehe *Bild 5.4*) oder rückspringende Kragkonstruktionen können zu wirtschaftlicheren Abmessungen beitragen.

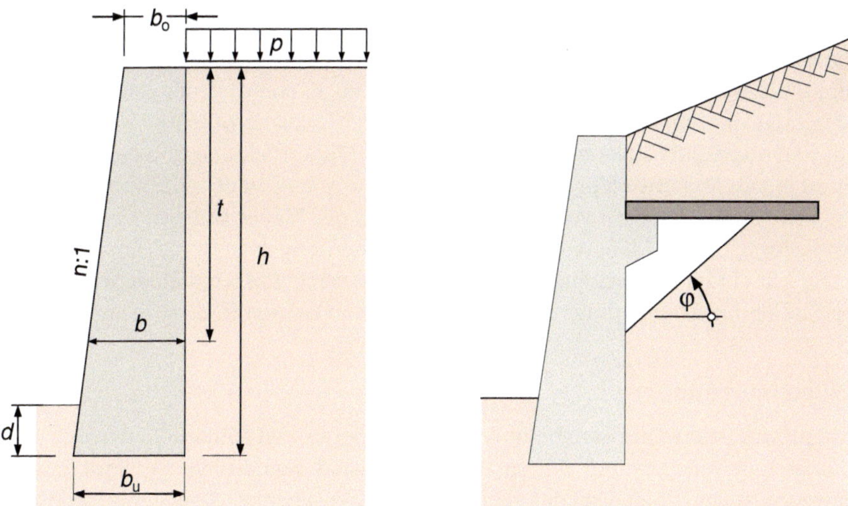

Bild 5.3 Schwergewichtsmauer, Bezeichnungen **Bild 5.4** Mauer mit Schleppplatte

Zu beachten sind die unterschiedlichen Zustände bei Errichtung und Nutzung. Während der Errichtung einer freistehenden Stützmauer greift die Resultierende je nach Mauergeometrie nahezu mittig an. Durch die anschließende Hinterfüllung wird die Außermitte erhöht und die Gründung tangential beansprucht. Dies ist verbunden mit einer geringfügigen Bewegung der Mauer vom Erdreich weg. Andererseits führt die Hinterfüllung zu Setzungen hinter der Mauer, die mit einer Drehung der Stützmauer zum Boden hin verbunden wären. Erfolgt die Hinterfüllung fortlaufend mit dem Baufortschritt, sind diese Bewegungen nicht zu erwarten. Gleiches gilt bei begrenzter Hinterfüllung (Futtermauer). Im Allgemeinen ist die Anordnung von Arbeits- oder Bewegungsfugen in bestimmten Abständen erforderlich. Üblich sind Abstände der Fugen von 7,5 bis 12 m. Für die Gewährleistung der Flucht sollten die Fugen mit Ankern gesichert werden. Durch die Abdichtung gegen Wasser lassen sich Einfärbungen der Mauer im Bereich der Fugen vermeiden. Eine wichtige Voraussetzung ist auch hier eine funktionierende Entwässerung der Mauerrückseite.

Vorbemessung: Die Belastung von Schwergewichtsmauern nimmt infolge Erd- und Wasserdrucks von der Mauerkrone nach unten ständig zu. Ein Mauerquerschnitt mit nach unten hin zunehmender Dicke ist deshalb sinnvoll. Aus ästhetischen Gründen wird die Vorderseite der Schwergewichtsmauern meist leicht nach hinten geneigt.

Faustformeln – Schwergewichtsmauer

Kronenbreite	:	$b_o = b_u - \frac{h}{n} \geq 0{,}30\,\text{m}$
Fundamentbreite	:	$b_u = f\,t'$ [m]; $t' = \frac{p}{\gamma} + t$ [m] (γ [kN/m^3] - Wichte Boden)
Berücksichtigung der Oberflächenauflast p über t'		
bindiger Boden	:	$f \approx 0{,}35 \ldots 0{,}40$
sandiger Boden	:	$f \approx 0{,}25 \ldots 0{,}30$
Neigung vorn	:	$n \approx 10 \ldots (5)$
Einbindetiefe frostsicher	:	$d \geq 0{,}8\,\text{m}$

Bei der Gestaltung der Mauerrückseite spielen statische und wirtschaftliche Überlegungen eine Rolle. Durch die Unterschneidung der Mauerrückseite verringert sich die Erddruckbelastung und das Volumen der Stützmauer lässt sich insgesamt reduzieren. Andererseits nimmt der Aufwand für die Abstützung der Mauer im Bauzustand zu. Es sollte bei der Planung immer auch berücksichtigt werden, dass die Standsicherheit der Stützmauern für alle Bauzustände sichergestellt sein muss. Eine abgetreppte Ausführung der Mauerrückseite ist bei der Herstellung der Stützwand als Mauerwerk problemlos möglich. Die Mauerkrone sollte so ausgebildet werden, dass kein Wasser über die vordere Ansichtsfläche der Mauer abfließt. Eine Variante dafür ist die Abschrägung der Mauerkrone nach hinten. Alternativ dazu ist die Herstellung einer Abdeckung mit einem ausreichend großen Überstand nach vorn und einer Wassernase möglich. Das Streifenfundament unter der Mauer sollte einen kleinen Überstand aufweisen.

5.2.1.2 Winkelstützmauern

Winkelstützmauern bestehen aus Stahlbeton und können bei großen Mauerhöhen (ca. ab 4 m) mit Aussteifungsrippen im Abstand von ca. 3-4 m stabilisiert werden. Sie werden hier den Verbundbauweisen zugerechnet, weil der auf dem Horizontalschenkel abgelagerte Boden als Teil des Bauwerks zur Stabilisierung beiträgt. Durch die Erdauflast wird die Normalkraft auf den Horizontalschenkel vergrößert und dadurch der Gleitwiderstand günstig beeinflusst. Für den Nachweis des Grenzzustands der Tragfähigkeit wird die Stahlbetonkonstruktion zusammen mit dem auf dem Horizontalschenkel aufliegenden Erdreich als Ganzes betrachtet. Infolge einer geringfügigen Kippbewegung oder Horizontalverschiebung wird hinter dem Bodenblock der aktive Erddruck mobilisiert. Winkelstützmauern können aus Fertigteilen zusammengesetzt oder vor Ort betoniert werden. Die Errichtung erfolgt von unten nach oben. Nach der Fertigstellung der Massivbaukonstruktion wird das Gelände dahinter lagenweise aufgefüllt und verdichtet. Bei der Bemessung ist der erhöhte Erddruck infolge Verdichtung oder infolge eingeschränkter Verschiebung (Felsuntergrund) zu beachten. Für die Errichtung von Winkelstützmauern ist eine relativ große Baugrube und die großräumige Hinterfüllung des Bauwerks erforderlich. Deshalb wird diese Bauweise in erster Linie bei Anschüttungen (z. B. Brückenwiderlager vor Dämmen) oder bei kleinen Einschnitten eingesetzt.

Vorbemessung: Für die überschlägige Festlegung der Abmessungen von Winkelstützmauern (siehe *Bilder 5.5* und *5.6*) sind die Wichte γ und der Reibungswinkel φ des Hinterfüllmaterials erforderlich. Die Auflast p auf der Geländeoberfläche folgt wie üblich aus Lastannahmen. Alle Werte für Biegemoment, Dicke und Bewehrung beziehen sich auf den Wandfuß.

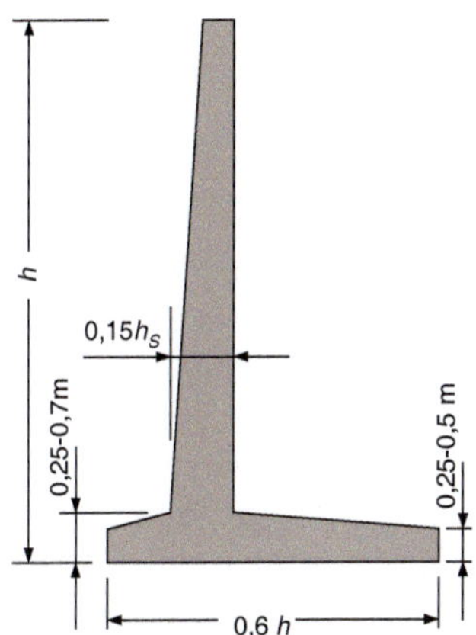

Bild 5.5 Größenordnung der Abmessungen von Winkelstützmauern

Bild 5.6 Geometrische Verhältnisse bei Winkelstützmauern

Faustformeln – Winkelstützmauer

Beiwert (üblich)	:	$n \approx 0,25$ bis 0,5 [-]
Ersatzhöhe	:	$h' \approx \frac{p}{\gamma}$ [m]
Fußbreite	:	$b_w \approx (1+n)b_e$ und $b_e \approx \sqrt{\frac{hK_a(h+3h')}{1+4n}}$ [m]
Erddruckbeiwert	:	$K_a = \tan^2(45° - \frac{\varphi}{2})$
Sonderfall $b_a = 0$	:	$b = b_w$; $b = \sqrt{hK_a(h+3h')}$
Biegemoment	:	$M \approx k(h_s^3 + h_s)$ [kNm/m]
		mit $k \approx 1$ Sand, Kies; $k \approx 1,5$ bindiger Boden [-]
Dicke der Wand	:	$d_s \approx \sqrt{10M} \geq 0,15h_s$ [cm]
Bewehrung	:	$a_s \approx \frac{5M}{d_s}$; d_s in cm [cm^2/m]

5.2.1.3 Raumgitterstützwand

Raumgitterstützwände bestehen aus kreuzweise übereinander gestapelten Stahlbeton- oder Holzelementen, die ein Raumgitter bilden, das mit Erde befüllt werden kann und das dahinter liegende Gelände stützt. Die Einzelteile sind so konstruiert, dass man mit wenigen unterschiedlichen Elementen auskommt, die sowohl als Läufer als auch als Binder verlegt werden können. Der Aufwand für Transport und Montage wird dadurch verringert.

Eine spezielle Variante dieser Bauweise sind die Krainerwände, die für Hangsicherungen genutzt werden können. Es sind unterschiedliche Systeme zur Errichtung von Kräinerwänden verfügbar. Nach dem Aufschichten der Bauteile erfolgt die Befüllung mit durchlässigem Schüttmaterial und der gleichzeitige Einbau von Buschlagen oder Pflanzen in die Zwischenräume, sodass diese den gesamten angrenzenden Bereich durchwurzeln können. Die mit Erde aufgefüllten Zwischenräume können auch angesät oder mit Schling- oder Containerpflanzen bepflanzt werden. Bei der Bemessung ist die Sicherheit gegen das Abheben der Fertigteile und der Nachweis der Knotenkräfte zu beachten.

Übung 5.1

Entwurf Stützkonstruktion
http://www.zaft.htw-dresden.de/grundbau

5.2.1.4 Bewehrte Erde und geokunststoffbewehrte Bauweisen

Das Prinzip der Bewehrung von Böden gemäß *Bild 5.7* wird seit Jahrtausenden bei der Herstellung von Lehmbauten genutzt. Pflanzenfasern, die dem feuchten Lehm beigemischt werden, verleihen diesem im trockenen Zustand eine Zugfestigkeit und verhindern dadurch das Entstehen von Rissen. Dieses Prinzip wird auch bei der Bewehrung im Stahlbeton angewendet. Der Baustoff Beton besitzt eine hohe Druckfestigkeit, aber nur eine vergleichsweise geringe Zugfestigkeit. Im Stahlbetonquerschnitt werden deshalb in den Zonen, wo Zugspannungen zu erwarten sind, Bewehrungseisen eingelegt, die diese Zugspannungen aufnehmen. Sand- und Kiesböden besitzen keine dauerhaft wirksame Zugfestigkeit. Das Einlegen von zugfesten Elementen verleiht Erdkörpern aus diesen Böden eine Zugfestigkeit in Richtung der eingelegten Elemente.

Bindige Böden besitzen unter bestimmten Voraussetzungen eine Zugfestigkeit, die sich aus der Kohäsion c berechnen lässt. Bis zu einer bestimmten Höhe können in diesen Böden senkrechte, ungestützte Böschungen errichtet werden. Die freie Standhöhe lässt sich aus der Überlegung berechnen, dass sich die Erddruckkräfte infolge Eigengewichts und infolge Kohäsion gerade ausgleichen. Man erhält als freie Standhöhe h_c

$$h_c = \frac{4c}{\gamma}\sqrt{K_\varphi},$$

wobei c die Kohäsion, γ die Wichte des Bodens und $K_\varphi = \sigma_1/\sigma_3$ das kritische Hauptspannungsverhältnis bedeuten.

Die Wirkung der Bewehrungslagen lässt sich durch einen stark vereinfachten Berechnungsansatz verdeutlichen. Wenn man die Zugfestigkeit der Stahlbänder im Boden durch eine Kohäsion c ersetzt, in dem man die Bruchkraft der Bewehrungslage auf den Boden als Kohäsion verteilt, lässt sich die theoretische freie Standhöhe abschätzen. Von WICHTER [104] ist dies am

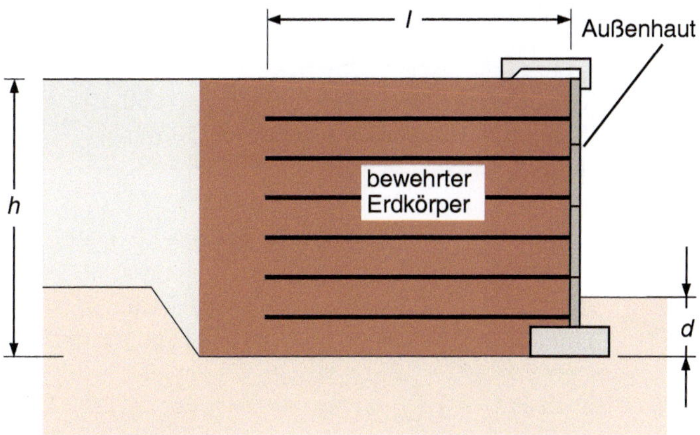

Bild 5.7 Bewehrte Erde, Geometrie und Bezeichnungen

Beispiel von 5 mm dicken und 80 mm breiten Bewehrungseinlagen untersucht worden. Mit einer Bruchkraft von 94 kN je Lage und einer Bewehrungsdichte von einer Lage je Quadratmeter ist die Kohäsion $c = 94\,\mathrm{kN/m^2}$. Bei einem Boden mit $\varphi = 30°$ und $\gamma = 20\,\mathrm{kN/m^3}$ erhält man theoretisch die Höhe des ungestützten, senkrechten Geländesprungs zu:

$$h_c = \frac{4 \cdot 94}{20}\sqrt{3} = 32{,}5\,\mathrm{m}.$$

Die Herstellung eines senkrechten Geländesprungs setzt allerdings voraus, dass der Boden zwischen den Bewehrungslagen nicht herausrieselt und ein tragendes Gewölbe entsteht.

Die Erfindung des Bauverfahrens „Bewehrte Erde" [104] geht auf den französischen Ingenieur Henri Vidal zurück. Etwa 1965 entwickelte er in Zusammenarbeit mit dem Laboratoire Central des Ponts et Chaussees (LCPC) dieses Bauverfahren zur Errichtung von Stützwänden unter der Bezeichnung „terre armee". Dabei werden dünnwandige Betonelemente als Außenhaut auf ein Streifenfundament gestellt, wobei jedes Element das Nachbarelement stützt. Üblicherweise haben die Elemente die Form eines Kreuzes. Nach Hinterfüllung der Elemente bis zur halben Höhe mit Boden werden an jedes Element ein oder mehrere Bänder aus verzinktem Flachstahl befestigt und überschüttet. Durch die Reibung zwischen Metall und Boden können diese Bänder Zugkräfte aufnehmen, ähnlich der Bewehrung im Stahlbeton. Die Belastung auf die Außenhaut wird durch die Metallbänder in der Hinterfüllung abgetragen. Nach der ersten Lage werden die weiteren Lagen in gleicher Weise aufgesetzt, bis die Endhöhe der Stützkonstruktion erreicht ist.

Stützkonstruktionen aus bewehrter Erde zeichnen sich durch vergleichsweise geringe Kosten, hohe Tragfähigkeit und Dauerhaftigkeit sowie durch eine hohe Sicherheit gegen Erdbebenbeanspruchung aus. Vor allem die letztgenannte Eigenschaft hat zur breiten Anwendung dieser Bauweise in erdbebengefährdeten Regionen beigetragen. Wegen Bedenken gegenüber der Dauerhaftigkeit der Metallbewehrung ist diese Bauweise in Deutschland nicht im gleichen Umfang wie im Ausland eingesetzt worden.

Vorbemessung: Für den Entwurf einer mit Geokunststoffen bewehrten Stützkonstruktion gemäß *Bild 5.8* kann etwa von einer Bewehrungslänge von 70 % der Bauwerkshöhe ausgegangen werden. Die Vorbemessungsregeln gelten für annähernd horizontales Gelände. Bei davon

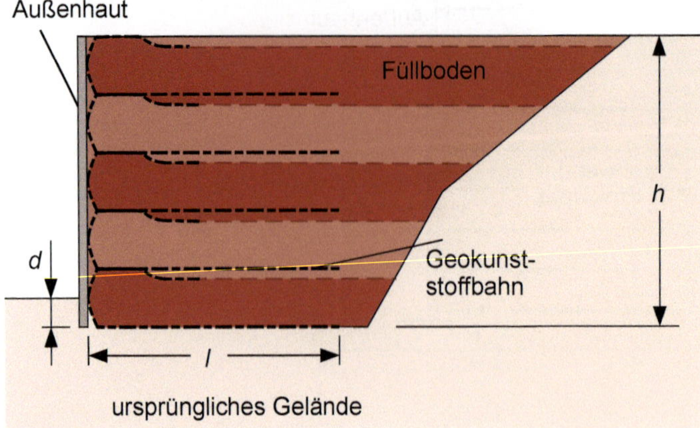

Bild 5.8 Geometrische Verhältnisse bei geokunststoffbewehrter Erde

abweichenden Randbedingungen können sich deutlich andere Abmessungen ergeben. Im Gegensatz zur klassischen bewehrten Erde werden bei geokunststoffbewehrten Bauweisen Geotextilien, Geogitter oder andere synthetische Materialien als zugfeste Einlagen für die Bewehrung des Erdkörpers benutzt. Der vordere Abschluss wird durch Umschlagen des Geokunststoffs oder durch geeignete Außenwandelemente, z. B. Betonfertigteile, hergestellt. In [106] und [48] sind Erläuterungen zum Bauverfahren und der Bemessung enthalten.

Faustformeln – Bauweisen mit Erdbewehrung

Bewehrte Erde:

Länge der Bewehrung	:	$l \geq (0{,}7 \text{ bis } 0{,}8)\,h$ [m]
Einbindetiefe waagerechtes Gelände	:	$d \geq 0{,}1h$
Einbindetiefe geneigtes Gelände	:	$d \geq 0{,}2h$

Geokunststoffbewehrte Erde:

Länge der Bewehrung	:	$l \approx \frac{5}{6}h + 1{,}5$ [m]
Dicke der Lagen	:	$0{,}3 \leq D \leq 0{,}6\,\text{m}$
Füllboden	:	$\varphi \geq 25°$

5.2.1.5 Nagelwände

Ein mit der Tragwirkung der bewehrten Erde vergleichbares Verfahren ist die Vernagelung. Auch bei Nagelwänden wird eine Außenschale aus Stahlbeton durch Bewehrungslagen – hier Bodennägel – mit dem Erdreich verbunden und dadurch ein nahezu als Monolith wirkender Bodenblock erzeugt. Im Gegensatz zu allen anderen Verbundbauweisen erfolgt die Herstellung von Nagelwänden aber von oben nach unten nach dem im Folgenden dargestellten Ablauf (siehe *Bild 5.9*).

1. Aushub der ersten Lage: Der Boden muss dafür kurzfristig auf einer Höhe von ca. 1,2-1,5 m standsicher sein.
2. Bewehren und Betonieren: Nach Aufstellen der Bewehrungsmatte wird eine wenige Zentimeter dicke Spritzbetonschicht aufgebracht.

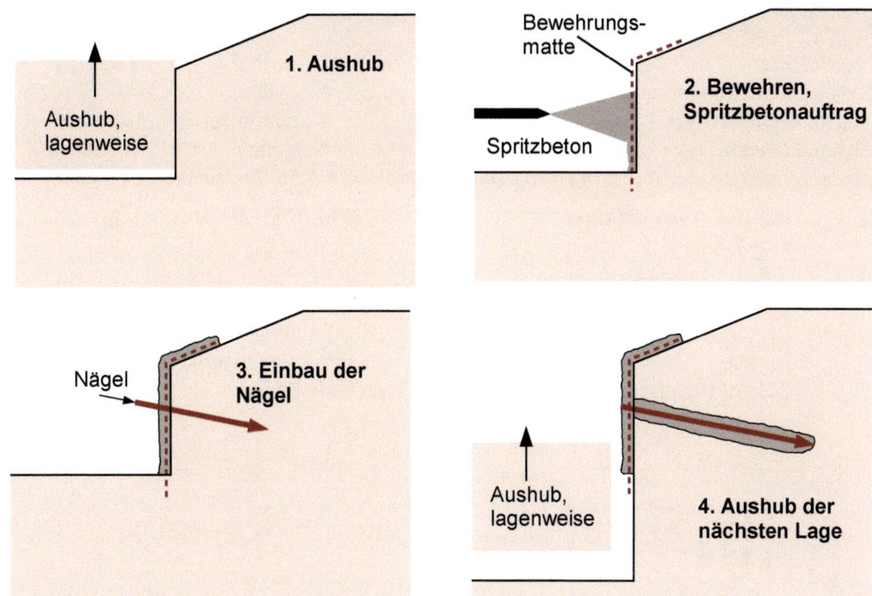

Bild 5.9 Arbeitsschritte bei Errichtung einer Nagelwand

3. Einbringen der Bodennägel: Nach Aushärten der Spritzbetonschale werden die Bohrungen für die Erdnägel hergestellt, die Nägel eingebaut und mit Zementmörtel verpresst. Die Art der Bodennägel hängt vom Verwendungszweck der Stützmauer als vorübergehende oder dauerhafte Sicherung ab.
4. Aushub der nächsten Lagen: Wenn die Betonaußenhaut und die Nägel kraftschlüssig miteinander verbunden sind, kann mit dem Aushub der nächsten Lage begonnen werden.

Vorbemessung: Die Regeln zur Vorbemessung gelten für Nagelwände zur Sicherung von Geländesprüngen, die überwiegend durch Erddruck belastet werden. Es sind die geometrischen Größen gemäß *Bild 5.10* zugrunde zu legen. Bei rutschgefährdeten Hängen sind längere Nägel erforderlich. Die Länge richtet sich nach der Lage der potentiellen Gleitflächen.

Faustformeln – Vernagelung

Nageldichte	: $N_N \approx 0,5...2,0$ Stck./m^2	Etagenhöhe	:	$h_E \approx 1...2$ m
Nagelabstand horizontal	: $1,0\,\text{m} \leq b \leq 2,0\,\text{m}$	Nagellänge	:	$l \approx 0,5....0,7h$
Nagelabstand vertikal	: $1,0\,\text{m} \leq \text{a} \leq 1,5\,\text{m}$	Durchmesser	:	$d \approx 20...30$ mm
Abstand oberste Lage	: $a_o \leq a$	Neigung ρ	:	$\rho \approx -10°...20°$
Abstand unterste Lage	: $a_u \approx a/2$ (Bauzustand), $a_u \approx 1,5a$ (Endzustand)			

a – [m] vertikaler Abstand der Nägel (oder a_v)

b – [m] horizontaler Abstand der Nägel (oder a_H)

a_o – [m] vertikaler Abstand oberste Nagelreihe zur Kante

a_u – [m] vertikaler Abstand unterste Nagelreihe vom Fuß

ϵ – [°] Nagelneigung zur Horizontalen

ρ – [°] Neigung hinterer Vernagelungsrand zur Vertikalen

T_m – [kN/m] Herausziehwiderstand zwischen Nagel und Boden

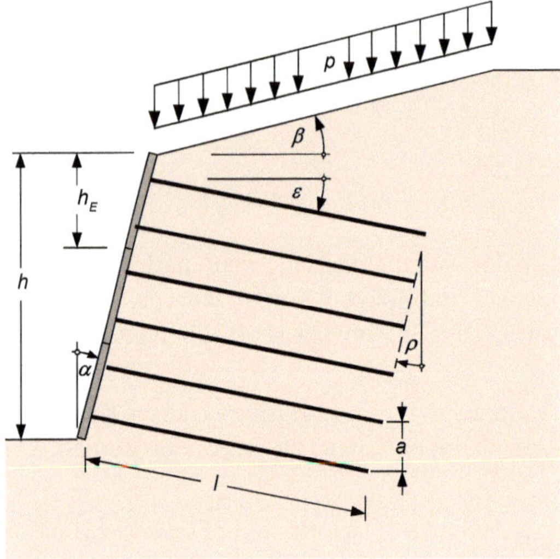

Bild 5.10 Geometrische Verhältnisse bei Nagelwänden

5.2.2 Stützbauweisen

Stützkonstruktionen in der hier als Stützbauweise bezeichneten Herstellungsart werden für die unterschiedlichsten Zwecke eingesetzt. Auf den rechnerischen Nachweis hat die Lagerung der Wand unterhalb der Sohle Einfluss. Man unterscheidet durchgehende Wände gemäß *Bild 5.11* und nicht unterhalb der Sohle durchgehende Wände gemäß *Bild 5.12*. Als Baugrubenverbau sollen sie einen Geländesprung für eine begrenzte Zeit sichern und möglichst unkompliziert zurückgebaut werden können. Die Reduzierung des Verbrauchs an natürlichen Ressourcen und die Minimierung negativer Auswirkungen auf die Umgebung für sehr lange Standzeiten ist das Ziel der Planung von Stützbauwerken als Dauerbauwerke. Stützbauweisen werden sehr oft auch als *Stützwände* bezeichnet. Eine wandartige Scheibe dient der Aufnahme der Beanspruchungen infolge Erd- und Wasserdrucks. Steifen, Anker oder das Erdreich selbst werden zur Stützung der Wand planmäßig herangezogen. Die Herstellung erfolgt von oben nach unten. Es wird zuerst von der Geländeoberfläche aus die Wand unterirdisch hergestellt oder als Fertigteil eingebracht und anschließend schrittweise von oben nach unten ausgehoben. Nach statischer Erfordernis sind in den entsprechenden Tiefen die Stützungen herzustellen.

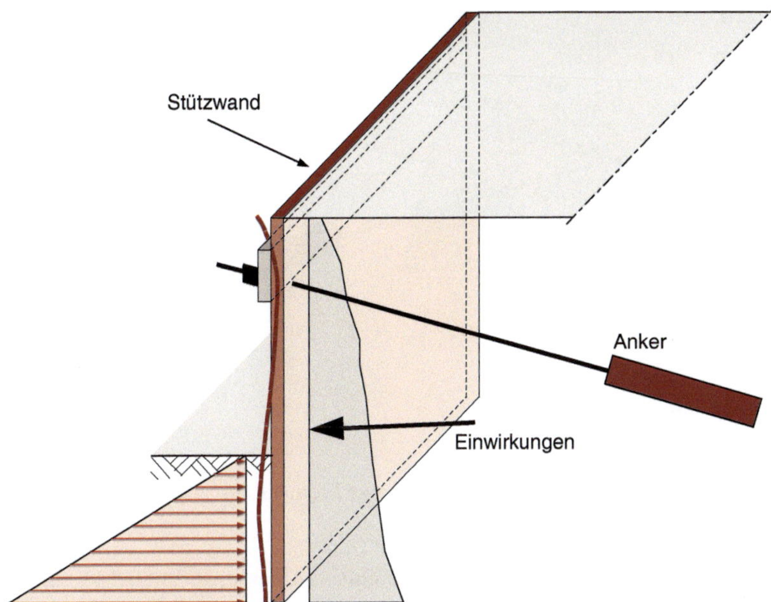

Bild 5.11 Stützwand, durchgehende Wand mit Verankerung und Erdauflager

Im Zusammenhang mit großen Bauvorhaben, komplizierten Baugrundverhältnissen und den modernen Technologien im Baumaschinensektor sind auf dem Gebiet des Spezialtiefbaus in der Vergangenheit neue technische Lösungen entwickelt worden, die auch den Sektor der Stützwände betreffen. Einige typische Stützwandbauweisen sind:

- Trägerbohlwände
- Spundwände
- Bohrpfahlwände
- Schlitzwände
- Düsenstrahlwände
- Elementwände (Ankerwand)
- Mixed in place Wände

Für die Wahl der Stützwandbauweise für ein spezielles Bauvorhaben sind zuerst die Baugrundverhältnisse und der Grundwasserstand zu betrachten. Im Zuge der Herstellung von Stützwänden müssen Stahlprofile oder andere Fertigteile in den Untergrund eingerammt oder eingerüttelt oder es müssen vorübergehend Hohlräume in Form von Schlitzen oder Bohrlöchern hergestellt und anschließend ausbetoniert werden. Diese Arbeiten erfolgen vor dem Ausheben des Bodens. Welche Bauweise die geeignete ist, hängt deshalb ganz wesentlich von der Rammbarkeit bzw. Bohrbarkeit des Untergrunds und der Standsicherheit während des Aushubs ab.

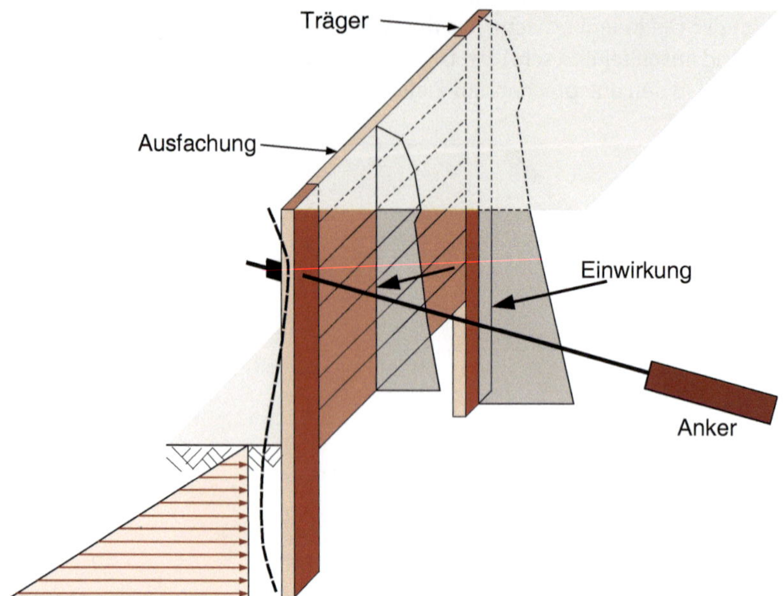

Bild 5.12 Stützwand mit räumlicher Tragwirkung im Bereich des Erdauflagers

Wenn mit Grund- oder Schichtenwasser zu rechnen ist, sollte eine wasserundurchlässige Bauweise gewählt werden, die so bemessen ist, dass die hydraulischen Einwirkungen sicher aufgenommen werden können. Schließlich ist bei der Wahl der richtigen Variante auch die angrenzende Bebauung zu berücksichtigen. Infolge des Einbaus der Stützwand und des Aushubs von Boden wird der Spannungszustand im Untergrund verändert. Dies ist verbunden mit unvermeidbaren Verformungen. Je geringer der Abstand der Stützwand zu bestehender Bausubstanz ist, desto größer sollte die Biegesteifigkeit der Wand sein, um Schäden an den Bestandsbauten zu vermeiden. Hierbei sind der Zustand der angrenzenden Bebauung und mögliche Vorschädigungen zu berücksichtigen.

5.2.2.1 Trägerbohlwände

Für die Herstellung eines nicht wasserdichten Baugrubenverbaus ist die Trägerbohlwand (siehe *Bilder 5.13* und *5.14*) häufig eine wirtschaftlich interessante Variante. Mit dieser Bauweise ist eine flexible Anpassung an den Grundriss leicht möglich. Trägerbohlwände werden deshalb als Baugrubenverbau oberhalb des Grundwasserspiegels oder bei abgesenktem Grundwasser eingesetzt. Im Abstand von 1,0 bis 3,0 m werden Träger in den Baugrund eingerammt, eingerüttelt oder in vorgebohrte Löcher eingestellt. Als Bohlträger dienen i. Allg. HEB- oder IPB-Profile. Diese lassen sich einrammen oder einrütteln, erfordern aber bei der Verwendung von Ankern die Anordnung von Gurtungen. Alternativ können mit Laschen verbundene U-Profile eingesetzt werden, bei denen die Verankerung im Zwischenraum zwischen den beiden Profilen erfolgen kann, sodass keine Gurtung erforderlich ist. Die paarweise verbundenen U-Profile sind nicht rammfähig und müssen deshalb in vorgebohrte Löcher eingestellt werden.

Nach dem Einbringen der Träger unter Nutzung vorgebohrter Löcher muss der Ringraum mit geeignetem Bodenmaterial verfüllt werden. Zur Gewährleistung einer ausreichenden Standsi-

Bild 5.13 Prinzip der Trägerbohlwand

Bild 5.14 Trägerbohlwand als Baugrubenverbau

cherheit dieses Verfüllmaterials während des Aushubs wird teilweise Kalk verfestigter, nichtbindiger Boden verwendet. Die vertikale Tragfähigkeit lässt sich deutlich verbessern, wenn der Träger am Fuß der Bohrung in eine Betonplombe eingebracht wird.

Der Aushub erfolgt abschnittweise, wobei die Standsicherheit des Bodens für die Tiefe des Aushubs ausschlaggebend ist. Anschließend wird der freigelegte Bereich kraftschlüssig verbaut, in dem der Raum zwischen den einzelnen Trägern so ausgefacht wird, dass eine vollflächige Wand entsteht. Durch den Herstellungsablauf ist im Baugrund mit Verformungen zu rechnen. Trägerbohlwände mit Holzausfachung sind als verformungsarmer Verbau bei Annäherung an bestehende Bauwerke nicht geeignet. Bei Sonderbauweisen, z. B. der Herstellung der Ausfachung zwischen den Trägern durch Einmischen von Zementsuspension in den Boden mit dem Mixed-in-Place-Verfahren, ist eine deutliche Herabsetzung der Verformungen möglich.

Trägerbohlwände können nur in Böden eingesetzt werden, die mindestens für die Höhe einer Bohle einen senkrechten Aushub zulassen. Für die Ausfachung wurden ursprünglich Holzbohlen benutzt, die waagerecht angeordnet und kraftschlüssig gegen das Erdreich verkeilt werden. Mittlerweile ist die Anwendung unterschiedlichster Materialien, z. B. Spritzbetonausfachung oder Schaltafeln, möglich. Die Einwirkungen aus dem Erddruck werden von der Ausfachung aufgenommen, auf die Träger übertragen und von diesen über das Erdauflager (räumlicher Erddruck) sowie Steifen oder Anker abgetragen.

Erstmals ist diese Verbauart bei der Errichtung der U-Bahn Anfang des 20. Jahrhunderts in Berlin eingesetzt worden. Trägerbohlwände werden deshalb häufig als Berliner Verbau bezeichnet. Sie lassen sich wieder zurückbauen. Im Zuge der Rückverfüllung des Arbeitsraums wird die Ausfachung aus Holz ausgebaut und anschließend werden die Träger gezogen.

Eine ähnliche Tragwirkung wie Trägerbohlwände haben aufgelöste Bohrpfahlwände. Bohrpfähle, die im Abstand von bis zu ca. 3,0 m eingebracht werden, übernehmen die Funktion der Träger. Sie müssen den statischen Erfordernissen entsprechend ausreichend tief einbinden und werden ggf. rückverankert. Die Ausfachung zwischen den Pfählen erfolgt mit Spritzbeton.

5.2.2.2 Spundwände

Spundwände bestehen aus Bohlen, die durch eine spezielle Führung („Schloss") miteinander verbunden werden (siehe *Bilder 5.15, 5.16*) und *5.18*). Es ist dadurch möglich, durchgängige, wandartige Bauwerke, z. B. für die Umschließung von Baugruben, die Herstellung von Kaimauern, Ufereinfassungen oder ähnliche Anwendungen, zu errichten. Der Einsatz von Spundwänden ist insbesondere dann wirtschaftlich, wenn das Einrammen, Einrütteln oder Einpressen der Spundbohlen möglich ist. Gegebenenfalls kann durch Einbringhilfen (Spülung, Sprengung) die Herstellung auch in schwer rammbarem Baugrund gewährleistet werden.

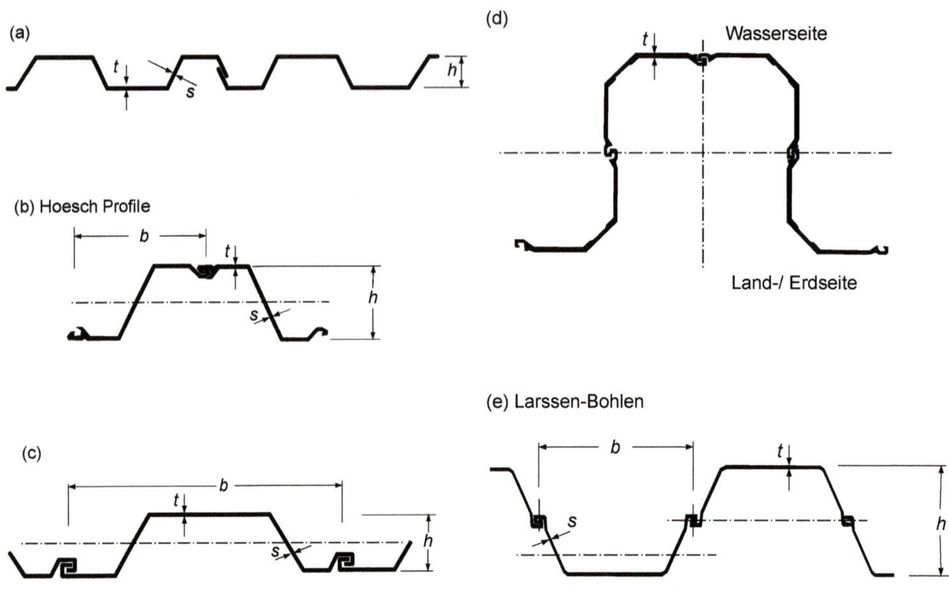

Bild 5.15 Profiltypen und Geometrie von Spundbohlen und Kanaldielen

Tabelle 5.1 Zulässige Spannungen f_y in N/mm² nach DIN EN 10248-1

Stahlsorte/ Spundwand	Zugfestigkeit in N/mm²	Streckgrenze f_y in N/mm²	Bruchdehnung in %
S 240 GP	340	240	26
270 GP	410	270	24
S 320 GP	440	320	23
S 355 GP	480	355	22
S 390 GP	490	390	20
S 430 GP	510	430	19

Seit über 100 Jahren werden Spundwände für die Stützung von Geländesprüngen eingesetzt. Es sind Ausführungen aus Holzplanken, Gusseisen und Stahlbetonprofilen umgesetzt worden. Mit der Entwicklung neuer Walztechniken seit Beginn des 20. Jahrhunderts haben die Spundwände aus Stahl die übrigen Formen weitestgehend verdrängt. Die Spundwandbauweise mit Stahlbohlen geht auf eine Entwicklung aus dem Jahr 1902 des Bremer Staatsbaumeis-

Tabelle 5.2 Kenngrößen für Hoesch-Profile

Profil	Profil-	W_y	I_y	Gewicht		b	h	t	s	A
	typ	cm³/m	cm⁴/m	kg/m	kg/m²	mm	mm	mm	mm	cm²/m
HOESCH 1205	b	1140	14820	61,5	107	575	260	9,5	9,5	
HOESCH 1605	b	1600	28000	61,5	107	575	350	9,2	8,1	
HOESCH 1705	b	1720	30100	66,7	116	575	350	10,0	9,0	148
HOESCH 1805	b	1800	31500	71,9	125	575	350	10,8	9,9	159
HOESCH 1906	b	1900	36200	85,3	126	675	380	10,4	10,3	
HOESCH 2505	b	2480	43400	87,4	152	575	350	12,5	9,5	193
HOESCH 2605	b	2600	45500	93,2	162	575	350	13,3	10,3	206
HOESCH 2706	b	2700	58050	106,1	157	675	430	13,4	12,5	
HOESCH 3406	b	3420	82940	112,1	166	675	485	13,5	10,8	
HOESCH 3506	b	3500	84880	115,9	171	675	485	14,0	11,4	
HOESCH 3606	b	3600	87300	119,5	177	675	485	14,5	12,0	
HOESCH 3706	b	3700	89730	124,1	184	675	485	15,1	12,7	
HOESCH 3806	b	3780	91665	127,2	188	675	485	15,5	13,2	

ters TRYGGVE LARSSEN zurück [87]. Für die Sicherung einer Uferwand waren 9 m lange Spundbohlen erforderlich. Mit der damals üblichen Ausführung in Holzbauweise war das Einbringen der Bohlen wegen der Eigenschaften des Baugrunds nicht möglich. LARSSEN ersetzte den Werkstoff Holz durch Stahl und entwickelte ein hutförmiges Walzprofil, das über kleine, angenietete, Z-förmige Profile mit den Nachbarprofilen verbunden werden konnte. Das „Eiserne Spundwand System Larssen" wurde patentiert und ist seit dieser Zeit weiterentwickelt und für verschiedenste Aufgaben im Spezialtiefbau eingesetzt worden. Es wird unter anderem für die Sicherung von Baugruben oder Geländesprüngen und die Abdichtung gegen Wasser eingesetzt. Etwa auf die Zeit zwischen 1914 und 1921 geht die Entwicklung der heutigen Form zurück. Die Spundbohlen werden seitdem mit Schloss aus einem Stück gewalzt. Eine besondere Form der Herstellung wasserundurchlässiger Stützwände ist das Einstellen von Spundwänden in vorgefertigte, mit Suspension gefüllte Schlitze. Wenig zweckmäßig ist der Einsatz von Stahlspundwänden bei hoher Korrosionsgefahr, z. B. tropischen Klimaverhältnissen, chemisch aggressiver Umgebung oder bei Sandschliff.

Die Herstellung von Spundwandbauwerken ist in DIN EN 12063 [6] geregelt. In den *Tabellen 5.1* bis *5.4* sind die Querschnittwerte und Eigengewichte vieler Profilarten dokumentiert.

Das Einbringen oder Ziehen der Spundbohlen kann durch Rammen oder Rüttler erfolgen. Für das Einbringen von Spundwänden stehen erschütterungsfreie und nicht erschütterungsfreie Verfahren zur Verfügung. Als nahezu erschütterungsfrei kann das Einpressen und Einstellen von Spundwänden angesehen werden, während beim Vibrieren und Schlagen mit Erschütterungen gerechnet werden muss [40, 53, 63, 73].

Schlagrammen: Freifall- und Explosionsbären eignen sich für mittelschwere bis schwere Rammungen in allen Böden, wobei das Haupteinsatzgebiet bindige Böden sind. Es ist mit Rammerschütterungen und Schallemission zu rechnen. Das Verhältnis des Gewichts des Fallbären zum Gewicht des Rammguts beträgt mindestens 1:1 bis 2:1. Die Masse des Fallgewichts kann bis zu 16 t betragen bei bis zu 60 Schlägen pro Minute. Schnellschlaghämmer schlagen mit 100

Tabelle 5.3 Kenngrößen für Profile von Larssen-Bohlen

Profil	Profil-	W_y	I_y	Gewicht		b	h	t	s
	typ	cm^3/m	cm^4/m	kg/m	kg/m^2	mm	mm	mm	mm
Larssen 600	e	510	3825	56,4	94	600	150	9,5	9,5
Larssen 600 K	e	540	4050	59,4	99	600	150	10,0	10,0
Larssen 601	e	745	11520	46,8	78	600	310	7,5	6,4
Larssen 602	e	830	12870	53,4	89	600	310	8,2	8,0
Larssen 603	e	1200	18600	64,8	108	600	310	9,7	8,2
Larssen 703	e	1210	24200	67,5	97	700	400	9,5	8,0
Larssen 603 K	e	1240	19220	68,1	113	600	310	10,0	9,0
Larssen 603 K/10/10	e	1260	19530	69,6	116	600	310	10,0	10,0
Larssen 703 K	e	1300	25950	72,1	103	700	400	10,0	9,0
Larssen 703 K/10/10	e	1340	26800	75,6	108	700	400	10,0	10,0
Larssen 604n	e	1600	30400	73,8	123	600	380	10	9,0
Larssen 43	e	1660	34900	83,0	166	500	420	12,0	12,0
Larssen 23	e	2000	42000	77,5	155	500	420	11,5	10,0
Larssen 755	e	2000	45000	95,6	127	750	450	11,7	10,0
Larssen 605	e	2020	42420	83,5	139	600	420	12,5	9,0
Larssen 605 K	e	2030	42630	86,7	144	600	420	12,2	10,0
Larssen 606n	e	2500	54375	94,2	157	600	435	14,4	9,2
Larssen 24	e	2500	52500	87,5	175	500	420	15,6	10,0
Larssen 24/12	e	2550	53610	92,7	185	500	420	15,6	12,0
Larssen 25	e	3040	63840	103,0	206	500	420	20,0	11,5
Larssen 607n	e	3200	72320	114,0	190	600	452	19,0	10,6
Larssen 430	e	6450	241800	83,0	235	708	750	12,0	12,0

bis 600 Schlägen/min (nichtbindige bis leicht bindige Böden). Zur Führung der Fallgewichte werden überwiegend Mäkler eingesetzt [53, 63, 73].

Vibrationsrammen: Vibrationsbären (siehe *Bild 5.17*) eignen sich besonders für Kiese und Sande mit runder Kornform sowie für leicht bindige Böden und breiige bis weiche Böden mit geringer Plastizität. Dieses Verfahren ist in bestimmten Fällen auch für gemischtkörnige Böden einsetzbar. Bei eckigen Kornformen, stark bindigen und trockenen Böden sowie Böden, die sich nicht umlagern, ist das Verfahren weniger geeignet. Es wird unterschieden in Mittelfrequenz-, Hochfrequenz- und Vibratoren mit regelbarer Frequenz. Das Einrütteln im Mittel- und Hochfrequenzbereich kann zu Schäden an der angrenzenden Bebauung führen, da diese Verfahren im Eigenfrequenzbereich des Bodens arbeiten bzw. dieser beim An- und Abschalten durchfahren wird. Das HFV-Verfahren mit variabler Frequenz ermöglicht ein resonanzfreies An- und Auslaufen des Vibrators. Während des Betriebs können die Frequenz- und Schwingweiteneinstellungen an die Baugrundsituation angepasst werden.

Spundwandpressen: Spundwandpressen bestehen aus einer Reihe von Hydraulikpressen, die auf den Einzelbohlen aufgesetzt werden. Die Bohlen werden durch den statischen Druck der Pressen geräuscharm und nahezu erschütterungsfrei eingedrückt. Für die Aufnahme der Re-

Tabelle 5.4 Kenngrößen für Profile von Spundwänden und Kanaldielen (Arcolor Commercial Spundwand Deutschland GmbH)

Profil	Profil-	W_y	I_y	Gewicht		b	h	t	s	A
	typ	cm³/m	cm⁴/m	kg/m	kg/m²	mm	mm	mm	mm	cm²/m
AZ 12	b	1200	18140	66,1	99	670	302	8,5	8,5	126
AZ 13	b	1300	19700	72,0	107	670	303	9,5	9,5	137
AZ 14	b	1400	21300	78,3	117	670	304	10,5	10,5	149
AU 14	e	1405	28680	77,9	104	750	408	10,0	8,3	132
AZ 17	b	1665	31580	68,4	109	630	379	8,5	8,5	138
AU 17	e	1665	34270	89,0	119	750	412	12,0	9,7	151
AU 16	e	1600	32850	86,3	115	750	411	11,5	9,3	147
AU 18	e	1780	39300	88,5	118	750	441	10,5	9,1	150
AZ 18	b	1800	34200	74,4	118	630	380	9,5	9,5	150
PU 18	e	1800	38650	76,9	128	600	430	11,2	9,0	163
AU 21	e	2075	46180	99,7	133	750	445	12,5	10,3	169
PU 22	e	2200	49460	86,1	144	600	450	12,1	9,5	183
AU 23	e	2270	50700	102,1	136	750	447	13,0	9,5	173
AZ 19	b	1940	36980	81,0	129	630	381	10,5	10,5	164
L 3 S	e	2000	40010	78,9	158	500	400	14,1	10,0	201
AU 25	e	2500	56240	110,4	147	750	450	14,5	10,2	188
AU 26	e	2580	58140	113,2	151	750	451	15,0	10,5	192
AZ 26	b	2600	55510	97,8	155	630	427	13,0	12,2	198
AZ 28	b	2755	58940	104,4	166	630	428	14,0	13,2	211
PU 28	e	2840	64460	101,8	170	600	454	15,2	10,1	216
PU 32	e	3200	72320	114,1	190	600	452	19,5	11,0	242
AZ 46	b	4595	110450	132,6	229	580	481	18,0	14,0	291
AZ 48	b	4800	115670	139,6	241	580	482	19,0	15,0	307
AZ 50	b	5015	121060	146,7	253	580	483	20,0	16,0	322

aktionskräfte werden die Pressen an bereits eingebrachten Spundbohlen befestigt. Zur Anwendung kommen freireitende, freischreitende und mäklergeführte Spundwandpressen. Die freireitende Spundwandpresse hat ein Eigengewicht von ca. 12 t. Die maximale Pressenkraft beträgt 3000 kN und der maximale Kolbenhub 80 cm. Als Widerlager dienen zu Beginn des Einpressvorgangs das Eigengewicht der Pressen und der Spundwandbohlen. Es können bis zu 8 Bohlen (U- und AZ-Bohlen) gleichzeitig eingepresst werden. Die freischreitende Spundwandpresse wird auf die Bohlen geklammert. Die Widerstandskraft wird durch die Ausnutzung der Mantelreibung der zuvor eingepressten Spundbohlen erzeugt. Das Gerät schreitet eigenständig auf der fertigen Wand jeweils um die Breite einer Einzelbohle weiter. Das Verfahren eignet sich für U-, Z- und AZ-Profile. Die maximale Pressenkraft beträgt 1300 kN. Auch die mäklergeführte Presse arbeitet nach dem Prinzip der freireitenden Presse. Sie wird für Leichtprofile, U- und Z-Bohlen eingesetzt. Die Konstruktion ist leichter (5 t) als die der freireitenden Presse und muss zusätzlich über einen Mäkler vorgespannt werden. Als Reaktionskräfte wirken das

Gewicht des Mäklers und ein Teil des Trägergeräts. Generell ist das Einpressen von Spundwänden gut geeignet bei nichtbindigen Böden, die locker bis mitteldicht gelagert sind und bei bindigen Böden mit weicher bis halbfester Konsistenz. Als nicht geeignet gelten sehr dicht gelagerte, nicht bindige Böden und dicht gelagerte Böden mit Steineanteil.

Einstellverfahren: Das Einstellverfahren kann in fast jedem Boden angewendet werden. Zur Auswahl steht das Einstellen in eine Schlitzwand, in eine Mixed-in-Place-Wand oder in Hochdruckinjektionssäulen. Vorteil dieser Verfahren sind das unproblematische Einbringen der Spundwandbohlen, große erreichbare Tiefen und eine hohe Dichtheit der Wand.

Bei ungünstigen Baugrundverhältnissen, die schwere bis schwerste Rammungen vermuten lassen, ist der Einsatz von Rammhilfen erforderlich. Dadurch wird die Wirtschaftlichkeit gesteigert und eine Beschädigung und Überlastung der Rammgeräte und der Spundbohlen vermieden.

Lockerungssprengungen: Bei stark verdichteten Böden, Tonstein bis zu Granit können Spundwände nur durch Lockersprengungen eingebracht werden, sofern Fußverbreiterungen oder die Verwendung schwerer Rammbären nicht das Erreichen der erforderlichen Rammtiefe sicherstellen. Zur Vorbereitung werden in der Spundwandachse im Abstand von 0,6 bis 0,8 m Bohrlöcher (d=60-120 mm) hergestellt. Es werden jeweils 2 bis 6 Bohrungen nacheinander gesprengt, sodass ein schmaler aufgelockerter Graben entsteht. Während die Bohlen eingerammt werden, verdichtet sich der aufgelockerte Felsboden wieder [51, 73].

Bild 5.16 Spundwandbohlen vor dem Einbau

Bild 5.17 Vibrationsramme an einem Mäkler

Lockerungsbohrungen: Bei schwer bis schwerst zu rammenden Böden kann der Boden mittels Bohrungen aufgelockert werden. Die Bohrlöcher mit Durchmessern von 20-75 cm werden in der Achse der Spundwand aufgelöst angeordnet. Zur Gewährleistung der Standsicherheit sollte die Bohrung 1 m über dem Bohlenfuß enden. Das Verfahren eignet sich bei allen nicht bindigen und bindigen Böden ohne Hindernisse.

Bodenaustauschbohrungen: In der Achse der Spundwand werden überschnittene Bohrungen mit einem Durchmesser von 60 cm bis 120 cm abgeteuft und anschließend mit Bodenmaterial verfüllt, das das Einrütteln oder Einpressen der Spundbohlen erlaubt. Das Verfahren wird eingesetzt, wenn mit Hindernissen zu rechnen ist. Bei der Herstellung der Bohrungen gelten dieselben konstruktiven Grundsätze wie bei den Lockerungsbohrungen.

Niederdruckspülen: Mittels Spülhilfen wird der Eindringwiderstand am Bohlenfuß verringert. Je Doppelbohle werden 4 Spüllanzen mit einem Durchmesser von 3/4" bis 1" verwendet. Der Druck der Spülflüssigkeit beträgt 5 bis 20 bar bei einem Spülmittelverbrauch von bis zu 1000 l/min. Die Spundwandbohlen werden beim Einbringen auf und ab bewegt. Das Spülen wird 1 m vor Erreichen der geforderten Rammtiefe zur Sicherung der Standsicherheit im Fußbereich eingestellt. Die Anwendung setzt voraus, dass im Baugrund nicht mit Hindernissen zu rechnen ist. Es eignet sich besonders für nichtbindige, dicht-gelagerte Böden.

Hochdruck-Vorschneid-Technik (HVT): Beim Hochdruckspülen wird mit zwei Spüllanzen je Doppelbohle gearbeitet. Aufgrund des kleinen Austrittsdurchmessers (1,2 bis 1,8 mm) liegt der Wasserbedarf bei 30 bis 60 l/min je Düse bei einem Spüldruck von 250 bis 500 bar. Die Hochdruck-Vorschneid-Technik erlaubt das Einbringen von Spundbohlen in wechselhaft feste Böden. Besonders geeignet ist sie bei festgelagerten, hochvorbelasteten bindigen Böden (z. B. Schluff- und Tongestein, mürber Sandstein). Eine wirtschaftliche Anwendung wird nur erreicht, wenn der Bauablauf auf das Wiedergewinnen der Spüllanzen abgestellt wird. Hierbei werden die Lanzen in Rohrschellen geführt, die auf der Bohle aufgeschweißt sind. Die Spülköpfe werden an der Spundbohle so befestigt, dass die Düse ca. 5 bis 10 mm über der Bohlenunterkante liegt.

Bild 5.18 Spundwände im Baustelleneinsatz

Als Ziehgeräte kommen vor allem Vibrationsbären, Hydraulikpressen und Schnellschlagbären zum Einsatz, wobei die Schlag- oder Pressrichtung nach oben gerichtet ist. Die Vibrations- oder Schnellschlagbären werden entweder an einem Teleskopmäkler nach oben gezogen oder frei an ein Hebezeug gehängt. Zum Ziehen von Spundwandbohlen werden die Vibrationsbären meist an einen Autokran gehängt. In Abhängigkeit der vorhandenden Rammtiefe, der Art des Rammens (leicht, mittelschwer, schwer, sehr schwer) und dem Bohlengewicht wird das Gerät ausgewählt. Das eingesetzte Hebezeug bestimmt die maximale Zugkraft. Hochfrequenz-Baggeranbauvibratoren und Hochfrequenz-Mäklerhochkantvibratoren, die an Baggern befestigt werden, erreichen Zugkräfte bis max. 180 kN [40]. Mit Autokranen sind Zugkräfte bis ca. 1200 kN möglich. Zur Vermeidung von Bauschäden ist in bebauten Gebieten ein HFV-Vibrator zu verwenden. Mit Spundwandpressen ist das erschütterungsfreie Ziehen von Spundwandbohlen möglich. Die maximale Zugrkraft wird von der Leistung der Hydraulikzylinder bestimmt.

Das Ziehen wird erleichtert, wenn Doppelbohlen bei der Rammung eingesetzt worden sind. Mittels der Rammprotokolle wird als Startpunkt des Ziehvorgangs die Doppelbohle gewählt, die den geringsten Widerstand beim Einbringen aufwies. Dies können auch Doppelbohlen sein, die mittels besonderer Maßnahmen eingebracht wurden (Spülhilfe, Auflockerungsbohrungen mit/ohne Bodenersatz). Nach der Festlegung des Startpunkts wird die erste Doppelbohle mit einer Doppelzange gezogen. Gegenüber dem Einrütteln der Doppelbohle wird um eine Einzelbohle versetzt gearbeitet. Damit wird erreicht, dass sich die Bohlen nicht in den beim Rammen benutzten Schlössern lösen müssen. Die Schlösser, in denen die Bohlen paarweise im Werk zusammengezogen worden sind, weisen eine geringere Reibung auf, da beim Rammen keine die Verkrustung fördernden Bodenteilchen eindringen. Sitzen Bohlen im Untergrund fest, lassen sie sich eventuell durch einige Schläge mit dem Rammhammer lockern. Falls dies nicht möglich ist, kann versucht werden, eine Einzelbohle zu ziehen.

Es ist u. U. erforderlich, die Startbohle im Kopfbereich zu verstärken. Dies sollte bei allen Bohlen in Betracht gezogen werden, bei denen aufgrund der Angaben auf den Rüttelprotokollen mit großen Zugkräften zu rechnen ist. Das Verfüllen des beim Ziehen entstehenden Schlitzes mittels Spüllanzen beugt Verformungen infolge von Auflockerungen vor.

Ein nahezu erschütterungsfreies Ziehen ist mittels Pressen möglich. Die zu erwartenden Zugkräfte erlauben den Einsatz dieser Technik. Allerdings ist der Ablauf des Ziehvorgangs sehr kompliziert, zeitaufwendig und störanfällig, da die Bohlen jeweils nur um den Betrag des Pressenhubwegs angehoben werden können.

Tabelle 5.5 Erfahrungswerte für den Mantelwiderstand beim Ziehen von Spundbohlen

Bodenart		Mantelwiderstand r_S in kN/m^2
Sand und Kies	locker bis mitteldicht	10-16
	dicht bis sehr dicht	15-28
bindige Böden und schluffige Böden	weich	3-8
	steif	6-12
	halbfest bis fest	12-20
	sehr hart	>20

Die maximale Zugkraft lässt sich näherungsweise berechnen [37], wobei neben Gewichtsangaben vor allem die Abschätzung der Reibung zwischen Spundbohle und Erdreich – der eigentliche Herausziehwiderstand – großen Einfluss auf das Ergebnis hat (siehe *Gl. 5.1*). Für die Mantelreibung ist bei einem dichten bis sehr dichten Sand bzw. Kies (*Tabelle 5.5*) mit Werten von 15–28 kN/m^2 zu rechnen [73], [40]. Der Widerstand gegen das Herausziehen der Bohlen nimmt mit zunehmender Standzeit durch die Korrosion und das Zusetzen der Schlösser zu [89]. Die erforderliche Herausziehkraft F_{Zug} ergibt sich aus dem Eigengewicht der Spundwand G_{SPW}, dem Eigengewicht des Vibrators G_V und dem Herausziehwiderstand im Mantelbereich.

$$F_{Zug} = G_V + G_{SPW} + \frac{r_S A}{x} \tag{5.1}$$

Beim Ziehen mit einem Vibrationsbär wird die Mantel- und Schlossreibung auf 1/3 bis 1/10 reduziert [73], [40]. Dieser Einfluss wird durch den Quotienten x berücksichtigt, der Werte zwischen 1 (voller Verbund) und ca. 10 (geringe Reibung) annehmen kann. Zusätzlich ist der Einsatz der HVT möglich, sofern die Spüllanzen noch nicht wiedergewonnen worden und für das Spülen offen sind.

Spundwände können wasserdicht durch Einlegen von Dichtungen in die Fugen hergestellt werden. Sie sind relativ biegeweich, sodass Horizontalverformungen des angrenzenden Bodens zu beachten sind. Durch Steifen und Anker ist eine Begrenzung der Verschiebungen möglich. Bei Annäherung an bestehende Bauwerke sind verformungsarme Bauweisen zu bevorzugen. Dies sind z. B. Bohrpfahl-, Schlitz- oder Injektionswände.

Vorbemessung durchgehender Stützwände mit Faustformeln: Die meisten Erfahrungen bei der Dimensionierung von durchgehenden Stützwänden existieren für die Spundwandbauweise. Mit den im Folgenden zusammengestellten Angaben ist die Abschätzung der Einbindetiefen und Bemessungsmomente von ungestützten oder einfach gestützten, durchgehenden Stützwänden möglich.

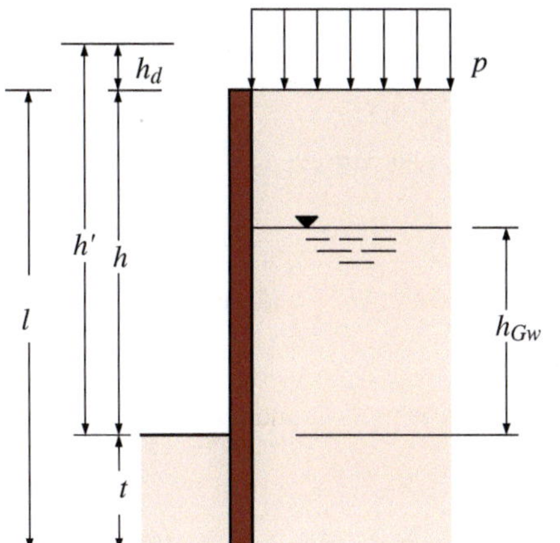

Bild 5.19 Geometrische Verhältnisse bei unverankerten Spundwänden

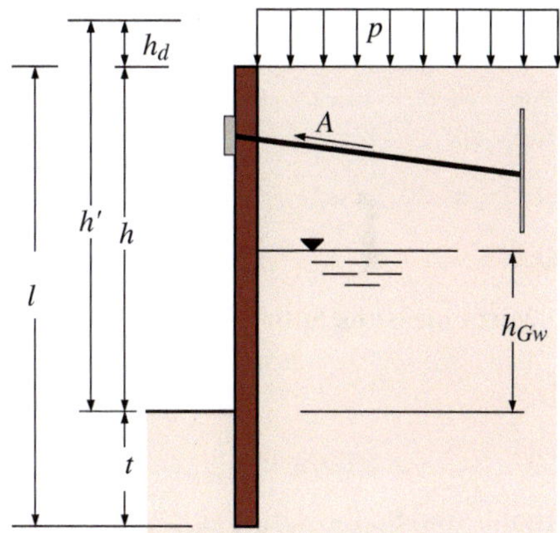

Bild 5.20 Geometrische Verhältnisse bei einfach gestützten Spundwänden

In den Faustformeln wird zur Berücksichtigung der Auflast eine rechnerische Ersatzhöhe $h' = h + p/\gamma$ benutzt. Die erforderliche Bohlenlänge l ergibt sich aus der Höhe des Geländesprungs h und der erforderlichen Einbindetiefe t zu $l = h + t$ mit den Bezeichnungen gemäß *Bild 5.19* und *Bild 5.20*. Alle Längen sind in m einzusetzen.

Faustformeln – unverankerter Spundwände

Boden	Grundwasser	Biegemoment	Einbindetiefe
	h_{Gw} bei	max. M [kNm/m]	t [m]
Schluff	-	$2{,}4h'^3$	$1{,}35h'$
	$0{,}5h$	$4{,}0h'^3$	$1{,}7h'$
	h	$8{,}8h'^3$	$2{,}25h'$
Sand, locker	-	$1{,}7h'^3$	h'
	$0{,}5h$	$3{,}0h'^3$	$1{,}22h'$
	h	$6{,}8h'^3$	$1{,}7h'$
Sand, mitteldicht	-	$1{,}4h'^3$	$0{,}83h'$
	$0{,}5h$	$2{,}4h'^3$	$1{,}05h'$
	h	$5{,}7h'^3$	$1{,}42h'$

Faustformeln – verankerter Spundwände

Boden	Grundwasser	Biegemoment	Einbindetiefe	Ankerkraft
	h_{Gw} bei	M [kNm/m]	t [m]	A [kN/m]
Schluff	-	$0{,}76h'^3$	$0{,}53h'$	$1{,}54h'^2$
	$0{,}5h$	$1{,}34h'^3$	$0{,}7h'$	$2{,}3h'^2$
	h	$2{,}6h'^3$	$0{,}92h'$	$4{,}5h'^2$
Sand, locker	-	$0{,}58h'^3$	$0{,}38h'$	$1{,}24h'^2$
	$0{,}5h$	$1{,}03h'^3$	$0{,}52h'$	$1{,}9h'^2$
	h	$2{,}1h'^3$	$0{,}69h'$	$4{,}0h'^2$
Sand, mitteldicht	-	$0{,}49h'^3$	$0{,}3h'$	$1{,}09h'2$
	$0{,}5h$	$0{,}86h'^3$	$0{,}42h'$	$1{,}65h'^2$
	h	$1{,}8h'^3$	$0{,}56h'$	$3{,}6h'^2$

Übung 5.2

Vorbemessung Spundwand

http://www.zaft.htw-dresden.de/grundbau

5.2.2.3 Bohrpfahlwände

Trägerbohl- und Spundwände sind relativ biegeweiche Bauweisen. Eine Begrenzung der Verformungen ist hier in bestimmtem Umfang durch Erhöhung der Anzahl der Stützungen (Anker, Steifen) möglich. Durch die Nutzung von Stahlbeton lassen sich unterirdische Wände mit größerer Steifigkeit (Trägheitsmoment, E-Modul) herstellen, die für große Erddrucklasten geeignet sind. Die Bohrpfahltechnologie bietet alle Voraussetzungen für die Herstellung von unterirdischen Säulen aus Beton oder Stahlbeton. Werden diese Betonpfähle dicht genug nebeneinander angeordnet, entsteht eine Bohrpfahlwand.

Als aufgelöste Bohrpfahlwände bezeichnet man Bauweisen, bei denen zwischen den einzelnen Pfählen ein Zwischenraum bleibt. Jeder Pfahl wird bei dieser Bauweise mit Bewehrung

Bild 5.21 Überschnittene Bohrpfahlwand

Bild 5.22 Verrohrung und Bohrschablone

hergestellt. Der Boden muss ausreichend standsicher sein und es darf kein Grundwasser im Bereich der Wand auftreten. Auch bei tangierenden Bohrpfahlwänden, bei denen die Pfähle sich berühren, aber keine wasserdichte Wand bilden, wird jeder Pfahl bewehrt hergestellt. Bei sorgfältiger Ausführung lassen sich die Bodenbewegungen hinter der Wand auf ein Minimum begrenzen.

Bild 5.23 Herstellung der Bohrschablone für eine überschnittene Bohrpfahlwand

Nur die überschnittenen Bohrpfahlwände (siehe *Bild 5.21*) sind nahezu wasserundurchlässig. Es werden zuerst unbewehrte Bohrpfähle hergestellt, deren Achsabstand etwas geringer als der Pfahldurchmesser ist. Anschließend erfolgt die Herstellung der dazwischenliegenden, bewehrten Pfähle durch Überbohren. Die Verankerung erfolgt i. Allg. in den unbewehrten Pfählen.

Wesentliche Vorteile der Bohrpfahlwände liegen in der flexiblen Auswahl der Bohrwerkzeuge in Abhängigkeit von den Untergrundverhältnissen und der problemlosen Anpassung an beliebige Grundrisse. Bei hoher Anforderung an die Wasserdichtigkeit haben Bohrpfahlwände den Nachteil, dass sie wesentlich mehr Fugen aufweisen. Zur Baustelleneinrichtung gehört die Herstellung von Bohrschablonen und das Vorhalten der Verrohrung. Bohrschablonen (siehe

Bilder 5.22 und *5.23*) zur Gewährleistung der richtigen Lage der Bohrpfähle bestehen meistens aus ca. 0,5 m dickem Ortbeton.

Bohrpfahlwände können mit durchgehend gleicher Einbindetiefe (Lastabtragung im Bereich des Erdauflagers wie bei Spundwänden) oder mit tiefer einbindenden Pfählen ausgeführt werden. Die Bemessung erfolgt sinngemäß wie bei Spund- oder Trägerbohlwänden (siehe *Abschnitt 5.2.2.2*).

5.2.2.4 Schlitzwände

Schlitzwände werden als unterirdische Stahlbetonwände an Ort und Stelle betoniert. Dazu wird zunächst ein üblicherweise ca. 0,6 bis 1,2 m dicker Schlitz ausgehoben, zur Gewährleistung der Standsicherheit mit einer Suspension gefüllt und nach dem Einbringen der Bewehrung von unten nach oben ausbetoniert bei gleichzeitigem Verdrängen und Abpumpen der Suspension.

Bild 5.24 Schlitzwandgreifer

Bild 5.25 Betonieren einer Schlitzwandlamelle

Die Herstellung erfolgt in einzelnen Lamellen, die zu den jeweils angrenzenden Lamellen durch geeignete Absperrelemente abgrenzt sind (siehe *Bilder 5.24* und *5.25*). Der Herstellungsvorgang ist der Bohrpfahltechnologie sehr ähnlich. Nicht kreisförmige, pfahlartige Elemente werden auch als *Barrettes* bezeichnet (siehe *Abschnitt 4.1*).

Schlitzwände besitzen aufgrund des durchgängigen Rechteckquerschnitts ein größeres Trägheitsmoment als Bohrpfahlwände gleicher Dicke und können wegen der Bewehrung des gesamten Querschnitts größere Biegebeanspruchungen aufnehmen. Bei überschnittenen Bohrpfahlwänden ist nur jeder zweite Pfahl bewehrt und bei tangierenden Bohrpfahlwänden ist das Trägheitsmoment geringer. Die Herstellungskosten je Quadratmeter Wand sind für vergleichbare Randbedingungen bei Bohrpfahlwänden höher als bei Schlitzwänden, da der zeitliche und technische Aufwand für den Aushub größer ist. Dafür sind bei Schlitzwänden die Aufwendungen für die Baustelleneinrichtung und die Aufbereitung der Stützsuspension sehr groß, sodass der Einsatz dieser Bauweise meist nur bei größeren Baumaßnahmen wirtschaftlich ist.

Schlitzwände sind wie Spundwände durchgängige Bauwerke mit einheitlicher Einbindetiefe. Der Aushub erfolgt bei Lockergesteinen mittels Greifern und bei Festgestein oder schwer lösbaren Böden mit Fräsen. Beim Aushub mit Fräsen sind Schlitzdicken von bis zu 3 m hergestellt worden. Zur Stützung wird eine thixotrope Suspension verwendet. Das sind Flüssigkeiten, die im Ruhezustand ähnliche Eigenschaften wie ein Gel annehmen und bei Scherbeanspruchung, z. B. infolge des Eintauchens des Bewehrungskorbs, wieder verflüssigen. Üblich ist die Verwendung von Bentonit oder polymer modifizierten Tonen. Die Suspension hat eine größere Dichte als Wasser und erzeugt damit einen hydrostatischen Überdruck. Durch die größere Zähigkeit fließt die Suspension aber nicht in den durchlässigen Boden ab, sondern bildet einen stabilisierenden Filterkuchen im Kontaktbereich zwischen Suspension und Boden. Dies gilt allerdings nicht mehr in sehr stark durchlässigen Böden, z. B. Kiesen.

Für die Aufbereitung der Suspension, insbesondere die Trennung von Aushub und Suspension, ist eine aufwendige Baustelleneinrichtung erforderlich. Außerdem ist die Herstellung einer Leitwand zur Gewährleistung der Führung des Seilgreifers oder der Fräse erforderlich. Dies lässt sich z. B. durch eine ca. 1,5 m hohe und ca. 0,2 m dicke Winkelstützwand erreichen, die auf der Geländeoberfläche aufgestellt oder betoniert wird. Für die Vorbemessung können die Faustformeln nach *Abschnitt 5.2.2.2* benutzt werden. Bei der Ausführung sind die entsprechenden Regelwerke zu beachten. Dies betrifft:

- DIN EN 1538 [14]: Schlitzwände
- DIN 4126 [33]: Ortbeton-Schlitzwände, Konstruktion und Ausführung
- DIN 4127 [34]: Schlitzwandtone für stützende Flüssigkeiten
- DIN 18313 [16]: Schlitzwandarbeiten

5.2.2.5 Injektionswände

Durch das Einmischen oder Einpressen von Bindemitteln lässt sich der Untergrund gezielt verfestigen. Dabei sind Injektionsgut und Injektionsdruck so auf die Untergrundverhältnisse abzustimmen, dass die Verfestigung auf den vorgesehenen Bereich begrenzt bleibt und die geforderte Festigkeit erreicht wird. Man unterscheidet klassische Injektionen, bei denen das Injektionsgut in die Porenräume mit einem Druck von ca. 30 bar eingepresst wird und die Hochdruckinjektion, bei der der Boden mit dem Bindemittel bei Drücken um 600 bar durchmischt wird (siehe *Abschnitt 9.2.4.2*).

Zur Herstellung von Stützwänden werden diese Injektionstechniken vor allem dann eingesetzt, wenn Baugruben bis unmittelbar an bestehende Gebäude heranreichen (Unterfangungsinjektion). Das Tragverhalten entspricht weitestgehend dem von Schwergewichtsstützmauern. Injektionen können auch als Abdichtungshilfe bei anderen Verbauarten oder Stützwandbauweisen eingesetzt werden.

Eine besondere Form von Injektionswänden sind Wände, die vorrangig die Funktion einer Dichtung übernehmen. Bei der Schmalwandbauweise werden spezielle Profile in den Untergrund eingerüttelt, die durch Verdrängung einen Hohlraum schaffen und beim Absenken und Ziehen diesen mit einer Suspension füllen. Es entsteht eine 6 bis 8 cm dicke Wand, wobei die Suspension teilweise den angrenzenden Porenraum mit ausfüllt. Die einzelnen Lamellen überlappen sich ca. 15 bis 20 cm, sodass eine durchgehende Wand entsteht.

5.3 Nachweise

5.3.1 Verbundbauweise

Bei Stützwänden nach dem Prinzip der Verbundbauweise ist nachzuweisen, dass ein ausreichend großer Verbundkörper durch die Konstruktion erzeugt wird, der in der Lage ist, die Einwirkungen aufzunehmen und unter Berücksichtigung des Eigengewichts sicherstellt, dass die Resultierende in der Aufstandsfläche nicht zum Kippen führt. Außerdem muss die Gründung dieses Verbundkörpers so beschaffen sein, dass die Beanspruchungen vom Untergrund aufgenommen werden können. Wenn der Untergrund unter dem Stützbauwerk ausreichend tragfähig ist, kann die Gründung als Flächengründung ausgeführt werden. Es sind dann die Nachweise gegen Kippen, Gleiten, Grundbruch und der Begrenzung der zulässigen Verformungen zu führen. Andernfalls müssen Bodenverbesserungen oder Tiefgründungen, z. B. als Pfahlgründungen, eingesetzt werden. Bei Pfahlrostgründungen ergeben sich die Pfahlkräfte aus der resultierenden Belastung in der Fuge zwischen Verbundkörper und Pfahlrost. Zum Nachweis der äußeren Standsicherheit ist die Gründung wie ein Streifenfundament zu behandeln. Neben den Nachweisen für die Grenzzustände GEO-2/STR ist der Geländebruchnachweis im Grenzzustand GEO-3 zu führen. Bei Verbundkonstruktionen ist nachzuweisen, dass die Kräfte von der Bewehrung in den Baugrund übertragen werden können und die Bewehrung nicht reißt. Für die Berechnung der Einwirkungen und den Nachweis der inneren Standsicherheit sind bauwerksabhängig spezielle Untersuchungen erforderlich.

Übung 5.3

Nachweise Schwergewichtsmauer

http://www.zaft.htw-dresden.de/grundbau

5.3.1.1 Winkelstützmauern

Bei Winkelstützmauern sind zunächst die Beanspruchungen in der Sohle der Mauer zu ermitteln. Für den Nachweis der Tragfähigkeit der Gründung wird von einer Horizontalverformung ausgegangen, die zur Mobilisierung des aktiven Erddrucks führt. Die Nachweise zur Übertragung der Kräfte in den Untergrund werden wie bei Streifenfundamenten (Gleiten, Grundbruch, Kippen) oder wie bei Pfahlgründungen geführt.

Der Verbundkörper besteht bei Winkelstützmauern aus dem Massivbauelement und dem Teil des auf dem horizontalen Schenkel aufliegenden Bodens, der bei einer Horizontalverschiebung des Winkelstützmauer liegen bleibt. Es bildet sich ein Bodenkeil, der durch eine ebene Gegengleitfläche begrenzt wird. Ist diese Gegengleitfläche so steil geneigt, dass sie die Geländeoberfläche schneidet, dann darf der Bodenblock durch einen senkrechten Schnitt entlang des hinteren Endpunkts des Horizontalschenkels begrenzt werden. Der auflagernde Bodenkeil ist mit seiner wirklichen Geometrie anzusetzen, wenn diese Gegengleitfläche im Bereich des senkrechten Schenkels endet. Zur Berechnung der Schnittkräfte für die Stahlbetonbemessung ist ein höherer Erddruck als der aktive Erddruck anzusetzen. Es darf für die Ermittlung der Schnittkräfte im Bereich des Horizontalschenkels von einer geradlinigen Sohlspannungsverteilung (Spannungstrapezverfahren) ausgegangen werden.

Erddruckansatz für den Nachweis der Gründung: Der Grenzzustand der Tragfähigkeit ist bei Winkelstützmauern mit großen horizontalen Verschiebungen (Gleiten) oder großen Verdrehungen (Kippen, Grundbruch) in Richtung vom Geländesprung weg verbunden. Die Geometrie des auf dem Horizontalschenkel verbleibenden Erdkeils kann durch die Neigung der Gegengleitfläche ϑ'_a gemäß *Bild 5.26* beschrieben werden.

$$\vartheta_a = \frac{1}{2}\left[\arccos\left(\frac{\sin\beta}{\sin\varphi}\right)+\varphi+\beta\right]$$

$$\vartheta'_a = 90^\circ+\varphi-\vartheta_a$$

Wegen der Annahme relativ großer Verschiebungen vom Erdreich weg wird für diesen Zustand von der Ausbildung des aktiven Erddrucks ausgegangen. Sind diese Verschiebungen durch eine unnachgiebige Gründung nicht möglich (z. B. Felsuntergrund), dann ist der Erdruhedruck E_0 mit $\delta_0 = \beta$ an der lotrechten Ersatzfläche nach Fall 2b anzusetzen.

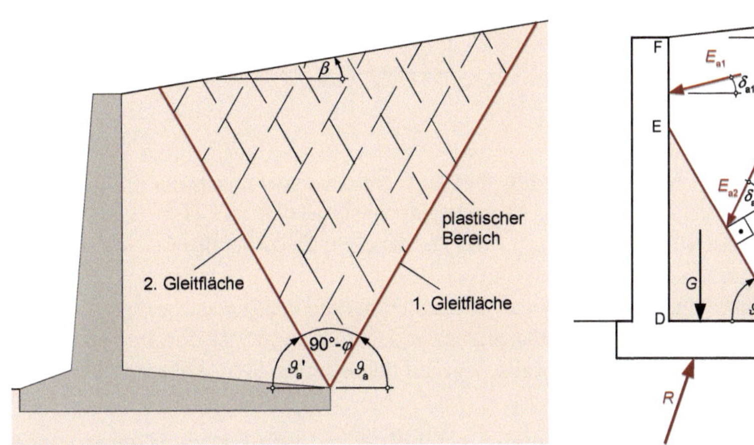

Bild 5.26 Gleitflächen hinter Winkelstützmauern

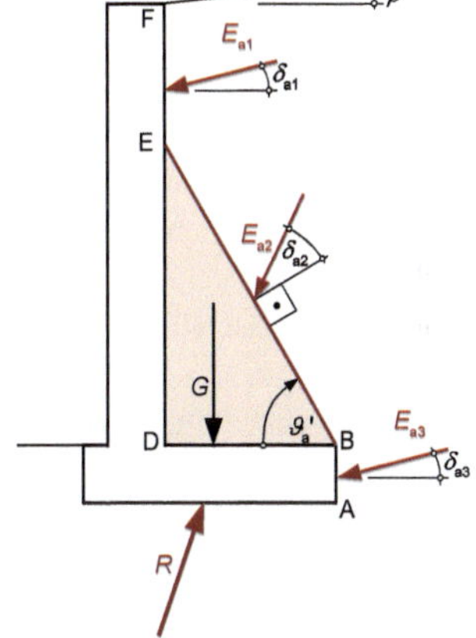

Bild 5.27 Kräfte am Gleitkörper, Fall 1

Fall 1: Die 1. Gleitfläche schneidet den Vertikalschenkel.

Es ist in diesem Fall (siehe *Bild 5.27*) der aktive Erddruck auf eine gedachte Mauerrückseite anzusetzen, die von der Betonoberfläche des Horizontalschenkels am hinteren Ende gebildet wird, anschließend durch das Erdreich entlang der Gegengleitfläche verläuft und im Bereich des senkrechten Schenkels der Winkelstützmauer endet. Der Erddruckneigungswinkel in der Kontaktfläche Beton-Boden wird wie bei Fertigteilen üblich mit $2/3\,\varphi$ angesetzt.

$$\delta_{a1} = \delta_{a3} = \frac{2}{3}\varphi$$

$$\delta_{a2} = \varphi$$

In dem Teil der Gleitfläche, der durch den Boden verläuft, ist mit einem Erddruckneigungswinkel von $\delta_a = \varphi$ zu rechnen.

Fall 2: Die Gleitfläche kann sich vollständig im Erdreich ausbilden.

In *Bild 5.28* ist die Verbundwirkung einer Winkelstützmauer dargestellt, bei der die Gegengleitfläche nicht den senkrechten Schenkel der Stützmauer erreicht (Fall 2a). Eine mechanisch gleichwertige Vereinfachung erhält man, wenn die geneigte Gegengleitfläche durch eine senkrechte Gleitfläche ersetzt wird, die durch den hinteren Endpunkt des Horizontalschenkels verläuft. In *Bild 5.29* ist das als Fall 2b bezeichnete vereinfachte Rechenmodell dargestellt. Es wird der Erddruck auf den senkrechten Schnitt ermittelt. Die Vereinfachungen nach *Bild 5.29* sind möglich, wenn keine begrenzten Oberflächenlasten auftreten und kein gebrochener Geländeverlauf vorliegt.

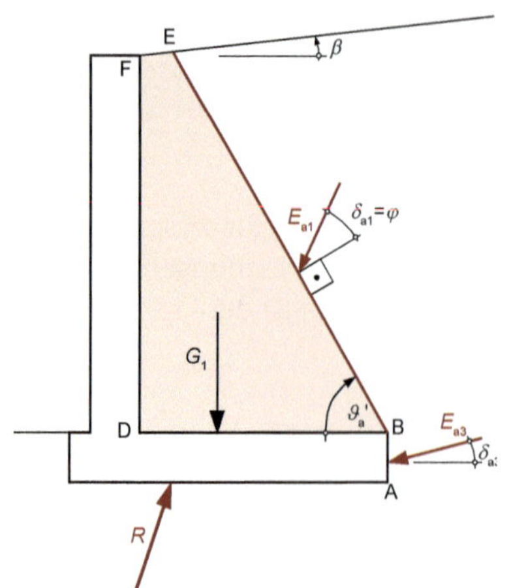

Bild 5.28 Kräfte bei Ansatz des Erddrucks auf die 1. Gleitfläche, Fall 2a

G_1 : Eigengewicht Erdkörper BDFE

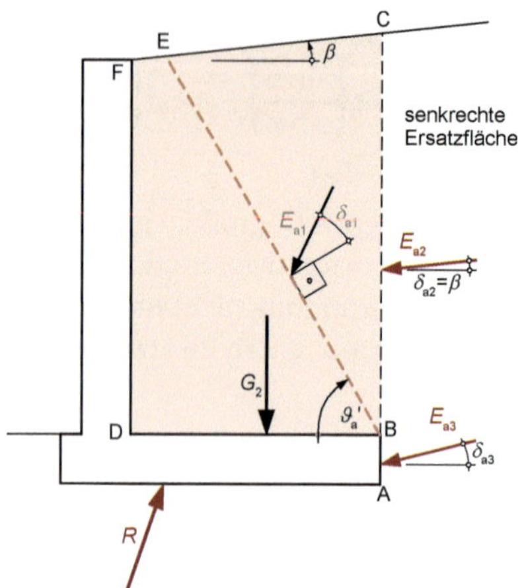

Bild 5.29 Vereinfachter Ansatz der Kräfte auf eine senkrechte Ersatzfläche, Fall 2b

G_2 : Eigengewicht Erdkörper BDFC

Im Bereich der Kontaktfläche zwischen Beton und Boden ist die Erddruckneigung normalerweise wie bei Betonfertigteilen mit $\delta_a = 2/3\varphi$ anzusetzen. Näherungsweise darf im Fall 2b von $\delta_{a3} = \beta$ ausgegangen werden. Diese Annahme liegt auf der sicheren Seite, solange die Bedingung $\beta \leq 2/3\varphi$ eingehalten wird.

Erddruckansatz für den Nachweis der Bauteilquerschnitte: Im Gegensatz zum Grenzzustand der Tragfähigkeit sind die Verformungen im Gebrauchszustand auf ein Maß zu begrenzen, das die volle Nutzung des Bauwerks sicherstellt. Der senkrechte Schenkel der Winkelstützmauer ist als Teil der Massivbaukonstruktion mit dem horizontalen Schenkel verbunden. Dadurch werden die Verformungen konstruktiv eingeschränkt. Der aktive Erddruck kann sich i. Allg. nicht vollständig ausbilden. Teilweise ist mit dem Erdruhedruck und bei lagenweiser Verdichtung des Hinterfüllmaterials in den oberen Lagen auch mit dem Verdichtungserddruck zu rechnen.

Für die Bemessung des Stahlbetonelements sollte im Regelfall mit einem erhöhten aktiven Erddruck gerechnet werden (siehe *Bild 5.30*). Der Erddruckbeiwert für diese Berechnung wird hier mit K_{a0h} bezeichnet.

$$K_{a0h} = \frac{1}{2}\left(K_{ah} + K_{0h}\right) \qquad (5.2)$$

Wurde aufgrund unnachgiebigen Untergrunds der Nachweis der Gründung mit dem Erdruhedruck geführt, so ist für die Bemessung ebenfalls der Erdruhedruck mit $\delta_0 = \beta$ anzusetzen.

Übung 5.4

Berechnung Winkelstützmauer

http://www.zaft.htw-dresden.de/grundbau

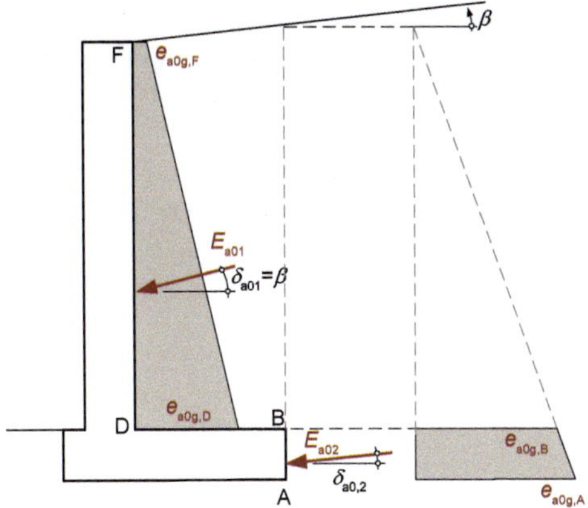

Bild 5.30 Erddruck zur Bemessung der Stahlbetonbauteile der Winkelstützmauer

$E_{a0,1}$: Erddruckkraft auf Fläche DF

$E_{a0,2}$: Erddruckkraft auf Fläche AB

5.3.1.2 Bodenvernagelung

Vernagelte Wände (Bodenvernagelungen) sind Verbundkonstruktionen, die aus dem anstehenden Boden bzw. Fels, den stabförmigen, nicht vorgespannten Zuggliedern (Boden- bzw. Felsnägel) und einer Oberflächensicherung (i. d. R. bewehrter Spritzbeton) bestehen. Bei ausreichender Nageldichte verhält sich der Verbundkörper nahezu wie ein monolithischer Block. Neben der DIN EN 14490 [11] ist die für das jeweilige System gültige allgemeine bauaufsichtliche Zulassung des Deutschen Instituts für Bautechnik zu beachten.

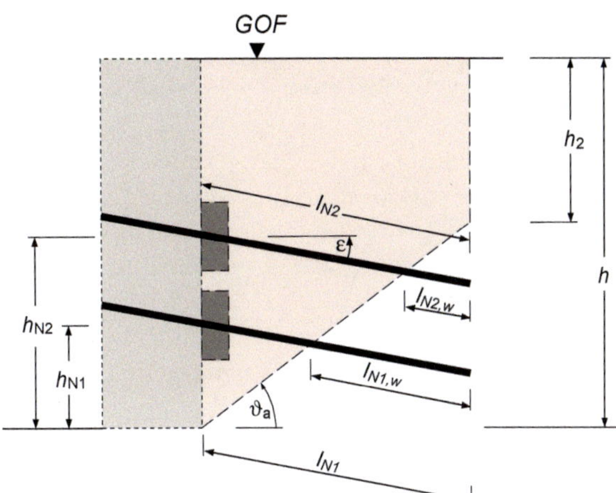

Bild 5.31 Bodenvernagelung zur Entlastung einer Stützmauer

Bei Nagelwänden sind zum Nachweis der Tragfähigkeit die maßgebenden Bruchmechanismen im Boden im Grenzzustand GEO-3 zu untersuchen, wobei die Prüfgleitflächen komplett oder teilweise durch den vernagelten Bereich verlaufen können (siehe *Bilder 5.31* und *5.32*). Eine Verkehrslast P darf nur angesetzt werden, wenn diese nicht die Sicherheit erhöht. Die Bemessungsbeanspruchung eines Nagels ergibt sich entweder aus der Defizitkraft $E_{N,1}$ die zur Sicherung des Kräftegleichgewichts im Grenzzustand GEO-3 erforderlich ist, oder aus der Bemessungseinwirkung auf die Außenhaut $E_{N,2}$, die über die mitwirkende Fläche den einzelnen Nägeln zugeordnet wird. Der größere Wert ist maßgebend.

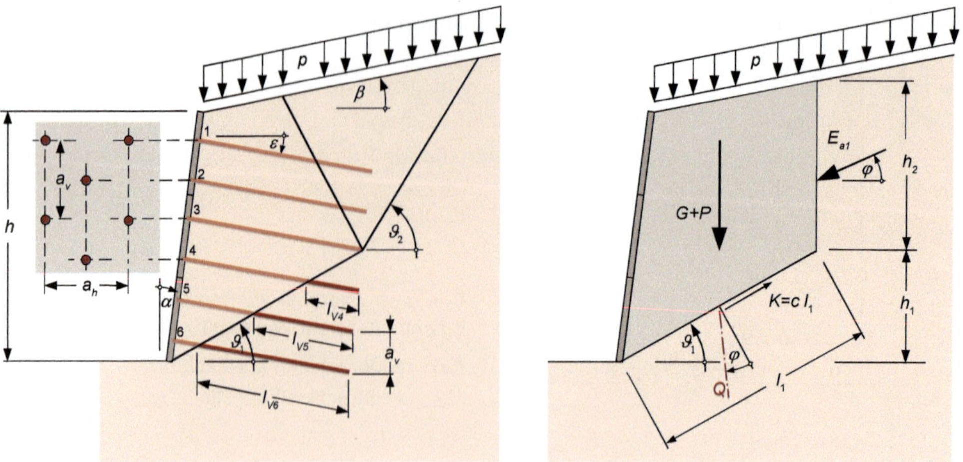

Bild 5.32 Querschnitt einer Nagelwand mit Nagelbild (links) und Zwei-Körper-Bruchmechanismus (rechts)

Die Berechnung ist hier am Beispiel einer Vernagelung zur Entlastung einer Stützmauer dargestellt. Hinter der vorderen Schale wird durch Nägel die Zugfestigkeit des Baugrunds erhöht. Aus konstruktiven Gründen sind Nagellängen von mindestens 2 m vorzusehen.

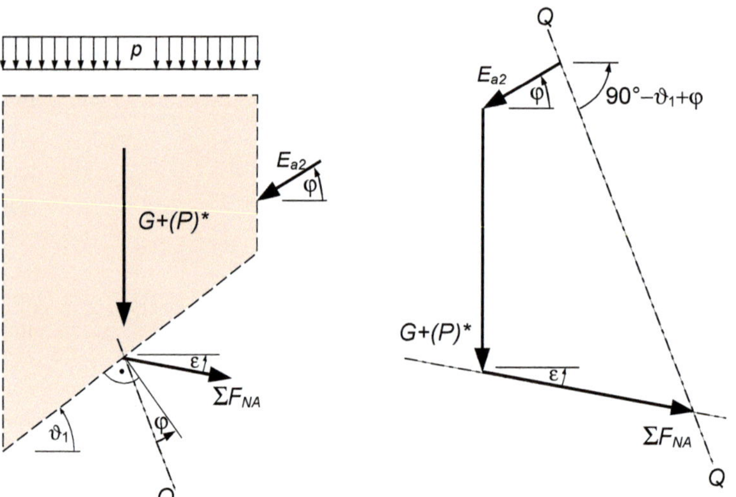

Bild 5.33 Kräfte am Gleitkörper (* Ansatz von P nur, wenn nicht sicherheitserhöhend)

Für den Nachweis der Verbundwirkung des vernagelten Blocks wird meist ein Zwei-Körper-Bruchmechanismus zugrunde gelegt, der durch den hinteren Fußpunkt der Mauerrückseite verläuft. Variiert wird der Winkel ϑ_1. Wenn die Prüfgleitfläche komplett innerhalb des vernagelten Bereichs liegt, wird nur ein Bruchkörper angesetzt. Schneidet die Gleitfläche dagegen die Verbindungslinie der Nagelenden, wird als zweiter Bruchkörper der Gleitkeil angesetzt, der sich bei der Mobilisierung des aktiven Erddrucks auf eine entlang der Nagelenden verlaufende Wand ergibt. Für jeden frei gewählten Winkel ϑ_1 erhält man aus dem Krafteck gemäß

Bild 5.33 die Summe der Defizitkräfte $\sum F_{NA}$, die von den Nägeln in den Untergrund hinter dem Bruchkörper abgetragen werden muss. Maßgebend ist der Bruchmechanismus, der die größte Defizitkraft ergibt. Die Berechnung wird am besten tabellarisch ausgeführt.

Von dem Teil der Nägel, der sich außerhalb des Gleitkörpers befindet, muss die Defizitkraft $\sum F_{NA}$ aufgenommen werden. Es ist eine ausreichende Sicherheit gegen Herausziehen eines Bodennagels nachzuweisen. Der Nachweis ist erbracht, wenn die Bedingung

$$\sum F_{NA} \leq \sum R_{NA}$$

erfüllt ist.
$\sum F_{NA}$ – Bemessungsbeanspruchung der Bodennägel
$\sum R_{NA}$ – Bemessungswert der Summe der Herausziehwiderstände der Nägel

Der Bemessungswert des Herausziehwiderstands eines Bodennagels R_{NA} wird für die Standsicherheitsnachweise i. d. R. zunächst mit Erfahrungswerten für die vorliegenden Baugrundverhältnisse ermittelt. Man nimmt dazu zunächst einen spezifischen, auf die Nagellänge bezogenen Wert an, z. B. $f_{NA} = 30$ kN/m, und berechnet den Widerstand je Nagel durch Multiplikation mit der Verankerungslänge des Nagels außerhalb des Verbundkörpers. Im Zuge der Bauausführung muss der Herausziehwiderstand durch Prüfungen nachgewiesen werden. Maßgebend sind dafür die Regelungen in der bauaufsichtlichen Zulassung.

Der Nachweis der Tragfähigkeit des Verbundkörpers erfolgt an einem monolithisch angenommenen Ersatzkörper, dessen Rückseite entlang der Nagelenden verläuft. Für die Gründung dieser virtuellen Schwergewichtswand sind die Nachweise nach DIN EN 1997-1 zu führen, sofern diese Nachweise nicht aufgrund von Erfahrungen entbehrlich sind. Dies sind i. Allg. die Nachweise gegen Grundbruch, Gleiten und Kippen sowie der Nachweis der Gesamtstandsicherheit (Sicherheit gegen Geländebruch – Grenzzustand GEO-3).

Zur Bemessung der Außenhaut der vernagelten Wand ist die Kenntnis des auf die Oberflächensicherung wirkenden Erddrucks erforderlich. Dessen Größe ist entweder für den Grenzzustand GEO-3 oder für den Grenzzustand GEO-2 zu ermitteln. Der Bemessungserddruck darf in ein flächengleiches Rechteck umgelagert werden. Für den Krafteinleitungsbereich am Nagelkopf ist der Durchstanznachweis zu führen. Es ist eine ausreichende Sicherheit gegen Materialversagen in den Bodennägeln (Grenzzustand STR) nachzuweisen. Maßgebend sind im Einzelfall die Regelungen in der allgemeinen bauaufsichtlichen Zulassung.

Übung 5.5

Nagelwand
http://www.zaft.htw-dresden.de/grundbau

5.3.2 Stützbauweisen

5.3.2.1 Belastender Erddruck

Der Hauptanteil der Einwirkungen auf durchgehende Wände resultiert aus dem belastenden Erddruck hinter der Wand. Die Größe des wirksamen Erddrucks hängt von der Ausweichbewegung der Wand und der Erddruckneigung ab. Beide Größen werden von der Bauweise der

Wand (Spundwand, Schlitzwand usw.), den Einspannverhältnissen der Wand im Untergrund und der Stützung der Wand oberhalb der Sohle bestimmt.

In *Tabelle 5.6* sind die maximalen Erddruckneigungswinkel nach Empfehlung EB 89 der EAB [49] in Abhängigkeit von der Bauweise und der Oberflächenbeschaffenheit der Wand zusammengestellt. Die Richtung der Erddruckneigung hängt außerdem von der möglichen Relativverschiebung zwischen Wand und Boden ab. Bei Stützwänden, die sich infolge direkt wirkender Vertikallasten stärker setzen als der angrenzende, belastende Boden, kann der Ansatz eines negativen Erddruckneigungswinkels für den aktiven Erddruck erforderlich sein. Die Angaben der *Tabelle 5.6* gelten sowohl für die Berechnung des aktiven und des passiven Erddrucks. Es ist für das Gesamtsystem die statische Verträglichkeit nachzuweisen, d. h. die Summe der an der Wand wirkenden nach unten gerichteten Kräfte muss größer bzw. höchstens gleich groß sein wie die Summe der nach oben gerichteten Kräfte.

Tabelle 5.6 Maximaler Erddruckneigungswinkel in Abhängigkeit der Wandart

Wandbeschaffenheit	gekrümmte Gleitfläche	ebene Gleitfläche
verzahnt (z. B. Pfahlwände, Spundwände, Dichtwände aus Bentonit-Zement-Suspension)	$\lvert\delta_k\rvert = \varphi'_k$	$\lvert\delta_k\rvert \le \frac{2}{3}\varphi'_k$
rau (unbehandelte Oberflächen von Stahl, Beton, Holz, Ausfachungen, Bohlträger)	$30° \ge \lvert\delta_k\rvert$ und $\lvert\delta_k\rvert \le \varphi'_k - 2{,}5°$	$\lvert\delta_k\rvert \le \frac{2}{3}\varphi'_k$
weniger rau (z. B. Schlitzwand)	$\lvert\delta_k\rvert \le \frac{\varphi'_k}{2}$	$\lvert\delta_k\rvert \le \frac{\varphi'_k}{2}$
glatt (angrenzender Boden schmierig)	$\lvert\delta_k\rvert = 0$	$\lvert\delta_k\rvert = 0$

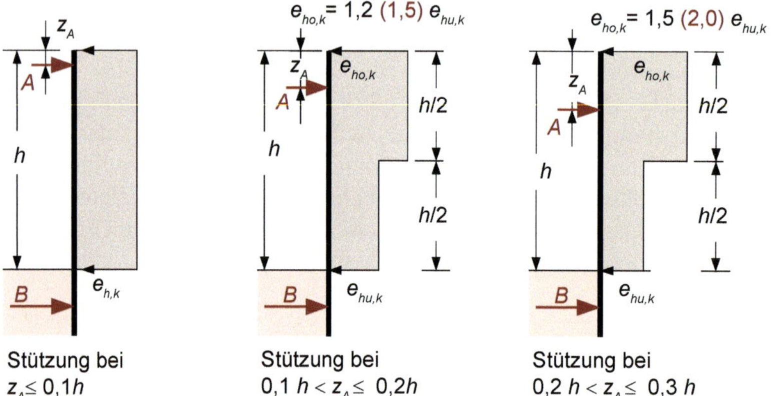

Bild 5.34 Verteilung des belastenden Erddrucks oberhalb der Baugrubensohle bei einfach gestützten Wänden nach EB 69 und EB 70 [49]

Zur Berechnung des belastenden Erddrucks darf die resultierende Erddruckkraft zunächst nach den klassischen Berechnungsverfahren (siehe [55]) ermittelt werden. Entsprechend der Anordnung und der Nachgiebigkeit der Stützungen ist die Verteilung des Erddrucks anschließend an die wirklichen Gegebenheiten anzupassen. Es findet eine Umlagerung hin zu den weniger nachgiebigen Bereichen statt. In den Empfehlungen des Arbeitskreises Baugruben EAB [49] sind Beispiele für realistische Erddruckverteilungen von Trägerbohlwänden und durchgehenden Wänden (Spund- und Ortbetonwände) angegeben. *Bild 5.34* zeigt beispielhaft die Verteilung des belastenden Erddrucks für einfach gestützte Wände. Die roten, in Klammern gesetzten Werte, gelten für Trägerbohlwände.

5.3.2.2 Durchgehende Wände – Berechnung nach Blum

Bei Stützwänden wird die Belastung aus Erd- und Wasserdruck im Bereich der Einbindung (Erdwiderlager) unterhalb der Sohle und durch Stützungen (Anker, Steifen usw.) oberhalb der Sohle aufgenommen. In Abhängigkeit von den Vorgaben bezüglich der Höhe des Geländesprungs, der Begrenzung der Horizontalverschiebungen und der geplanten Nutzungsdauer der Wand wird als Voraussetzung für die rechnerischen Nachweise zunächst eine geeignete Bauweise und das dazu passende statische System gewählt.

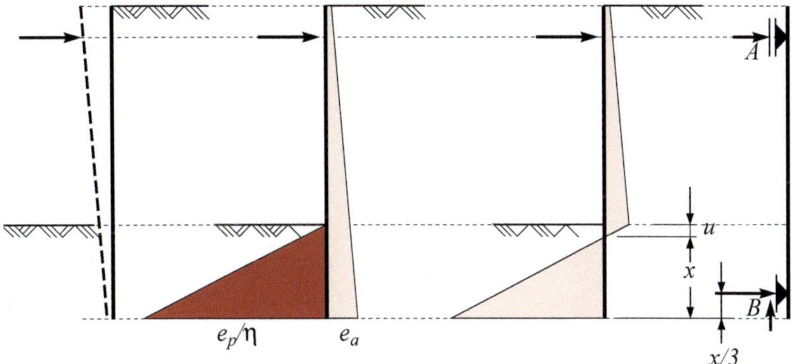

Bild 5.35 Erddruck bei einer einfach gestützten, frei aufgelagerten Wand

Biegesteife Bauweisen, z. B. Schlitz- oder Bohrpfahlwände, erfordern i. Allg. eine geringere Anzahl an Stützungen zur Begrenzung der Horizontalverschiebungen als biegeweichere Konstruktionen. Das statische System wird außerdem von konstruktiven Vorgaben bezüglich der Einbindung der Wand beeinflusst. Man unterscheidet frei aufgelagerte oder eingespannte Wände mit ein- oder mehrfacher Stützung. Für einige Sonderfälle sind von Blum Berechnungsverfahren entwickelt worden, die einfache Annahmen zur Verteilung des belastenden und stützenden Erdducks nutzen und das Tragverhalten von Stützwänden anschaulich beschreiben. Bei den im Folgenden dargestellten Verfahren wird mit charakteristischen Einwirkungen gerechnet und die ständigen sowie die veränderlichen Lasten werden nicht getrennt behandelt. Es ist dadurch möglich, den belastenden Erddruck mit dem stützenden zu überlagern und daraus Bestimmungsgleichungen für die Berechnung der erforderlichen Einbindetiefe abzuleiten.

In *Bild 5.35* sind die Verformungen und der Erddruck vor und hinter der Wand bei einer einfach gestützten, frei aufgelagerten Wand dargestellt. Das statische System entspricht einem Träger auf zwei Stützen. Zur Mobilisierung des passiven Erddrucks sind sehr große Verschiebungen erforderlich, die für ein Stützbauwerk i. Allg. nicht hinnehmbar sind. Deshalb wird eine Abminderung mit dem Quotienten η eingeführt, der für Dauerbauwerke zu $\eta = 2{,}0$ und für Baugruben zu $\eta = 1{,}5$ angenommen werden kann. Im alten Sicherheitskonzept nach DIN 1054 [3] war η der summarische Sicherheitsbeiwert.

In *Bild 5.36* ist die nach der klassischen Erddrucktheorie zu erwartende Erddruckverteilung bei einer eingespannten Wand dargestellt. Wenn man voraussetzt, dass sich die Wand um einen tiefliegenden Punkt dreht, dann muss in dieser Tiefe beidseitig der Erddruhedruck wirken. Durch die angenommene Verdrehung der Wand kommt es ober- und unterhalb des Drehpunkts auf beiden Seiten zur Mobilisierung des aktiven oder teilweise des passiven Erddrucks. BLUM hat das in *Bild 5.36* rechts dargestellte vereinfachte Lastbild eingeführt. Mit diesem Lastbild lässt sich die erforderliche Einbindetiefe aus der Bedingung $\sum M = 0$ um den Drehpunkt berechnen. Aus der Bedingung $\sum H = 0$ ergibt sich die Kraft C_H, die vereinfacht im Drehpunkt angesetzt wird. Zu ihrer Mobilisierung ist eine etwas tiefere Einbindung der Wand erforderlich.

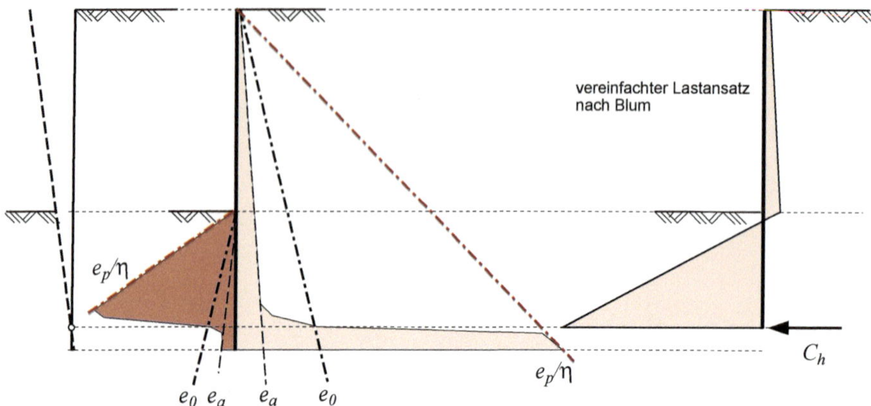

Bild 5.36 Erddruck bei einer im Untergrund eingespannten Wand

Statisch bestimmt gelagerte Wand: Für die Bemessung von Stützwänden sind bisher Nachweisverfahren auf der Grundlage globaler Sicherheitsbeiwerte üblich gewesen. Mit diesen Methoden ist die Berechnung der Einbindetiefe und der Schnittkräfte möglich. Sie können auch zukünftig für die Vorbemessung benutzt werden. Da mit den klassischen Verfahren umfangreiche Erfahrungen vorliegen, sind sie auch zur Überprüfung der Plausibilität von Berechnungen geeignet.

Fall 1: Zweimal gestützt, ohne Fußauflager

Wenn die Stützwand nicht in den Untergrund einbindet, sondern nur durch zwei Steifen- oder Ankerlagen gestützt wird, beträgt die Einbindetiefe $t = 0$ bzw. die Einbindung wird nicht zur Erreichung des rechnerischen Gleichgewichts der Horizontalkräfte herangezogen. Es ist keine Abtragung senkrechter Kräfte möglich, sodass $\delta_a = 0$ gelten muss. Erst ab einer Einbindetiefe von $t \geq 1{,}5$ m sollte der passive Erddruck zur Aufnahme von Vertikalkräften mit in Rechnung gestellt und mit $\delta_a \neq 0$ gerechnet werden.

Fall 2: Einmal gestützt, frei aufgelagert

In *Bild 5.39* ist die theoretische Verteilung des Erddrucks auf beiden Seiten der Wand für den Fall dargestellt, dass die Nachgiebigkeit der Stützung A groß genug zur Vermeidung von Spannungsumlagerungen ist. Die obere Steifen- bzw. Ankerlage muss die Stützkraft A im Abstand z_A unterhalb der Stützwandoberkante aufnehmen.

Nach Überlagerung des belastenden und stützenden Erddrucks erhält man die Verteilung gemäß *Bild 5.37*. Im Abstand u unterhalb der Sohle heben sich belastender und stützender Erddruck gerade auf (Belastungsnullpunkt). Unter Annahme der klassischen Spannungsvertei-

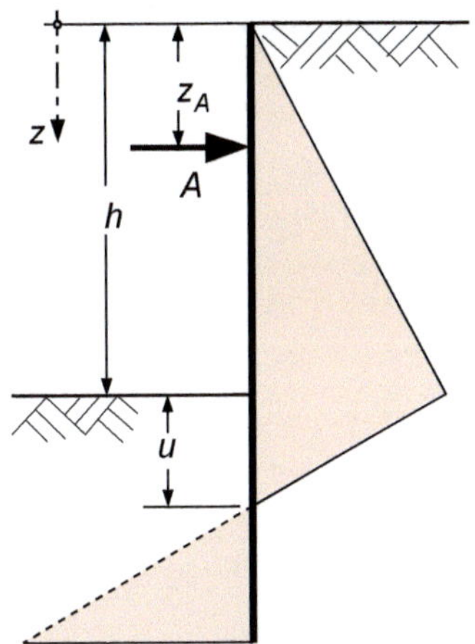

Bild 5.37 Berechnungsmodell der einfach gestützten, frei aufgelagerten Stützwand

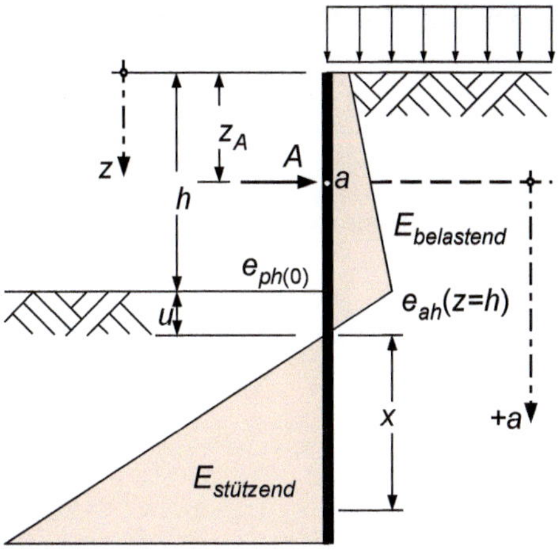

Bild 5.38 Berechnung der Momente um den Punkt a

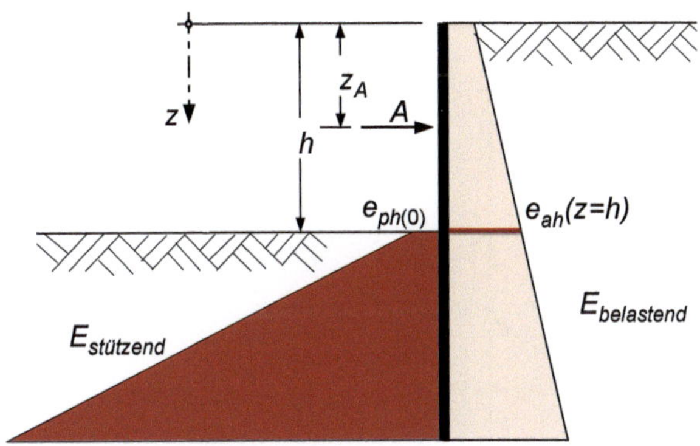

Bild 5.39 Theoretische Erddruckverteilung bei einer einfach gestützten, frei aufgelagerten Stützwand

lung ergibt sich die Tiefe u zu:

$$u = \frac{e_{ah}(z = h)}{\gamma\left(\frac{K_{pgh}}{\eta_p} - K_{agh}\right)}$$

Als Kriterium für die Berechnung der erforderlichen Einbindetiefe wird das Gleichgewicht der Momente benutzt. Dazu wird die Summe der Momente um das Ankerauflger (Punkt a in *Bild 5.38*) gebildet, mit $a_i = z_i - l_s$ folgt für $(\sum M)_a = 0$:

$$\sum_{z_i=0}^{z_i=h+u} E_{hi}(z_i - z_A) = \gamma K_{rgh}\frac{x^2}{2}\left(h - z_A + u + \frac{2}{3}x\right),$$

wobei $K_{rgh} = \frac{K_{pgh}}{\eta} - K_{agh}$ ist. Mit $l_1 = h + u - z_A$ folgt

$$\sum_{z_i=0}^{z_i=h+u} E_{hi}(z_i - l_s) = \gamma K_{rgh}\frac{x^2}{2}\left(l_1 + \frac{2}{3}x\right)$$

und nach Division dieser Gleichung durch l_1^2 und Einführung der Bezeichnung $\xi = \frac{x}{l_1}$:

$$\frac{\sum_{z_i=0}^{z_i=h+u} E_{hi}(z_i - z_A)}{l_1^2} = \left(l_1 + \frac{2}{3}x\right) K_{rgh}\gamma \frac{\xi^2}{2},$$

woraus nach Division durch $l_1 K_{rgh}\gamma$ folgt:

$$\frac{\sum_{z_i=0}^{z_i=h+u} E_{hi}(z_i - z_A)}{K_{rgh}\gamma l_1^3} = \left(1 + \frac{2}{3}\xi\right)\frac{\xi}{2}$$

und daraus:

$$\frac{6}{K_{rgh}\gamma l_1^3} \sum_{z_i=0}^{z_i=h+u} E_{hi}(z_i - z_A) = (3 + 2\xi)\xi^2 \tag{5.3}$$

Die *Gl. 5.3* ist die Bestimmungsgleichung zur Berechnung der erforderlichen Einbindetiefe. Sie lässt sich numerisch oder mit Nomogrammen lösen.

Fall 3: eingespannte, ungestützte Wand

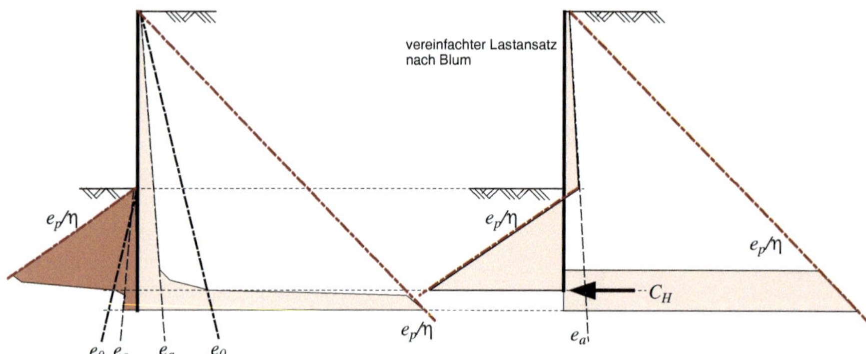

Bild 5.40 Vereinfachter Erddruckansatz bei einer im Untergrund eingespannten Wand nach Blum

Für die Berechnung wird eine drehbare Lagerung im theoretischen Fußpunkt f gemäß *Bild 5.41* angenommen. Es ist die Bedingung $(\sum M)_f = 0$ einzuhalten. Das Gleichgewicht der Horizontalkräfte $\sum H = 0$ liefert die Ersatzkraft C_H, die im Punkt f angesetzt wird. Für die Aufnahme der Kraft C_H ist die Mobilisierung des Erddrucks im Bereich des Lagers f erforderlich.

$$\sum_{z=0}^{z=h+u} (\underbrace{[h+u]}_{l_0} + x - z_i) E_{ah,i} - K_{rgh}\gamma \frac{x^2}{2}\frac{x}{3} = 0$$

Diese Gleichung mit 6 multipliziert und durch l_0^3 dividiert ergibt:

$$\frac{6}{l_0^2}\sum_{z=0}^{z=h+u} E_{ah,i} - \frac{6}{l_0^3}\sum_{z=0}^{z=h+u} E_{ah,i} z_i + \frac{6}{l_0^3} x \sum_{z=0}^{z=h+u} E_{ah,i} = K_{rgh}\gamma \frac{x^3}{l_0^3}$$

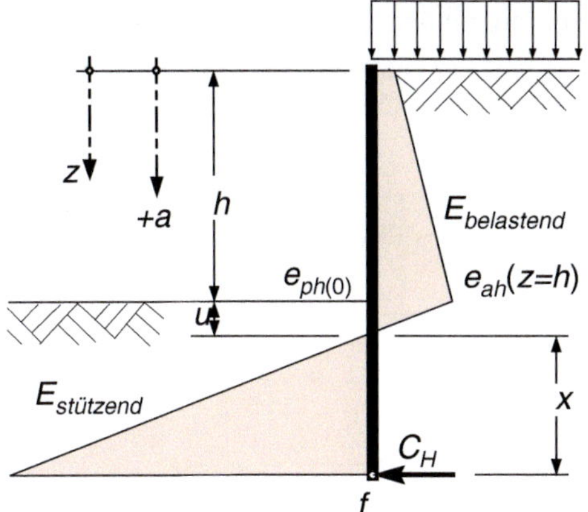

Bild 5.41 Erddruckverteilung bei einer eingespannten, ungestützten Wand

und mit der Abkürzung $\xi = \frac{x}{l_0}$ sowie Division mit $K_{rgh}\gamma$:

$$\frac{6}{K_{rgh}\gamma l_0^2} \sum_{z=0}^{z=h+u} E_{ah,i}(1+\xi) - \frac{6}{K_{rgh}\gamma l_0^3} \sum_{z=0}^{z=h+u} E_{ah,i} z_i = \xi^3.$$

Mit $m = \frac{6}{K_{rgh}\gamma l_0^2} \sum_{z=0}^{z=h+u} E_{ah,i}$ und $n = \frac{6}{K_{rgh}\gamma l_0^3} \sum_{z=0}^{z=h+u} E_{ah,i} z_i$ erhält man eine Bestimmungsgleichung zur Berechnung der theoretischen Einbindetiefe x:

$$\xi^3 = (1+\xi)m - n \tag{5.4}$$

Durch Probieren oder mittels Nomogramm lässt sich ξ und daraus x berechnen. Die Einbindetiefe wird i. Allg. zu $t = 1{,}2x + u$ gesetzt. Der Zuschlag $\Delta x \approx 0{,}2x$ ist notwendig zur Mobilisierung der Kraft C_H. Für genauere Untersuchungen lässt sich Δx gemäß *Bild 5.40* aus der Erddruckverteilung berechnen.

Statisch unbestimmte Systeme: Die Berechnung statisch unbestimmter Systeme lässt sich für die beiden Fälle „eingespannte, einfach gestützte Wand" und „oben und unten eingespannte Wand" mithilfe der Biegelinie oder des MOHRschen Ersatzträgers auf geschlossene Ansätze zurückführen. Bei einer eingespannten, einfach gestützten Wand gelingt dies z. B. mit der Forderung, dass die Verschiebung in Höhe der oberen Stützung Null sein muss, wenn alle Verformungsanteile überlagert werden. Die Lösungen ergeben ähnliche Gleichungen, wie für die statisch bestimmten Systeme. Bei statisch unbestimmten Systemen wird in Zukunft das Bettungsmodulverfahren oder die FEM zunehmend an Bedeutung gewinnen.

5.3.2.3 Nachweisführung bei durchgehenden Wänden nach EC 7

Voraussetzung für die Bemessung von Stützwänden mit Erdauflager ist die Wahl eines statischen Systems, der Einbindetiefe t und der Anzahl der Stützungen (Verankerungen). An den sich daraus ergebenden statisch bestimmten oder unbestimmten Ersatzsystemen sind die Beanspruchungen und die Widerstände zu berechnen und die Bemessungswerte zu vergleichen. Im Allgemeinen erfordert dieses Vorgehen die mehrfache Wiederholung des gesamten Berechnungszyklus.

Versagen des Erdwiderlagers (Summe der Horizontalkräfte): Nach Wahl der Einbindetiefe und des statischen Ersatzsystems sind die Horizontalkomponenten B_H der Auflagerkraft B

zu berechnen (siehe *Bilder 5.42* und *5.43*). Dazu werden zunächst die Einwirkungen aus Erd- und Wasserdruck oberhalb der Sohle ermittelt und die Erddruckverteilung den Besonderheiten Randbedingungen des statischen Systems angepasst (siehe [49]).

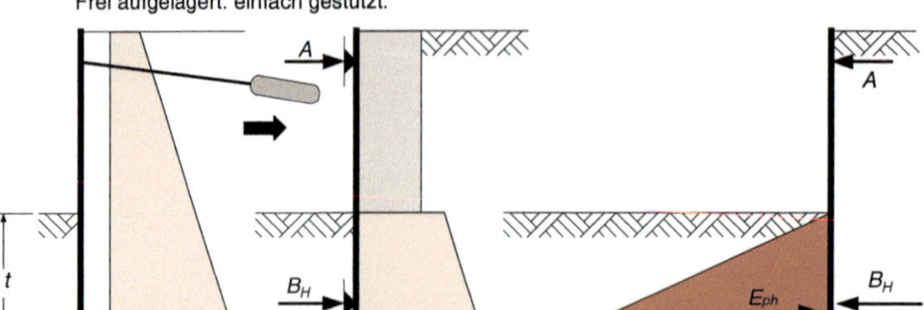

Bild 5.42 Nachweis des Erdauflagers bei frei aufgelagerten Stützwänden

Im Einbindebereich wird die theoretische Erddruckverteilung beibehalten. Bei frei aufgelagerten, einfach gestützten Wänden ist das statische Ersatzsystem ein Träger auf zwei Stützen, bei Einspannung ist die Ersatzkraft C im theoretischen Fußpunkt (Drehpunkt mit der Bedingung $\sum M = 0$) zu berücksichtigen.

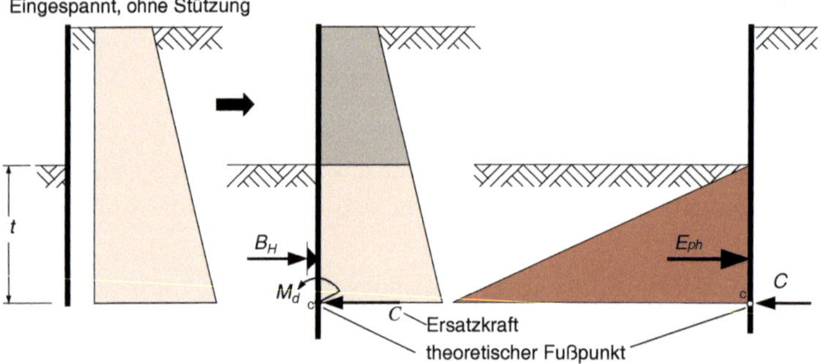

Bedingung: Summe M um c muss 0 sein. (M infolge E_a und M infolge E_p, Bemessungswerte)

Bild 5.43 Statisches Modell für den Nachweis des Erdauflagers bei eingespannten Stützwänden

Ständige und veränderliche Einwirkungen sind getrennt zu behandeln und daraus sind die Anteile an der Auflagerkraft B im Einbindebereich getrennt zu berechnen. Zur Berechnung der Auflagerkraft B ist die Kenntnis der Lage des Erdauflagers erforderlich. Dafür gilt:

- $2/3\,t$ unter Sohle bei weichen bindigen Böden
- $0,6\,t$ unter Sohle bei nichtbindigen oder steifen bindigen Böden
- $0,5\,t$ unter Sohle bei halbfesten und festen bindigen Böden.
- bei Einspannung $2/3\,t$ unter Sohle

Der Rechenwert $B_{H,d}$ ergibt sich bei einer veränderlichen Einwirkung ohne Kombination mit weiteren Einwirkungen zu

$$B_{H,d} = B_{HG,k}\gamma_G + B_{HQ,k}\gamma_Q$$

Es ist nachzuweisen, dass diese Beanspruchung vom Erddreich aufgenommen werden kann.

$$E_{ph,d} = \frac{E_{ph,k}}{\gamma_{R,e}} \geq B_{H,d} \tag{5.5}$$

Nachweis des Erdwiderlagers:

- Annahme einer Einbindetief t
- Berechnung des charakteristischen belastenden Erd- und Wasserdrucks, getrennt für ständige und veränderliche Einwirkungen
- Annahme einer wirklichkeitsnahen Erddruckverteilung bis zur Baugrubensohle (Erddruckumlagerung)
- Berechnung der charakteristischen Auflagerkräfte infolge ständiger Lasten $B_{H,G}$ und infolge veränderlicher Lasten $B_{H,Q}$ am statischen Ersatzsystem
- Berechnung der charakteristischen passiven Erddruckkraft $E_{ph} = E_{pgh} + E_{pch}$ auf der stützenden Seite
- Vergleich der Bemessungswerte

Nachweis der Summe der Vertikalkräfte: Mit dem Nachweis des Erdwiderlagers wird die Aufnahme der Horizontalkräfte $\sum H$ überprüft. Die Überprüfung der Übertragung der Vertikalkräfte erfordert zwei Nachweise. In *Bild 5.44* sind die Einwirkungen und Widerstände in vertikaler Richtung dargestellt.

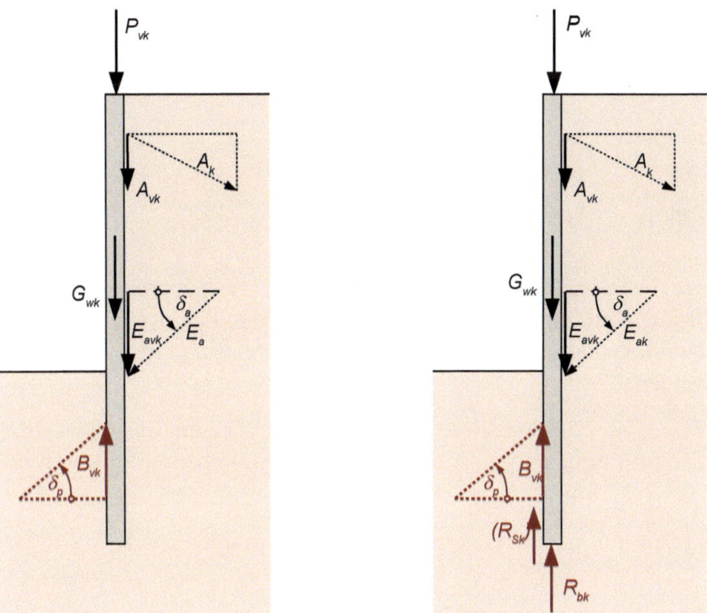

Bild 5.44 Vertikalkräfte bei durchgehenden Stützwänden, links: Verträglichkeit δ_p, rechts: Nachweis gegen Versinken

Verträglichkeit der Erddruckneigung δ_p: Es ist zu prüfen, ob der Erdruckneigungswinkel für die Berechnung des passiven Erddrucks mit den Gleichgewichtsbedingungen im Einklang steht. Die Resultierende aller nach unten gerichteten Beanspruchungen und des nach oben gerichteten Anteils der Auflagerkraft B muss nach unten gerichtet sein. Wird eine nach oben gerichtete Resultierende erhalten, dann ist der Erddruckneigungswinkel δ_p anzupassen und alle Nachweise sind erneut zu führen. Es werden die charakteristischen Größen verglichen.

$$V_k = \sum V_{k,i} \geq B_{v,k} \tag{5.6}$$

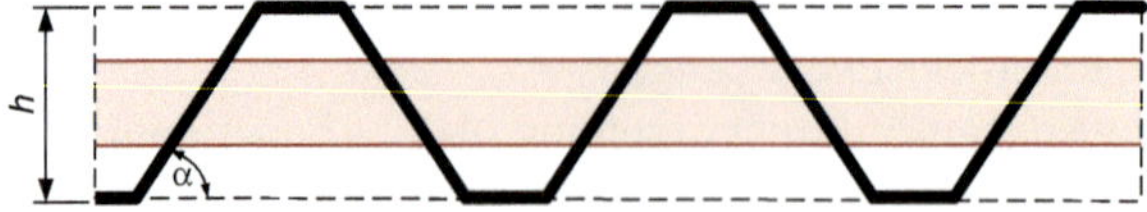

Bild 5.45 Rechnerischen Aufstandsfläche von Spundwänden – alter Ansatz

Versinken von Bauteilen: Es ist zu prüfen, ob die Summe der Vertikallasten $\sum V_{d,i}$ vom Baugrund aufgenommen werden kann.

$$R_d \geq \sum V_{d,i}$$

R_d ist der Bemessungswert des axialen Widerstands der Wand. Er wird in Anlehnung an die Nachweise für Pfähle mit Erfahrungswerten (siehe *Abschnitt 4.3.3.2*) je lfd. m berechnet und entspricht im Wesentlichen dem Fußwiderstand $R_{b,d}$. Früher durften dafür die Erfahrungswerte für Fußwiderstand von Pfählen genutzt werden. Dafür war eine rechnerische Aufstandsfläche A_b gemäß *Bild 5.45* anzusetzen, die nach folgender Gleichung berechnet wird:

$$A_b = \kappa h.$$

Der Abminderungsfaktor κ ist abhängig vom Öffnungswinkel α der Spundwand und ergibt sich nach *Tabelle 5.7*.

Tabelle 5.7 Abminderungsfaktor κ

α [°]	90	80	70	60	50	40	30
κ	1,00	0,85	0,70	0,55	0,40	0,25	0,10

Auf Flächen, die durch von oben nach unten gerichteten Erddruck beansprucht sind, kann kein Mantelwiderstand $R_{s,d}$ wirken. Nur auf der stützenden (passiven) Innenseite darf wahlweise der Mantelwiderstand $R_{s,d}$ oder der nach oben gerichtete Anteil $B_{H,d} \tan\delta_p$ der Erdwiderlagerkraft angesetzt werden.

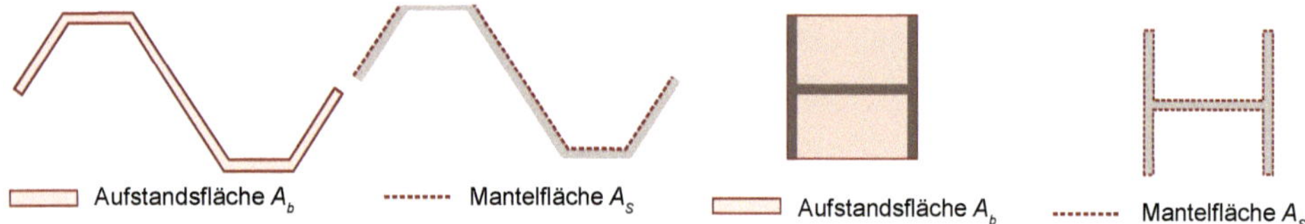

Bild 5.46 Wirksame Fläche bei Spundwänden und Trägern

In der 5. Auflage der EAB [49] wurde für Bohlträger, Spundwände und Ortbetonwände die Ermittlung des Fuß- und Mantelwiderstands neu geregelt. Der Widerstand von Ortbetonwänden oder einbetonierten Trägern darf mit Erfahrungswerten gemäß EA-Pfähle [50] (siehe *Tabelle 4.5*) mit der tatsächlichen Aufstands- oder Mantelfläche ermittelt werden. Bei gerammten

Bohlträgern wird der voll umrissene Trägerquerschnitt (siehe *Bild 5.46*) angesetzt . Als Fußfläche A_b wird bei Spundwänden die Stahlquerschnittsfläche angenommen. Es dürfen die Erfahrungswerte gemäß *Tabelle 5.8* zugrunde gelegt werden.

Tabelle 5.8 Erfahrungswerte für den charakteristischen Fuß- und Mantelwiderstand von gerammten Spundwänden nach [49]

mittlerer Spitzenwiderstand der Drucksonde q_c in MN/m²	Spitzenwiderstand $q_{b,k}$ in MN/m²	Mantelwiderstand $q_{s,k}$ in kN/m²
7,5	7,5	20
15	15	40
≥ 25	20	50

Bei gerüttelten Bohlen Werte auf 75 % abmindern! Nicht ohne weiteres anwendbar bei Anwendung von Spüllanzen oder Auflockerungsbohrungen.

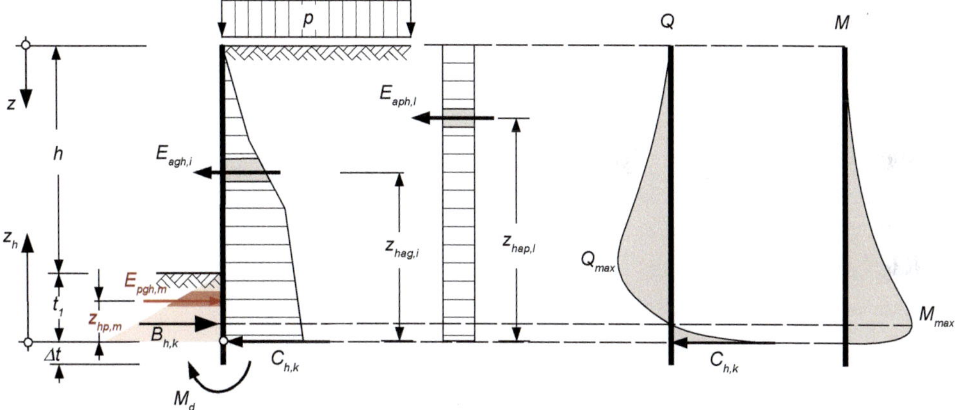

Bild 5.47 Schematischer Berechnungsablauf bei einer eingespannten Spundwand

In *Bild 5.47* ist der grundsätzliche Berechnungsablauf für eingespannte durchgehende Wände dargestellt. Aus den Gleichgewichtsbedingungen folgt für die Berechnung der Ersatzkraft C_h und des Einspannmoments M_d:

$$M_d = \gamma_G \sum \left(E_{agh,i} z_{hag,i}\right) + \gamma_Q \sum \left(E_{aph,l} z_{hap,l}\right) - \frac{1}{\gamma_{R,e}} \sum \left(E_{pgh,m} z_{hp,m}\right)$$

$$C_{h,k} = E_{ph,k} - E_{ah,k}$$

Bild 5.48 veranschaulicht den Berechnungsablauf bei einfach gestützten, im Boden frei aufgelagerten, durchgehenden Wänden. Nach Wahl des statischen Systems und der Anzahl der Stützungen sind zuerst die Einwirkungen zu berechnen. Die Berechnung des belastenden Erddrucks erfolgt zunächst mit der theoretischen Erddruckverteilung, z. B. für den Erddruck infolge Eigengewicht linear mit der Tiefe zunehmend. Infolge von Stützungen oberhalb der Sohle kommt es zur Umlagerung des Erddrucks. Die Spannungen werden oberhalb der Sohle zu den Bereichen umgelagert, in den die Verformung der Wand durch Stützen oder Anker behindert wird (siehe *Bild 5.34*). Im Einbindebereich unterhalb der Sohle wird die theoretische Erddruckverteilung beibehalten.

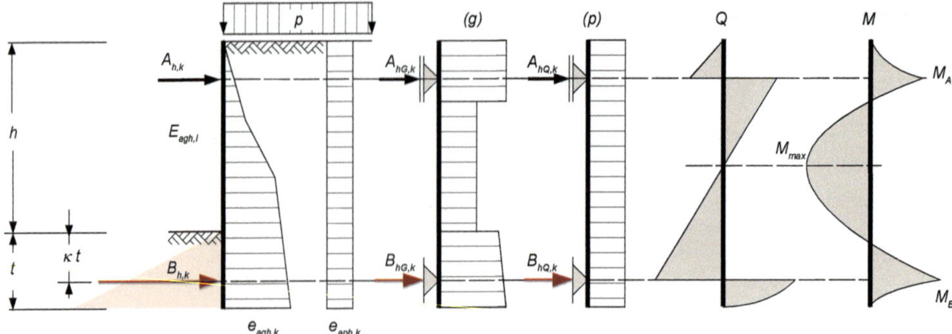

Bild 5.48 Schematischer Berechnungsablauf – frei aufgelagerte, einfach gestützte Spundwand

Berechnungsablauf: Spundwand

1. Ermittlung der Einwirkungen bis zur Unterkante der Wand, Berechnung des belastenden Erddrucks (aktiver Erddruck)
2. Umlagerung des belastenden Erddrucks oberhalb der Sohle in Abhängigkeit von Anzahl und Lage der Stützungen
3. Festlegung der Lage des Erdwiderlagers, Berechnung der Stützkrafte (Stützung, Erdwiderlager ($B_{HG,k}$, $B_{HQ,k}$))
4. Nachweis des Erdwiderlagers
5. Nachweise der Vertikalkräfte
   (a) Nachweis der Verträglichkeit der Annahme des Erddruckneigungswinkels
   (b) Nachweis gegen Versinken von Bauteilen
6. weitere Nachweise (Bauteilabmessungen, Steifen/Anker, Geländebruch usw.)

Der Erddruck sowie die anderen Belastungen (z. B. Wasserdruck, Anprall usw.) werdem als Einwirkungen auf das als statisches System idealisierte Tragwerk betrachtet. Nach den Regeln der Statik sind die Stützkräfte, der Querkraft- sowie der Momentenverlauf zu ermitteln. Mit den maßgebenden Lastkombinationen erfolgt die Bemessung des Spundwandquerschnitts.

Für den Nachweis der äußeren Standsicherheit der Spundwand ist die Summe der Horizontalkräfte (Erdwiderlager, Steife oder Anker) und die Summe der Vertikalkräfte zu betrachten (Verträglichkeit der passiven Erddruckneigung, Versinken der Spundwand). Schließlich sind alle weiteren Elemente der Konstruktion (Steifen, Anker, Gurte usw.) rechnerisch zu untersuchen und es ist der Nachweis der Gesamtstandsicherheit (Geländebruch, Geo-3) zu führen. Bei Ankerwänden ist z. B. der Nachweis gegen Aufbruch des Verankerungsbodens zu führen und bei Baugruben unterhalb des Grundwasserspiegels kann der Nachweis gegen hydraulischen Grundbruch erforderlich sein.

Übung 5.6

Berechnung Spundwand

http://www.zaft.htw-dresden.de/grundbau

5.3.2.4 Trägerbohlwände

Bauweisen nach dem Prinzip der Trägerbohlwände sind dadurch gekennzeichnet, dass die Einwirkungen aus dem Erddruck oberhalb der Sohle von der Ausfachung als durchgehende Wände aufgenommen und auf die Träger übertragen werden. Diese tragen die Beanspruchungen unterhalb der Sohle durch ein räumliches Erdwiderlager und oberhalb durch Steifen oder Anker ab (siehe *Bild 5.12*). Zur Vereinfachung der Berechnung darf der räumliche, passive Erddruck vor den einzelnen Trägern nach dem Verfahren von BLUM in einen fiktiven, ebenen Erddruck umgerechnet werden. Dieser flächenhaft umgelagerte, passive Erddruck wird mit dem passiven Erddruck auf eine gedachte, durchgehende Wand verglichen. Der kleinere Wert ist den Berechnungen zugrunde zu legen. Da der belastende aktive Erddruck unterhalb der Ausfachung zunächst vernachlässigt wird, muss überprüft werden, ob die vernachlässigte, aktive Erddruckkraft auf eine gedachte, durchgehende Wand unterhalb der Sohle vom ebenen, passiven Erddruck aufgenommen werden kann.

Zur Mobilisierung des passiven Erddrucks ist die Ausbildung eines räumlichen Bruchkörpers vor dem Träger erforderlich. Voraussetzung dafür ist ein ausreichend großer Abstand der Bohlträger untereinander. Bei geringem Trägerabstand kommt es infolge der Überschneidung der Bruchkörper zur Reduzierung der Stützwirkung vor dem Bohlträger. Der untere Grenzwert ist der passive Erddruck für den ebenen Fall (durchgehende Wand). Für die Berechnung ist der Vergleich der zwei Varianten erforderlich, wobei die ungünstigste Variante maßgebend ist.

Die Abmessungen und die statischen Randbedingungen sind vor Beginn der Berechnung anzunehmen und bei Bedarf iterativ anzupassen. Dies betrifft im Einzelnen die folgenden Größen:

- Annahmen zur Stützung: im Einbindebereich (im Boden frei aufgelagert oder eingespannt), oben nicht gestützt, einfach gestützt oder mehrfach gestützt und Ausbildung der oberen Stützung durch Steifen oder Anker, Vorspanngrad der Anker
- Auswahl des Trägerprofiles (z. B. I, IB, IPB, PSP bzw.][)
- Annahme der Trägerbreite im Einbindebereich b_t
- Festlegung des Abstands der Träger a_t untereinander
- Annahme der theoretischen Einbindetiefe $t_{0/1}$ der Bohlträger

Die Berechnung des Erddrucks aus Bodeneigengewicht und Auflasten (aktiver Erddruck oder erhöhter aktiver Erddruck) erfolgt zunächst bis zur Sohle. Unter Berücksichtigung der Stützungsbedingungen wird den weiteren Berechnungen eine wirklichkeitsnahe Erddruckverteilung, z. B. nach den Empfehlungen der EAB [49] zugrunde gelegt.

1. Ermittlung des belastenden Erddrucks

Oberhalb der Baugrubensohle wirkt auf Ausfachung und Träger der belastende Erddruck. Dieser lässt sich mit den Verfahren zur Ermittlung des aktiven Erddrucks auf durchgehende Wände berechnen. Für die Berechnung der Schnittkräfte auf die Ausfachung und die Träger ist die Berücksichtigung einer wirklichkeitsnahen Erddruckverteilung wichtig. Diese ist abhängig von Anordnung und Anzahl der Stützungen. In den EAB [49] sind für viele praktisch vorkommender Fälle entsprechende Lastbilder aufgeführt. Der aktive Erddruck unterhalb der Baugrubensohle darf bei der Berechnung der Schnittgrößen vernachlässigt werden.

2. Ermittlung des passiven Erddrucks

a) Passiver Erddruck vor Einzelträger – räumlich:

Der räumliche passive Erddruck kann sich voll ausbilden, wenn die einzelnen Träger einen ausreichend großen Abstand zueinander haben, sodass sich die Bruchzonen nicht gegenseitig beeinflussen. Dies ist i. d. R. der Fall, wenn $a_t - b_t \geq a_{kr}$.

a_{kr} : kritischer Druckwandabstand (kritischer Trägerabstand)
unbehinderte Vertikalbewegung ($\delta_p = 0$) : $a_{kr} = 0,5\,t_{0/1}$
behinderte Vertikalbewegung ($\delta_p \neq 0$) : $a_{kr} = t_{0/1}$

Die größere Breite der mitwirkenden Bruchzone (siehe *Bild 5.49*) wird rechnerisch durch eine Ersatzbreite für den Reibungs- und den Kohäsionsanteil berücksichtigt. Für die Einbindetiefe t ist bei freier Auflagerung die wirkliche Einbindetiefe t_0 in die Gleichungen einzusetzen. Bei Einspannung ist der Wert der theoretisch erforderlichen Einbindetiefe t_1 anzuwenden. Zur Gewährleistung der Einspannung muss die wirkliche Einbindetiefe um 20 % gegenüber der theoretischen Tiefe t_1 vergrößert werden.

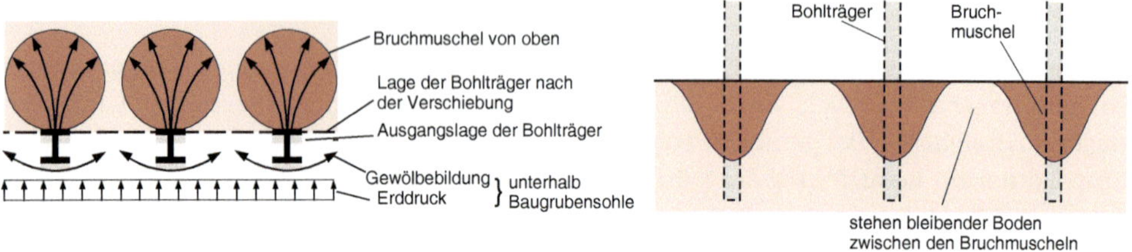

Bild 5.49 Räumliche Bruchkörper im Bereich der Einbindung der Träger

Passiver Erddruckkraft infolge innerer Reibung:

$$E_{pgh1,k} = \frac{1}{2}\gamma_k K^*_{pgh}(\delta_p = \delta^*_p)\, t^2_{0/1}(b' + b_{S,R})F$$

Passive Erddruckkraft infolge Kohäsion:

$$E_{pch1,k} = c_k K^*_{pch}(\delta_p = \delta^*_p)\, t_{0/1}(b' + b_{S,K})FA$$

Ersatzbreite für den Reibungsanteil: $b_{S,R} = 0,60\,t_{0/1}\tan\varphi$
Ersatzbreite für den Kohäsionsanteil: $b_{S,K} = 0,90(1 + \tan\varphi)\,t_{0/1}$

für $b_t < b_{kr} = 0,30\,t_{0/1}$ gilt: $b' = 0,30\,t_{0/1}$ und $F = \sqrt{\frac{b_t}{0,30\,t_{0/1}}}$
für $b_t \geq b_{kr} = 0,30\,t_{0/1}$ gilt: $b' = b_t$ und $F = 1$

b_{kr} – kritische Druckwandbreite (kritische Trägerbreite im Fußbereich)
Bei Unterschreiten dieser Breite schneidet die Druckfläche wie ein Messer in den Boden ein. Eine Ausbildung von Bruchkörpern (Bruchmuscheln) erfolgt nicht.

Die Berechnung erfolgt mit den Erddruckbeiwerten K^*_{ph} nach Streck für $\alpha = \beta = 0$ gemäß *Tabelle 5.9*. Der Erddruckneigungswinkel wird bei Böden mit Reibungswinkeln $\varphi < 30°$ mit $\delta^*_p = -(\varphi - 2,5)$ und bei Böden mit $\varphi \geq 30°$ zu $\delta^*_p = -27,5°$ angenommen. Pro Träger ergibt sich die passive Erddruckkraft in kN aus der Summe des Erddrucks infolge Eigengewicht und infolge Kohäsion.

$$E_{ph1,k} = E_{pgh1,k} + E_{pch1,k}$$

Tabelle 5.9 Beiwerte für den passiven Erddruck nach STRECK

$\varphi[°]$	15,0	17,5	20,0	22,5	25,0	27,5	30,0	32,5	35,0	37,5	40,0	42,5
$K^*_{pgh}(\delta_p = \delta^*_p)$	2,11	2,38	2,77	3,23	3,81	4,51	5,46	6,15	7,12	8,27	9,64	11,4
$K^*_{pch}(\delta_p = \delta^*_p)$	3,32	3,54	3,84	4,18	4,58	5,00	5,54	5,92	6,46	7,08	7,76	8,58
$K^*_{pgh}(\delta_p = 0)$	1,70	1,86	2,04	2,24	2,46	2,72	3,00	3,32	3,69	4,11	4,60	5,16

$t_{0/1}$ – theoretische Einbindetiefe
bei freier Auflagerung im Boden : $t = t_0$
bei Einspannung im Boden : $t = 1,2t_1$

F – Beiwert zur Berücksichtigung der Trägerbreite

A – Beiwert zur Berücksichtigung des Erddruckanteils aus Kohäsion
$A = 0,5$ bei bindigen Böden nach EAB
$A = 1,0$ bei Ansatz von Kapillarkohäsion

Tabelle 5.10 Korrekturfaktoren zur Berücksichtigung der Tiefenlage der Resultierenden

Korrekturbeiwerte	f_1	f_2
kohäsionslose Böden	0,85	0,95
(auch nichtbindige Böden unter Wasser)		
feuchter Sand und Kies	0,90	1,00
leicht bindiger Boden	0,95	1,05
stark bindiger Boden	1,00	1,10

Zur Berücksichtigung der wirklichkeitsnahen Tiefenlage der Resultierenden erfolgt eine Abminderung der Resultierenden des passiven Erddrucks mit den Korrekturfaktoren f_1 und f_2 nach WEISSENBACH.

$$E_{ph1} = E_{ph1,k} f_1 \tag{5.7}$$

b) Passiver Erddruck auf gedachte durchgehende Wand – räumlich:

Wenn sich die Bruchzonen überschneiden, die sich theoretisch vor den einzelnen Trägern ausbilden, kann sich nicht der volle passive Erddruck einstellen. Es wird deshalb mit diesem Rechenschritt der passive Erddruck berechnet, der sich aus dem Anteil vor dem Einzelträger und dem Anteil des zwischen den Trägern befindlichen Erdreichs ergibt. Dieser Fall wird i. d. R. maßgebend, wenn $a_t - b_t < a_{kr}$.

Passive Erddruckkraft infolge innerer Reibung:

$$E_{pgh2,k} = \frac{1}{2}\gamma_k t^2_{0/1}(K_{pgh(\delta_p=\delta^*_p)} b_t + K_{pgh(\delta_p=0)}(a_t - b_t))$$

Passive Erddruckkraft infolge Kohäsion:

$$E_{pch2,k} = c_k t_{0/1} K_{pch(\delta_p=\delta^*_p)} a_t$$

Passive Erddruckkraft (Grenzwert) pro Träger [kN]:

$$E_{ph2,k} = E_{pgh2,k} + E_{pch2,k}$$

Durch die Abminderung mit dem Korrekturfaktor f_2 der Tabelle 5.10 wird die wirklichkeitsnahe Tiefenlage der Resultierenden des passiven Erddrucks berücksichtigt.

$$E_{ph2} = E_{ph2,k} f_2 \tag{5.8}$$

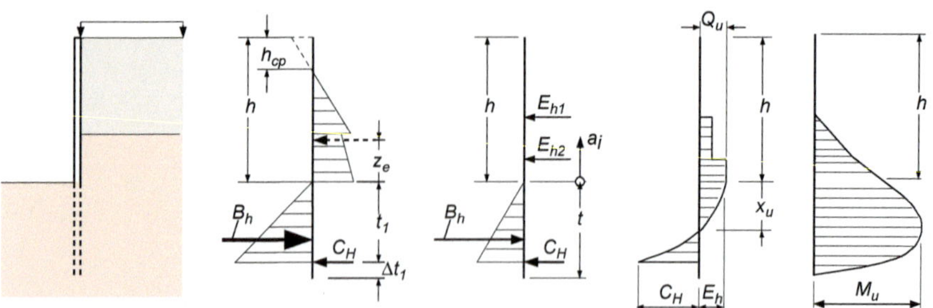

Bild 5.50 Erddruckverteilung und statisches System bei eingespannten Trägerbohlwänden

c) Passiver Erddruck auf durchgehende Wand – eben:

Für den Nachweis der Horizontalkräfte ist zu prüfen, ob die Einwirkungen infolge der Auflagerkräfte der Träger und des aktiven Erddrucks im Bereich zwischen den Trägern auf eine gedachte durchgehende Wand vom Boden aufgenommen werden können. Dieser Nachweis ist erbracht, wenn der Bemessungswert der einwirkenden Kräfte kleiner ist als der Bemessungswert des ebenen passiven Erddrucks auf eine gedachte durchgehende Wand. Der charakteristische Wert $E_{ph3,k}$ wird nach den Grundregeln der Erddruckberechnung mit den Erddruckbeiwerten $K_{pgh}(\delta_p = -\varphi)$, K_{pph} und K_{pch} z. B. nach SOKOLOVSKI/PREGL ermittelt.

$$E_{ph3,k} = \frac{1}{2}\gamma_k t_0^2 K_{pgh} + p K_{pph} t_0 + c_k K_{pch} t_0 \tag{5.9}$$

Ermittlung des Bemessungswerts:

$$E_{ph3,d} = \frac{E_{ph3,k}}{\gamma_{R,e}} \tag{5.10}$$

3. Nachweis des Erdwiderlagers, Summe der Horizontalkräfte

Im Bereich unterhalb der Baugrubensohle wird bei nicht gestützten Wänden die gesamte Belastung und bei gestützten Wänden ein Teil der Horizontalkräfte durch die Reaktion des Bodens vor dem Träger aufgenommen. Zum Nachweis der ausreichenden Einbindetiefe ist das Tragverhalten des Trägers durch ein statisches Modell zu idealisieren, bei dem in Höhe des Schwerpunkts der mobilisierten widerstehenden Spannungen vor dem Träger ein Widerlager angenommen wird. Aus den Annahmen zur Lagerung des Trägers ergibt sich die Lage des Erdwiderlagers im Untergrund als Voraussetzung für die Ermittlung der Schnittgrößen gemäß *Bild 5.50*.

Bei ein- oder mehrfach gestützten Wänden ist die Annahme einer freien Auflagerung möglich. Eine Einspannung im Fußbereich ist bei ungestützten Wänden erforderlich oder wenn die Verformungen im Fußbereich begrenzt werden sollen. Bei gestützten Wänden hängt der Grad der Einspannung von der Einbindetiefe und der Wechselwirkung zwischen Träger und Boden ab. Für die Mobilisierung der Einspannwirkung ist unterhalb des theoretischen Fußpunkts eine geringe Rückdrehung erforderlich. Diese kann sich bei sehr steifen Trägern und nachgiebigem Untergrund u. U. nicht oder nur teilweise einstellen.

Von den Trägern wird im Einbindebereich eine rechnerische Beanspruchung auf den Boden übertragen. Zum *Nachweis gegen Versagen des Erdauflagers* ist der Bemessungswert dieser Beanspruchung mit dem Bemessungswert des maßgebenden passiven Erddrucks zu vergleichen.

$$a_t B_{H,d} \leq E_{ph1/2,d} \tag{5.11}$$

mit $E_{ph1/2,d} = \frac{\eta_{R,e} E_{ph1/2}}{\gamma_{R,e}}$, wobei $\eta_{R,e}$ einen Abminderungsfaktor darstellt zur Begrenzung der Verschiebungen (siehe EB 14 [49]). Maßgebend für den Nachweis ist die kleinere passive Erddruckkraft! Die Größer der rechnerischen Auflagerkraft B_H ergibt sich aus dem statischen Modell.

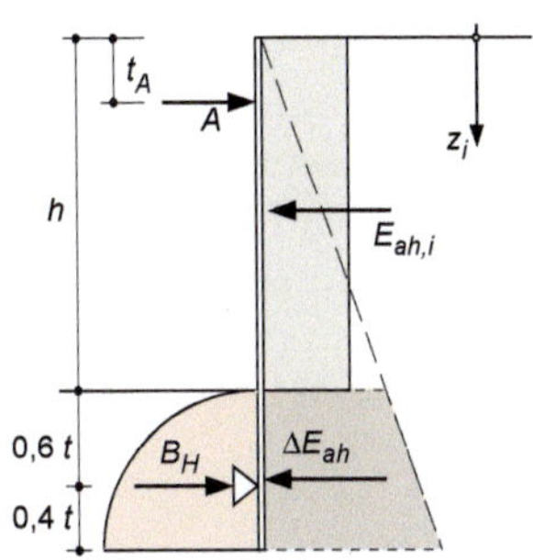

Bild 5.51 Frei aufgelagertes Erdwiderlager, Spannungsverteilung

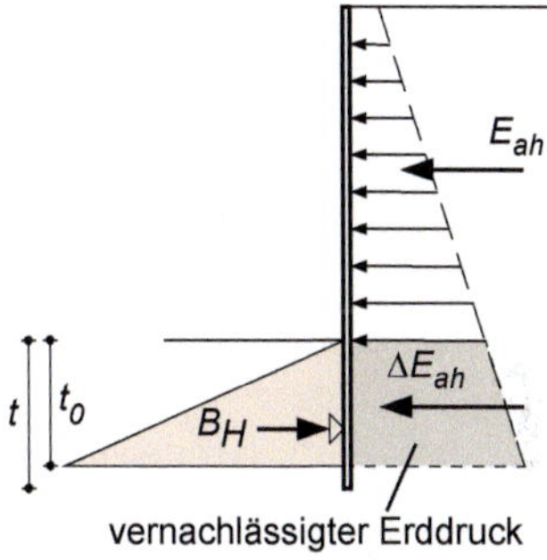

Bild 5.52 Erdwiderlager und Spannungsverteilung bei Einspannung

$E_{ah,k}$ – aktiver Erddruck oberhalb der Baugrubensohle
$\Delta E_{ah,d}$ – vernachlässigter Erddruck unterhalb Baugrubensohle bis t_0 oder t_1
$B_{H,k}$ – untere Auflagerreaktionskraft infolge $E_{ah,k}$
$B_{H,d}$ – Bemessungswert der Auflagerkraft $B_{H,d} = B_{G,k}\gamma_G + B_{Q,k}\gamma_Q$

Die Aufnahme des belastenden Erddrucks oberhalb der Sohle und des vernachlässigten aktiven Erddrucks auf die Bohlträger unterhalb der Sohle durch das gedachte Erdauflager ist durch das *Gleichgewicht der Horizontalkräfte* nachzuweisen.

$$|B_{H,d}| + \Delta E_{ah,d} \leq E_{ph3,d}$$

a) Im Boden frei aufgelagerte Trägerbohlwand (*Bild 5.51*):

$B_{HG,k}$ bzw. $B_{HQ,k}$: Auflagerreaktionskraft infolge $E_{agh,k}$ bzw. $E_{aph,k}$; bei weichen bindigen Böden liegt B_H bei $h/3$ (bzw. $t_0/3$); bei nichtbindigen oder mindestens steifen, bindigen Böden bei $0,4h$ (bzw. 0,4 t_0); $\Sigma M_A = 0$ liefert z. B. für nichtbindige oder steife, bindige Böden:

$$B_H = \frac{(z - t_A)E_{ah}}{(h - t_A + 0,6t)}$$

für einfach gestützte Wand, z Abstand der resultierenden Erddruckkraft zum Wandkopf.

Hinweis: Bei mehreren unbegrenzten oder begrenzten Flächenauflasten erfolgt die Ermittlung der Auflagerreaktionskraft aus der Auswertung der Gleichgewichtsbedingungen am statischen Ersatzsystem (Träger auf zwei Stützen).

$B_{H,d}$: Bemessungswert der Auflagerkraft $B_{H,d} = B_{G,k}\gamma_G + B_{Q,k}\gamma_Q$

b) Im Boden eingespannte Trägerbohlwand *Bild 5.52*:

Wenn die Träger ausreichend tief in den Untergrund einbinden, darf bei der Ermittlung der Schnittkräfte eine Einspannung angesetzt werden. Zur Ermittlung der Bodenreaktion vor dem Träger darf angenommen werden, dass das Einspannmoment in Höhe des theoretischen Fußpunkts Null ist oder die Tangente an die Biegelinie durch den nächstgelegenen Stützungspunkt verläuft.

Es wird näherungsweise von einer geradlinigen Zunahme der Bodenreaktion mit der Tiefe ausgegangen und die Lage der rechnerischen Stützkraft B_H im Schwerpunkt der Bodenreaktion angesetzt. Der theoretische Fußpunkt liegt bei voller Einspannung bei $t_1 = \frac{5}{6}t$ wenn t die Einbindetiefe bezeichnet.

4. Nachweis der Vertikalkräfte

a) Vertikalkomponente des mobilisierten passiven Erddrucks:

Bei der Berechnung des mobilisierten passiven Erddrucks (Erdwiderstand) wird i. Allg. ein nach oben gerichteter Erddruckneigungswinkel angenommen. Je größer der Betrag des nach oben gerichteten Erddruckneigungswinkels ist, umso größer ist der rechnerische passive Erddruck und umso kleiner die erforderliche Einbindetiefe. Der Berechnung darf zunächst ein betragsmäßig großer, nach oben gerichteter Erddruckneigungswinkel zugrunde gelegt werden, z. B. $\delta_p = -|\varphi - 2,5°|$. Im Rahmen der rechnerischen Nachweise ist zu prüfen, ob die Annahme von δ_p physikalisch möglich ist. Die nach oben gerichteten vertikalen Kräfte dürfen nicht größer sein, als die nach unten gerichteten Kräfte.

$$|\Sigma V_k \uparrow| \leq |\Sigma V_k \downarrow|$$

mit $|\Sigma V_k \uparrow| = B_{vk} = B_{Hk} \tan\delta_p$ und $|\Sigma V_k \downarrow| = E_{av,k} + A_{v,k} + G_k + C_{v,k} + P_{v,k}$. Dabei ist $C_{v,k} = C_{H,k} \tan\delta_c$ die Ersatzkraft nach BLUM mit $\delta_c \leq \frac{1}{3}\varphi$.

b) Nachweis der Abtragung von Vertikalkräften in den Untergrund:

Mit diesem Nachweis wird sichergestellt, dass die Beanspruchungen des Verbaus nicht zu einem Versinken von Bauteilen führen können. Dafür ist nachzuweisen, dass die in *Bild 5.53* nach unten gerichtete resultierende Beanspruchung mit ausreichender Sicherheit in den Untergrund übertragen werden kann.

$$\frac{|\Sigma V \uparrow|}{|\Sigma V \downarrow|} = \frac{R_{T,d}}{(E_{av} + A_v + G + P_v)_d}$$

E_{av} – Vertikalkomponente der Erddruckkraft
A_v – Vertikalanteil der Verankerung
G – Eigenlast der Baugrubenwand
P_v – Vertikallast aus Nutzlasten
R_T – Grenztragfähigkeit der Träger pro m Wand

Die Ermittlung der Grenztragfähigkeit der Träger darf über den Spitzenwiderstand R_b und den Mantelwiderstand R_S mit den Verfahren zur Berechnung der Tragfähigkeit von Pfählen auf Grundlage von Erfahrungswerten erfolgen.

Damit ergibt sich die Tragfähigkeit R_T^* des einzelnen Trägers aus den Anteilen R_S und R_b wie folgt:

$$R_T^* = R_S + R_b \quad R_S = \frac{1}{2} U t_n q_S \quad R_b = f_t A_b q_b$$

mit A_b Fläche des Trägerfußes, U Umfang des Trägers und t_n wirksame Einbindetiefe. Als wirksame Einbindetiefe darf der Abstand des Trägerfußes von der Baugrubensohle abzüglich

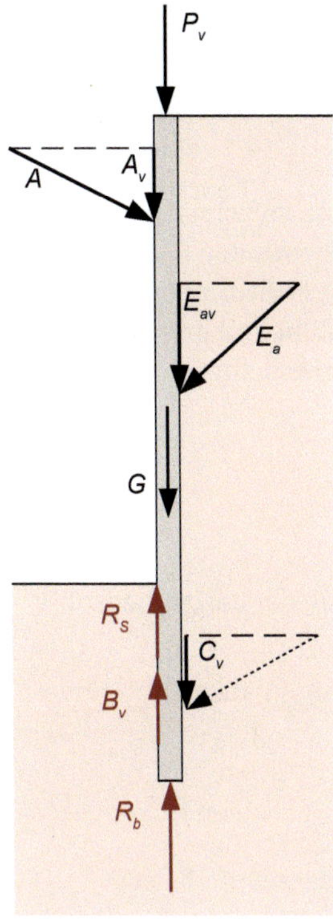

Bild 5.53 Vertikalkräfte bei Trägerbohlwänden

0,50 m angesetzt werden. Es ist für den Spitzenwiderstand der Abminderungsfaktor f_t anzusetzen.

$$f_t = \frac{t_n}{2,50\,\text{m}} = \frac{t - 0,50\,\text{m}}{2,50\,\text{m}}$$

Für die Größen q_b und q_S dürfen die Erfahrungswerte für Bohrpfähle mit ausbetoniertem bzw. vermörteltem Fuß bzw. die Erfahrungswerte für Rammpfähle zugrunde gelegt werden. Es wird dafür eine Mindesteinbindetiefe in den tragfähigen Baugrund vorausgesetzt. Bei Bohlträgern ist die Einbindung ausreichend, wenn diese auf den letzten 5 m durch tragfähigen Boden gerammt bzw. gebohrt und erst beim Aushub teilweise freigelegt werden. Auch wenn eine kleinere Einbindetiefe ausreicht, sollte die für Rammpfähle geforderte Mindesteinbindetiefe $t = 3,00$ m nicht unterschritten werden, wenn außer der Vertikalkomponente des Erddrucks weitere senkrechte Lasten abzutragen sind. Den auf den laufenden Meter bezogenen Widerstand gegen Versinken der Träger erhält man nach *Gl.5.12* mit den Beiwerten f_a und f_d nach WEISSENBACH.

$$R_T = f_a f_d \frac{R_T^*}{a_t} \tag{5.12}$$

$f_d = 1,25$ – besonders dichte Lagerung		$f_d = 0,70$ – mitteldichte Lagerung
$f_d = 1,00$ – dichte Lagerung		$f_d = 0,40$ – lockere Lagerung

Der Faktor f_a erfasst den Einfluss des Trägerabstands. Ab $\frac{a_t}{b_t} \leq 2$ gelten die gleichen Bedingungen wie für eine durchgehende Wand.

$$f_a = 1,0 \quad \text{für} \quad a_t \geq 3b_t$$
$$f_a = 0,75 + 0,25(\tfrac{a_t}{b_t} - 2) \quad \text{für} \quad 2 \leq \tfrac{a_t}{b_t} \leq 3$$

Durch den Beiwert f_d wird der Einfluss der Lagerungsdichte erfasst.

5. Weitere Nachweise

Für das Bauwerk sind alle Nachweise zu führen zur Bemessung der einzelnen Konstruktionsteile und zum Versagen von Bauwerk und Baugrund, z. B. Nachweis der tiefen Gleitfuge, Aufbruch des Verankerungsbodens, hydraulischer Grundbruch, Aufschwimmen, Aufbruch der Baugrubensohle, Materialversagen von Bauteilen (Stahl- oder Stahlbetonbemessung), Gesamtstandsicherheit (Geländebruch). Die Art der Berechnungsverfahren hängt von der jeweiligen Bauweise und den Randbedingungen der Baumaßnahme ab.

Berechnungsablauf: Trägerbohlwand

1. Ermittlung des belastenden Erddrucks (aktiver Erddruck) oberhalb der Baugrubensohle, Erddruckumlagerung – Einwirkung
2. Berechnung des passiven Erddrucks unterhalb der Baugrubensohle – Widerstand (räumlich, ideelle Wand, ebener Fall)
3. Nachweis der Horizontalkräfte
4. Nachweise der Vertikalkräfte (Erddruckneigung, Versinken)
5. weitere Nachweise (Bauteilabmessungen, Ausfachung, Anker, Geländebruch usw.)

Übung 5.7

Trägerbohlwand

http://www.zaft.htw-dresden.de/grundbau

6 Verankerungen

Bei der in *Abschnitt 5.2.2* beschriebenen Stützbauweise wird die Einwirkung aus Erd- und Wasserdruck von einer Wand aufgenommen und durch Stützungen gemäß *Bild 6.1* abgetragen. Das Erdwiderlager oder punktuell angeordnete Steifen sind mögliche Stützelemente, die durch Druckkräfte beansprucht werden. Als Alternative zur Steife können auch Anker eingesetzt werden. Anker werden ähnlich wie Pfähle und Nägel auf der Grundlage von Probebelastungen dimensioniert.

6.1 Funktion und Tragwerk

Verankerungen leiten Beanspruchungen aus dem Tragwerk über Zugglieder in Verankerungskörper ab. Sie können z. B. zur Lastabtragung bei Stützwänden eingesetzt werden. Im Bereich der Verankerungskörper ist ein ausreichend großer Widerstand zur Aufnahme der Zugkräfte erforderlich. Der wesentliche Unterschied zwischen Anker und Nagel besteht im begrenzten Lasteintragungbereich bei Ankern. Während Nägel auf der gesamten Länge über die Mantelreibung Kräfte in den Baugrund abtragen können, wird bei Ankern die Zugkraft über den Bereich der freien Ankerlänge auf den Verankerungskörper übertragen.

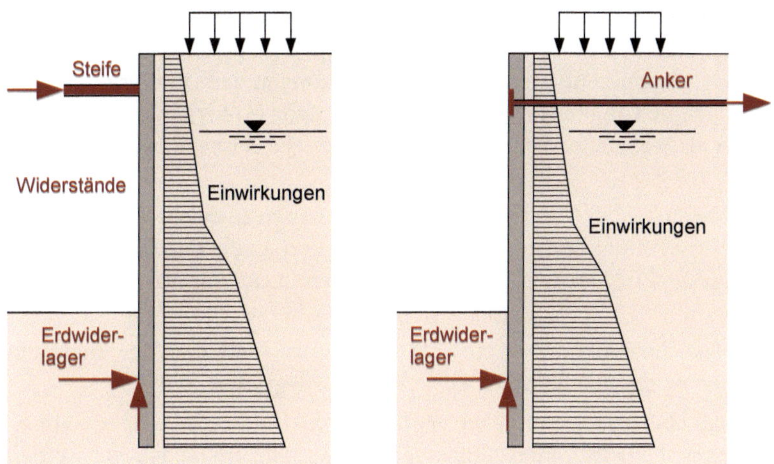

Bild 6.1 Anwendung von Steifen oder Ankern bei Stützbauweisen

Einsatzgebiet für Verankerung sind z. B. Baugrubenwände, die Auftriebssicherung von Baugrubensohlen, die Hangsicherung, die Sicherung von Widerlagern für Abspannungen (Pylone), der Fluss- und Wasserbau sowie der Tunnelbau. Die Zugbeanspruchung ist mit einer Dehnung des Zugglieds verbunden. Zur Begrenzung der mit dem Längenzuwachs der Anker verbundenen Verformungen der Wand, werden die Anker i. d. R. vorgespannt. Dieser Vorgang erlaubt außerdem die Überprüfung der Tragfähigkeit der Anker.

Je nach der vorgesehenen Nutzungsdauer unterscheidet man Kurzzeitanker und Daueranker. Kurzzeitanker werden für vorübergehende Bauwerke mit einer Nutzungsdauer von bis zu 2 Jahren eingesetzt, z. B. als Verankerungen von Baugrubenwänden. Der wichtigste Unterschied zwischen Kurzzeit- und Dauerankern ist der Korrosionsschutz. Bei Kurzzeitankern reichen i. Allg. einfache Maßnahmen aus, während bei Dauerankern der Nachweis der Brauchbarkeit des Korrosionsschutzsystems erbracht werden muss und ein dauerhafter mechanischer Schutz der Anker erforderlich ist. Einzelheiten werden in den bauaufsichtlichen Zulassungen und der DIN EN 1537 [13] geregelt. Die Anforderungen an Herstellung und Prüfung der Anker sind in DIN EN 1537 geregelt. Für die Bemessung sind die Angaben der DIN EN 1997-1 [25] zu beachten.

6.2 Entwurf und Vorbemessung

6.2.1 Bauweisen – Überblick

Anker werden dort eingesetzt, wo Belastungen aus Erd- und Wasserdruck oder dem Gewicht aufgelagerter Bereiche des Bauwerks oder Untergrunds durch Wand- oder Deckenelemente aufgenommen und über eine punktförmige Stützung abgetragen werden müssen und für die Stützung Pfeiler oder Steifen nicht eingesetzt werden können. In *Bild 6.2* die Herstellung der Verankerung bei einer Spundwand dargestellt. Die Gurtung dient der besseren Lastverteilung.

Der Ankerkopf muss so an die Wand- oder Deckenelemente angeschlossen sein, dass das Herausreißen (Durchstanzen) nicht eintreten kann. Vom Ankerkopf wird die Ankerkraft über ein Zugglied auf Verankerungselemente übertragen, die die Belastung in den Untergrund einleiten. Als Verankerungselemente können (siehe *Bild 6.3*) Ankerwände (Ankerplatte, Ankertafel), Pfahlböcke, Ankerkörper als Fertigteile, Verpressanker oder spezielle Felsanker (Gebirgsanker) zum Einsatz kommen.

Ankerwände sind Spundwände oder Stahlbetonwände, die in einem ausreichend großen Abstand hinter der eigentlichen Stützwand eingebracht werden und an die das Zugglied angekoppelt wird. Der Einbau der Zugglieder erfolgt am einfachsten in Gräben von der Geländeoberfläche aus.

Pfahlböcke erfüllen die gleiche Funktion wie die Ankerwände. Sie werden mit der Stützwand über ein Zugglied verbunden, das in einem Graben von oben verlegt wird.

Ankerkörper sind i. d. R. Stahlbetonelemente, die vor Ort betoniert oder als Fertigteile eingerüttelt, eingerammt, eingespült oder anderweitig eingebaut werden. Die Zugglieder werden meistens vor dem Einbringen der Ankerkörper befestigt. Ein häufiges Einsatzgebiet von Ankerkörpern sind Bauwerke, bei denen nahezu senkrecht wirkende Zugkräfte wirken.

Felsanker werden vor allem im Bergbau und im Tunnelbau eingesetzt. Aufgrund der geringen Nachgiebigkeit des Festgesteins lässt sich Krafteinleitung über Spreizkräfte oder durch

Bild 6.2 Litzenanker zur Sicherung einer Spundwand mit Gurtung

Haftverbund mittels Kleber oder Mörtel erreichen. Bei *Mörtelankern* im Felsbau kann der Kleber (Kunststoff) oder Zementmörtel durch Füllen des Bohrlochs vor dem Ankereinbau eingebracht werden. Es sind auch Verfahren mit Einbau des Mörtels in Patronen oder dem nachträglichen Einbringen des Mörtels im Einsatz. *Spreizanker* bestehen am hinteren Ende aus einem keilförmigen oder konischen Bauteil, das durch Einschlagen oder Einschrauben aufgeweitet wird und dadurch den Anker im Bohrloch verkeilt. Die einfachste Form ist ein am Ende eingekerbter Holzstiel mit einem in die Kerbe gesteckten Keil. Nach Einführen des Stiels in den Hohlraum wird durch Schläge der Keil eingerammt und der Stiel gegen die Wandung verklemmt. *Reibrohranker* übertragen die Zugkraft entlang der Reibung zwischen einem aufgeweiteten Rohr und der Bohrlochwandung. Zum Anpressen des Rohrs ist eine Aufweitung erforderlich, die z. B. durch Erhöhung des Innendrucks eines zuvor eingedrückten Rohrquerschnitts erreicht werden kann. Nach der Art des Stahlzugglieds unterscheidet man Seil- und Litzenanker sowie Stab- oder Rohranker.

6.2.2 Verpressanker

Wegen der großen Bedeutung der Verpressanker für das Bauwesen wird diese Art der Verankerung im Folgenden ausführlich behandelt. Entstanden ist diese Technologie in den 50-er Jahren des 20. Jahrhunderts. Für die Errichtung eines neuen Studiogebäudes des Bayerischen Rundfunks in München im Jahr 1958 war die Herstellung einer Baugrube mit einer Grundfläche von ca. 3800 m^2 und einer Einbindung von ca. 15 m erforderlich. Zur Vermeidung des Einbaus von Steifen war der Einbau von Ankern geplant, die durch Horizontalbohrungen an zuvor hergestellte Brunnenschächte angebunden werden sollten. Die Horizontalbohrungen

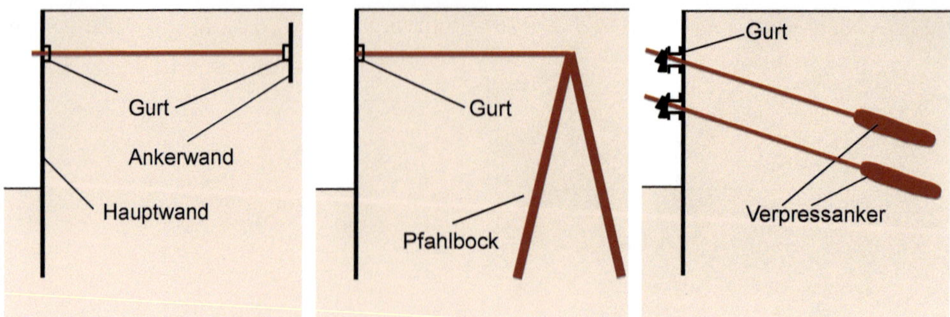

Bild 6.3 Ankerwand, Pfahlbock, Verpressanker

verfehlten in dem dicht gelagerten Kies häufig ihr Ziel. Beim Ziehen der Gestänge waren teilweise Kräfte in der Größenordnung der geplanten Ankerkraft erforderlich. Aus diesem Sachverhalt entstand die Überlegung, das Zugglied nicht im Schacht, sondern direkt im Boden zu verankern.

Zur Herstellung von Verpressankern ist zunächst eine Bohrung herzustellen. Diese muss bis zur Fertigstellung gesichert werden (Suspension, Verrohrung). Nach Einbau des Zugglieds wird der Verankerungsbereich mit Zementmörtel verpresst (siehe *Bild 6.4*). Bei Ankern muss die Kraft über das Zugglied auf den Verankerungsbereich übertragen werden. Damit diese Kraftübertragung verlustfrei erfolgt, muss die freie Ankerlänge durch Freispülen hergestellt werden. Durch das Nachverpressen nach der Erhärtung der ersten Bohrlochverfüllung kann die Tragfähigkeit des Verankerungskörpers verbessert werden. Nach Anbau des Ankerkopfs erfolgt das Aufbringen der Vorspannung und die Festlegung der Ankerkraft.

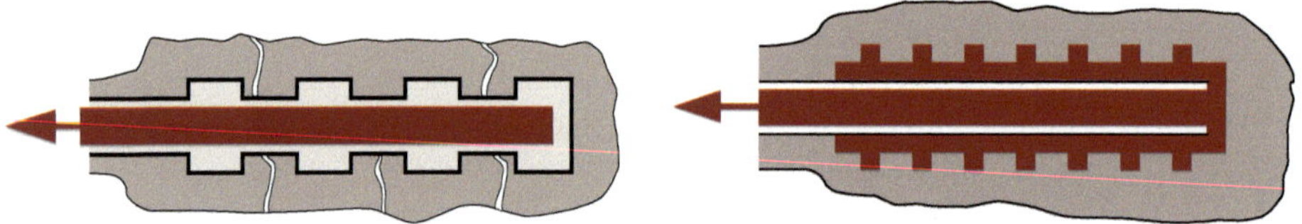

Bild 6.4 links: Verbundanker, Rissbildung durch Zugkräfte, rechts: Druckrohranker

Für die Gewährleistung der Kraftübertragung im Verpressbereich sind unterschiedliche Verfahren entwickelt worden. Bei Verbundankern wird die Zugkraft im Bereich des Verpresskörpers von vorn nach hinten eingeleitet. Die damit verbundene Dehnung des Stahlzugglieds führt zu Rissen. Durch die Ankopplung des Stahlzugglieds am Ende des Ankers an die Druckrohranker lässt sich diese Rissbildung vermeiden. Im Bereich des Verpresskörpers erfolgt die Lasteintragung von hinten nach vorn als Druckbeanspruchung.

Bohren: Die Wahl des richtigen Bohrverfahrens unter Berücksichtigung des anstehenden Baugrunds bestimmt den Zeitaufwand für die Herstellung der Anker ganz wesentlich. Üblich sind Bohrdurchmesser von 80 bis 150 mm. Trotz der weit entwickelten Bohrtechnik sind Abweichungen von ca. 2 % der Bohrlochlänge nicht immer zu vermeiden. Nach DIN EN 1537 soll die Abweichung 1/30 der Ankerlänge nicht übersteigen. Dies ist bei der Planung zu berücksichtigen. Ankerlängen von mehr als 50 m sind mit der heute verfügbaren Technik herstellbar. Die Ankerbohrgeräte sind meist auf Raupenfahrwerken montiert und können Bohrleistungen von mehr als 100 m/Tag erreichen. In *Bild 6.5* ist der Bohrvorgang bei einer Trägerbohlwand abgebildet.

Bild 6.5 Herstellung der Bohrung für den nachfolgenden Ankereinbau

Ankereinbau und Verpressen: Nach erfolgter Fertigstellung des Bohrlochs wird der Anker eingebaut. Dazu ist das Bohrloch zunächst vollständig mit einer Zementsuspension zu verfüllen, bis der Suspensionsspiegel am Bohrlochmund nicht mehr absinkt. Der vormontierte, mit Abstandhaltern versehene Anker wird so in das Bohrloch eingebracht, dass eine Beschädigung der für den Korrosionsschutz wichtigen Teile ausgeschlossen ist. Bei verrohrten Bohrungen erfolgt anschließend über einen Verpresskopf das Einpressen weiterer Suspension unter einem Druck von 5 bis ca. 15 bar. Dabei wird die Verrohrung abschnittweise bis zum Anfang des Verpresskörpers zurückgezogen.

Freispülen: Durch das Freispülen des Bereichs zwischen Ankerkopf und Beginn des Verpresskörpers wird die freie Ankerlänge gewährleistet. Dazu wird eine Spüllanze bis auf einen ausreichend großen Sicherheitsabstand (≥ 1,0 m) an den Verpresskörper heran eingebracht und die Suspension mit einem Spülmedium, meist Wasser, herausgespült. In Abhängigkeit von den Baugrundeigenschaften und dem Einbringverfahren liegt die tatsächlich benötigte Suspensionsmenge ca. 50 bis 200 % über der theoretisch erforderlichen Menge. Während der Herstellung ist deshalb der Suspensionsverbrauch fortlaufend zu erfassen, zu dokumentieren und zu bewerten. Übersteigt der Verbrauch den theoretischen Wert erheblich, sind Maßnahmen zur Feststellung der Ursachen zu ergreifen und geeignete Gegenmaßnahmen festzulegen.

Nachverpressen: Das Nachverpressen dient der Verbesserung der Verbundwirkung des Verpresskörpers und der Erhöhung der Tragfähigkeit der Anker. Es erfolgt etwa einen Tag nach dem Verpressen über eine oder mehrere mit dem Zugglied eingebaute Kunststoffleitungen. Beim Nachverpressen werden Drücke von 5 bis 30 bar aufgebracht. Dadurch wird der bereits etwas erhärtete Verpresskörper aufgesprengt und dadurch die Verzahnung mit dem umgebenden Boden deutlich verbessert. Die Tragkrafterhöhung kann bis zu 30 % betragen.

Montage des Ankerkopfs: Die fachgerechte Montage des Ankerkopfs ist eine wichtige Voraussetzung für die Gewährleistung des Korrosionsschutzes und die Sicherung der Dauherhaftigkeit des Ankers. Dafür sind die zwängungsfreie Montage des Ankerkopfs und der dichte Anschluss an das Überschubrohr des Zugglieds erforderlich.

Tabelle 6.1 Zugglieder und Anhaltswerte der Tragfähigkeit von Verpressankern

Bezeichnung	Anzahl Zugglieder	Durchmesser Zugglied	Stahlgüte	Tragfähigkeit
		[mm]	[N/mm²]	[kN]
Einstabanker aus Spannstahl	1	26,5	835/1030	263
	1	32,0	835/1030	384
	1	36,0	835/1030	485
	1	26,5	950/1050	299
	1	32,0	950/1050	436
	1	36,0	950/1050	552
	1	40,0	950/1050	682
	1	26,5	1080/1230	340
	1	32,0	1080/1230	496
	1	36,0	1080/1230	628
Einstabanker aus Baustahl	1	32,0	500/550	230
	1	40,0	500/550	359
	1	50,0	500/550	561
	1	63,5	500/700	1004
Bündelanker	3 bis 12	12,0	1420/1570	275 bis 1100
Litzenanker	2 bis 12	15,3 (0,60 Zoll)	1570/1770	126 je Litze
	2 bis 12	15,7 (0,62 Zoll)	1570/1770	135 je Litze
	2 bis 12	15,3 (0,60 Zoll)	1660/1860	133 je Litze
	2 bis 12	15,7 (0,62 Zoll)	1660/1860	143 je Litze

Spannen und Festlegen: Das Spannen und Festlegen der Ankerkraft erfolgt entsprechend den Vorgaben der Statik und muss überwacht und protokolliert werden (siehe *Bild 6.6*). Für das Fixieren des Ankerzugglieds am Ankerkopf werden Ankermuttern oder Keile verwendet. Ein geringer Schlupf ist dabei nicht zu vermeiden und muss bei der Festlegung der Vorspannkraft berücksichtigt werden.

Beim Anspannen nebeneinanderliegender Anker ist eine mögliche Entlastung durch das Aufbringen der Vorspannkraft des Nachbarankers nicht ganz zu vermeiden und muss durch Nachspannen wieder korrigiert werden. Das Vorgehen entspricht etwa dem kreuzweisen Festziehen von Verschraubungen, z. B. bei Radmuttern.

Bei der Planung von Verankerungen mit Verpressankern sollten die folgenden konstruktiven Grundsätze eingehalten werden:

- Die freie Ankerlänge soll mindestens 5,0 m betragen.
- Der Verpresskörper muss in einer Schicht liegen, damit die Verhältnisse im Bereich der Krafteinleitungsstrecke gleich sind.
- Der Abstand zwischen Verpresskörper und anderen Bauwerken, z. B. Rohrleitungen, muss mindestens 3,0 m betragen.

Bild 6.6 Probebelastung eines Ankers mit einer hydraulischen Presse

- Der Verpresskörper muss mindestens 4,0 m unter GOF liegen.
- Verpessanker sollten mit einer Mindestneigung von 10° hergestellt werden.

Vorbemessung, Erfahrungswerte, Faustformeln: Die Berechnung der Tragfähigkeit mit theoretisch-analytischen Methoden ist noch nicht möglich. Deshalb wird die Tragfähigkeit von Ankern, ähnlich wie bei Pfählen, aus den Ergebnissen der Belastungstests abgeleitet. Anhaltswerte der Tragfähigkeit unterschiedlicher Ankertypen enthält *Tabelle 6.1*. Ein Kriterium für die Tragfähigkeit von Verpressankern ist der Herausziehwiderstand des Verpresskörpers. Im Zusammenhang mit der Festlegung der Vorspannkraft bzw. den notwendigen Ankerprüfungen, sind ständig Erfahrungswerte gesammelt worden, die für Vorbemessungen genutzt werden können.

Tabelle 6.2 Untere Werte des Mantelwiderstands bzw. der Tragfähigkeit von Verpressankern

bindige Böden	mit Nachverpressung τ_s in kN/m²		ohne Nachverpressung τ_s in kN/m²		nichtbind. Böden	F in kN	F in kN
Konsist.	l=5 m	l=11 m	l=5 m	l=11 m	Lagerung	l=2 m	l=10 m
steif	210	120	40	30	locker	80	400
halbfest	310	190	120	90	mitteldicht	250	700
fest	450	260	220	130	dicht	400	1000

l : Krafteinleitungslänge, τ_S : Mantelwiderstand, Durchmesser entspricht Bohrdurchmesser

In *Tabelle 6.2* sind untere Grenzwerte für den Mantelwiderstand von Verpressankern angegeben. Die Tragfähigkeit eines Ankers wird mit der Mantelfläche des Verpressbereichs ermittelt, wobei als Durchmesser der Bohrdurchmesser anzusetzen ist. In den *Bildern 6.7* bis *6.10* sind Erfahrungswerte für die Prognose der Tragfähigkeit von Verpressankern nach [83] dargestellt. Die Diagramme dürfen für den Entwurf benutzt werden, wenn keine eigenen Erfahrungen vorliegen. Durch Probebelastungen sind die Annahmen zu überprüfen.

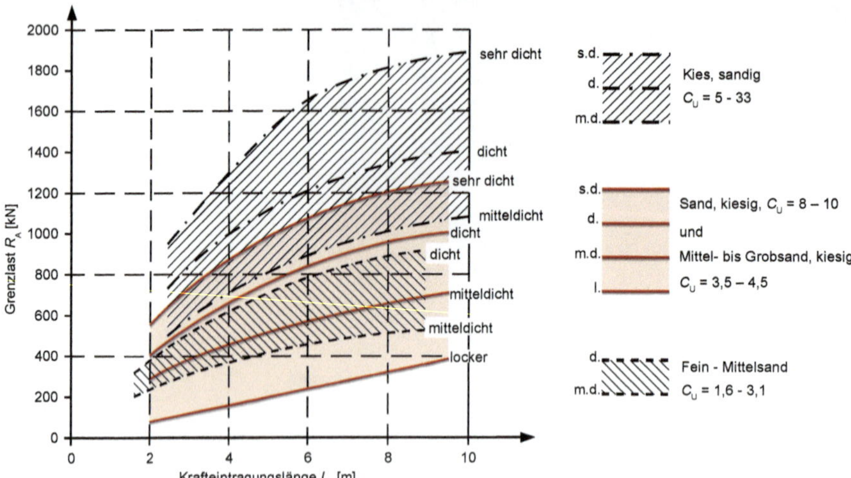

Bild 6.7 Erfahrungswerte der Grenzlast für Verpressanker in nichtbindigen Böden

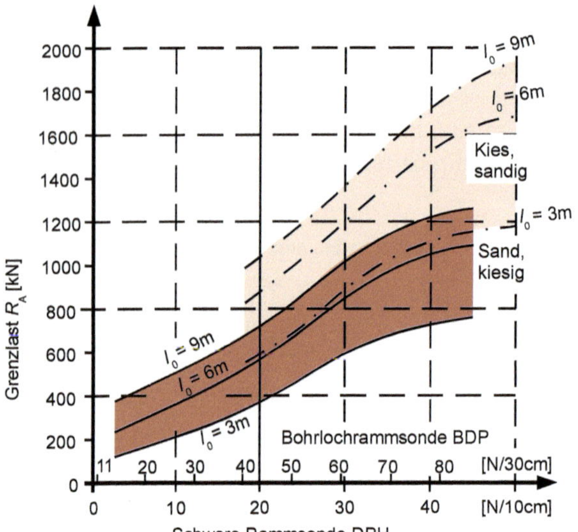

Bild 6.8 Zusammenhang zwischen der Traglast von Verpressankern und den Ergebnissen von Rammsondierungen

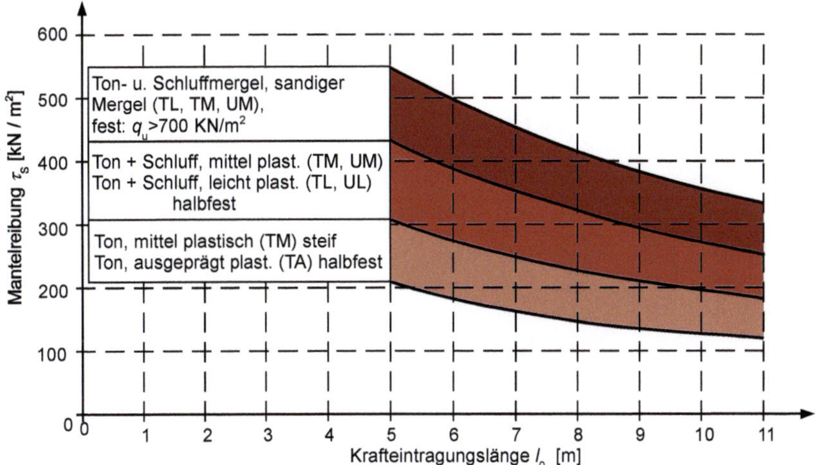

Bild 6.9 Mantelreibung von Verpressankern in bindigen Böden, mit Nachverpressung

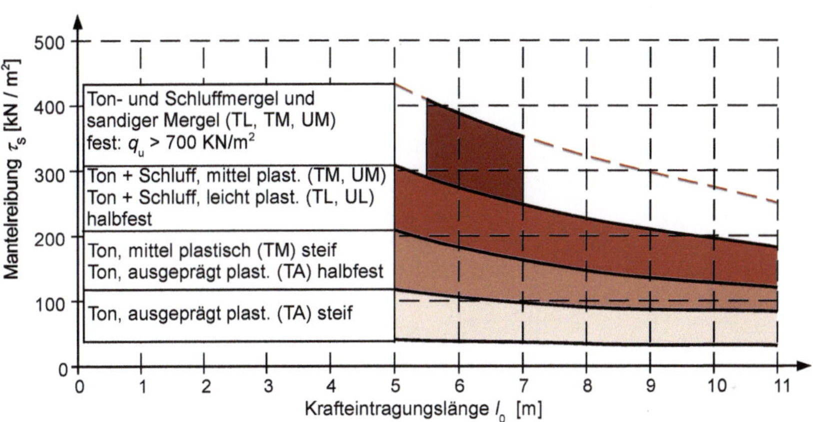

Bild 6.10 Mantelreibung von Verpressankern in bindigen Böden, ohne Nachverpressung

Die Faustformeln (siehe *Bild 6.11*) für die Vorbemessung von Verpressankern dürfen für den Vorentwurf von Regelausführungen genutzt werden.

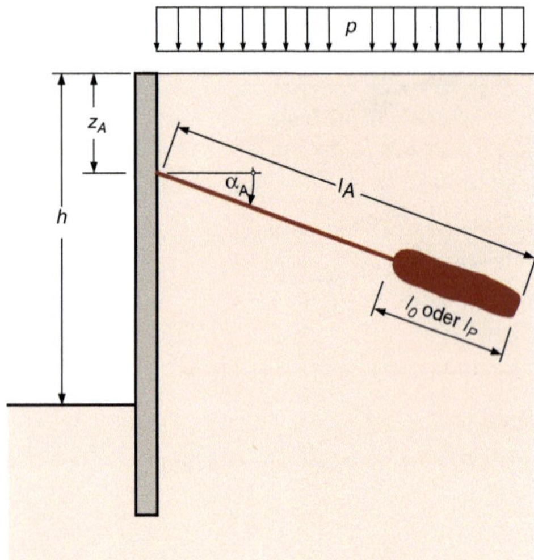

Bild 6.11 Geometrische Verhältnisse bei Spundwänden mit Verpressankern

Faustformel – Verpressanker

Regelausführung:

Anzahl der Ankerlagen bei h	:	≤ 4 m unverankert
		4 - 12 m eine Lage
		12 - 17 m zwei Lagen
Auflast auf dem Gelände	:	$p \leq 20\,\mathrm{kN/m^2}$
erste Ankerlage von oben	:	$z_A \approx 2{,}00\,\mathrm{m}$
Ankerneigung	:	$\alpha_A \approx 20°$

Ankerkraft	:	$A \approx A_0 + \kappa(h-4)$	[kN/m]
ohne Auflast	:	$A_p \approx A - 21$	[kN/m]
Ankerlänge	:	$l_A \approx l_1 + \lambda_2(h-4) + 0{,}4h$	[m]
Sand/Kies	:	$A_0 = 85\,\mathrm{kN/m},\ \kappa = 37{,}0;\ l_1 = 5\,\mathrm{m};\ \lambda_2 = 1{,}25$	
bindiger Boden	:	$A_0 = 106\,\mathrm{kN/m}, \kappa = 42{,}5;\ l_1 = 6\,\mathrm{m};\ \lambda_2 = 1{,}4$	

Übung 6.1

Entwurf Verankerung

http://www.zaft.htw-dresden.de/grundbau

6.3 Nachweise

Die aufnehmbare Belastung eines Ankers wird bestimmt durch den Widerstand des Verankerungselements, die Tragkraft des Zugglieds und die im Bereich des Ankerkopfs aufnehmbare

Last. Für jedes einzelne Element ist der Nachweis der Tragfähigkeit zu führen. Darüber hinaus ist die ausreichende Länge des Ankers zu prüfen.

6.3.1 Verpressanker – Herausziehwiderstand

Die aufnehmbare Verankerungskraft des Verpresskörpers lässt sich bei Verpressankern nicht auf theoretisch-analytischem Weg berechnen. Deshalb wird auch hier der Belastungsversuch als maßgebendes Kriterium herangezogen. In DIN EN 1537 [13] sind die Vorgaben für die Durchführung der Probebelastungen zusammengestellt.

Untersuchungsprüfung (früher Grundsatzprüfung): Die Eignung eines Ankersystems wird grundsätzlich getestet. Nach Herstellung erfolgt die Probebelastung (Zugversuch) und der Anker wird freigegraben. Geregelt ist die Prüfung in DIN EN 1537 (früher DIN 4125).

Eignungsprüfung: Auf jeder Baustelle sind 3 Anker je Hauptbodenart auf ihre Eignung zu prüfen mit der Prüflast P_p. Die elastischen Verformungen des Ankers ergeben sich aus dem E-Modul von Stahl:

$$\epsilon^e = \frac{\Delta l}{l_{fs}} = \frac{\sigma}{E_{\text{Stahl}}}$$

l_{fs} ist die freie Ankerlänge bis zum Verpresskörper oder der Ankerwand. E_k ist die charakteristische Beanspruchung des Ankers (Ankerkraft). Der charakteristische Herausziehwiderstand $R_{A,k}$ ist die aufgebrachte Prüfkraft P_p oder der Wert der aufnehmbaren Kraft bei einem Kriechmaß von

$$k_s = \frac{s_b - s_a}{\lg \frac{t_b}{t_a}} = 2{,}0\,\text{mm}.$$

Es ist der Nachweis im Grenzzustand STR/GEO-2 zu führen:

$$R_{A,d} = \frac{R_{A,k}}{\gamma_A} \geq E_d$$

Abnahmeprüfung: Die Abnahmeprüfung wird zur Vorspannung der Anker genutzt. Das Verfahren und die Größe der Prüflast sind in DIN EN 1537 geregelt ($P_p \geq 1{,}1 P_k$).

Durch das Vorspannen der Anker wird der Kraftfluss im Bauwerk maßgeblich reguliert. Es ist darauf zu achten, dass die rechnerisch untersuchten Zustände eingehalten werden. Bei Ansatz des aktiven Erddrucks E_a für die Bemessung der Wand wird eine Vorspannung des Ankers auf $0{,}8 - 0{,}9 E_k$ empfohlen, wobei E_k der charakteristische Wert der Ankerkraft ist. Wenn der Bemessung der Ansatz des Ruhedrucks zugrunde liegt, sollte die Vorspannung bis zur Größe der Ankerkraft $1{,}0 E_k$ erfolgen (keine Verdichtung) und wenn der Ruhedruck auf Dauer erhalten bleiben soll, wird eine Festlegung der Ankerkraft auf $A \geq 1{,}1 E_k$ empfohlen.

6.3.2 Aufbruch des Verankerungsbodens

Die bodenmechanisch bedingte maximale Ankerkraft lässt sich unter Zugrundelegung von Bruchmechanismen gemäß *Bild 6.12* berechnen, wenn als Verankerungselement eine Ankerwand benutzt wird. Durch die Zugbeanspruchung wird die Ankerwand in das Erdreich hinein bewegt und dadurch der passive Erddruck vor der Ankerwand mobilisiert. Für die Berechnung ist der belastende, aktive Erddruck hinter der Ankerwand E_a zu berücksichtigen. Der Erddruckneigungswinkel darf mit $\delta_a = \frac{2}{3}\varphi$ angesetzt werden. Bei Annahme des Erddruckneigungswinkels δ_p zur Berechnung des passiven Erddrucks ist die Forderung nach Einhaltung des Gleichgewichts der Vertikalkräfte zu beachten, z. B. in dem der passive Erddruck parallel zur Ankerneigung angesetzt wird. Durch die Berücksichtigung von Verkehrslasten bei der Berechnung der Beanspruchung und Vernachlässigung bei der Ermittlung des widerstehenden passiven Erddrucks wird sichergestellt, dass die Annahmen auf der sicheren Seite liegen. Der Nachweis erfolgt durch den Vergleich des Bemessungswerts der Ankerkraft zuzüglich des aktiven Erddrucks auf die Ankerwand mit dem Bemessungswert des passiven Erddrucks.

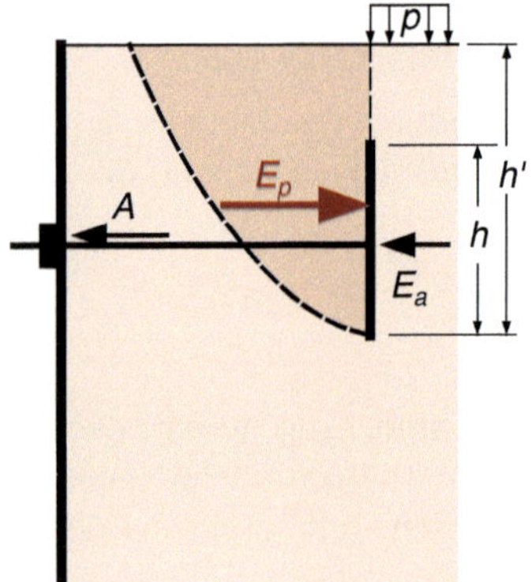

Bild 6.12 Versagen, Einwirkungen und Widerstände beim Aufbruch des Verankerungsbodens

Als Widerstand wirkt der passive Erddruck $E_{p,k}$. Deshalb ist $E_{p,k}$ durch den Teilsicherheitsbeiwert $\gamma_{R,e}$ zu teilen, während die charakteristischen Werte der Ankerkraft und des belastenden aktiven Erddrucks mit Teilsicherheitsbeiwerten multipliziert werden.

$$\frac{E_{pH,k}}{\gamma_{R,e}} \geq (A_{hQ,k} + E_{ahQ,k})\gamma_Q + (A_{hG,k} + E_{ahG,k})\gamma_G$$

In der Berechnung darf die Höhe der gedachten Ankerwand mit h' angesetzt werden, wenn das Kriterium $\frac{h'}{h} \leq 2$ eingehalten wird.

6.3.3 Nachweis der ausreichenden Ankerlänge – Tiefe Gleitfuge

Bei zu kurzen Ankern kann es zum Versagen kommen, ohne dass der Herausziehwiderstand des Ankers ausgenutzt wird. Das Versagen ist verbunden mit der Ausbildung einer Gleitfläche im Untergrund, auf der Stützwand und Erdreich ähnlich einem Fangedamm abrutschen. Zum Nachweis der ausreichenden Ankerlänge ist deshalb die Sicherheit gegen Versagen in einer tiefer liegenden Gleitfuge zu führen. Dieses Verfahren ist zuerst von KRANZ [79] ausgearbeitet worden.

Die Gleitfläche geht im Fußbereich durch den Punkt F, der bei frei aufgelagerten Wänden dem Wandfuß entspricht und bei eingespannten Wänden oft im Querkraftnullpunkt festgelegt wird. Bei Verpressankern wird eine virtuelle Ankerwand gemäß *Bild 6.13* in der Mitte

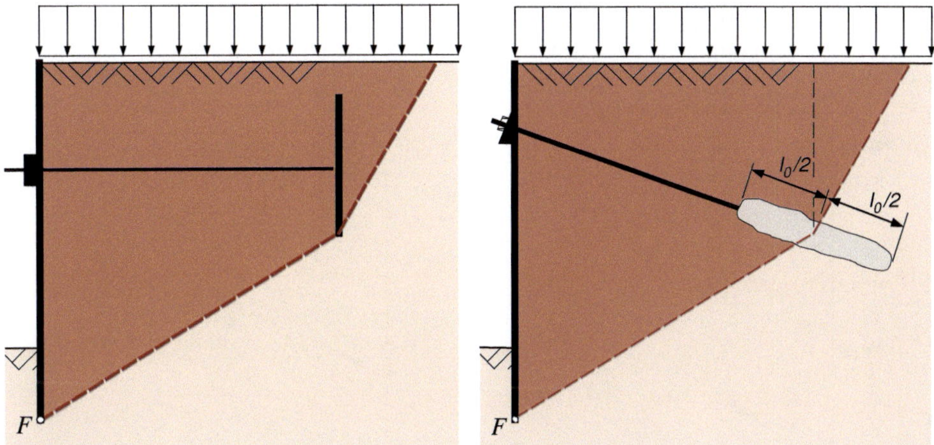

Bild 6.13 Tiefe Gleitfuge bei Ankerwänden und Verpressankern

der statisch erforderlichen Verpresslänge angenommen. Auf die gedachte Ankerwand ist der Erddruck nach der RANKINEschen Theorie anzusetzen. Es wird der Bemessungswert der aufnehmbaren Ankerkraft R_A mit dem Bemessungswert der Beanspruchung (vorhandene Ankerkraft A) verglichen. Der Nachweis gehört zum Grenzzustand ULS. Die aufnehmbare Ankerkraft $A_{moegl.} = R_A$ ergibt sich aus dem Krafteck gemäß *Bild 6.14*. Es sind die charakteristischen Größen der Kräfte anzusetzen. Bei der Darstellung des Kräftegleichgewichts an einem Schnitt auf der Luftseite – es können beliebige andere Kräfte (z. B. Querkraft im Fußpunkt, geschnittene Anker) ergänzt werden – lässt sich die Stützkraft B im Erdauflager durch die resultierende Erddruckkraft E und die Ankerkraft A ersetzen. Zum Schließen des Kraftecks ist die Richtung von Q nötig, die sich aus dem Lageplan ergibt. Die Auflast p darf nicht angesetzt werden, wenn sie stützend wirkt. Das ist dann der Fall, wenn $\varphi \geq \vartheta$ ist. Auf analytischem Weg lassen sich die Bestimmungsgleichungen ableiten, in dem die Gleichgewichtsbedingungen $\sum H$ und $\sum V$ benutzt werden.

1. Erddruckkräfte $E_{a,1}$ und $E_{a,2}$ unter Annahme der klassischen Verteilung berechnen. Erddruckneigung für $E_{a,2}$ ist $\delta_a = 0$ bei Verpressankern und $\delta_a = \frac{2}{3}\varphi$ bei Ankerwänden
2. Eigengewicht des Gleitkörpers unter Berücksichtigung der ständigen Auflasten berechnen $G + (pa)$ berechnen
3. evtl. vorhandene Auflasten berücksichtigen als veränderliche Belastung
4. $K = cl$ Kohäsionskraft in der Gleitfläche berechnen
5. Gleichungssystem 1: $\sum V = 0$ aufstellen und nach Q umformen
6. Gleichungssystem 2: $\sum H = 0$ aufstellen und nach Q umformen
7. aus Umformen folgt Lösung für A_{max}

Mit den Bezeichnungen in *Bild 6.14* erhält man für die Summe der Kräfte vertikal und horizontal:

$$\Sigma V \downarrow \quad : \quad G_k + P_k - K\sin\vartheta - E_{a1v} + E_{a2v} - A_{max,k}\sin\alpha_A - Q\cos(\vartheta - \varphi) = 0$$

$$\Sigma H \leftarrow \quad : \quad -K\cos\vartheta - E_{a1h} + E_{a2h} + A_{max,k}\cos\alpha_A + Q\sin(\vartheta - \varphi) = 0$$

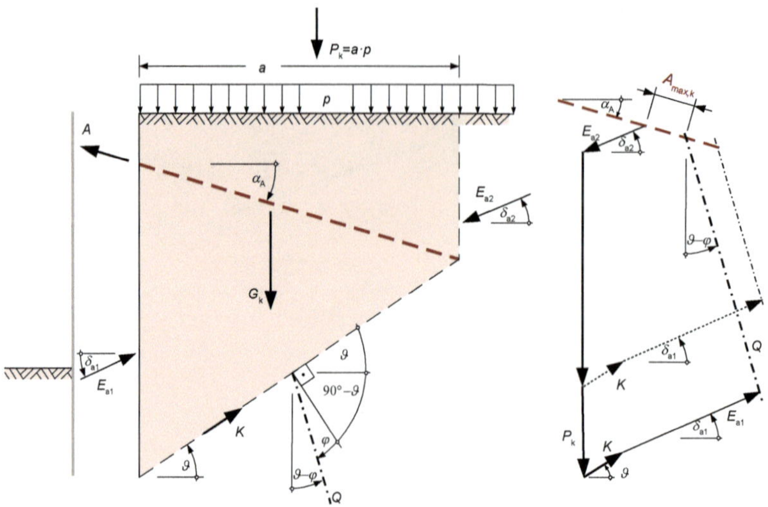

Bild 6.14 Bruchmechanismus für den Nachweis in der tiefen Gleitfuge bei für den aktiven Erddruck bemessenen Stützwänden

und Umstellung nach Q und gleichsetzen ergibt:

$$
\begin{aligned}
Q &= \frac{G_k + P_k - K\sin\vartheta - E_{a1v} + E_{a2v}}{\cos(\vartheta-\varphi)} - A_{max,k}\frac{\sin\alpha_A}{\cos(\vartheta-\varphi)} \\
&= \frac{K\cos\vartheta + E_{a1h} - E_{a2h}}{\sin(\vartheta-\varphi)} - A_{max,k}\frac{\cos\alpha_A}{\sin(\vartheta-\varphi)},
\end{aligned}
$$

woraus schließlich als Bestimmungsgleichung folgt:

$$
A_{max,k} = \frac{\frac{G_k+P_k-K\sin\vartheta-E_{a1v}+E_{a2v}}{\cos(\vartheta-\varphi)} + \frac{-K\cos\vartheta-E_{a1h}+E_{a2h}}{\sin(\vartheta-\varphi)}}{\left\{\frac{\sin\alpha_A}{\cos(\vartheta-\varphi)} - \frac{\cos\alpha_A}{\sin(\vartheta-\varphi)}\right\}} \tag{6.1}
$$

Es ist die charakteristische Ankerkraft für ständige und veränderliche Lasten getrennt zu berechnen.

$$
\frac{A_{max,k}}{\gamma_{R,e}} \geq A_{G,k}\gamma_G + A_{Q,k}\gamma_Q
$$

Außer diesem Bruchmechanismus sind weitere Gleitflächen im Rahmen von Geländebruchnachweisen zu untersuchen.

Übung 6.2

Berechnung Anker

http://www.zaft.htw-dresden.de/grundbau

7 Baugruben, Gräben

Baugruben und Gräben werden z. B. im Zusammenhang mit der Herstellung der Gründung, der Errichtung unterirdischer Bauwerke oder unterirdischer Teile von Bauwerken sowie bei Kanalbau-, Leitungs- und Rohrverlegearbeiten als vorübergehende Baumaßnahmen ausgeführt. Für die Zeit der Bauarbeiten ist die Standsicherheit für den im Rahmen des Bauablaufs notwendigen Geländesprung zu gewährleisten. Da es sich hierbei um Bauteile mit sehr begrenzter Standzeit handelt, sind die Anforderungen an die Wirtschaftlichkeit besonders hoch. Für die Sicherung senkrechter Baugruben- und Grabenwände können Stützkonstruktionen gemäß Abschnitt 5 genutzt werden.

7.1 Funktion, Tragwerk

Ein vorrangiges Ziel der Sicherung von Baugruben und Gräben ist die Gewährleistung der Arbeitssicherheit. Wegen der daraus resultierenden großen Bedeutung werden Sicherungsmaßnahmen von speziell ausgebildetem Fachpersonal und übergeordneten Behörden auf Grundlage einschlägiger Normen und Richtlinien überwacht.

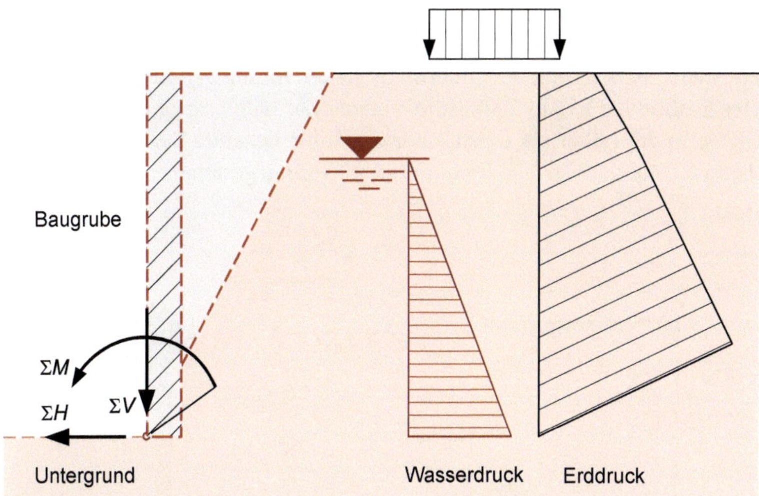

Bild 7.1 Einwirkungen, zusammengefasst an einem Bezugspunkt

Neben der Norm DIN 4124 „Baugruben und Gräben – Böschungen, Verbau, Arbeitsraumbreiten“ [32] gehören die Empfehlungen des Arbeitskreises Baugruben EAB [49] zum allgemein anerkannten technischen Regelwerk in Deutschland. Eine umfassende Behandlung aller Themen zum Problemkreis Baugruben findet sich in [100], [101], [99]. Durch den Graben- oder Baugrubenverbau wird ein Tragwerk zur Aufnahme der Einwirkungen aus Erd- und Wasserdruck sowie der Sicherung der Baugrube gegen Auftrieb oder zuströmendes Wasser hergestellt (siehe *Bild 7.1*). Neben dem Schutz der Arbeitskräfte soll dieses Tragwerk auch die Gefährdung der vorhandenen Bebauung begrenzen und Schäden verhindern. Diese Schutzfunktionen müssen allerdings für wesentlich kürzere Zeiträume als bei anderen Bauwerkstypen gewährleistet werden.

Bauteile, die im Untergrund verbleiben, können Schwierigkeiten bei späteren Baumaßnahmen verursachen oder erfordern zusätzliche Aufwendungen wegen der Nutzung angrenzender Grundstücke. Deshalb sollten die baulichen Eingriffe zur Sicherung von Baugruben und Gräben mit vertretbarem Aufwand wieder entfernt werden können. Es sind die Bauwerksgeometrie zuzüglich eines Arbeitsraumes von mindestens 60 cm, der Bauablauf, der Maschineneinsatz, die Bautechnologien und die Wasserhaltungsmaßnahmen (Gräben, Brunnen) bei der Festlegung der Abmessungen zu berücksichtigen. Bei der Sicherung von Baugruben oder Gräben steht die Sicherheit des Personals im Vordergrund. Wenn Gräben oder Baugruben nicht von Personen betreten werden, sind andere Geometrien möglich.

7.2 Bauweisen, Entwurf und Vorbemessung

7.2.1 Nicht verbaute Baugruben und Gräben

Ungestützte senkrechte Baugruben oder Gräben dürfen nach DIN 4124 sowie nach der Unfallverhütungsvorschrift „Bauarbeiten" gemäß *Bild 7.2* bis 1,25 m Tiefe ohne eine Sicherung hergestellt werden, wenn die angrenzende Geländeoberfläche bei nichtbindigen oder weichen bindigen Böden nicht steiler als 1:10 und bei mindestens steifen bindigen Böden nicht steiler als 1:2 geneigt ist. Der Aushub bis 1,75 m Tiefe ist in steifen oder halbfesten bindigen Böden oder in Fels zulässig, wenn der höher als 1,25 m über der Sohle liegende Bereich der Wand unter einem Winkel von $\beta \leq 45°$ geneigt ist oder durch einen Verbau gesichert wird.

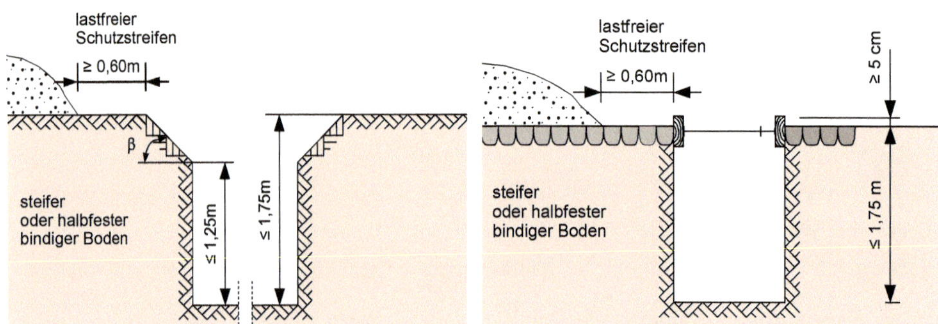

Bild 7.2 Senkrechte, unverbaute Gräben

Eine Wandhöhe von weniger als 1,25 m ist bei nicht verbauten Gräben erforderlich, wenn die Eigenschaften des anstehenden Baugrunds dem entgegenstehen. Dies ist unter anderem dann der Fall, wenn

- Störungen wie Klüfte oder Verwerfungen angetroffen werden, die als potentielle Gleitflächen mit geringer Scherfestigkeit wirken können,
- eine zur Baugruben- oder Grabensohle hin einfallende Schichtung oder Schieferung vorliegt,
- die Auffüllung neben dem Graben unzureichend verdichtet ist und ggf. zu Sackungen neigt,
- der Boden neben der Grabenwand größere Anteile weicher, wenig tragfähiger Böden enthält, z. B. organische Anteile, Seeton oder Beckenschluff,
- instabile Fließsande anstehen,
- mit dem Zustrom von Schichtenwasser zu rechnen ist oder eine offene Wasserhaltung erfolgt,
- der Verlust der Kapillarkohäsion durch Austrocknung oder starke Durchfeuchtung zu befürchten ist oder
- Erschütterungen durch Rammarbeiten, Verkehr oder andere Einflüsse die Standsicherheit gefährden.

Die Böschungsneigung von nicht verbauten Baugruben oder Gräben ist abhängig von den bodenmechanischen Eigenschaften des anstehenden Bodens unter Berücksichtigung der zeitlichen Veränderungen, nicht nach der Lösbarkeit. Maßgebend ist die Scherfestigkeit.

Baugrubenböschungen sind eine sehr einfache Form der Herstellung von Baugrubenwänden. Bei der Planung ist der erhöhte Platzbedarf für die Baugrube und die für die Zwischenlagerung oder möglicherweise Deponierung des Aushubs zu berücksichtigen. Auch die Verfüllung des Arbeitsraums ist mit größerem Aufwand verbunden. Nach DIN 4124 dürfen ohne rechnerische Nachweise der Standsicherheit folgende Böschungsneigungen für Baugruben und Gräben bis zu einer Höhe von h=5 m nicht überschritten werden (siehe *Bild 7.3*):

- nichtbindige Böden oder mindestens weiche bindige Böden: $\beta \leq 45°$
- mindestens steif oder halbfeste bindige Böden: $\beta \leq 60°$
- Fels: $\beta \leq 80°$

Felsartige, feste bindige Böden dürfen wie Fels behandelt werden, wenn sie ihre Festigkeit auch unter der Einwirkung von Oberflächenwasser nicht verlieren. Es wird bei nichtbindigen Böden eine Kapillarwirkung vorausgesetzt. Zur Erhaltung dieses Festigkeitsanteils sind die Böschungen konstruktiv gegen Austrocknung oder Aufsättigung zu schützen, z. B. durch Abdecken mit Folie oder Auftragen von Zementmilch oder Beton. Die Standsicherheit ist in allen anderen Fällen durch ein Sachverständigengutachten oder durch Standsicherheitsnachweise nach DIN 4085 [30] nachzuweisen.

Sehr ungünstig wirken sich Niederschläge auf die Standsicherheit von Böschungen aus. Dabei verursacht meist nicht der unmittelbar auf die Böschungsoberfläche niedergehende Regen die größten Schäden, sondern das konzentrierte Abfließen von oberhalb der Böschung angestautem Wasser. Dabei können sich tiefere Rinnen einstellen, die allmählich sturzbachartig größere Teile der Böschung abtragen. Diese Gefährdung lässt sich durch Abfanggräben oder Rinnen vermeiden, die das Wasser der Vorflut oder einer Wasserhaltungsanlage zuführen.

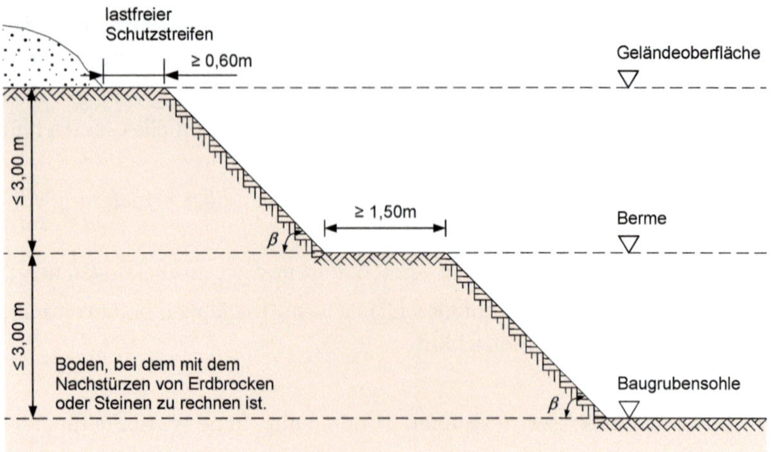

Bild 7.3 Baugrubenböschungen, Regelausführung

7.2.2 Grabenverbau

Wenn die Herstellung einer unverbauten Grabenwand nicht möglich ist, sind Maßnahmen zur Stützung des Geländesprungs erforderlich. Bei Gräben kommen dafür unterschiedliche Verbauarten infrage, die nach den anstehenden Bodenverhältnissen, der angrenzenden Bebauung und wirtschaftlichen Gesichtspunkten auszuwählen sind. Wird der Baugrund von Böden gebildet, die so standfest sind, dass der senkrechte Aushub bis auf eine Tiefe von mindestens einer Bohlenbreite möglich und die freigelegte senkrechte Wand auf dieser Tiefe standsicher ist, dann darf der waagerechte Verbau nach *Bild 7.4* eingesetzt werden.

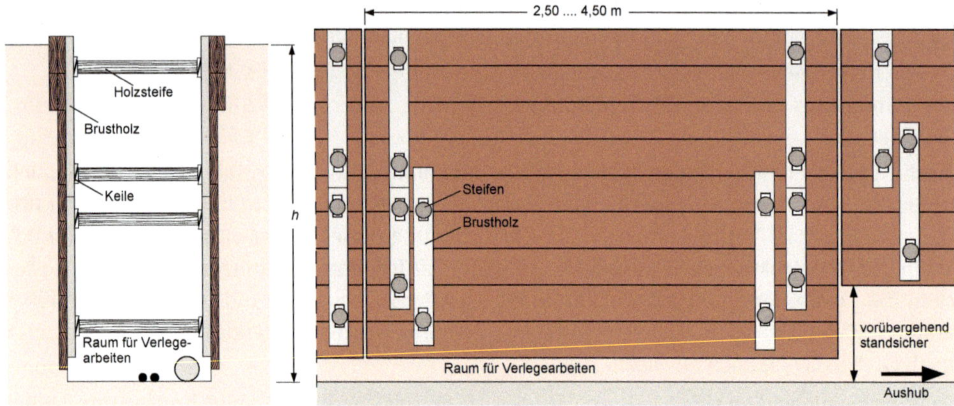

Bild 7.4 Waagerechter Verbau, Quer- und Längsschnitt

Diese Verbauart wird vor allem für Gräben zur Herstellung von Leitungen und Kanälen eingesetzt, die nicht zu breit und nicht zu tief sind, sodass die Verlegearbeiten nicht zu stark durch die zahlreichen Steifen behindert werden. Das Abschachten von größeren Tiefen als zwei Bohlenbreiten ist nicht zulässig.

Senkrechte Brusthölzer, die von mindestens zwei Steifen gestützt werden, dienen der Fixierung der Bohlen und nehmen die Belastung aus dem Erddruck auf. Die Aussteifung erfolgt zur gegenüberliegenden Baugrubenwand. Dabei sind die Steifen kraftschlüssig zu verkeilen und gegen Abrutschen zu sichern.

Bei wenig standfestem Boden ist die Anwendung des horizontalen Verbaus nicht möglich. In diesen Fällen kann ein senkrechter Verbau nach *Bild 7.5* und *7.6* zum Einsatz kommen. Dieser ist auch dann dem horizontalen Verbau vorzuziehen, wenn ein großer freier Arbeitsraum zwischen der untersten Steifenlage und der Grabensohle erforderlich ist.

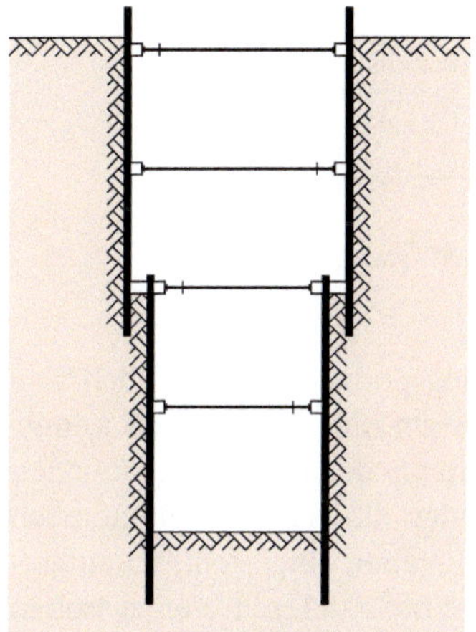

Bild 7.5 Senkrechter Verbau – Einfachbaugrube

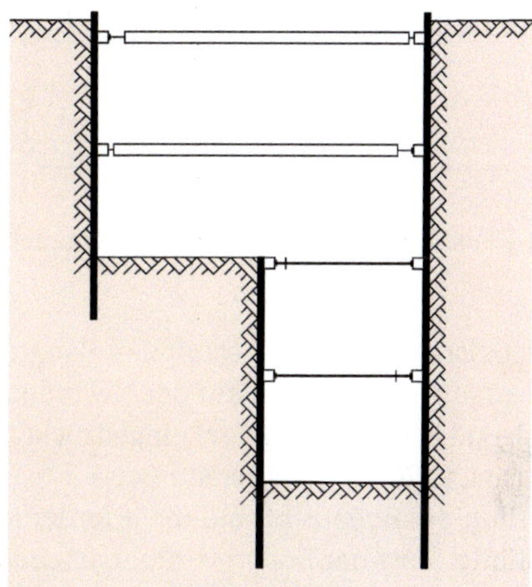

Bild 7.6 Senkrechter Verbau – Doppelbaugrube

Hierbei werden Holzbohlen, Kanaldielen, Leichtspundwände, Tafelbleche, Rammbleche und ähnliche Bauteile senkrecht eingerammt oder eingerüttelt. Holzbohlen kommen nur dann in Betracht, wenn die Bohlen dem Aushub nachfolgen können. Das ist immer dann der Fall, wenn auch ein horizontaler Verbau zulässig ist.

Bei Untergrundverhältnissen, die wegen der geringen Standsicherheit des anstehenden Bodens den Einsatz eines horizontalen Verbaus nicht zulassen, müssen die Bohlen in jedem Bauzustand so weit in den Untergrund einbinden, dass ein Aufbruch der Sohle ausgeschlossen ist. Die Verbauglieder werden durch waagerechte Rahmen oder Gurte gehalten und gegeneinander ausgesteift. Der senkrechte Verbau ist für Gräben von 4-5 m Tiefe geeignet. Bei größeren Tiefen ist der Verbau gestaffelt einzubringen. Unter Umständen muss der Verbau geneigt eingebracht werden „Schachtverbau“ damit die Sohle nicht schmaler wird (Bohlen bis 4 m, Kanaldielen bis 5 m).

Vorgefertigte Verbausysteme (siehe *Bild 7.8*) verringern den Zeitaufwand für das Einbauen der einzelnen Elemente der Grabensicherung. Sie bestehen aus großflächigen Verbauplatten, die gelenkig miteinander verbunden sind. Man bezeichnet diese vorgefertigten Verbausysteme auch als Grabenverbaugeräte. Sie bestehen meist aus zwei Wandelementen, die über Stützbauteile (Streben und Stützrahmen) verbunden sind. Es können mittig gestützte, randgestützte, rahmengestützte Grabenverbaugeräte, Gleitschienen-Grabenverbaugeräte und Dielenkammer-Geräte unterschieden werden. Nach DIN 4124 dürfen nur Grabenverbaugeräte nach DIN EN 13 331-1 verwendet werden, die von der Prüfstelle des Fachausschusses „Tiefbau“ der Tiefbau-Berufsgenossenschaft geprüft worden sind.

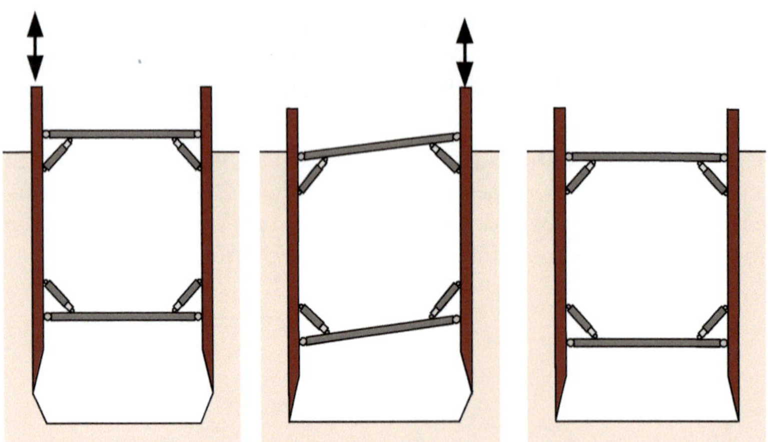

Bild 7.7 Einbau vorgefertigter Verbausysteme für verformungsarmen Grabenverbau

Ihr Einsatz ist vor allem bei schmalen Baugruben (z. B. Leitungsgräben) wirtschaftlich. Die Grabenverbaugeräte werden auf der Geländeoberfläche aufgestellt und dem Aushub unmittelbar folgend in den Untergrund eingedrückt (siehe *Bild 7.7*) oder in den fertig ausgehobenen Graben (siehe *Bild 7.9*) eingestellt. Beim Einstellverfahren werden die Verbauelemente nach dem Aushub des Bodens bis auf die erforderliche Tiefe in den Graben eingestellt. Voraussetzung dafür ist, dass der Boden vorübergehend standfest ist. Das bedeutet, es treten zwischen Beginn der Ausschachtung und dem Einbringen des Verbaus keine wesentlichen Nachbrüche auf.

Dagegen kann das Absenkverfahren in allen Bodenarten angewendet werden, die nicht ausfließen. Nach Aufstellen der auf die Grabenbreite montierten Verbaueinheit wird der Graben in Abschnitten von 0,50 m Tiefe ausgehoben. Sinkt hierbei die Verbaueinheit nicht durch ihr Eigengewicht nach, müssen die Platten nachgedrückt werden. Bei Erfordernis können die Verbaueinheiten durch Aufstocken zum Verbaufeld ergänzt und abschnittsweise zur Grabensohle abgesenkt werden.

7.2.3 Baugrubenverbau

Wenn die Abmessungen der Baugrube so groß sind, dass ein Grabenverbau wegen der vielen Steifen nicht mehr praktikabel einsetzbar ist, wird ein Baugrubenverbau erforderlich, bei dem die senkrechten Wände mit Stützkonstruktionen in Verbindung mit Ankern oder Steifen gesichert werden. Es kommen dafür alle Stützbauweisen gemäß *Abschnitt 5.2.2* sowie einige Varianten der Verbundbauweisen nach *Abschnitt 5.2.1* in Betracht.

Trägerbohlwände sind ähnlich wie der waagerechte Verbau dort einsetzbar, wo der Baugrund das Abschachten eines senkrechten Abschnitts zulässt, der ohne Stützung bis zum Einbau der Ausfachung standfest ist. Trägerbohlwände können oberhalb des Grundwasserspiegels, oder wenn das Grundwasser anderweitig ferngehalten wird, eingesetzt werden.

Spundwände erlauben die Herstellung nahezu wasserdichter Stützwände und können deshalb auch für Baugruben eingesetzt werden, deren Sohle unterhalb des Grundwasserspiegels liegt.

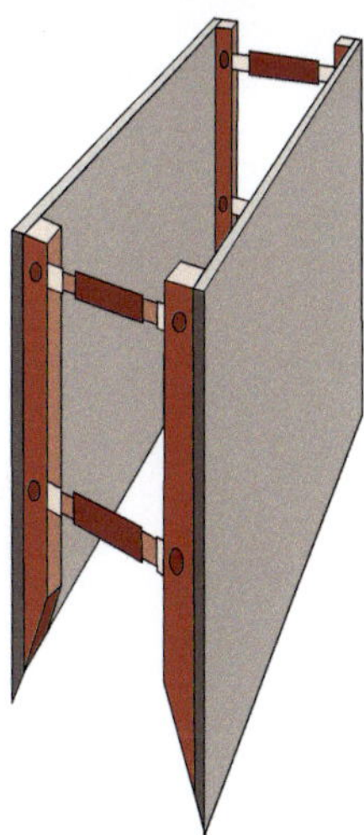

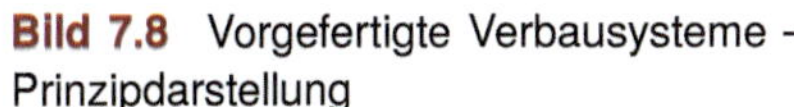

Bild 7.8 Vorgefertigte Verbausysteme – Prinzipdarstellung

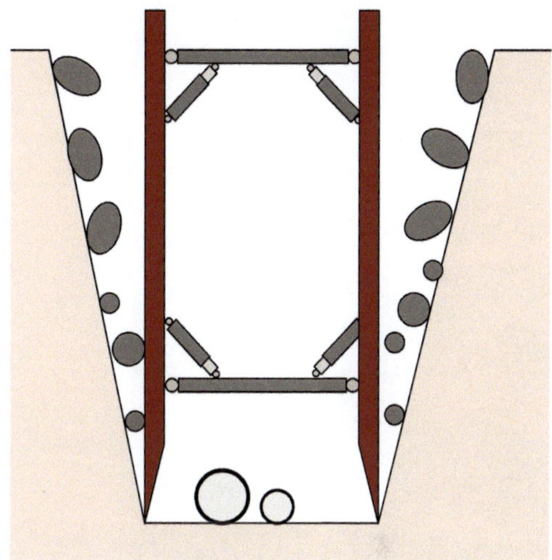

Bild 7.9 Einstellen von Grabenverbaugeräten als Arbeitsschutz

Der Baugrund muss ausreichend rammfähig sein, damit die Spundwandbohlen schadensfrei eingerüttelt oder eingerammt werden können, auch unter Nutzung von Einbringhilfen (Vorbohren, Spülverfahren und ähnliches). Sowohl Spund- als auch Trägerbohlwände können zurückgebaut werden, wenn die Standzeit und die Umgebungsbedingungen dies zulassen.

Bohrpfahlwände (siehe *Bild 7.10*) können eine größere Biegesteifigkeit als Trägerbohl- und Spundwände aufweisen und lassen sich mit der überschnittenen Anordnung der Bohrpfähle auch in wasserundurchlässiger Bauweise herstellen. Wegen der größeren Biegesteifigkeit und der Möglichkeit der Herstellung nach hinten geneigter Pfähle kommen Bohrpfahlwände auch im innerstädtischen Bereich bei unmittelbarer Annäherung an bestehenden Bauwerke zum Einsatz. Der Aufwand für den Rückbau von Bohrpfahlwänden ist sehr hoch. Deshalb sollten sie als Teil des Bauwerks in das Tragwerk integriert werden oder als verlorene Schalung im Baugrund verbleiben.

Schlitzwände sind massive Stahlbetonwände, die wegen der durchgehenden Bewehrung und der größeren Querschnittsabmessungen die höchste Biegesteifigkeit aufweisen. Sie sind sehr verformungsarm und wasserdicht. Ein Rückbau ist normalerweise nicht möglich. Der Aufwand für die Einrichtung der Baustelle und die notwendigen Hilfsmaßnahmen ist sehr hoch. Aufgrund der ebenen Oberfläche und der hohen Tragfähigkeit lassen sich Schlitzwände unter bestimmten Umständen als Teil des Bauwerks nutzen.

Bodenvernagelungen bestehen aus einer bewehrten Spritzbetonschale, die durch Bodennägel mit dem angrenzenden Erdreich einen Verbundkörper bilden. Ein wesentlicher Vorteil der Herstellungstechnologie ist eine problemlose Anpassung an beengte Baustellenverhältnisse und nicht ebene Baugrubenwände möglich. Die erforderliche Technik ist leicht transportierbar und lässt den Einsatz in wenig zugänglichem Gebiet zu.

Frostwände werden durch die Vereisung des Bodens erzeugt. Die Bodenvereisung wurde zuerst Ende des 19. Jahrhunderts im Schachtbau eingesetzt. Sie sind dort einsetzbar, wo der Boden in ausreichendem Maße Wasser enthält. Der Grundwasserstand und die Beschaffenheit des Grundwassers werden nicht beeinflusst. Zur Zuführung der für die Vereisung erforderli-

Bild 7.10 Baugrube mit überschnittener Bohrpfahlwand

chen Kälte ist der Einbau von Rohren im Bereich des späteren Frostkörpers erforderlich. In diesen zirkuliert als Kältemittel eine bis weit unter dem Gefrierpunkt von Wasser abgekühlte Salzlauge (Kalziumchloridlösung, Temperatur –20 bis maximal –40 °C) oder ein verflüssigtes Gas (z. B. Stickstoff $T \approx -196\,°\mathrm{C}$). Der Gefrierprozess muss solange aufrechterhalten werden, bis die Frostbereiche um die einzelnen Gefrierrohre sich soweit ausgedehnt haben, bis sie einen zusammenhängenden Frostkörper bilden, der den statisch erforderlichen Querschnitt erreicht hat.

Injektionswände werden vor allem dann eingesetzt, wenn eine Baugrube bis an ein bestehendes Bauwerk heranreicht. Der Baugrund muss allerdings für den Einsatz eines Injektionsmittels geeignet sein. Durch das Einpressen eines Bindemittels wird der Boden verfestigt, und es entsteht ein monolithisch wirkender Verbundkörper. Dieser reicht bis unterhalb der bestehenden Bebauung und kann dadurch die Lasten des Bauwerks aufnehmen und in größere Tiefen abtragen, d. h. das Bauwerk wird unterfangen. Mit der Unterfangungsinjektion wird eine Verbauwand erzeugt, die eine direkte Abtragung der Lasten ermöglicht. Ab Tiefen von ca. 2-3 m sollten Verankerungen mit vorgesehen werden. Injektionswände leiten die Kräfte ähnlich wie Stützmauern ab und werden deshalb nach ähnlichen Ansätzen bemessen.

Baugruben im Grundwasser: Zwischen Baugruben im Grundwasser und Baugruben im Trockenen besteht nahezu kein Unterschied, wenn sich der Grundwasserspiegel bis unter die Baugrubensohle absenken lässt. Dies gelingt vor allem bei gut wasserdurchlässigen Böden. Hier verläuft die Absenklinie flach, sodass die Berechnung des Erddrucks ebenfalls wie bei trockenen Baugruben durchgeführt werden kann. Eine planmäßige Absenkung des Grundwasserspiegels ist bei geschichtetem Baugrund oft nicht möglich. Dann sollte die Anwendung wasserdichter Verbauwände geprüft werden.

Wird eine Grundwasserabsenkung zur Herstellung einer trockenen Baugrube benutzt, muss an jedem Punkt eine Absenkung bis mindestens 0,3-0,5 m unter die Baugrubensohle sichergestellt werden. Die Grundwasserabsenkung ist bei Annäherung an bestehende Bebauung,

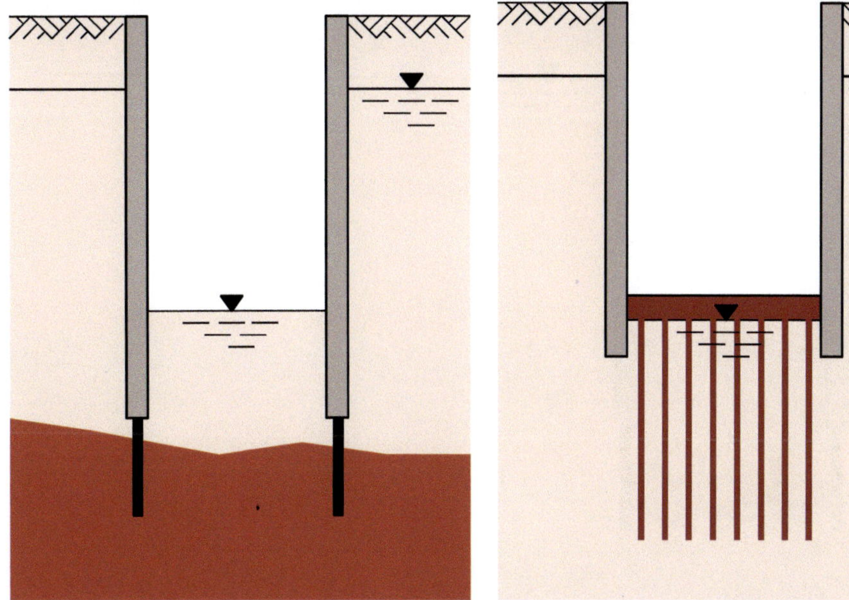

Bild 7.11 Einbindung in natürlichen Stauer als Dichtungssohle

Bild 7.12 Hochliegende, verankerte Dichtungssohle

z. B. im innerstädtischen Bereich, problematisch wegen der möglichen Setzungserscheinungen. Der Wegfall des Auftriebs führt zur Erhöhung des Eigengewichts und damit zu Setzungen, vor allem in bindigen Schichten. Auch aus wasserrechtlichen und grundwasserwirtschaftlichen Gründen ist die Absenkung des Grundwassers nicht immer möglich.

Ist die Grundwasserhaltung nicht möglich, dann muss eine wasserdichte Baugrube unter Grundwasser errichtet werden. Bei Herstellung wasserdichter Baugruben muss die Verbauwand und die Baugrubensohle wasserdicht ausgebildet sein. Zur Abdichtung der Sohle sind drei Varianten gebräuchlich:

Natürliche Stauer sind die einfachste und wirtschaftlichste Variante der Abdichtung, wenn wasserundurchlässige Schichten in nicht allzu großer Tiefe unterhalb der Baugrubensohle angetroffen werden (siehe *Bild 7.11*). Die Verbauwände müssen dafür bis in eine wasserdichte Schicht reichen, z. B. unverwitterten Fels oder durchgehende Ton- oder Schluffschichten. Unterhalb der statisch erforderlichen Einbindetiefe reicht die Herstellung undurchlässiger unterirdischer Wände aus.

Hochliegende Dichtungssohlen ohne Verankerung, sind wirtschaftlich einsetzbar bei Wasserüberdrücken von bis zu 3 m Wassersäule. Sie werden überwiegend mit Unterwasserbeton hergestellt. Die Dichtungssohle befindet sich unmittelbar unterhalb der Baugrubensohle, sodass auch die Verbauwände nur bis in diese Tiefe reichen müssen. Durch eine Verankerung mit Pfählen oder Ankern gemäß *Bild 7.12* zur Auftriebssicherung können auch bei großen Wasserüberdrücken noch wirtschaftliche Lösungen erzielt werden. Die Herstellung verankerter Dichtungssohlen kann mit Unterwasserbeton oder mit Injektionsverfahren erfolgen.

Tiefliegende Dichtungssohlen nach *Bild 7.13* werden durch Einpressen von Zement- oder Feinstzementsuspensionen bzw. weichen Gelen hergestellt. Die Suspension muss vor allem

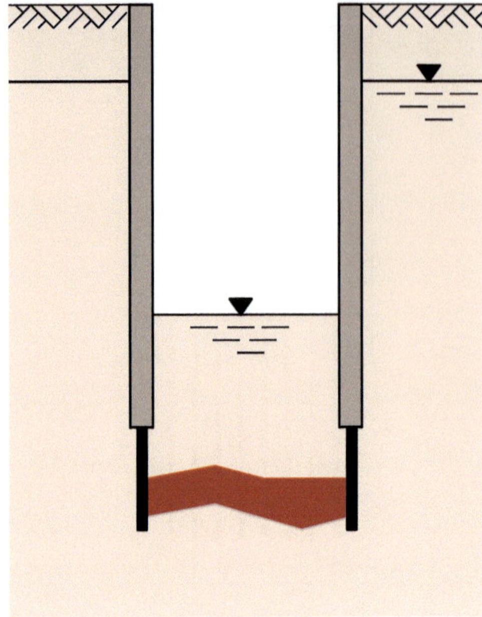

Bild 7.13 Tiefliegende Dichtungssohle

die Aufgabe der Dichtung erfüllen. Es erfolgt eine Abdichtung in größerer Tiefe, sodass durch das Gewicht des darüber liegenden Bodens die Auftriebssicherheit gewährleistet ist. Eine Verankerung der Sohle ist deshalb hier nicht erforderlich. Dafür müssen aber die Verbauwände zumindest als Dichtwand bis in die Dichtungssohle einbinden.

Baugruben im offenen Wasser: Wenn Bauwerke in offenen Gewässern auf trockener Baugrubensohle errichtet werden sollen, muss der Bauraum mit einer wasserdichten Konstruktion umschlossen werden. Dies kann z. B. bei der Errichtung von Brückenpfeilergründungen oder der Herstellung von Uferbefestigungen erforderlich sein. Auch für die vorübergehende Umverlegung von Fließgewässern ist die Herstellung wasserdichter Konstruktionen, u. U. in Verbindung mit einer Wasserhaltung, erforderlich.

Es können hier grundsätzlich ähnliche Bauweisen wie beim Hochwasserschutz eingesetzt werden. Durch die Aufschüttung von Dämmen aus wenig wasserdurchlässigem Boden oder das Aufschichten von befüllten, wenig durchlässigen Säcken entstehen dammartige Bauwerke, die bei ausreichender Breite der Aufstandsfläche in der Lage sind, dem Wasserdruck standzuhalten.

Eine deutliche Verringerung des Platzbedarfs ist möglich, wenn die Dammböschung durch senkrechte Wände ersetzt wird. Wenn diese Begrenzung mit Bodenmaterial hinterfüllt wird, sodass das Gewicht dem Wasserdruck widersteht, entsteht ein Fangedamm. Wird der Fangedamm von zwei gegenüberliegenden Wänden gebildet und der Zwischenraum mit Boden aufgefüllt, entstehen Kasten- oder Zellenfangedämme. Die Stützwände können auf dem Untergrund aufstehen (Fels) oder werden zur Vermeidung von Umläufigkeiten in den Boden eingebunden.

7.3 Nachweise

Die Stützkonstruktionen von Baugruben werden nach den gleichen Regeln bemessen wie Dauerbauwerke, mit dem Unterschied, dass nicht die Bemessungssituation BS-P sondern der vorübergehende Zustand der Bemessungssituation BS-T, zugrunde zu legen ist. Es sind alle Einzelteile zu bemessen. Dies betrifft Gurte, Steifen, Holme, Anker usw.

Wichtig ist die Untersuchung von Zwischenzuständen, die während der Herstellung eintreten. Dies betrifft z. B. die einzelnen Aushubschritte, die jeweils andere statische Systeme umfassen, insbesondere vor dem Einbau der Steifen oder Anker.

7.3.1 Aufbruch der Baugrubensohle

Bei tiefen Baugruben in weichen, tonigen Böden und geringer Einbindung kann es zum Aufbruch der Baugrubensohle kommen. Der Boden neben der Baugrubenwand wirkt als Belastung ähnlich einem Streifenfundament (siehe *Bild 7.14*). Die vertikale Beanspruchung ergibt sich aus der Auflast pb, dem Eigengewicht der Bodensäule $\gamma b(h_G + d_G)$ abzüglich der nach oben gerichteten Reibungskraft $R_G = (h_G + d_G)c + E_{ah} \tan\varphi$. N_G ist die Grenztragkraft eines ideellen Streifenfundaments der Breit b.

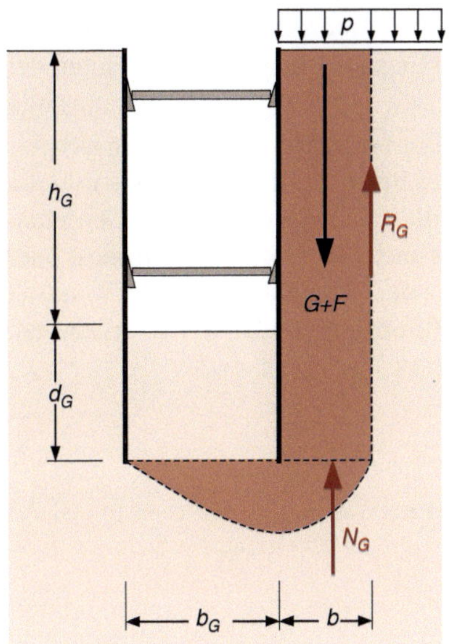

Bild 7.14 Aufbruch der Baugrubensohle

Der Wert der Breite b ergibt sich bei ausreichend breiten Baugruben aus der Variation unter der Bedingung, dass die Grenztragkraft N_G zu einem Minimum wird. Bei schmalen Baugruben ist die Breite aus der Geometrie der Bruchfigur abzuleiten, die gerade noch innerhalb der Baugrube austritt. Mit der Kohäsion c und der Wichte des Bodens γ lässt sich die kritische Höhe h_{kr} berechnen.

$$h_G \leq h_{kr} = f_H \frac{c}{\gamma} \tag{7.1}$$

Der Beiwert f_H in *Tabelle 7.1* zur Berechnung der kritischen Höhe einer Baugrubenwand ist die Funktion der Baugrubengeometrie und des Reibungswinkels $f_H = f(\varphi, \frac{b_G}{h_G})$.

Tabelle 7.1 Beiwert f_H für den Nachweis des Aufbruchs der Baugrubensohle

$\frac{b_G}{h_G}$	f_H bei Reibungswinkel φ in °								
	0,0	2,5	5,0	7,5	10	12,5	15	17,5	20
≤0,2	10	12,6	16,4	24,8	44,8	109			
0,3	8,3	10,1	12,4	17,3	26,2	41	79,8		
0,4	7,5	9,0	10,8	14,6	21,1	30,3	48,7	116	
0,5	7,0	8,3	9,8	13,2	18,9	26,4	40,2	79,5	547
1,0	6,0	7,0	8,1	11,3	17,3	23,8	36,4	68,6	339
≥10	5,0	5,7	6,5	11,2	17,3	23,8	36,4	68,6	339

7.3.2 Hydraulischer Grundbruch

Es ist nachzuweisen, dass die Lagestabilität eines Bauteils auch unter der Wirkung von Auftriebs- oder Strömungskräften erhalten bleibt. Dieser Nachweis gehört zum Grenzzustand HYD bzw. UPL. Die Strömungskraft $i\gamma_w$ bewirkt die Änderung der Wichte um $\Delta\gamma = i\gamma_w$. Da $\gamma' \approx 10$ und $\gamma_w \approx 10$ ist der Boden bei $i = 1$ gewichtslos. Aufbrechen kündigt sich durch Quellaustritte (Kochen) der Sohle an. Eine wirkungsvolle Gegenmaßnahme ist das Fluten der Baugrube.

Zur Berechnung ist die Konstruktion des Strömungsnetzes erforderlich. Dadurch lässt sich das Potential des nach oben gerichteten Strömungsdrucks im Bereich des Wandfußes ermitteln. Zur Vermeidung des hydraulischen Grundbruchs muss die nach unten gerichtete Gewichtskraft des maßgebenden Bodenbereichs größer sein als die nach oben wirkende Auftriebs- oder der Strömungskraft. Für die näherungsweise Berechnung der Potentialhöhe h_r am Wandfuß sind mehrere Ansätze entwickelt worden. Mit den Bezeichnungen gemäß *Bild 7.15* erhält man nach EAU [51] für h_r folgende Gleichung:

$$h_r = \frac{h_{wu}\sqrt{l_o} + h_{wo}\sqrt{t}}{\sqrt{l_o} + \sqrt{t}} - h_{wu}. \tag{7.2}$$

Alternativ lässt sich die Restdruckhöhe am Wandfuß näherungsweise nach KASTNER mit Gl. 7.3 oder nach DREYER mit Gl. 7.4 [52] ermitteln.

$$h_r = \frac{h_{wo} - h_{wu}}{1 + \sqrt[3]{\frac{l_o}{t}}} \tag{7.3}$$

$$h_r = \frac{1}{2}\left(l_o i_a + t i_p\right) \tag{7.4}$$

In Gl. 7.4 wird durch die Gradienten i_a und i_p die Wirkung der Strömungskraft hinter der Wand (aktive Seite) und im stützenden Bereich (passiv, vor der Wand) erfasst:

$$i_a = \frac{0,7\,(h_{wo} - h_{wu})}{l_o + \sqrt{l_o t}} \tag{7.5}$$

$$i_p = \frac{0,7\,(h_{wo} - h_{wu})}{t + \sqrt{t l_o}} \tag{7.6}$$

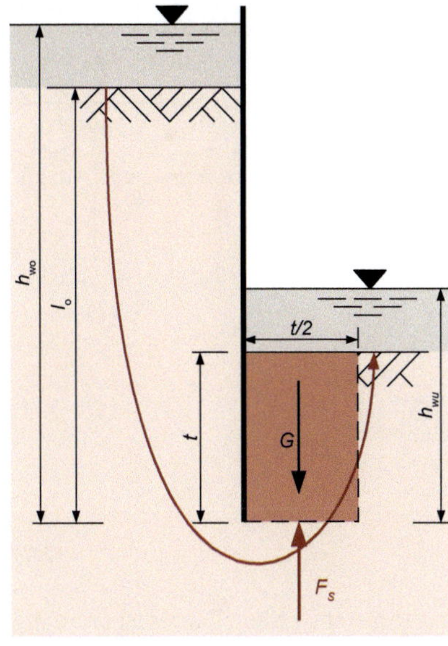

l_o	:	Länge Stromröhre oben
h_{wo}	:	Höhe Wasserspiegel oben
h_{wu}	:	Wasserspiegelhöhe unten
t	:	Einbindetiefe
F_S	:	Strömungskraft $F_S = h_r \gamma_w \frac{t}{2}$
G	:	Gewicht $G = t \frac{t}{2} \gamma'$

Bild 7.15 Hydraulischer Grundbruch

Beim Nachweis des Grenzzustands HYD nach DIN EN 1997-1 werden stabilisierende und destabilisierende Einwirkungen gegenübergestellt.

destabilisierend	:	nach oben gerichtete Strömungskraft z. B. $F_S = \gamma_w i_p$
stabilisierend	:	Eigenlast des Körpers unter Auftrieb $G_k = \gamma'$
Nachweis	:	$F_S \gamma_H \leq G_k \gamma_{G,Stb}$

Nach dem summarischen Sicherheitskonzept war:

$$\eta_i = \frac{\gamma_H}{\gamma_{G,Stb}} = \frac{1,35}{0,9} = 1,5.$$

Bei wasserdichten Sohlen oder Schichten ist der Nachweis gegen Aufschwimmen zu führen. Es wird die Auftriebskraft $A_k \gamma_H$ mit der Eigenlast des Körpers $\leq G_k \gamma_{G,Stb}$ verglichen. Bei hoch liegender Dichtungssohle ist der Bodenkörper in Rechnung zu stellen, der durch die Verankerung mit angehoben werden muss.

7.3.3 Aufschwimmen

Das Versagen durch Aufschwimmen wird in DIN EN 1997-1 im Abschnitt 10 „Hydraulisch verursachtes Versagen" behandelt. Neben dem Aufschwimmen gehören der hydraulische Grundbruch, das Versagen durch innere Erosion und das Versagen durch Piping zu dieser Gruppe. Beim Nachweis gegen Aufschwimmen sind die ständigen stabilisierenden Einwirkungen (z. B. Eigengewicht, Wandreibung) mit den destabilisierenden Einwirkungen (z. B. Wasser) zu vergleichen (siehe *Bild 7.16*).

$$V_{dst;d} \leq G_{stb;d} + R_d$$

Im Bemessungswert der Widerstände R_d sind z. B. die Wandreibungskräfte T_d und die Ankerkräfte P_d zusammengefasst.

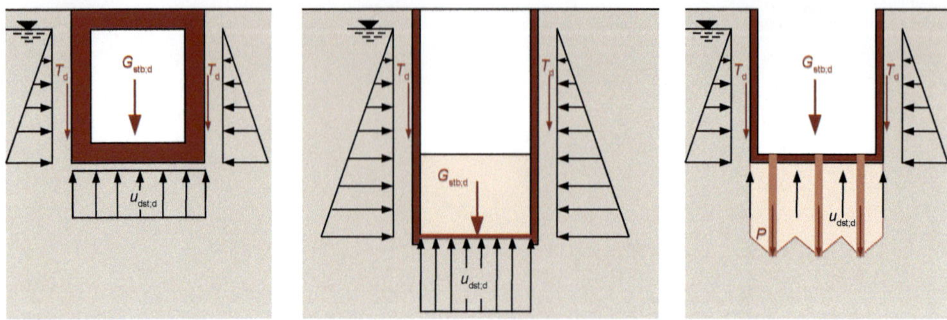

Bild 7.16 Auftriebswirkung auf Bauwerke und Baugruben

$$G_{dst,k}\gamma_{G,dst} + Q_{dst,rep}\gamma_{Q,dst} \leq G_{stb,k}\gamma_{G,stb} + T_k\gamma_{G,stb} \tag{7.7}$$

Als Scherkraft kann der vertikale Anteil der Erddruckkraft angesetzt werden. Dieser ist einmalig mit dem Faktor η_z abzumindern.

$$T_k = \eta_Z E_{ah,k} \tan\delta_a \tag{7.8}$$

Es ist der kleinste zu erwartende Erddruck anzusetzen. Der Anpassungsfaktor ist $\eta_z = 0,8$ für BS-P und BS-T und $\eta_z = 0,9$ für BS-A. Werden Zugpfahlgruppen zur Sicherung gegen Aufschwimmen eingesetzt, ist die Gewichtskraft $G_{E,k}$ des an der Zugpfahlgruppe angehängten Bodens zu berücksichtigen. Diese darf nach folgendem Ansatz berechnet werden (n_{pl} - Anzahl der Pfähle):

$$G_{E,k} = n_{pl}\left\{ l_a l_b \left(l_{Pl} - \frac{\sqrt{l_a^2 + l_b^2}}{3\tan\varphi} \right) \right\} \eta_z \gamma' \tag{7.9}$$

8 Wasser und Bauwerk

Neben den Eigenschaften von Boden und Fels als Baugrund ist für die Planung und Herstellung von Bauwerken der Einfluss des Wassers im Untergrund von entscheidender Bedeutung. Wasser kann in sehr unterschiedlichen Erscheinungsformen auftreten, z. B. als Grundwasser, Sickerwasser oder Stauwasser. Im Rahmen der Grundlagenermittlung sind die Wasserverhältnisse in der Umgebung von Baumaßnahmen mit zu untersuchen. Die Grundlagen dafür sind in [55] dargestellt.

8.1 Grundwasser

8.1.1 Wasser und Bauwerk

Das strömende Wasser kann die Wechselwirkung zwischen Bauwerk und Baugrund in unterschiedlicher Form beeinflussen.

- Konsistenzänderung: Vor allem bei leicht plastischen oder gemischtkörnigen, nicht wassergesättigten Böden kann es infolge von Wasserzutritt zu Sackungen oder der Aufweichung des Baugrunds kommen. Es sind besondere Vorkehrungen zur Vermeidung von Durchfeuchtungen einzuplanen.
- Partikeltransport: Die Strömung kann unter bestimmten Voraussetzungen zum Abtransport feiner Partikel (Suffosion) führen. Das verbleibende Korngerüst wird dadurch instabiler. Durch Einhaltung bestimmter geometrischer Vorgaben lässt sich die Suffosion verhindern. Dazu sind die Korngrößenverteilungen angrenzender Bodenschichten so aufeinander abzustimmen, dass die Filterregeln eingehalten werden, oder es sind spezielle Trennmaterialien einzusetzen, z. B. Vliesstoffe.
- Wirksame Wichte: Die Wichte ist die auf das Volumen bezogene Vertikalkraft infolge des Eigengewichts des Untergrunds. Diese Vertikalkraft wird durch den Auftrieb abgemindert oder durch nach unten gerichtete Strömungskräfte erhöht. Durch die Nutzung einer wirksamen Wichte lassen sich diese Einflüsse auf einfache Weise bei den Berechnungen berücksichtigen. Die wirksame Wichte ist bei der Berechnung des belastenden und des stützenden Erddrucks ebenso zu berücksichtigen wie bei der Ermittlung der Setzungen. Insbesondere die Erhöhung der Wichte durch den Wegfall der Auftriebswirkung bei Grundwasserabsenkungen führt zu Setzungen.
- Wasserdruck auf Bauwerke: Strömendes oder ruhendes Wasser können als Druckbeanspruchung oder als Auftrieb auf die Bauteile einwirken. Diese Beanspruchungen sind bei rechnerischen Untersuchungen zu berücksichtigen und es sind Maßnahmen zum Schutz der Bauwerke erforderlich.

Für die Errichtung eines standsicheren und funktionsfähigen Bauwerks ist es von entscheidender Bedeutung, die Wirkung des Wassers im Untergrund bei der Planung und Bauausführung umfassend zu berücksichtigen. Dafür sind die Auswahl der richtigen konstruktiven Lösungen und die Berücksichtigung der Strömungs- und Transportvorgänge sowie des statischen Wasserdrucks bei den rechnerischen Nachweisen eine wichtige Voraussetzung. Die unzureichende Beachtung dieser Einflüsse ist sehr häufig eine Ursache für Schäden an Bauwerken.

8.1.2 Grundwasserhaltung – Verfahren

Die Absenkung des Grundwassers kann als zeitweilige Bauhilfsmaßnahme notwendig sein oder u. U. als dauerhafter Einsatz bei Schäden an Bauwerken, z. B. einer schadhaften Dichtung. Grundlage der Planung sind die Durchlässigkeitseigenschaften des Bodens (siehe *Bild 8.1*), die durch das Filtergesetz von DARCY $v = ki$ bzw. näherungsweise durch die Korngrößenverteilung beschrieben werden. Die Durchströmungseigenschaften des Untergrunds sind meist in vertikaler Richtung anders als in horizontaler Richtung, d. h. die Durchlässigkeit ist eine richtungsabhängige Größe und muss daher mit einem Tensor beschrieben werden. Für viele Herleitungen wird aber zur Vereinfachung ein Durchlässigkeitsbeiwert als skalare Größe zugrunde gelegt. Da bei Entwässerungseinrichtungen der Zustrom des Wassers überwiegend geneigt bzw. horizontal erfolgt, sollte der Durchlässigkeitsbeiwert dieser Strömungsrichtung entsprechen.

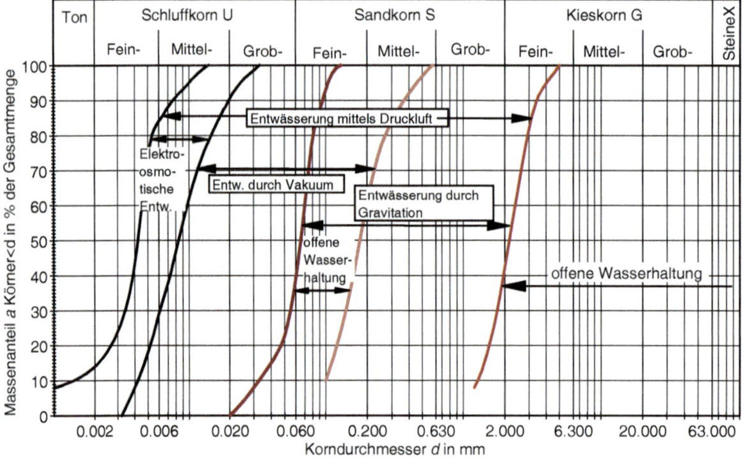

Bild 8.1 Einsatzgrenzen von Wasserhaltungsverfahren in Abhängigkeit von der Kornverteilung

Bei der Festlegung von Kenngrößen zur Beschreibung der Durchlässigkeit des Baugrunds ist in besonderem Maße das Verhalten des gesamten „Gebirges" in Rechnung zu stellen. Ergebnisse von Laborversuchen können hier nur Hinweise liefern. Klüfte, Wechsellagerungen oder andere Einflüsse bestimmen das Strömungsverhalten oft maßgeblich. Wasserhaltung ist auch dann erforderlich, wenn Wasser zuströmt und nicht abfließen kann, z. B. bei Baugruben in wasserundurchlässigen Schichten. Durch die Wasserhaltung können die Kosten auf ca. das 10-Fache der Kosten im Vergleich zu trockenen Baugruben anwachsen. Bei geschlossener Wasserhaltung entfallen ca. 20 % der auf den Einbau der Brunnen und Rohre und 80 % auf den Betrieb!

Im Wesentlichen unterscheidet man die Wasserhaltung nach dem Verfahren, das für die Mobilisierung des Entwässerungsvorgangs eingesetzt wird, und nach der Art der Fassung des abfließenden Wassers. Wenn das Wasser allein durch die Schwerkraft aus den Poren abfließt und in Brunnen oder Dränagen gesammelt wird, handelt es sich um eine Schwerkraft- oder Gravitationsentwässerung. Die dafür erforderlichen großen Porendurchmesser sind nur bei grobkörnigen Böden wie Sand oder Kies zu erwarten.

Bereits geringe Mengen an Feinkorn können das Abfließen des Wassers erheblich behindern. Eine wirksame Entwässerung erfordert dann eine Vergrößerung des wirksamen Gradienten durch saugende Pumpen. Verfahren, die dieses Entwässerungsprinzip nutzen, sind die Vakuumverfahren. Bei der Vakuumentwässerung wird durch Saugpumpen ein Unterdruck erzeugt, der den Zustrom zum Brunnen beschleunigt. Für das Ansaugen des Wassers ist nur der Anteil der Saugkraft wirksam, der über die zum Heben der Wassersäule erforderliche Kraft hinausgeht. Das Vakuumverfahren ist einsetzbar bei Böden mit Durchlässigkeitsbeiwerten von $10^{-7} \leq k \leq 10^{-4}$ m/s, z. B. Feinsand bis Grobschluff. Da das Absenkziel schneller als bei der Schwerkraftentwässerung zu erreichen ist, wird das Vakuumverfahren bei Böden mit $10^{-5} \leq k \leq 10^{-4}$ m/s dem Gravitationsverfahren meist vorgezogen.

Elektroosmotische Verfahren können vor allem bei schluffigen und tonigen Böden mit Durchlässigkeitsbeiwerten $k < 10^{-7}$ m/s eingesetzt werden. Durch Gleichstrom wird hier versucht, das Porenwasser zum Fließen zu bringen, wobei das Brunnenrohr die Kathode bildet und in einem Ring um die Kathode herum die Anoden, z. B. durch Stahlstäbe platziert werden. Das Verfahren wird vor allem zur Stabilisierung von rutschgefährdeten Bereichen in schluffig-tonigen und organischen Böden eingesetzt.

8.1.2.1 Schwerkraftentwässerung (gravimetrisch)

Horizontalbrunnen – Offene Wasserhaltung und Dränagen: Bei Horizontalbrunnen wird das zufließende Grund- oder Oberflächenwasser in Gräben oder Dränageleitungen gesammelt und einem Pumpensumpf zugeleitet. Dazu müssen die Gräben oder Dränagen das Wasser im freien Gefälle ableiten können. Die offene Wasserhaltung ist einsetzbar in standfesten Böden, z. B. klüftigen Fels, Kies oder bindigen Böden, bei denen nicht die Gefahr des hydraulischen Grundbruchs besteht (standfeste bindige Böden $k = 10^{-9} - 10^{-7}$ m/s, Sand und Kies $k = 10^{-1} - 10^{-4}$ m/s).

Bei sandigen Kiesen darf es nicht zu Erosionserscheinungen infolge des zufließenden Wassers kommen. Durch Schmutzwassertauchpumpen wird das Wasser gehoben und der Vorflut zugeführt. Das Verfahren ist sehr einfach in der Anwendung. Die Kosten liegen bei 20–40 % im Vergleich zur geschlossenen Wasserhaltung. Nachteilig ist der große Platzbedarf. Gräben oder horizontale Dränagestränge (d = 150 – 400 mm) sind nach dem Rückbau zu verfüllen oder zu verpressen.

Als Pumpensumpf kommen z. B. perforierte, bis ca. 2 m tief eingegrabene Fässer zum Einsatz. Zur Gewährleistung des Zuflusses und der Verhinderung von Feinpartikelaustrag muss der Pumpensumpf mit einer filterstabilen Kiesschüttung umgeben sein, der möglicherweise mit einem Geovlies vom umgebenden Baugrund abgetrennt wird. Das mittels Pumpen gehobene Wasser kann dem Vorfluter (Bach, Fluss) zugeführt oder wieder versickert werden.

Mit Spezialfräsen ist die Herstellung von Dränagegräben bis ca. 10 m Tiefe in nicht standfesten Böden möglich. Dabei wird der Schlitz in einem Arbeitsgang gefräst, ein Endlosdrainrohr eingelegt und der Schlitz wieder verfüllt. Bei feinkörnigen Böden ist mit dieser Methode die

Entwässerung mittels Vakuumpumpen auf Abschnittlängen von ca. 50 m möglich und in grobkörnigen Böden auf Abschnitten von bis zu 200 m Länge mittels Schwerkraftentwässerung.

Senkrechte Brunnen – Flachbrunnen: Die Herstellung senkrechter Brunnen erfolgt durch den Ausbau von Bohrungen oder durch Einrammen bzw. Einrütteln von Rohren mit einem perforierten Filterbereich. Zur Förderung des Wassers werden selbstsaugende Kreiselbrunnen eingesetzt, mit denen sich Saughöhen von ca. 8 m verwirklichen lassen. Wegen der Druckverluste ist mit diesem Verfahren nur eine Absenkung bis etwa 4 m möglich. Bei größeren Absenkungstiefen ist die Staffelung (siehe *Bilder 8.2* und *8.3*) erforderlich. Eine Pumpe kann über eine Sammelleitung für mehrere Brunnen genutzt werden.

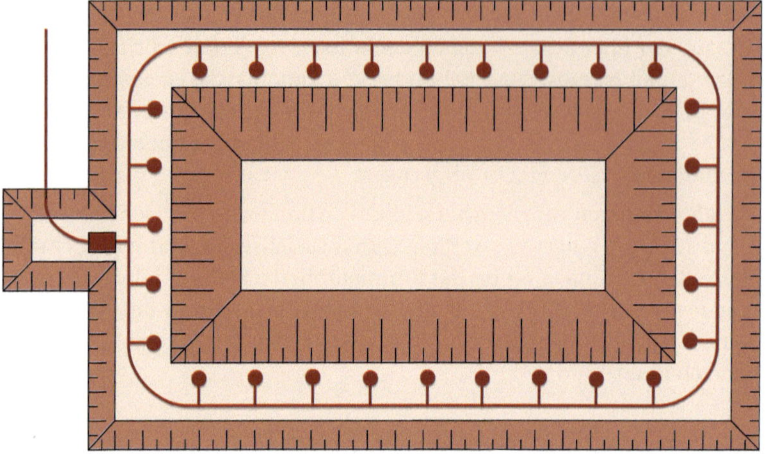

Bild 8.2 Anordnung von Flachbrunnen für gestaffelte Grundwasserhaltung

Der Bohrdurchmesser von gebohrten Flachbrunnen beträgt etwa 200 bis 400 mm. Bei dieser Art der Brunnen werden die Saugrohre eingehängt und mit der Sammelleitung verbunden. Eine sehr einfache Variante der Flachbrunnen sind die Spülfilteranlagen (Wellpointanlagen). Bei diesen Anlagen dient das Filterrohr mit Durchmessern im Bereich von 1 bis 4 Zoll (25,4 bis 100,2 mm) gleichzeitig als Saugrohr und ist direkt mit der Saugleitung verbunden. Der Einbau erfolgt drückend unter gleichzeitiger Anwendung von Hochdruckspülung an der Spitze. Aufgrund der meist nicht vorhandenen Filterpackung können Wellpointbrunnen eher versanden oder zusetzen. Deshalb müssen diese Brunnen einzeln regel- bzw. abschaltbar sein.

Senkrechte Brunnen – Tiefbrunnen: Durch die Förderung des Wassers mittels eingehängter Unterwasserpumpen sind wesentlich größere Absenktiefen als bei Flachbrunnen erreichbar. Der Bohrdurchmesser von Tiefbrunnen liegt im Bereich von d = 300 – 1500 mm Bohrloch. Die Brunnen werden als Kiesschüttungsbrunnen mit Filterdurchmessern von 125 bis 1250 mm und einem Sumpfrohr von mindestens 1 m Länge ausgebaut. Zur Vermeidung von Verwirbelungen und Beschädigungen des Filters darf die Unterwasserpumpe nicht im perforierten Bereich angeordnet werden. Übliche Einlauflängen der Filterabschnitte liegen im Bereich von 5 bis 8 m. Nach der Herstellung des Brunnens ist dieser gründlich zu entsanden, um ein möglichst widerstandsfreies Einströmen des Grundwassers zu gewährleisten. Dies kann beispielsweise durch das sogenannte Klarpumpen erfolgen.

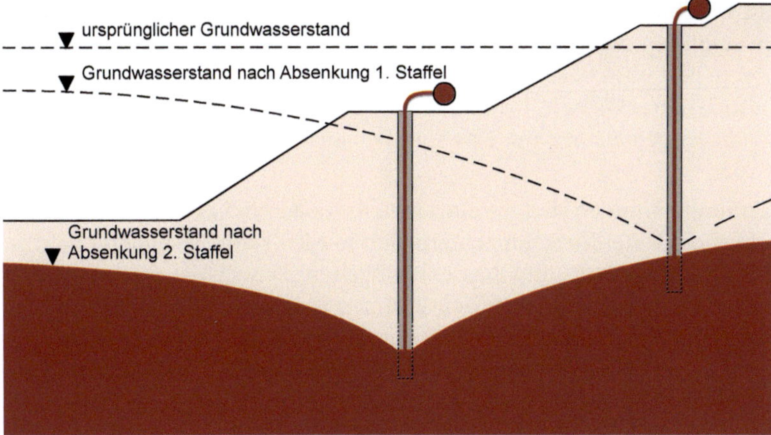

Bild 8.3 Absenkung bei gestaffelter Anordnung von Flachbrunnen

8.1.2.2 Vakuumentwässerung

Wenn unterschiedliche Wasserspiegelhöhen keinen ausreichend großen Druckunterschied für die erforderliche Wasserbewegung liefern, kann durch das Anlegen von Vakuum der hydraulische Gradient gesteigert werden (siehe *Bild 8.4*). Für das Ansaugen des Wassers zum Brunnen ist nur der Anteil des Vakuums wirksam, der nicht zum Heben des Wassers benötigt wird. Es ist mit diesem Verfahren die Beschleunigung der Entwässerung von Schluff und Feinsand möglich. Der durch die Brunnen im Untergrund erzeugte Unterdruck wirkt stabilisierend auf den Boden und erhöht dessen Scherfestigkeit, sodass die Herstellung steilerer Böschungen möglich wird.

Bild 8.4 Vakuumbrunnen zur Sicherung eines Einschnittbereichs

Vakuumflachbrunnen: Zur Entwässerung mit Flachbrunnen werden häufig Vakuumlanzen eingesetzt, die in Aufbau und Ausstattung den Spülfilteranlagen (well-point) der Gravitationsentwässerung ähneln. Die Dimensionierung von Vakuumspülfilteranlagen erfolgt in der Praxis meist auf Grundlage empirisch ermittelter Tabellenwerte oder Diagramme. Der Abstand der einzelnen Brunnenrohre liegt etwa bei ca. 1,5 m. Das Vakuum dient bei diesen Anlagen zum Ansaugen und zum Fördern des Wassers. Im Boden ist daher nur der Teil wirksam, der nicht für das Heben des Wassers gebraucht wird. Das sind bei 4-5 m Absenkung wegen der Reibungsverluste ca. 0,3 bar.

Tiefbrunnen: Bei Vakuumtiefbrunnen sind die einzelnen Brunnenrohre gut abzudichten, damit ein dauerhaft wirkender Unterdruck aufrechterhalten werden kann. Besonderer Wert ist auf die dichte Durchführung der Luft- und Wasserleitungen im Bereich des Brunnenkopfes zu legen. Der Unterdruck wird von außen an den Brunnen angelegt und ist im Boden voll wirksam. Versandungen der Filterstrecke sind bei Vakuumbrunnen kaum feststellbar. Deshalb muss die Filterkonstruktion im perforierten Bereich des Brunnens sehr sorgfältig hergestellt werden. Durch eine separate Tauchpumpe wird das im Brunnentiefsten gesammelte Wasser nach oben gefördert, wobei i. d. R. eine Steuerung, z. B. mittels Schwimmer sinnvoll ist. Für die Gewährleistung der Funktionsfähigkeit muss der Brunnen zuverlässig gegen das Erdreich abgedichtet werden.

8.1.2.3 Elektroosmose

Die Anwendung dieses Verfahrens kommt bei Böden aus Feinschluff und Ton infrage. Das freie Wasser diffundiert zur Kathode, die als Filterbrunnen ausgebildet wird. Der Boden sollte eine Durchlässigkeit von $k \leq 510^{-5} \frac{\mathrm{m}}{\mathrm{s}}$ und einen pH-Wert von ca. 7 aufweisen. Da nur das freie Wasser diffundiert wird, ist dieses Verfahren nur bei bindigen Böden mit Wassergehalten in Größenordnung der Fließgrenze w_L sinnvoll einsetzbar.

8.2 Berechnungsgrundlagen

8.2.1 Brunnenbemessung

Ein vereinfachtes Modell zur Beschreibung der Strömungsvorgänge ist in *Bild 8.5* dargestellt. Die vollständige Bemessung von Grundwasserhaltungen erfordert umfassende Betrachtungen der räumlichen und zeitlichen Strömungsprozesse. Dazu sind i. Allg. aufwendige numerische Betrachtungen des betroffenen Bereiches erforderlich (Näheres hierzu siehe z. B. [68]). Die im Folgenden dargestellten Zusammenhänge sind für einfache Aufgaben anwendbar und sollen eine Einführung in die Problematik geben.

Der Berechnung werden zunächst die Verhältnisse bei vollkommenen Brunnen zugrunde gelegt. Bei vollkommenen Brunnen strömt das Wasser nur über die Mantelfläche horizontal zum Brunnen und nicht über die Sohle. Das Grundwasser ist nicht gespannt.

Zur Ableitung der Brunnenformel für den vollkommenen Brunnen gemäß *Bild 8.6* wird der Durchfluss q berechnet. Dieser beträgt für die Zylindermantelfläche des benetzten Brunnenbereichs $q = vA = v2\pi r_w h_w$ oder für einen beliebigen, rotationssymmetrischen Schnitt $q = vA = v2\pi rh$. Mit $v = ki = k\frac{dh}{dr}$ wird $q = 2\pi rhk\frac{dh}{dr}$ und nach Integration folgt für einen Brun-

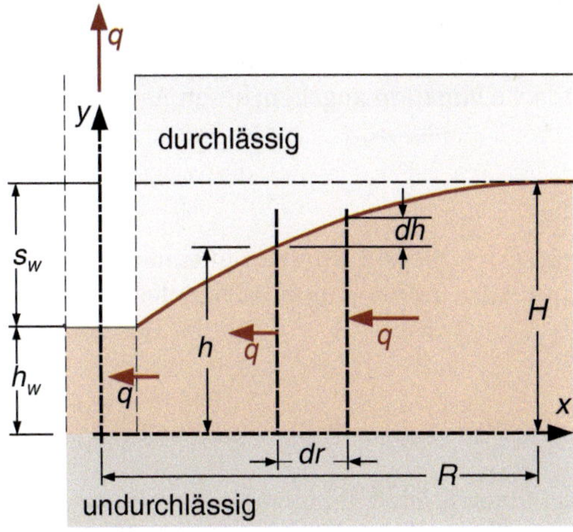

Bild 8.5 Senkrechter Brunnen – Modell

nen:

$$q = \pi k \frac{H^2 - h_w^2}{\ln \frac{R}{r_w}} \tag{8.1}$$

Für die Festlegung der Integrationsgrenzen wird die Eintrittsfläche am Brunnen benutzt (Radius $r = r_w$, Höhe $h = h_w$) sowie der Radius, bei dem die ursprüngliche Grundwasserhöhe erreicht ist ($r = R$ und $h = H$). Dieser Radius wird als Reichweite R bezeichnet und ergibt sich näherungsweise zu

$$R \approx 3000 s_w \sqrt{k}, \tag{8.2}$$

wobei k in m/s einzusetzen ist.

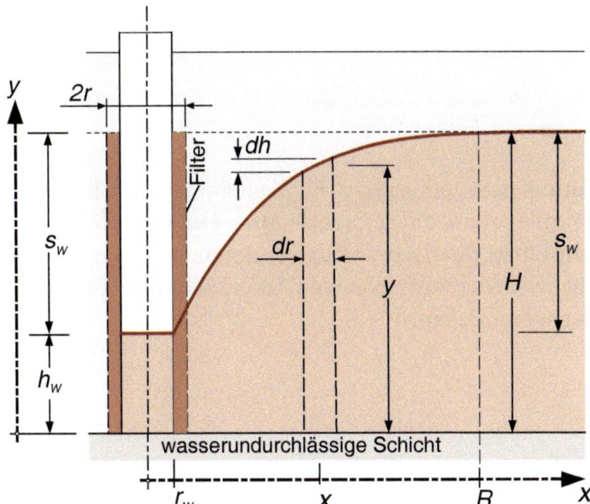

Bild 8.6 Vollkommener Brunnen, Beschreibung der Strömungsverhältnisse

Aus diesen Überlegungen folgt die Wassermenge Q, die für eine Absenkung des Grundwassers um den Betrag s erforderlich ist. Die Bemessungsaufgabe besteht darin, Brunnen und Förderleistung so festzulegen, dass diese Absenkung erreicht werden kann. Aus Beobachtungen ist bekannt, dass jeder Brunnen nur ein begrenztes Fassungsvermögen hat. Es sind komplexe hydraulische Vorgänge, die zu diesem Verhalten führen. Nach SICHARDT lässt sich das Fassungsvermögen eines Brunnens durch folgende empirische Funktion angeben:

$$i_{max} = \frac{1}{15\sqrt{k}}$$

k ist in m/s einzusetzen. Die maximale Wassermenge, die ein Brunnen entsprechend seiner durchströmten Filterfläche aufnehmen kann, wird mit der empirischen Formel nach SICHARDT ermittelt:

$$q = \frac{\sqrt{k}}{15} 2\pi r_w h_w. \tag{8.3}$$

In den *Gln. 8.1* und *8.3* ist die benetzte Höhe des Filters h_w eine unabhängige Eingangsgröße. Der Durchfluss nimmt nach *Gl. 8.1* mit zunehmendem h_w ab und nach *Gl. 8.3* mit zunehmendem h_w zu. Eine Grundwasserabsenkung ist maximal bis zu der Tiefe möglich, bei der sich beide Kurven schneiden (siehe *Bild 8.7*). Bei geringerer Absenktiefe wird weniger Wasser gefördert und der Brunnen ist nicht restlos ausgenutzt. Dies ist sinnvoll bei einer längeren Nutzung des Brunnens. Für vorübergehende Grundwasserabsenkungen, z. B. bei Baugruben, wird die volle Auslastung angestrebt.

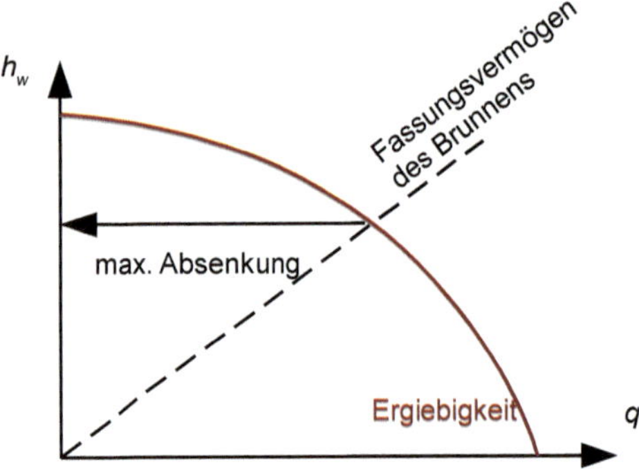

Bild 8.7 Durchfluss und benetzte Filterhöhe am Einzelbrunnen

Ziel der Planung einer Grundwasserhaltung ist es, eine ausreichend große Zahl von Brunnen mit einer bekannten Leistung so anzuordnen, dass die geforderte Absenkung $s_{\min}$ an jedem Punkt erreicht wird. Dabei ist die gegenseitige Überlagerung der Brunnen zu beachten. Zur Herleitung einer Gleichung für den Nachweis der ausreichenden Absenkung wird *Gl. 8.1* für beliebige Punkte der Absenkungskurve angeschrieben.

$$q = \pi k \frac{H^2 - y^2}{\ln \frac{R}{x}}$$

Der Gesamtdurchfluss $Q = nq$ ergibt sich aus der Summe der Zuflüsse aller Brunnen. Wenn für alle Brunnen gleiche Zuflussmengen q und gleiche Radien R vorausgesetzt werden, erhält man für einen Brunnen:

$$\pi k \left(H^2 - y^2\right) = q \ln\left(\frac{R}{x_1}\right)$$

und als Summe über alle Brunnen:

$$n\pi k\left(H^2-y^2\right)=Q\left\{\ln\left(\frac{R}{x_1}\right)+\ln\left(\frac{R}{x_2}\right)+\ldots+\ln\left(\frac{R}{x_n}\right)\right\}$$

An keinem Punkt darf der Wasserspiegel die vorgegebene Höhe übersteigen. Durch Umstellung der vorhergehenden Gleichung nach y und unter Beachtung der Bedingung $y \le H - s_{min}$ erhält man als Nachweis:

$$y=\sqrt{H^2-\frac{Q}{\pi k}\left\{\ln R-\frac{1}{n}\ln(x_1 x_2 x_3 \ldots x_n)\right\}}\le H-s_{min} \tag{8.4}$$

Alternativ kann für einen beliebigen Punkt P die erforderliche Ergiebigkeit Q aller Brunnen berechnet werden.

$$Q=\frac{\pi k\left\{H^2-(H-s_{min})^2\right\}}{\left\{\ln R-\frac{1}{n}\ln(x_1 x_2 x_3 \ldots x_n)\right\}} \tag{8.5}$$

8.2.2 Geschlossene Wasserhaltung, senkrechte Brunnen

Zunächst ist der erforderliche Gesamtdurchfluss Q_E für die Absenkung zu ermitteln. Dazu wird vereinfachend bei rechteckigen Baugruben eine Ersatzkreisfläche nach *Bild 8.8* zur Festlegung des theoretischen Ersatzradius r_E benutzt. Bei nahezu quadratischer Grundfläche ist

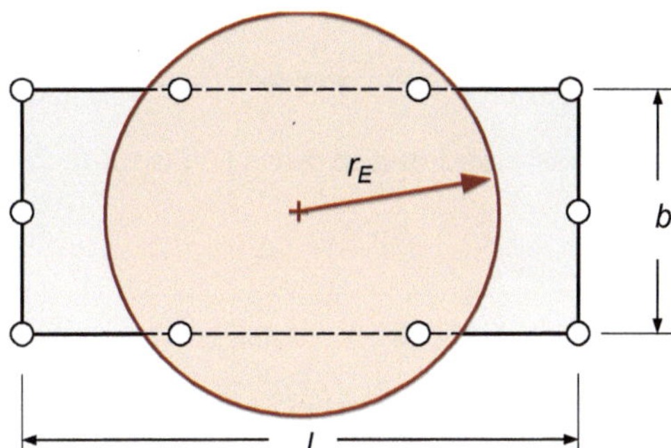

Bild 8.8 Ersatzradius r_E

$$r_E=\sqrt{\frac{A}{\pi}}=\sqrt{\frac{lb}{\pi}} \tag{8.6}$$

und bei langgestreckter Baugrube mit $1 < l/b < 5$:

$$r_E=0{,}37b+\frac{l}{5} \tag{8.7}$$

Bei geschichtetem Baugrund wird die mittlere Durchlässigkeit nach folgenden Gleichungen berechnet:

$$k_h=\frac{\Sigma(k_{hi}h_i)}{\Sigma h_i} \qquad k_v=\frac{\Sigma h_i}{\Sigma\left(\frac{h_i}{k_{vi}}\right)},$$

wobei h_i die Dicke der Schicht i und k_{vi} bzw. k_{hi} die Durchlässigkeit der jeweiligen Schicht bedeuten. Der gesamte Durchfluss, der theoretisch einem einzelnen Ersatzbrunnen zufließen müsste, ergibt sich gemäß *Gl. 8.8.*

$$Q_E = \pi k \frac{H^2 - h_w^2}{\ln \frac{R}{r_E}} \tag{8.8}$$

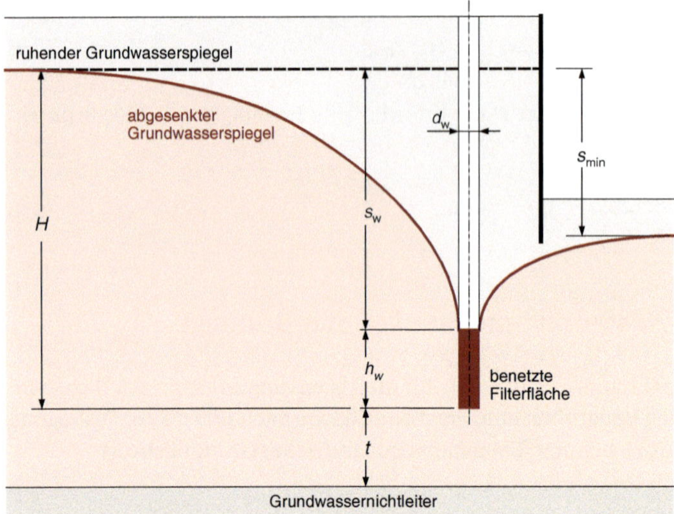

Bild 8.9 Grundwasserabsenkung durch senkrechte Brunnen, Berechnungsmodell

Bei unvollkommenen Brunnen (siehe *Bild 8.9*) ist der Wasserandrang etwa das 1,1 bis 1,3-fache des Werts bei vollkommenen Brunnen $q_{\text{uv}} = 1,1...1,3q_{\text{v}}$.

$$\begin{array}{lll} t < H & : & Q_{uv} = 1,1Q_v \\ H < t < 2H & : & Q_{uv} = 1,2Q_v \\ t \geq 2H & : & Q_{uv} = 1,3Q_v \end{array}$$

Nach SZECHY lässt sich der Wasserandrang unvollkommener Brunnen bei Kenntnis der vertikalen k_V und horizontalen k_H Durchlässigkeit nach folgender Gleichung berechnen:

$$q_{\text{uv}} = \frac{\pi \left\{k_H \left(H^2 - h^2\right) + k_V \left(H - h\right) t\right\}}{\ln R - ln r_E}$$

Die Ergiebigkeit des Einzelbrunnens q_w berechnet sich zu:

$$q_w = Av = Aki = \pi d_w \left(H - s_w\right) \frac{\sqrt{k}}{15}$$

d_w – Durchmesser des Brunnens, i. d. R. der Bohrdurchmesser, bei Brunnen ohne Kiesschüttung der Rohrdurchmesser

s_w – geschätzter lokaler Absenktrichter

Der Absenktrichter s_w am Einzelbrunnen muss zunächst geschätzt werden, z. B. mit folgender Gleichung:

$$s_w = s_{\min} + \kappa_r r_E \tag{8.9}$$

mit $\kappa_r = 0{,}05$ für Kies, $\kappa_r = 0{,}067$ für Kiessand und $\kappa_r = 0{,}1$ für Sand. Die Anzahl der erforderlichen Brunnen n erhält man aus dem Gesamtzufluss Q_E und dem Fassungsvermögen des Einzelbrunnens q_w.

$$n = \frac{Q_E}{q_w} \tag{8.10}$$

Berechnungsablauf: senkrechter Brunnen

1. Berechnung Gesamtzufluss zu einem ideellen Brunnen
   (a) Ersatzradius *Gl. 8.6* oder *8.7*
   (b) Notwendige Absenktiefe s_w bzw. s
   (c) Festlegung Einlaufhöhe am Brunnenrand
   (d) Reichweite nach *Gl. 8.2*
   (e) Zufluss Ersatzbrunnen *Gl. 8.8*
2. Abschätzung der Brunnenanzahl
   (a) Fassungsvermögen max q Einzelbrunnen *Gl. 8.3* oder Pumpenleistung
   (b) Brunnenanzahl $n_{erf} = \frac{Q}{\max q}$
3. Nachweise
   (a) Anordnung Brunnen im Grundriss
   (b) Nachweis der Absenkung maßgebender Punkte *Gl. 8.4*

8.2.3 Offene Wasserhaltung

Bei der Wasserhaltung in Gräben können i. d. R. nicht die gleichen Verhältnisse wie bei vollkommenen Brunnen zugrunde gelegt werden (siehe *Bild 8.10*). Ein geeignetes Maß zur Beurteilung der zuströmenden Wassermenge ist das Verhältnis des Zuflusses im Vergleich zu vollkommenen Brunnen.

$$\frac{q_0(\text{Gräben, Horizontalbrunnen})}{q(\text{Vertikalbrunnen})}$$

$q_0 = 0{,}4q$: (tiefliegender Stauer, große Absenkung)
$q_0 = 0{,}2q$: (hochliegender Stauer, flache Absenkung)

L_1 : Länge der Baugrube
L_2 : Breite der Baugrube
t : Tiefe der für den Zufluss von unten wirksamen Zone ($t = H$ wenn $t \geq H$)
R : Brunnenreichweite $R = 3000 s\sqrt{k}$ in m, k in m/s
s : Absenkung in m
k : Durchlässigkeitsbeiwert in m/s

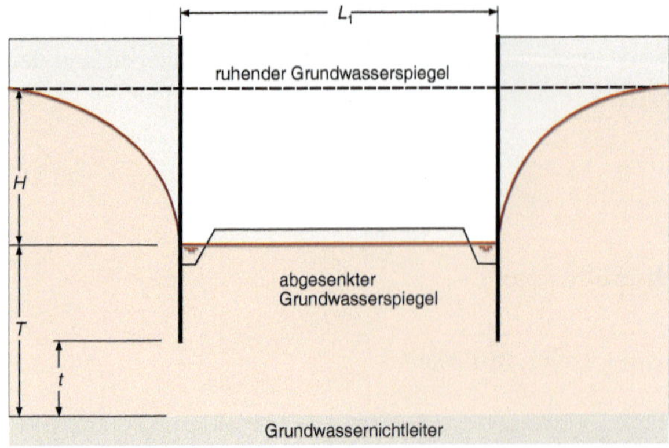

Bild 8.10 Grundwasserabsenkung bei offener Wasserhaltung

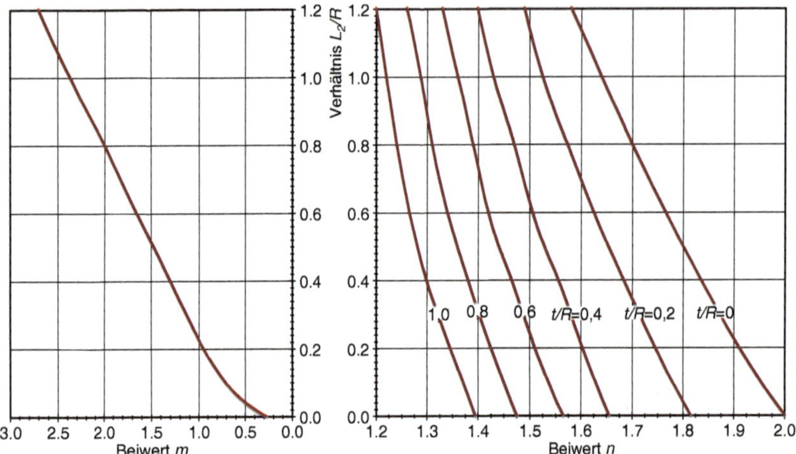

Bild 8.11 Berechnungsbeiwerte zur Ermittlung der zufließenden Wassermenge

Die anfallende Wassermenge kann mit einem Verfahren nach DAVIDENKOFF unter Nutzung der Beiwerte in *Bild 8.11* etwas genauer vorhergesagt werden.

$$q_0 = kH^2 \left\{ \left(1 + \frac{t}{H}\right) m + \frac{L_1}{R} \left(1 + \frac{t}{H} n\right) \right\} \tag{8.11}$$

8.2.4 Filterstabilität

Die Strömungskräfte können u. U. zum Abtransport von Partikeln führen. Um dies zu verhindern, müssen die Filter von Brunnen oder Gräben so beschaffen sein, dass die Partikel des abzufilternden Bodens nicht durch den Boden des Filters hindurch transportiert werden können. Für die Bemessung werden Filterregeln, z. B. nach TERZAGHI zugrunde gelegt. Nach der Filterregel von TERZAGHI besteht Filterwirkung zwischen zwei Böden, wenn D_{15} des gröberen Bodens kleiner ist als $4d_{85}$ des feineren Bodens (siehe *Bild 8.12*). Sie gilt für Böden mit einer Ungleichförmigkeitszahl $C_U < 2$.

$$\frac{D_{15}}{d_{85}} < 4 \quad \text{und} \quad \frac{D_{15}}{d_{15}} > 4 \tag{8.12}$$

D_{15} : Korndurchmesser des Filtermaterials bei 15 % Siebdurchgang
d_{15} : Korndurchmesser des abzufilternden Bodens bei 15 % Siebduchgang
d_{85} : Korndurchmesser des abzufilternden Bodens bei 85 % Siebduchgang

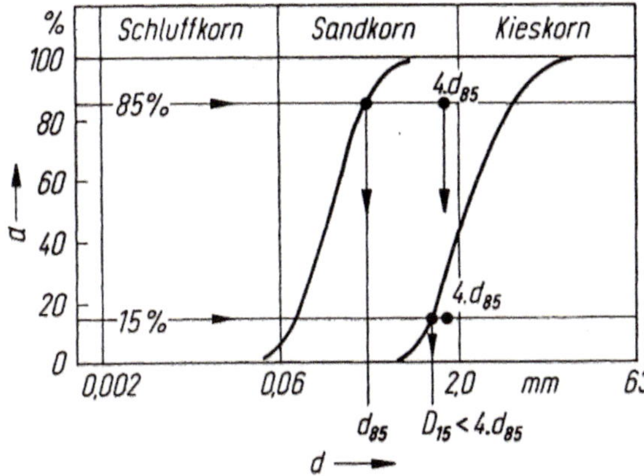

Bild 8.12 Filterregel nach TERZAGHI

Bei Kornverteilungen mit größeren Fehlkörnungen kann diese Filterregel zur Prüfung der inneren Filterstabilität (*Suffosionssicherheit*) auf die Teilböden angewendet werden, so lange der feinere Teilboden das Korngerüst des gröberen Teilbodens nicht sprengt, also wenn $n_{grob} = n + a_{fein}(1 - n) < \max n_{grob}$ bei lockerster Lagerung ist (a_{fein} ist der Massenanteil des feineren Teilbodens) (KOVÁCS [78]).

Der Selbstfiltrationsindex $I_{SF} = d_{15,F}/d_{85,B}$ als Suffosionskriterium nach WITT [107] ist auf Grundlage der Filterregel von TERZAGHI durch Aufteilung der Kornverteilungskurve bei dem Korndurchmesser d_T abgeleitet worden. Als Basisanteil (Fußzeiger B) wird das Feinkorn $d < d_T$ und als Filter (Fußzeiger F) der grobkörnige Anteile ($d > d_T$) betrachtet. Innere Stabilität besteht bei $I_{SF} \leq 4$, Instabilität bei $I_{SF} \geq 9$. Gefährdet ist nur ein feinerer Teilboden mit $d_T < d_{30}$. Anstelle der Durchmesser $d_{15,F}$ und $d_{85,B}$ können auch die Durchmesser d_y beim Siebdurchgang y und $d_{y+15\%}$ bei einem Siebdurchgang $y + 15\%$ eingesetzt werden ($I_{SF} = d_{y+15\%}/d_y$). Für Ungleichförmigkeitszahlen $2 < C_U < 20$ wird die Filterwirkung durch die Filterregel nach CISTIN/ZIEMS beschrieben (siehe *Bild 8.13*).

International sind auch die Filterregeln des US Corps of Engineers verbreitet. Als zusätzliches Kriterium wird das Durchmesserverhältnis bei 50 % Siebdurchgang genutzt.

$$\frac{D_{15}}{d_{85}} < 5 \quad \text{und} \quad \frac{D_{15}}{d_{15}} > 5 \quad \text{und} \quad \frac{D_{50}}{d_{50}} < 25 \tag{8.13}$$

Alternativ zu Kies-Sand-Gemischen ist der Einsatz von Geokunststoffen sehr verbreitet. Näheres zu den Anforderungen und der Bemessung von Filtern im Erdbau siehe [60].

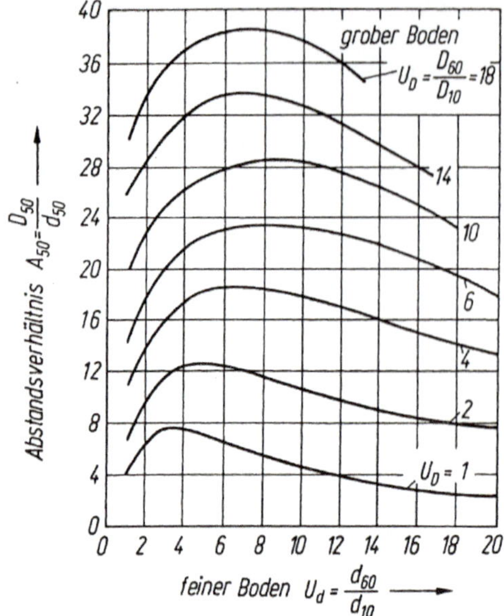

Bild 8.13 Filterregel nach CISTIN/ZIEMS [91]

8.3 Abdichtungen, Dränage

8.3.1 Konstruktion und Entwurf

8.3.1.1 Grundlagen, Einflüsse

Abdichtungen und Dränagen sollen das Eindringen von Wasser in die unterhalb der Oberfläche liegenden Bauwerksteile verhindern. Sie dienen außerdem dem Schutz des Bauwerks vor aggressiven Bestandteilen des Untergrunds. Für die Planung und Ausführung von Abdichtungen und Dränagen sind die Erscheinungsform des Wassers im Untergrund, die Eigenschaften der Bodenschichten ebenso zu berücksichtigen wie die geforderte Wirksamkeit.

Grund- und Stauwasser füllen den Porenraum als stehendes oder fließendes Wasser nahezu vollständig aus und können auf Bauwerke als hydrostatischer Druck oder Auftrieb einwirken. Sickerwasser bewegt sich dagegen unter der Wirkung der Schwerkraft abwärts und wird angestaut, wenn es auf undurchlässige Schichten trifft. Mit Stauwasser ist beispielsweise immer dann zu rechnen, wenn eine Baugrube in einem wenig durchlässigen Material hergestellt wird. Die Art der Schutzmaßnahmen hängt davon ab, ob das Wasser in Form von Kapillarwasser als Erdfeuchte auf das Bauwerk einwirkt, als Sickerwasser am Bauwerk vorbei in den Untergrund abfließt oder als drückendes Wasser einwirkt. Abdichtungen und Dränagen müssen sehr sorgfältig geplant und hergestellt werden, weil sie nach ihrer Erstellung nur noch schwer oder gar nicht mehr für nachträgliche Reparaturen zugänglich sind. Oft sind die zu schützenden Bereiche des Bauwerks für den dauernden Aufenthalt von Personen bestimmt oder dienen der Aufnahme hochwertiger Anlagen bzw. feuchteempfindlicher Lagergüter. Die Ansprüche an die Abdichtung sind in diesen Fällen besonders hoch. Auf die Dränage kann verzichtet werden bei stark durchlässigen Böden oder wenn eine Drainung nicht möglich ist, z. B. bei wasserdichten Böden. Als Materialien zur Abdichtung kommen Bitumenbahnen, kombinierte Kunststoff-Elastomer-Bitumenbahnen, Stahlblechabdichtungen oder wasserundurchlässiger Beton zum Einsatz. Für die Auswahl des Abdichtungssystems sind die Beschaffenheit des Wassers, die Art der Nutzung und der Einfluss aus dem Bauwerk zu berücksichtigen.

1 Oberflächenwasser
Mutterboden, Niederschläge, kurzzeitig aufstauend

2 Sickerwasser
in stark durchlässigen Sanden und Kiesen, schnell versickernd, Durchlässigkeit des Bodens $k > 10^{-4}$ m/s

3 Stauwasser
bei Schichtwechsel zu weniger durchlässigen Schichten aufstauend, anschließend langsam versickernd

4 Schichtenwasser
in eingeschlossenen, meist geneigten Bodenschichten mit größerer Durchlässigkeit, rasche Wasserabgabe in Richtung der geneigten Schicht

5 Sickerwasser
in schwach durchlässigen Böden (schluffige Sande), langsam versickernd

6 Kapillarwassersaum
schwach durchlässiger Schluff oder Ton, Wasser haltend, kapillarer Aufstieg

7 Grundwasser
ständig gefüllter Porenraum oder Kluftgrundwasser, geschlossener Wasserspiegel

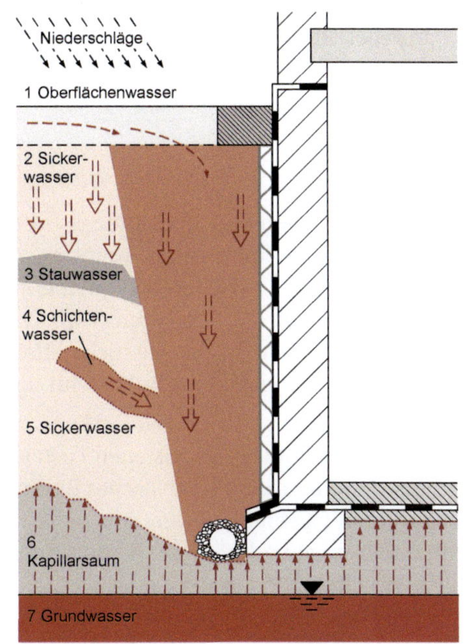

Bild 8.14 Erscheinungsformen des Wassers in der Umgebung von Bauwerken

Einfluss aus Boden, Bauwerk und Bauweise: Die Boden- und Oberflächenverhältnisse sind ausschlaggebend für die Erscheinungsform des Wassers gemäß *Bild 8.14*. Diese ist maßgebend für die Wahl der richtigen Abdichtung. Zwischen dem abzudichtenden Bauwerk und dem Abdichtungssystem muss ein vollständiger Kontakt sichergestellt werden. Dazu ist ein Haftverbund oder ein Mindestanpressdruck erforderlich. Bei fehlendem Arbeitsraum, z. B. im Bereich von Baugrubensicherung mit starren Stützwänden, ist bei Hautabdichtungen dafür eine flächenhafte Sollbruchfuge erforderlich. Die Flächenpressung lässt sich durch die Auflast, den Erddruck oder planmäßig eingebaute, quellfähige Materialien erzeugen. Örtlich begrenzte, hohe Druckspannungen, beispielsweise bei horizontalen Abdichtungen und hohen Bauwerkslasten, erfordern die Verwendung geeigneter Materialien für die Dichtung. Ebenso muss das Abdichtungsmaterial den im Boden enthaltenen Chemikalien widerstehen.

Einfluss des Wassers: Die Beschaffenheit des Wassers im Baugrund ist bei der Auswahl des geeigneten Abdichtungssystems zu berücksichtigen. Dies umfasst die Form des Wasseranfalls und die chemische Zusammensetzung. Für die Stoffwahl der Abdichtung ist das Ergebnis der chemischen Analyse zugrunde zu legen. Bezüglich der Belastung aus Wasserdruck und Strömung ist grundsätzlich zu unterscheiden zwischen Bauwerken, die ganz oder teilweise in das Grundwasser eintauchen und Bauwerken, die oberhalb des Grundwasserspiegels errichtet werden. Der in den Untergrund einbindende Teil eines Bauwerks ist mindestens gegen Bodenfeuchte abzudichten. Dazu müssen die Poren der Bauwerksoberflächen verschlossen bzw. die Kapillarität des Bodens unterbrochen werden. Abdichtungen gegen Sickerwasser und nichtdrückendes Wasser für Wände und Deckenflächen müssen drucklos fließendes Wasser ableiten.

Einfluss der Nutzung: Nicht alle Teile eines Bauwerks müssen in gleichem Maße abgedichtet werden. Beispielsweise erfordern untergeordnete Räume, die nicht zur Einlagerung hochwertiger Güter oder für Wohnzwecke vorgesehen sind, einen geringeren abdichtungstechnischen Aufwand. Für Kabel, Rohrleitungen, Durchgänge und andere Öffnungen, die eine Unterbrechung der Abdichtung erforderlich machen, müssen die Probleme der Anflanschungen und Verwahrung bis ins Detail gelöst werden. Unter Umständen ist die Stoffwahl zu korrigieren.

8.3.1.2 Aufbau und Sicherung der Wirksamkeit von Abdichtungen

Voranstrich: Vor Aufbringen von Abdichtungsstoffen werden die Poren der Oberfläche des Baukörpers möglichst tief durch einen Voranstrich verschlossen. Dies dient der Gewährleistung eines engen Verbunds zwischen Bauteil und Abdichtungslagen. Die Verwendung heißer Anstrichstoffe kann durch die Entstehung von Wasserdampf zur Bläschenbildung führen. Um dies zu vermeiden, werden die Anstrichstoffe für den Voranstrich kalt verarbeitet. Der Voranstrich dient nicht der eigentlichen Abdichtung.

Heiß zu verarbeitende Klebemassen und Deckaufstrichmittel bestehen aus Bitumen, das u. U. durch Einblasen von Luft im geschmolzenen Zustand bezüglich seiner Dehnbarkeit und Biegsamkeit verbessert werden kann („geblasenes Bitumen"). Den Bitumen können Gesteinsmehle zugegeben werden („gefülltes" Bitumen). Kalt zu verarbeitende Deckaufstrichmittel bestehen aus Bitumenlösungen oder Bitumenemulsionen, die Zusätze von nicht quellfähigen Gesteinsmehlen enthalten können („gefülltes" Bitumen). Als Asphaltmastix wird die Mischung aus Bitumen, Gesteinsmehl und Sand bezeichnet. Asphaltmastix ist heiß zu verarbeiten.

Dichtungsbahnen sind für Abdichtungen gegen nichtdrückendes Wasser (Bodenfeuchte, Sickerwasser) und drückendes Wasser geeignet. Aufgrund der Fließneigung des Bitumens ist schon bei geringen Horizontalkräften, z. B. infolge von Horizontaldruck (Hang- oder Windkräfte) bzw. bei Sohlengefälle, mit einem Gleiten des Baukörpers auf der Abdichtung zu rechnen. Als konstruktive Gegenmaßnahmen kommen z. B. Nocken in Sohlen und Deckflächen in Betracht. Bitumenbahnen bestehen aus Einlagen und beidseitigen, teilweise besandeten Deckschichten, mit Ausnahme der nackten Bahnen. Die Einlagen geben den Bahnen die notwendige Festigkeit. Kombinierte Kunststoff-, Elastomer- und Bitumenabdichtungen bestehen aus einer Lage Kunststoff- oder Elastomerdichtungsbahnen in Kombination mit einer oder zwei Lagen Bitumenbahnen. Sie sind auch für wasserdruckhaltende Abdichtungen zugelassen. Bei Stahlblechabdichtungen wird eine Stahlhaut aus einzelnen Blechen zusammengesetzt und durch Dübel mit der zu schützenden Konstruktion verbunden. Wegen der relativ großen Steifigkeit des Stahls müssen die Bewegungen des Bauwerks durch die Anordnung von Fugen ausgeglichen werden können.

Bauweisen aus wasserundurchlässigem Beton werden meistens als „weiße Wanne" bezeichnet. Bei Bauteilen aus WU-Beton kann die Wasserdampfdiffusion nicht ausgeschlossen werden. An den für weiße Wannen eingesetzten Beton werden besondere Anforderungen gestellt, die überwacht werden müssen. Bei Außenbauteilen werden z. B. ein Mindestzementanteil und ein Wasser-Zement-Wert vorgeschrieben. Die Rissbreiten sollten je nach Wasserbeanspruchung folgende Werte nicht übersteigen:

- nichtdrückendes Wasser 0,25 mm
- drückendes Wasser bis etwa 1 bar 0,20 mm

- drückendes Wasser über 1 bar 0,15 mm

Fugen beim WU-Beton müssen sehr früh geplant und festgelegt werden. Arbeitsfugen entstehen, wenn der Betoniervorgang an einem statisch als Einheit wirkenden Baukörper aus arbeitstechnischen Gründen unterbrochen werden muss. Lage und Gestaltung richten sich nach Arbeitsablauf, Leistung der Betonanlage, Art und Beanspruchung des Bauteils. Bewegungsfugen sind so anzuordnen und auszubilden, dass Bewegungen, hervorgerufen durch innere und/oder äußere Kräfte, in den angrenzenden Bauteilen keine schädlichen Risse erzeugen können.

Damit zwischen der Abdichtung und dem Bauteil keine Umläufigkeiten entstehen können, soll ein mindestens erforderlicher Einpressdruck gewährleistet bleiben. Dieser Mindestdruck auf die abzudichtende Fläche beträgt ca. 10 kN/m^2. Ist dieser nicht vorhanden, macht sich die Verankerung der Bahnen erforderlich. Dazu dienen Telleranker. Bei Tellerankern ist die Losplatte vorzugsweise kreisrund auszubilden. Bei einer quadratischen Form der Festplatte ist die Kantenlänge mindestens 10 cm größer als der Durchmesser der Losplatte vorzusehen. Durchdringungen sind Unterbrechungen der Dichtungshaut und sollten möglichst vermieden werden. Rohrleitungen, Kabel, etc. führt man am besten oberhalb des Grundwassers ins Bauwerk ein. Sind Unterbrechungen nicht zu vermeiden, sind im Detail durchkonstruierte Lösungen zu verwenden. Die Verwahrung und Sicherung ist der obere Anschluss der Dichtung, je nach Höhe des Bemessungswasserstands über oder unter der Geländeoberfläche.

Schutzmaßnahmen sind zur Vermeidung von Beschädigungen während des Einbaus der Abdichtungen und der nachfolgenden Arbeiten erforderlich. Es ist dafür zu sorgen, dass keine Lasten wie Baustoffe oder Geräte während des Bauzustands auf den Abdichtungen lagern. Die Einwirkung von schädigenden Stoffen, z. B. Schmier- und Treibstoffe, Lösungsmittel und Schalungsöl, muss verhindert werden. Wenn die Baugrubenumschließungen durch Ziehen von Bohlträgern später ausgebaut werden, ist durch Stahlbleche o. ä. sicherzustellen, dass die Schutzschicht und die Abdichtung keine Schäden erfahren. Verbleibt die Baugrubenumschließung im Boden, muss sich das Bauwerk einschließlich der Schutzschicht unabhängig davon bewegen können. Während der Bauarbeiten ist das Bitumen vor direkter Sonneneinstrahlung zu schützen. Durch die Erwärmung wird das Bitumen erweicht, was bei senkrechten Flächen zum Abrutschen führen kann. Zum Schutz kommen Zementschlämmanstriche, das Abhängen mit Planen oder die Wasserberieselung in Betracht.

Im Endzustand müssen Schutzschichten die Abdichtung dauerhaft vor schädigenden Einflüssen chemischer, thermischer und dynamischer Art schützen. Bei Abdichtungen, die eine Einpressung erfordern, muss diese durch Aktivierung des Wasserdrucks sichergestellt sein. Bewegungen und Verformungen der Schutzschichten dürfen die Abdichtung nicht beschädigen. Schutzschichten aus Halbsteinmauerwerk nach DIN 1053 sind in Mörtel der Mörtelgruppe II (DIN 18 550) herzustellen. Sie sind von anders geneigten Schutzschichten durch Fugen mit Einlagen zu trennen. Eine Aufteilung durch lotrechte Fugen im Abstand von maximal 7 m und eine Trennung der Ecken vom Flächenbereich sind vorzunehmen

8.3.2 Abdichtungsarten

Bei den verschiedenen Arten der Abdichtung kommen zum Teil unterschiedliche Werkstoffe zum Einsatz, deren Eigenschaften wie Elastizität und Zähigkeit (Viskosität) die Konstruktion bestimmen. Stoffe mit ausgeprägtem Fließverhalten, z. B. Bitumen, bauen im Laufe der Zeit die infolge der Bauwerksbewegungen aufgezwungenen Spannungen durch entsprechende Fließvorgänge ab. Bestimmte temperaturabhängige Grenzwerte dürfen dabei nicht überschritten werden, da sonst die Abdichtungshaut zerstört wird. Als Schutz gegen nichtdrückendes Wasser können nackte Bitumenbahnen, ggf. kombiniert mit Kupferbändern, Bitumenschweißbahnen und Bitumendichtungsbahnen eingesetzt werden. Kaltselbstklebende Bahnen dürfen nur zum Schutz gegen Bodenfeuchte eingesetzt werden. Nackte Bitumenbahnen sind wegen der i. Allg. nicht ausreichenden Einpressung ungeeignet für Bodenfeuchte und nichtdrückendes Wasser bei mäßiger Beanspruchung.

Abdichtung gegen Bodenfeuchte:

Diese Abdichtungsart wird eingesetzt gegen nichtdrückendes Bodenwasser wie Kapillar-, Saug- und Haftwasser und gegen das von Niederschlägen verursachte Sickerwasser (siehe *Bilder 8.15* und *8.16*). Mit nicht drückendem Wasser ist zu rechnen, wenn der Baugrund und das Verfüllmaterial aus nichtbindigen Böden bestehen und dadurch das Aufstauen von Wasser verhindert wird.

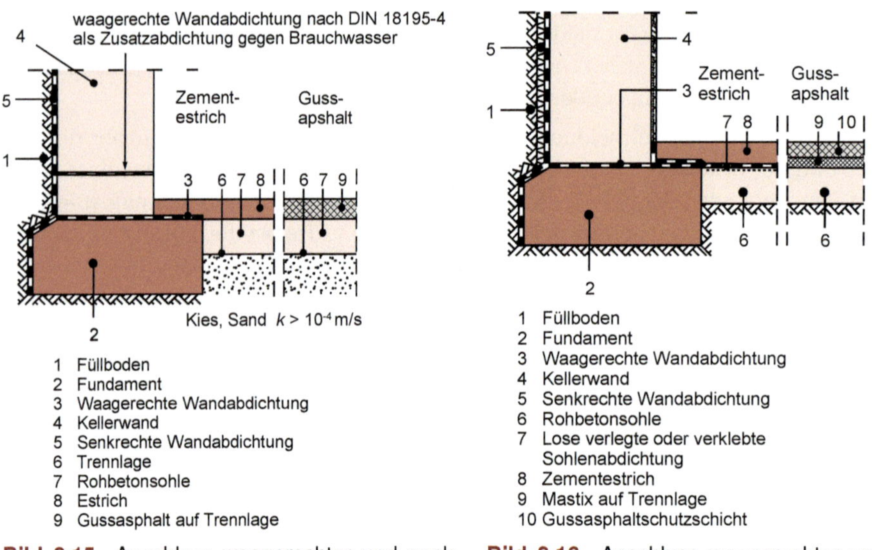

Bild 8.15 Anschluss waagerechter und senkrechter Dichtungen, Beispiel 1

Bild 8.16 Anschluss waagerechter und senkrechter Dichtungen, Beispiel 2

Diese Voraussetzungen sind nur erfüllt, wenn der Durchlässigkeitsbeiwert des Bodens größer als $k = 10^{-4}$ m/s ist. Maßnahmen zur Abdichtung gegen Bodenfeuchte sind immer erforderlich und stellen deshalb die Mindestanforderungen dar. Zur Verhinderung des kapillaren Wasseraufstiegs in Wänden werden horizontale Abdichtungen als einlagige Dichtungsbahnen benutzt, z. B. Bitumenbahnen, Dichtungsbahnen mit Metallbandeinlagen, Dachdichtungsbahnen oder Kunststoffdichtungsbahnen. Bei der Verlegung ist auf die Mindestüberlappung im Bereich der Stöße (≥ 20 cm) zu achten. Die Bahnen werden auf die vorher mit Mörtel eben abgeglichene Unterlage aufgelegt und nicht verklebt. Zur Gewährleistung der durchgehenden Abdichtungswirkung und der Verhinderung von Feuchtigkeitsbrücken müssen die Dichtungen auf ihrer gesamten Länge an die horizontalen Abdichtungen herangeführt werden. Es sind besondere Vorkehrungen zur Verhinderung von Beschädigungen der senkrechten Dichtungen im Rahmen der Hinterfüllung der Bauwerke erforderlich.

Abdichtung gegen nichtdrückendes Wasser: Nichtdrückendes Wasser nach DIN 18195 [15] tritt in tropfender oder flüssiger Form als Ergebnis der Versickerung von Niederschlags- oder Brauchwasser auf. Das Wasser übt auf die Abdichtungen keinen oder nur vorübergehend einen geringfügigen hydrostatischen Druck aus. Dafür muss die dauerhafte Wirksamkeit der Wasserabführung gewährleistet sein. Risse am Bauwerk mit Rissbreiten von mehr als 2 mm sind konstruktiv zu verhindern. Kleinere Risse, z. B. durch das Schwinden von Bauteilen, muss die Abdichtung ohne Verlust der Schutzwirkung ausgleichen können. Man unterscheidet nach der Art der Beanspruchung in mäßig und in hoch beanspruchte Ausführung.

Eine mäßig beanspruchte Abdichtung liegt vor, wenn sich die Abdichtung nicht unter befahrenen Flächen befindet und auch die Verkehrslasten überwiegend ruhende Belastungen sind, die Temperaturschwankungen 40 K nicht übersteigen und Wasserbeanspruchung gering und nicht ständig ist. Zu den hoch beanspruchten Abdichtungen zählen alle Abdichtungen auf waagerechten und geneigten Flächen und alle Abdichtungen, die nicht die Kriterien für mäßige Beanspruchung erfüllen.

Abdichtung gegen drückendes Wasser: Die Vorgaben an die für Abdichtungen gegen drückendes Wasser eingesetzten Materialien ergeben sich vor allem aus der Forderung nach Dauerbeständigkeit unter dem Einfluss des drückenden Grund-, Brauch- oder Stauwassers. Charakteristisch für Abdichtungen gegen drückendes Wasser sind die folgenden Merkmale:

- Die Abdichtung muss über eine dauerhafte Beständigkeit gegen das anstehende Boden-Wasser-Gemisch einschließlich aller darin enthaltenen Chemikalien verfügen und muss ebenso beständig gegenüber allen angrenzenden Baustoffen sein.
- Zur Gewährleistung der Widerstandsfähigkeit gegen statische und dynamische Belastungen und den daraus resultierenden Verformungen muss die Abdichtung über eine ausreichende mechanische Festigkeit bei allen Temperaturen verfügen und aus der Nutzung des Bauwerks unter normalen Umgebungsbedingungen hervorgerufene Verformungen ausgleichen können.
- Die Materialien müssen fehlerfrei und einfach einzubauen sein, z. B. durch gut und leicht herstellbare Verbindung einzelner Abdichtungsbahnen untereinander und es darf zu keiner Freisetzung gesundheitsschädigender Stoffe oder Dämpfe während des Einbaus und der Nutzung kommen.
- Das eingesetzte Abdichtungssystem muss sich an das Bauwerk im Bereich von Kanten, Kehlen und Ecken anpassen lassen, muss reparaturfähig sein und sollte mehrlagig aufgebaut oder zuverlässig prüfbar sein.

Für Abdichtungen gegen drückendes Wasser kommen Bitumenwerkstoffe, Metallbänder und Kunststoffdichtungsbahnen zum Einsatz.

8.3.3 Hinweise zu Planung und Bemessung

Es ergeben sich aus der Art der Beanspruchung durch Wasser zwei Bemessungsfälle:

- Abdichtung gegen drückendes Wasser mit einer Eintauchtiefe > 0 nach DIN 18336 und DIN 18195-6 und -7

- Abdichtung gegen nichtdrückendes Wasser mit Eintauchtiefe ≤0 nach DIN 18336 und DIN 18195-4 und -5

Allgemein sollten bei der Planung einer Abdichtung folgende Punkte beachtet werden:

1. Eine Abdichtung soll möglichst beidseitig hohlraumfrei von festen Bauteilen bzw. dem Verfüllboden umgeben sein.
2. Abdichtungen aus nackten Bitumenbahnen benötigen eine Mindesteinpressung von in der Größenordnung von 0,01 MN/m^2. Falls dieser Flächendruck nicht erreichbar ist, muss zumindest eine vollflächige Einbettung sichergestellt sein. Der hydrostatische Druck des ggf. anstehenden Wassers darf nicht in Rechnung gestellt werden. Es empfiehlt sich daher, in diesem Bereich als letzte Lage eine Bitumendichtungsbahn anzuordnen.
3. Eine Abdichtung ist praktisch als reibungslos anzusehen. Für die statische Berechnung sind Kräfte nur senkrecht zur Abdichtungsebene übertragbar.
4. Die auf eine Abdichtung wirkende Pressung soll keine sprunghaften Veränderungen erfahren, wenn ein Ausweichen der Stoffe konstruktiv nicht verhindert werden kann.
5. Die Lage einer Abdichtung am oder im Bauwerk beeinflusst deren Funktionsweise und die Gestaltung von Detailpunkten:
   - Die Außenabdichtung stellt bei der offenen Bauweise die Normalausführung dar. Sie wird nach der Errichtung des abzudichtenden Bauteils erstellt. Im Regelfall liegt für den Endzustand eine Einpressung, zumindest aber eine Einbettung auch bei starren Baugrubenwänden vor.

     Die Zwischenabdichtung wird vorwiegend bei geschlossenen Tunnelbauweisen (Schild-, Stollenvortrieb, Spritzbetonbauweise) angewendet. Die für den Gebirgsdruck bemessene Außenschale dient als Abdichtungsrücklage. Von ihr soll sich die Zwischenabdichtung in der Sollbruchfuge unter Wasserdruck lösen und im Endzustand gegen die auf Wasserdruck bemessene Innenschale stützen.
   - Die Innenabdichtung ist im Wesentlichen auf den Schwimmbad- und Behälterbau sowie auf Ver- und Entsorgungsbauwerke beschränkt.

9 Konstruktiver Erdbau

Im Unterschied zur Nutzung des Bodens als Baugrund für die Gründung der Bauwerke wird der Boden im Erd- und Dammbau auch als Baumaterial verwendet. Das für den jeweiligen Zweck geeignete Baumaterial ist nach funktionellen und wirtschaftlichen Kriterien auszuwählen und der Zustand des Bodens ist gezielt an die Anforderungen anzupassen. Boden- und Fels wird dafür gelöst, transportiert, gelagert, verbessert, eingebaut und verdichtet. Die entsprechenden Grundlagen sind Gegenstand des Fachs Bodenmechanik und umfassend in [55] dargestellt.

9.1 Erd- und Dammbauwerke

9.1.1 Aufgaben des Erdbaus

Die Wirtschaftlichkeit wird erheblich von den Aufwendungen für den Transport der Böden bestimmt. Großen Einfluss hat die richtige Bewertung der in der Nähe verfügbaren Böden. Wenn es gelingt, für das geplante Bauwerk Bodenarten einzusetzen, die aus Lagerstätten in der Nähe oder vielleicht sogar als Abraum bei anderen Baumaßnahmen gewonnen werden können, lassen sich die Kosten erheblich verringern. Dabei kommt es darauf an, die geforderten Funktionen des Bauwerks mit den zur Verfügung stehenden Materialien zu verwirklichen. Diese Funktionen sind das Stützen, das Dichten und das Dränieren.

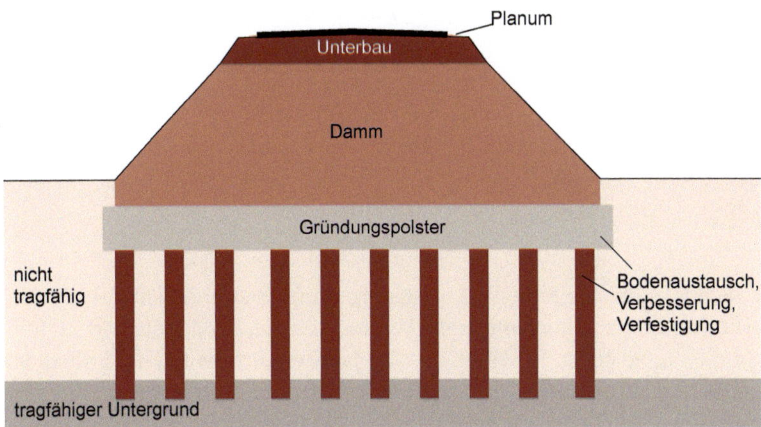

Bild 9.1 Beispiel eines Dammbauwerk mit Gründung

Die Grundlagen für die konstruktive Gestaltung und Bemessung von Erdbauwerken, insbesondere Dämmen, sind die gleichen, die für andere Grundbauwerke gelten. Es sind Nachweise zur Standsicherheit, zum Setzungsverhalten und zur Durchströmung zu führen. Während bei der Gründung von Gebäuden der Boden als Baugrund zur Abtragung der Lasten herangezogen wird und die Bemessung der Gründungskörper i. d. R. nach den Eigenschaften des Bodens erfolgt, wird bei Erdbauwerken der Boden als Baustoff und Baugrund eingesetzt. Durch Einbau und Verdichtung können die bodenmechanischen Kennwerte des Baumaterials in gewissen Grenzen beeinflusst werden, was sich auf die Dimensionierung der Bauwerke auswirkt. Unterhalb des Dammkörpers müssen die Belastungen wie bei Fundamenten in den Baugrund abgetragen und ohne schädliche Auswirkungen auf das Bauwerk von diesem aufgenommen werden (siehe *Bild 9.1*). Zu den Aufgaben des konstruktiven Erdbaus gehört die Herstellung eines tragfähigen Untergrunds als Planum für die Gründung von Bauwerken ebenso wie die Herstellung von Dammbauwerken oder Einschnitten.

9.1.2 Dammbauwerke

Dammbauwerke werden u. a. im Verkehrsbau, im Wasserbau und dem Deponiebau eingesetzt. Einige typische Querschnittsformen sind in *Bild 9.2* zusammengestellt. Aufgaben der Dammbauwerke sind:

1. Sichere Ableitung der Belastung aus Verkehr, Wasserdruck, Erdbeben u. a. Einflüssen in den Untergrund
2. Abdichtung bei Wasserbauten und Deponiedämmen
3. Ausgleich der Eigensetzungen und der Setzungen des Baugrunds

Straßen- und Staudämme gehören zu den ältesten Bauwerken der Menschheit. In *Tabelle 9.1* sind einige historische Beispiele zusammengestellt.

Tabelle 9.1 Beispiele historischer Dämme

Damm (Ort)	Fertigstellung	Dammhöhe in m
Sadd-el-Kafara (Ägypten)	2550 v.u.Z.	14
Nimrud (Irak)	2500 v.u.Z.	12
Möris-See (Ägypten)	1800 v.u.Z.	7
Hethitische Sperren (Anatolien)	1400 v.u.Z.	6
Homs (Syrien)	1300 v.u.Z.	6
Sadd-el-Arim (Jemen)	750 v.u.Z.	10

Tabelle 9.2 enthält eine Zusammenstellung der Abmessungen und Bauzeiten einiger neuzeitlicher Staudämme. Dies verdeutlicht auch die große Variationsbreite, bei der ein wirtschaftlicher Einsatz von Dämmen möglich ist. Bis Anfang des 20. Jahrhunderts wurde der Erdbau im Wesentlichen gleisgebunden ausgeführt, d. h., der Transport und die Verteilung der Erdmassen erfolgte von Gleisen aus. Nach dem zweiten Weltkrieg entwickelte sich die Automobiltechnik sprunghaft weiter, sodass große Transportkapazitäten durch Lastkraftwagen verwirklicht werden konnten. Moderne Verdichtungsgeräte und neue Erkenntnisse in Bodenmechanik und Erdbau erlauben seit dieser Zeit die Errichtung gewaltiger Dammkonstruktionen. Neben den

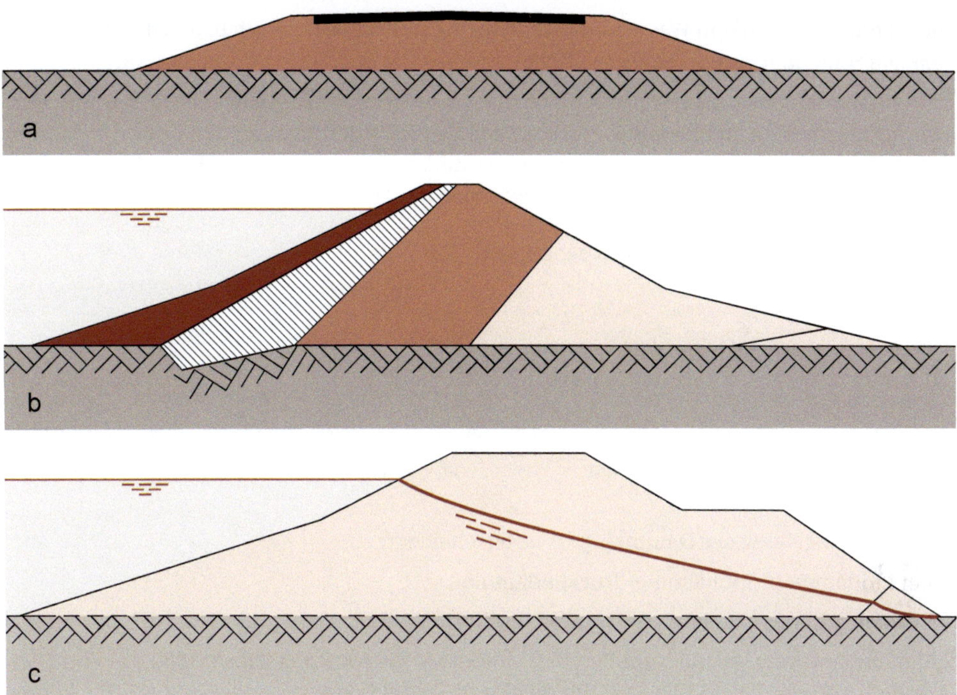

Bild 9.2 Beispiel für unterschiedliche Typen von Dammbauwerken

klassischen Aufgabenbereichen des Wasser- und Verkehrsbaus sind in den letzten Jahrzehnten Probleme im Zusammenhang mit Lärmschutzwällen, Deponieabdichtungen, Altlasten und dem Hochwasserschutz in den Vordergrund getreten.

Tabelle 9.2 Bauzeiten und Abmessungen einiger Staudämme

Damm (Ort)	Bauzeit	Dammhöhe in m	Kubatur in Mill. m^3
Schmalwasser (BRD)	1989–1993	76	1,44
Assuan (Ägypten)	1960–1970	111	40
Gepatsch (Österreich)	1960–1964	153	7,5
Göschenalp (Schweiz)	1955–1960	155	9,35
Oroville (USA)	1962–1967	225	60
Nurek (Tadshikistan)	1964–1970	323	45

Deiche dienen dem Schutz von durch Hochwasser gefährdeten Bereichen. Sie sind keine Staudämme, die eine dauerhafte abdichtende Funktion haben, sondern sollen im Hochwasserfall sicherstellen, dass der Wasserspiegel von der Wasser- zur Luftseite immer unterhalb der Geländeoberfläche liegt. In Zeiten ohne Hochwasser sind die Deiche von starkem Bewuchs und grabenden Tieren frei zu halten. Die Nutzung als Weideland für Herden ist sehr verbreitet. Bei der Durchströmung des Deichquerschnitts treten destabilisierende Strömungskräfte auf, die maßgebend sind für die Bewertung der Standsicherheit. Derartige Vorgänge sind auch bei anderen Dammbauwerken (Lärmschutzwälle, Verkehrsdämme) zu berücksichtigen, wenn durch

Versickerung mit starkem Wasserandrang zu rechnen ist. Wasserundurchlässige, hangabwärts geneigte Schichten verstärken diese Effekte.

Dämme werden nach unterschiedlichen Kriterien unterschieden (siehe *Tabelle 9.3*). Die Herstellungstechnologie richtet sich einerseits nach den Anforderungen an den Damm, bestimmt aber andererseits auch bestimmte konstruktive Merkmale, wie Lage und Dimensionierung der Dichtungen oder die geometrischen Abmessungen des Dammkörpers.

Tabelle 9.3 Unterscheidungskriterien der Dämme

Merkmal	Verkehrsbau	Wasserbau	Deponiebau
Funktion	Eisenbahn, Straßen	Speicherbauten, Hochwasserschutz, Deiche, Kanäle	Deponien, Absetzbecken
Dammbaustoff	Erddamm, Steindamm	Erd-, Steinschüttdamm	Erddamm
Dammaufbau	homogen	homogen oder gegliedert	homogen oder gegliedert
Bauverfahren	Trocken-, Spüldamm	Steinschütt, Steinsetz	Trocken

Nach der Herstellung des Dammkörpers unterscheidet man:

- bei Erddämmen: Spüldämme, Trockendämme
- bei Steindämmen: Steinsetzdämme, Steinschüttdämme

Spüldämme wurden erstmals im Bergbau eingesetzt. Bis zur Bruchkatastrophe des Fort Peck Damms 1938 wurden in den USA überwiegend Steindämme mit eingespültem Füllkörper hergestellt. Bei Spüldämmen wird ein Teil des Füllkörpers und die Kerndichtung eingespült. Vorteil der Spüldämme ist die außerordentlich kurze Herstellungszeit (Förderleistung bis zu 120 000 m^3 pro Tag). Wegen des nahezu flüssigen Einbaus ist das Baumaterial in einem labilen Zustand, was entsprechend große Querschnitte erfordert. Außerdem ist die Herstellung einer festgelegten Querschnittsgeometrie nur näherungsweise möglich.

Trockendämme werden durch lagenweisen Einbau und Verdichtung des Dammbaumaterials hergestellt. Dadurch werden die Eigenschaften des Baumaterials gezielt beeinflusst und die Herstellung eines festgelegten Querschnitts gesichert.

Steinsetzdämme werden heute wegen des großen Zeitaufwands kaum hergestellt. Steinschüttdämme sind dagegen eine wirtschaftliche Alternative zu Erddämmen. Das Eigengewicht der Felsbrocken und die Durchlässigkeit des Stützkörpers sind die wichtigsten Vorteile.

Konstruktionselemente von Dämmen sind:

Gründung: Der Untergrund erfährt durch die zusätzliche Belastung Verformungen. Wegen der i. d. R. großen Aufstandsfläche ist die Grenztiefe, bis zu der sich die Setzungen auswirken, sehr groß und wird in vielen Fällen durch das unterlagernde Festgestein begrenzt. Bei hohen Dämmen ist mit sehr großen Sohlspannungen zu rechnen, die u. U. die Ertüchtigung des Untergrunds erfordern. Zur Verhinderung von Unterströmungen muss bei Staudämmen der Untergrund wasserundurchlässig sein. Die tiefreichende Abdichtung kann z. B. durch Injektionen erreicht werden.

Stützkörper: Die Funktion des Stützkörpers ist es, die Belastungen aus der Nutzung des Dammbauwerks sicher aufzunehmen und die Verformungen so weit zu begrenzen, dass die Funktionsfähigkeit des Bauwerks nicht beeinträchtigt wird. Das Material, aus dem der Stützkörpers aufgebaut ist, sollte sich selbst nur wenig verformen zur Begrenzung der Eigensetzungen und die Herstellung standsicherer, wirtschaftlicher Böschungen ermöglichen.

Bei Stauanlagen und Deponiedämmen können die Stützkörper gleichzeitig zur Abdichtung genutzt werden und sind dann wasserundurchlässig auszubilden. Durch ein hohes Eigengewicht soll die Aufnahme der horizontal wirkenden Wasserdruckkräfte gewährleistet werden.

Filter: Die Kräfte infolge der Strömung können zum Abtransport von Bodenbestandteilen führen. Die Suffosion oder Erosion muss wirksam verhindert werden. Dazu ist der Einbau von Filtern erforderlich, z. B. durch die planmäßige Abstufung der Kornzusammensetzung angrenzender Bodenschichten.

Dichtung: Abdichtungen sind z. B. in Staudämmen, Deponien und teilweise im Bereich unter Straßen erforderlich. Die Abdichtungselemente müssen unempfindlich gegen Verschiebungen des Dammkörpers und des Untergrunds sein.

Herdmauer: Die Herdmauer bildet den unteren Abschluss der Dichtung von Staudämmen und stellt die Verbindung zum Untergrund her. Sie soll den Sickerweg verlängern und die horizontalen Verformungen begrenzen.

Die einzelnen Bauteile sind so zu bemessen, dass die Standsicherheit und Funktionsfähigkeit des Bauwerks sichergestellt wird. Wesentlichen Einfluss auf die Dammkonstruktion haben die Eigenschaften des Untergrunds. Deshalb wird auch die Gründung der Dämme als gesondertes Bauelement betrachtet.

9.1.3 Baumaterial, Verarbeitung

Im Dammbau wird Boden und Fels als Baumaterial eingesetzt. Die Eigenschaften von Böden sind Gegenstand des Fachgebiets Bodenmechanik und die Größenordnung der Kennwerte als Tabellen in vielen Nachschlagewerken enthalten (siehe [55]). *Tabelle 9.4* gibt einen Überblick über die Kennwerte für Festgestein als Dammbaumaterial.

Lösen von Boden und Fels: Im Erd- und Dammbau werden Böden gezielt für den Einbau in bestimmten Bereichen eines Bauwerks ausgewählt. Die Auswahl erfolgt dabei nach den Eigenschaften, die zur Erfüllung der geforderten Funktion notwendig sind. Auf Grundlage der Zuordnung des Bodens zu einer Bodengruppe nach DIN 18196 (Klassifizierung) ist eine erste Bewertung der Eignung möglich. In den meisten Fällen sind weitere Untersuchungen zur umfassenden Bewertung erforderlich. Nachdem ein geeigneter Boden gefunden worden ist, muss das Material gelöst und zum Einbauort transportiert werden. Durch das Lösen wird der Boden in Abhängigkeit von der Ausgangsdichte aufgelockert. Diese Volumenvergrößerung ist bei der Zwischenlagerung und beim Transport zu berücksichtigen und bestimmt die baubetrieblichen Abläufe. DIN ISO 9245 [35] regelt die Begriffe, Formelzeichen und Maßeinheiten für die Leistungsbeschreibung von Baumaschinen. Der Auflockerungsfaktor f_S beschreibt das Verhältnis des Volumens nach dem Lösen bzw. Aufnehmen des Materials zum Volumen im Ausgangszustand vor dem Lösen. Anhaltswerte für die Auflockerung und die Dichte vor und nach dem Lösen sind in den *Tabellen 9.5* und *9.6* auf Grundlage der Angaben in [72] zusammengestellt.

Steinschüttmaterial: Insbesondere für hohe Staudämme ist die Herstellung massiver Stützkörper notwendig, die dem Wasserdruck durch ein großes Eigengewicht standhalten, eine hohe Durchlässigkeit besitzen und keine nennenswerten Eigensetzungen erleiden. Diese Anforderungen erfüllen Stützkörper, die aus großen Steinblöcken geschüttet werden. Steinschüttdämme mit Höhen von über 200 m sind keine Seltenheit. Der zurzeit im Bau befindliche Rogun-Staudamm wird nach Fertigstellung mit 335 m Höhe der höchste Staudamm der Erde sein.

Tabelle 9.4 Felsgesteine als Dammbaustoff für Steindämme (siehe [94])

Gesteins-gruppe	Beispiele	Wichte γ in kN/m^3	Druckfest. in MN/m^2	Bemerkungen
magmatische Gesteine	Granit, Syenit	26-28	160-240	bester Dammbau-baustoff für Stützkörper von Stein- und Steinschüttdämmen
	Diorit, Gabbro	28-30	170-300	
	Porphyr	26-28	180-300	
	Diabas, Melaphyr, Basalt	28-30	180-250	
	Liparit, Trachyt, Phonolit	24-26	170-250	
metamorphe Gesteine (Schiefer)	Gneis, Granulit	26-30	150-280	
	Quarzit	27-28	150-300	
	Marmor	26,5-28,5	80-180	
	Amphibolit	27-31	170-300	
	Hornfels	26-28	150	
	Grauwacken-, Hornblenden- und Chloritschiefer	26-27	<100	
	Phyllit	26-28	<50	
	Glimmer- und Knotenschiefer	26-28	<100	
verfestigte Sedimente (Konglo-merate)	Konglomerat		<100	als Dammbau- stoff gut geeignet
	Grauwacke	26-26,5	150-300	
	Sandstein	19-26	10-100	
	Tonschiefer, Schieferton	25-26	20-30	
	Kalkstein, Dolomit, Mergel-stein	17-28,5	20-60	
	Kieselschiefer	26-26,5	100-200	
	Anydrit, Gips	19-23	<50	als Dammbau- stoff ungeeignet
	Braunkohle	<15	<30	

Wegen der Abmessungen der Einzelkörner (Durchmesser bis 1 m) ist die Feststellung der Eigenschaften von Steinschüttmaterialien durch Laborversuche kaum möglich. Es werden deshalb i. d. R. Probeschüttungen und in situ-Versuche (Belastungsversuche) eingesetzt. Zur Modellierung des Spannungsverformungsverhaltens können Zentrifugenversuche mit Modellkornmischungen herangezogen werden.

Witterung, Frost: Die Auswirkungen von Frost auf den Untergrund hängen von der Bodenart, dem Wassergehalt, der Temperatur und der Frostdauer ab. Das schnelle schockartige Durchfrieren bei sehr großem Frost hat völlig andere Auswirkungen auf die Bodeneigenschaften als das allmähliche Durchfrieren bei geringem Frost. Bei langsamer Befrostung werden die Poren allmählich eingeengt, was zur Bildung von Kapillaren beiträgt, in denen das Wasser aus entfernteren Bereichen angesaugt wird. Im Ergebnis kommt es zur Durchfeuchtung und zur Auflockerung oberflächennaher Bereiche. Für die Bewertung der Frostgefährdung ist deshalb auch die Erfassung des zeitlichen Vorgangs der Frosteinwirkung wichtig [98].

Tabelle 9.5 Anhaltswerte für die Auflockerung von Boden

Bodenart	Zustand in situ	Dichte ρ [g/cm^3]		Auflockerungsfaktor f_S
		in situ	nach Lösen	
Bodenklasse 1: Oberboden				
Mutterboden	locker	0,95		1,00
	mitteldicht	1,13		1,19
	dicht	1,37	0,95	1,45
Bodenklasse 3: Leicht lösbare Bodenarten				
nicht- bis schwach bindiger Sand, Sand-Kies-Gemische	locker	1,51		1,00
	mitteldicht	1,72		1,14
	dicht	1,86	1,51	1,23
organischer Boden	weich (locker)	0,95		1,00
	steif (mitteldicht)	1,13		1,19
	halbfest (dicht)	1,37	0,95	1,45
Bodenklasse 4: Mittelschwer lösbare Bodenarten				
leicht bis mittelplastischer Ton	weich (locker)	1,47		1,00
	steif (mitteldicht)	1,75		1,19
	halbfest (dicht)	2,08	1,66	1,25
gemischtkörnige Böden	locker (weich)	1,34		1,00
	mitteldicht (steif)	1,70		1,27
	dicht (halbfest)	1,92	1,34	1,43
Bodenklasse 5: Schwer lösbare Bodenarten				
ausgeprägt plastischer Ton	locker (weich)	1,66		1,00
	mitteldicht (steif)	1,87		1,12
	dicht (halbfest)	2,02	1,66	1,22
gemischtkörniger Boden mit hohem Steinanteil	locker (weich)	1,45		1,00
	mitteldicht (steif)	1,73		1,19
	dicht (halbfest)	2,11	1,45	1,45

Die um 09:00 Uhr, 14:00 Uhr und 21:00 Uhr gemessenen Temperaturen werden zur mittleren Tageslufttemperatur T_{Lm} zusammengefasst:

$$T_{Lm} = \frac{T_9 + T_{14} + 2T_{21}}{4} \tag{9.1}$$

Der Umfang der Schäden wird von der Frosteindringtiefe und dem zeitlichen Ablauf des Tauvorgangs beeinflusst. Bei schneller Erwärmung von oben kann das freiwerdende Wasser nicht nach unten versickern, was zu einer Aufweichung der obersten Schichten führt. Langsames Auftauen ist mit dem Abfließen des Wassers nach unten verbunden.

Tabelle 9.6 Anhaltswerte für die Auflockerung von Fels

Bodenart	Zustand in situ	Dichte ρ [g/cm³]		Auflockerungs-faktor f_S
		in situ	nach Lösen	
Bodenklasse 6: Leicht lösbarer Fels				
Fels, stark klüftig	locker	1,55		1,00
	dicht	2,60	1,55	1,67
Böden mit hohem Steinanteil	locker	1,70		1,00
	dicht	2,26	1,70	1,33
verwittertes Gestein	75 % Gestein, 25 % Erde	2,79	1,96	1,43
	50 % Gestein, 50 % Erde	2,28	1,72	1,75
	25 % Gestein, 75 % Erde	1,96	1,57	1,25
Kalkstein	gebrochen	2,61	1,54	1,69
Bauxit, Kaolin		1,90	1,42	1,33
Sandstein		2,52	1,51	1,67
Schlacke	gebrochen	2,94	1,75	1,67
Granit	gebrochen	2,73	1,66	1,64
Bodenklasse 7: Schwer lösbarer Fels				
Fels (allgemein)		≥ 2,26		1,33-1,0
Basalt		2,97	1,96	1,52
Gips	gebrochen	3,17	1,66	1,75

9.2 Bauweisen, Entwurf und Vorbemessung

9.2.1 Eignungsuntersuchungen

Das Lösen und Einbauen von Böden ist bei fast allen Baumaßnahmen in unterschiedlichem Umfang erforderlich. Beim Aushub von Baugruben wird Boden gelöst und beim Verfüllen des Arbeitsraums eingebaut und verdichtet. Wenn Schüttungen, z. B. im Bereich der Hinterfüllung von Bauwerken, zu einem späteren Zeitpunkt bebaut werden sollen, werden sie zum Baugrund, an den bestimmte Anforderungen zu stellen sind. Dies sollte bei Erdarbeiten immer berücksichtigt werden, insbesondere bei der Wiederverfüllung von Gräben oder Baugruben.

Die Anforderungen an die Verdichtung von Schüttungen ergeben sich aus den Vorgaben der DIN EN 1997-1 [25] oder der ZTV E-Stb [109]. Wird der Untergrund unter einem Bauwerk durch einen kompletten Bodenaustausch verbessert, müssen diese Anforderungen eingehalten werden. Alternativ ist die Anwendung von Verfahren zur Verbesserung des Baugrunds durch Säulen oder Injektionen oder die Herstellung einer Tiefgründung möglich. Eine Verbesserung der Eigenschaften des Bodes kann auf unterschiedlichen Wegen erreicht werden. Die Wirkung der verschiedenen Verfahren beruht auf der Verringerung des Porenraums durch Verdichten oder Einpressen, dem Austausch des ungeeigneten Materials oder der Verfestigung durch die Zugaben von Bindemitteln. Ziel ist es, die Scherfestigkeit zu erhöhen und die Zusammendrückbarkeit zu verringern.

Als Voraussetzung für die Festlegung der optimalen Einbau- und Verfestigungstechnologie ist die Bewertung des Bodens und die experimentelle Untersuchung des Zusammenhangs zwischen Verdichtung bzw. Massenanteil Verfestigungsmittel und den Kenngrößen der Scherfestigkeit, Zusammendrückbarkeit und Durchlässigkeit erforderlich. Diese experimentellen Untersuchungen werden im Rahmen von Eignungsprüfungen erbracht und haben das Ziel, Vorgaben für das Mischungsverhältnis, die Einbaubedingungen und den erforderlichen Verdichtungsgrad zu definieren, die der Güteüberwachung zugrunde gelegt werden. Nach Festlegung der Rezeptur sollten zur Überprüfung Probefelder in situ angelegt und die Einbauvorgaben unter Baustellenbedingungen überprüft werden.

9.2.2 Verdichtung und Bodenaustausch

Die Verdichtung ist von grundlegender Bedeutung, auch bei einem Bodenaustausch. Aus bodenmechanischen Überlegungen sind folgende Sachverhalte zu berücksichtigen:

1. Nichtbindige Böden sind statisch kaum zu verdichten, sehr gut dagegen durch Vibration in Verbindung mit Auflast und Wasserzugabe.
2. Bei bindigen Böden ist die Verdichtung i. Allg. mit dem Auspressen von Wasser verbunden, da die meisten Böden gesättigt sind. Die Konsolidierung oder Austrocknung ist mit Vibrationen kaum zu erreichen. Es müssen knetende Verfahren angewendet werden. Es ist der Verlauf der Proctorkurve zu beachten. Bei zu feuchtem Ausgangszustand des Bodens (nasse Seite der Proctorkurve) ist die Zugabe von speziellen Materialien sinnvoll, z. B. Kalk.
3. Die Einflusstiefe von Belastungen durch Walzen und ähnliche Verdichtungsgeräte ist begrenzt (siehe Setzungsberechnung).

Nach der Tiefenwirkung wird in Oberflächen- und Tiefenverdichtung unterschieden. Beispiele für unterschiedliche Walzenarten für die Verdichtung an der Oberfläche sind in den *Bildern 9.3* und *9.4* dargestellt.

Bild 9.3 Glattmantel- und Schaffußwalzen

Bild 9.4 Schaffußwalze

9.2.2.1 Verdichtungsanforderungen und Verdichtungskontrolle

Stellvertretend für die eigentlich interessierenden bautechnischen Eigenschaften werden die Anforderungen an die Bodenverdichtung auf die Trockendichte bezogen. Der maßgebende Kennwert ist der Verdichtungsgrad D_{Pr} (siehe [55]).

$$D_{Pr} = \frac{\rho_d}{\rho_{Pr}} 100\,\%$$

Wenn keine speziellen Eignungsuntersuchungen durchgeführt werden, dürfen auch gesicherte Erfahrungen für die Planung zugrunde gelegt werden. Dafür dürfen in Deutschland die „Zusätzlichen Technischen Vertragsbedingungen und Richtlinien für Erdarbeiten im Straßenbau ZTV E-StB 09“ [108] zugrunde gelegt werden. In der ZTV E sind Richtwerte für Verdichtungsanforderungen in Abhängigkeit von der Bodenart und der Baumaßnahme angegeben (siehe *Tabelle 9.7*). Bei Böden der Gruppen OU und OT sind gesonderte Untersuchungen durchzuführen und die Vorgaben sind im Einvernehmen mit dem Auftraggeber festzulegen.

Ist der für den Einbau verfügbare Boden zu feucht, muss durch entsprechende Verfahren (Fräsen, Zumischung, Stabilisierung) eine Austrocknung oder Bodenverbesserung herbeigeführt werden. Für den Nachweis der Qualität der Verdichtung sind Proben zu entnehmen und die Trockendichte zu ermitteln. Dies kann mittels Ausstechzylinder bei bindigen Böden oder durch Ersatzverfahren bei nichtbindigen Böden erfolgen.

Tabelle 9.7 Geforderter Verdichtungsgrad und Begrenzung des Luftporenanteils n_a nach [109]

Bereich	Bodengruppen nach DIN 18196	D_{Pr} in %	n_a in %
Planum bis 1 m Tiefe bei Dämmen und 0,5 m bei Einschnitten	GW, GI, GE, SW, SI, SE		
	GU, GT, SU, ST	100	–
1,0 m unter Planum bis Dammsohle	GW, GI, GE, SW, SI, SE		
	GU, GT, SU, ST	98	–
Planum bis Dammsohle und bis 0,5 m Tiefe bei Einschnitten	GU*, GT*, SU*, ST*		
	U, T, OU, OT	97	12

9.2.2.2 Oberflächenverdichtung

Verdichtungsgeräte

Die Auswahl der Verdichtungsgeräte richtet sich in erster Linie nach den bodenmechanischen Eigenschaften des Baumaterials. Nichtbindige Böden lassen sich durch statische Belastung kaum verdichten. Es werden deshalb Verdichtungsgeräte eingesetzt, die Erschütterungen im Boden erzeugen. Für die Verdichtung bindiger Böden sind Geräte erforderlich, die das Material durchkneten und statisch belasten.

Hinweise und Empfehlungen für die Verdichtung im Straßenbau sind im „Merkblatt für die Bodenverdichtung im Straßenbau“ zusammengestellt. Diese Erfahrungen können auch für den lagenweisen Einbau von Boden und Fels im konstruktiven Erd- und Dammbau genutzt werden. In *Bild 9.5* und in *Tabelle 9.8* sind die Empfehlungen aus diesem Merkblatt zusammengestellt.

Tabelle 9.8 Übersicht – Verdichtungsgeräte im Erdbau (aus Merkblatt für die Bodenverdichtung im Straßenbau)

	Verdichtungsverfahren und Masse des Gerätes	Anwendungsbedingung in Abhängigkeit der Bodenart												Anwendungsbereiche			
		grobkörnig			gemischtkörnig			feinkörnig			Fels			Bauwerkshinterfüllung	Leitungsgrabenverfüllung	Erd- und Dammbau (Trasse) Arbeitsfläche	
		Eignung	Schichtdicke in cm	Übergänge	Eignung	Schichtdicke in cm	Übergänge	Eignung	Schichtdicke in cm	Übergänge	Eignung	Schichtdicke in cm	Übergänge			eng	frei
statisch	Glattmantel >12 Mg	O	10 – 20	4 – 8	O	10 – 20	4 – 8	O	10 – 20	4 – 8						O	+
	Schaffußwalze				O	20 – 30	8 – 12	+	20 – 30	8 – 12	O[3]	20 – 30	8 – 12			O	+
	Gummiradwalze 20-30 Mg	+	10 – 20	6 – 10	+	10 – 20	6 – 10	+	10 – 20	6 – 10							+
	selbstfahrend	+	20 – 30	6 – 10	O	20 – 30	6 – 10	+	20 – 30	6 – 10						+	+
	gezogen	+	30 – 50	6 – 10	+	30 – 40	6 – 10	+	30 – 40	6 – 10							+
	Gürtelradwalze				+	20 – 30	6 – 8	+	20 – 30	6 – 8						+	+
	Gitterradwalze				+	20 – 30	6 – 10	O	20 – 30	6 – 10	O[3]	30 – 40	8 – 12			O	+
dynamisch	Fallplatte h = 2,0 m, m = 2,5 Mg										+	50 – 80	3 – 5[1]			+	
	Fallplattenstampfer				+	50 – 70	2 - 4[7]	O[4]	50 – 70	2 – 4[7]	+	50 – 80	2 – 4[1]			+	O
	Schnellschlagstampfer 50-80 kg	O[5]	20 – 30	2 – 4	O[5]	20 – 30	2 – 4	O[5]	10 – 20	2 – 4				+	+	O	
	Explosionsstampfer	O	20 – 50	3 – 5	O	20 – 50	3 – 5	+	20 – 40	3 – 5	O[3]	30 – 50	3 – 5	O	O	+	O
	Walzenzug																
	bis 7 Mg	+	20 – 30	4 – 8	+	20 – 30	4 – 8	+	20 – 30	4 – 8			+				+
	bis 12 Mg	+	30 – 50	4 – 8	+	30 – 40	4 – 8	+	20 – 30	4 – 8	+	20 – 50	[2]				+
	bis 20 Mg	+	30 – 60	4 – 8	+	40 – 50	4 – 8	+	20 – 40	4 – 8	+	30 – 60	[2]				+
	über 20 Mg	+	40 – 80	4 – 8	+	40 – 80	4 – 8	+	30 – 60	4 – 8	+	40 – 80	[2]				+
	Anhängevibrationswalze																
	leicht (< 5 Mg)	+	30 – 50	3 – 5	O	20 – 40	3 – 5							+	+	O	
	mittel	+	40 – 60	3 – 5	+	30 – 50	3 – 5	O[4]	20 – 30	3 – 4	O	40 – 60	4 – 6				+
	schwer (>8 Mg)	+	50 – 80	3 – 5	+	40 – 60	3 – 5	O[4]	30 – 40	3 – 4	+	50 – 100	4 – 6				+
	Duplexwalze																
	leicht (< 2,5 Mg)	+[6]	20 – 40	4 – 6	O[6]	20 – 30	5 – 8	O[6]	10 – 20	5 – 8				O	O	+	O
	schwer (>2,5 Mg)	+	30 – 50	4 – 6	+	20 – 40	5 – 8	O	10 – 30	5 – 8	O[3]	30 – 50	5 – 8	O		+	+
	Tandemvibrationswalze																
	bis 7 Mg	+	20 – 30	4 – 6												+	O
	über 7 Mg	+	30 – 50	4 – 6	O	20 – 40	5 – 8									+	+
	Vibrationsschaffußwalze	O	30 – 50	3 – 5	+	20 – 40	8 – 10	+	20 – 40	6 – 10	+[3]	30 – 50	6 – 10			O	+
	Vibrationsplatten																
	bis 400 kg	+	20 – 30	4 – 6	O	10 – 20	4 – 6										
	über 400 kg	+	30 – 40	4 – 6	O	20 – 40	4 – 6	O	20 – 30	6 – 8	O[3]	30 – 50	4 – 6	O	O	+	+

+ zur Anwendung empfohlen O meist zur Anwendung geeignet

[1] Anzahl Schläge am Punkt [2] mit Einzelnachweis der statischen und dynamischen Auswirkungen

[3] nur mürbes und weiches Gestein [4] für trockene Böden empfohlen

[5] für Grabenverfüllung und entsprechend eingespannte Böden empfohlen

[6] Einsatz leichter Geräte nur in beengten Arbeitsraumfläche

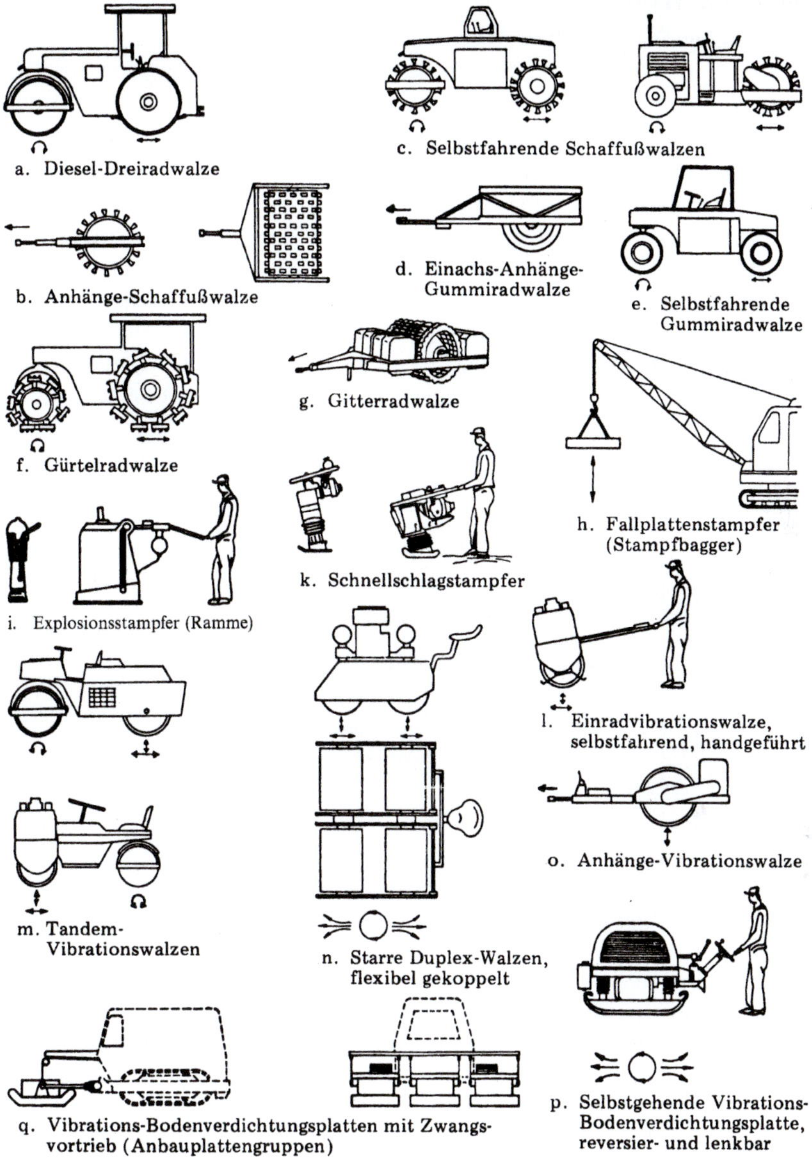

a. Diesel-Dreiradwalze

c. Selbstfahrende Schaffußwalzen

b. Anhänge-Schaffußwalze

d. Einachs-Anhänge-Gummiradwalze

e. Selbstfahrende Gummiradwalze

g. Gitterradwalze

f. Gürtelradwalze

h. Fallplattenstampfer (Stampfbagger)

k. Schnellschlagstampfer

i. Explosionsstampfer (Ramme)

l. Einradvibrationswalze, selbstfahrend, handgeführt

o. Anhänge-Vibrationswalze

m. Tandem-Vibrationswalzen

n. Starre Duplex-Walzen, flexibel gekoppelt

q. Vibrations-Bodenverdichtungsplatten mit Zwangsvortrieb (Anbauplattengruppen)

p. Selbstgehende Vibrations-Bodenverdichtungsplatte, reversier- und lenkbar

Bild 9.5 Verdichtungsgeräte im Erdbau (aus Merkblatt für die Bodenverdichtung im Straßenbau, zitiert in [73])

Verdichtung durch Vorbelastung

Die bodenmechanischen Eigenschaften zusammendrückbarer Böden lassen sich durch das gezielte Aufbringen einer Vorbelastung und die damit verbundene Verringerung des Porenraums und Vergrößerung der Dichte verbessern. Dieses Verfahren zur Bodenverbesserung ist nur dann wirtschaftlich einsetzbar, wenn die dafür erforderliche Zeit zur Verfügung steht.

Unter einer künstlich aufgebrachten Auflast (siehe *Bild 9.6*), z. B. durch Schüttungen von Baugrubenaushub oder anderen Böden, muss der Untergrund soweit konsolidieren, dass die geforderte Festigkeit und Zusammendrückbareit erreicht wird. Durch die Beobachtung der Setzungen ist der Erfolg der Maßnahme zu überwachen. Dies kann durch regelmäßige Nivellements von Setzungsmesspegeln erfolgen, die auf der Oberfläche des gewachsenen Bodens fixiert worden sind. Mit zunehmender Schütthöhe ist die Verlängerung möglich, wobei zum Schutz und zur Gewährleistung eines störungsfreien Erdbaubetriebs der Einbau von Schutzrohren erforderlich ist. Im Bereich von Widerlagern lässt sich ein Teil der Setzungen durch Vorschüttungen vorwegnehmen.

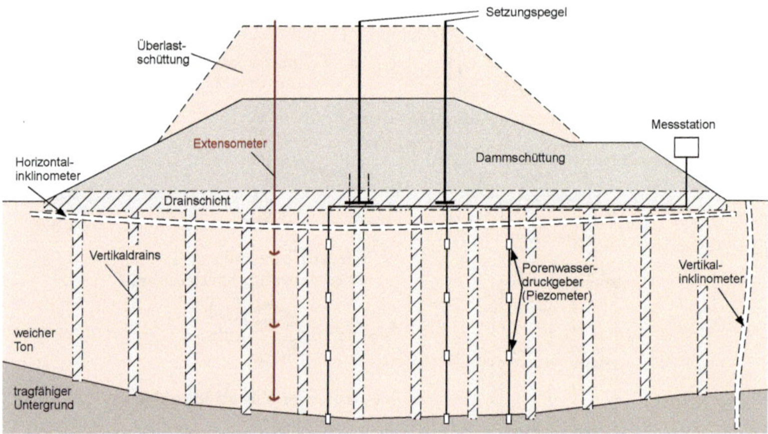

Bild 9.6 Verdichtung des Untergrunds eines Damms durch Vorlastschüttung, Elemente eines Monitoring-Systems

Größe der Last und Zeitraum der Belastung sind durch Setzungsberechnungen und Zeit-Setzungs-Untersuchungen festzulegen. Die Beschleunigung der Konsolidation ist durch erhöhte Auflast oder Verkürzung der Dränagewege möglich. Zur Verkürzung der Dränwege werden vertikale Dränstränge eingebaut, die beispielsweise aus Papp- oder Kunststoffbändern bestehen, die in den Untergrund eingedrückt oder eingestochen werden. Der Einbau von Sanddräns ist wegen der aufwendigen Herstellung und der Gefahr des Abscherens der Dräns bei größeren Setzungen nicht mehr so gebräuchlich wie früher. Mit *Bild 9.7* ist die zahlenmäßige Dimensionierung von Dräns in Abhängigkeit der vorgegebenen Konsolidationszeit möglich.

Infolge der Zusammendrückung der Bodenschicht kommt es zum Auspressen von Porenwasser, das horizontal in die Dräns abgeführt wird und dort nach oben steigt. Es muss zwischen dem zu verbessernden Boden und der Belastungsschicht eine Flächenentwässerung angeordnet werden. Diese besteht meist aus Sand oder Schotter mit 0,3 m bis 0,5 m Dicke. Bei Herstellung von Schüttungen ist die Grundbruchgefahr zu beachten, wobei vor allem der undränierte Zustand maßgebend sein kann. Deshalb muss die Schütthöhe der einzelnen Lagen so be-

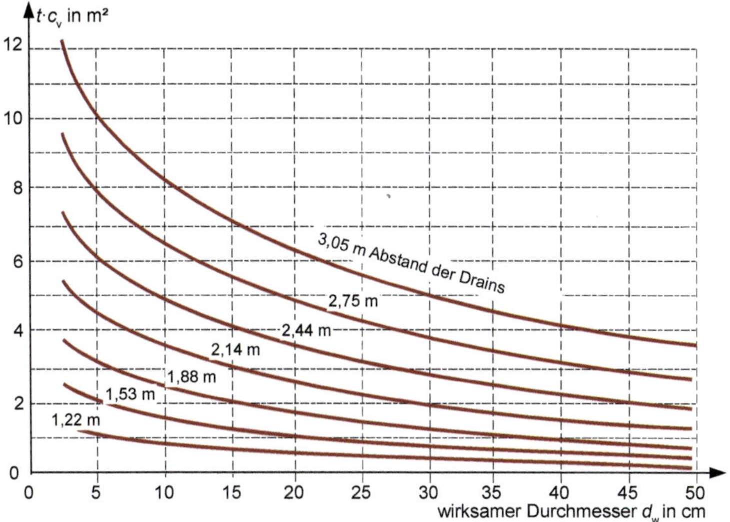

Bild 9.7 Bemessungsdiagramm für Sanddrains, 90 % Konsolidation (aus [73])

grenzt werden, dass die undränierte Scherfestigkeit des Untergrunds nicht überbeansprucht wird. Eine andere Möglichkeit zur Erhöhung der wirksamen Spannungen im Untergrund ist Grundwasserabsenkung. Dies kann unterstützt werden durch Vakuum oder Elektroosmose.

9.2.2.3 Dynamische Tiefenverdichtung

Für die Verdichtung tieferer Schichten gelten die gleichen bodenmechanischen Grundlagen wie bei der lagenweisen Verdichtung im Erdbau. Nichtbindige Böden lassen sich durch dynamische Einwirkungen in Verbindung mit Auflasten und Wasser verdichten, während bei bindigen Böden das Porenwasser ausgetrieben werden muss.

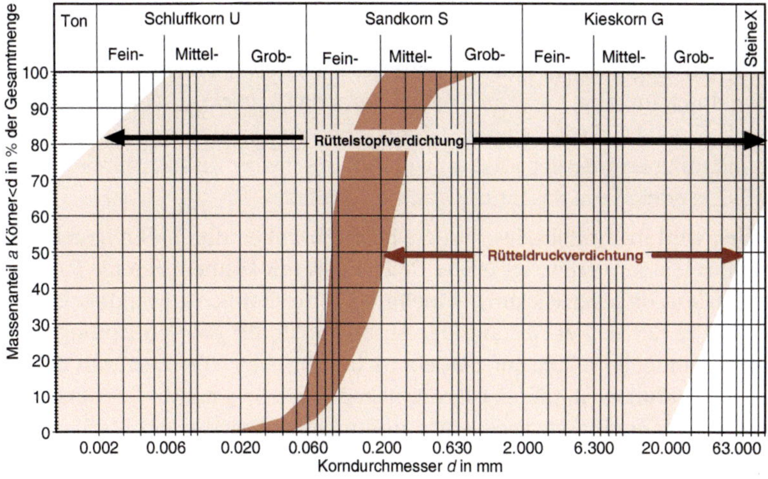

Bild 9.8 Anwendungsbereiche für die Untergrundverbesserung mit Tiefenrüttlern

Eine sehr wirkungsvolle Möglichkeit zur Verbesserung der Eigenschaften bindiger Böden ist das Einmischen, Einfräsen oder Einwalzen von Verbesserungsmitteln. Durch grobkörnige Böden lässt sich der Feststoffanteil des Untergrunds erhöhen und dadurch die Tragfähigkeit verbessern, während durch Zugabe von Bindemitteln eine Baugrundverbesserung (Kalk) oder -verfestigung möglich ist (Zement).

Rütteldruckverdichtung

Erste Entwicklungen zum Einsatz von Tiefenrüttlern (siehe *Bild 9.8*), die ähnlich arbeiten wie Rüttelflaschen bei der Verdichtung von Beton, fanden in den 30er Jahren des 20. Jahrhunderts statt. Von der Firma Keller wurde in Deutschland ein torpedo-artiger Rüttler entwickelt, der mit horizontalen Schwingungsamplituden den umgebenden Boden verdichtet.

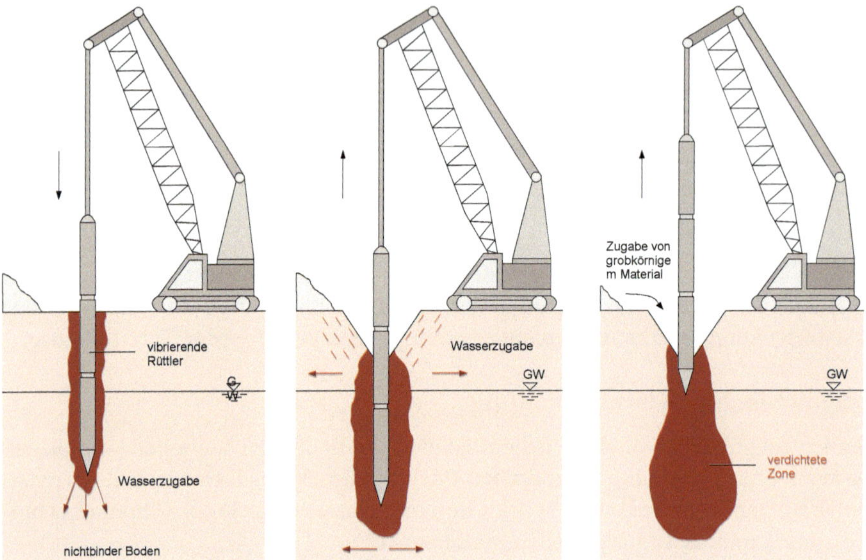

Bild 9.9 Untergrundverbesserung durch Tiefenrüttler

Dieser Rüttler ist 2 bis 4 m lang und hat einen Durchmesser von etwa 40 bis 80 cm. Die Erschütterungen werden durch um eine lotrechte Welle rotierende Unwuchten mit Frequenzen von 30 bis 50 Hz erzeugt. Es sind elektrische oder hydraulische Antriebe im Einsatz. Der für die Eindringung und Verdichtung erforderliche Ballast wird durch schwere Aufsatzrohre erzeugt. Spüldüsen nahe der Spitze erleichtern das Eindringen des Rüttlers.

Der nichtbindige Boden wird im Umfeld des Rüttlers beim Absenken durch den Druck, die Erschütterungen und das Wasser verflüssigt (siehe *Bild 9.9*). Damit können sich die Partikel umordnen und eine stabilere, dichtere Packung einnehmen. Wirtschaftlich anwendbar ist das Verfahren bis Tiefen von ca. 25 m. Der Abstand der Ansatzpunkte für die Verdichtung liegt bei 1,5 bis 3 m. An der Geländeoberfläche entsteht ein trichterförmiger Krater, der mit einem nichtbindigen Material aufzufüllen ist. Im oberflächennahen Bereich ist die Verdichtungswirkung eher gering, weshalb hier der Einsatz von kleineren Verdichtungsgeräten erforderlich sein kann. Die Anwendung der Rütteldruckverdichtung ist für nichtbindige, locker gelagerte Böden sinnvoll, die folgendes, aus der Korngrößenverteilung abgeleitetes Kriterium erfüllen, wobei die Durchmesser d in mm einzusetzen sind.

$$1{,}7\sqrt{\left(\frac{3}{d_{50}^2}+\frac{1}{d_{20}^2}+\frac{1}{d_{10}^2}\right)}<50 \qquad (9.2)$$

Mit der Rütteldruckverdichtung ist eine Vergrößerung der Lagerungsdichte D um 20 bis 40 % bis auf ca. 80 % möglich. Ein Hinweis auf den Verdichtungserfolg ist die ansteigende Leistungsaufnahme des Motors, die z. B. durch die zunehmende Stromaufnahme nachgewiesen werden kann. Bei hydraulisch angetriebenen Tiefenrüttlern lassen Hydraulikdruck, Vorschubkraft und Eindringgeschwindigkeit einen Rückschluss auf den Verdichtungserfolg zu.

Dynamische Intensivverdichtung DYNIV

Bild 9.10 Dynamische Intensivverdichtung (*Quelle: BVT DYNIV GmbH*)

Die dynamische Intensivverdichtung (siehe *Bild 9.10*) ist anwendbar bei nichtbindigen Bodenarten, z. B. Sand, Kies oder Geröll bzw. Böden mit geringer Plastizität bis $I_P \leq 10\,\%$. Zur Verdichtung fällt eine Fallmasse von 10 bis 40 t (Gewicht G 100 bis 400 kN) aus der Höhe h auf den Untergrund und übt dadurch eine Stoßbelastung aus. Der Boden lässt sich dadurch bis zu mitteldichter Lagerung verdichten. Die Tiefe t, bis zu der eine Verdichtung möglich ist, reicht bis ca. 12 m und lässt sich mit folgender Beziehung abschätzen:

$$t = \alpha\sqrt{0{,}1Gh} \qquad (9.3)$$

Mit *Gl. 9.3* ergibt sich die Tiefe t in m, wenn die Gewichtskraft G in kN und die Höhe h in m eingesetzt wird. Der Faktor α kann nach [92] bei Kies und Geröll zu ca. $\alpha = 1$, bei schluffigem Sand zu $\alpha = 0{,}6$ und bei Böden mit instabiler Struktur, z. B. Löss oder Abfall, mit $\alpha = 0{,}5$ angenommen werden. Die Verdichtung erfolgt in einem Raster von 4 m bis 10 m Abstand. Durch den Aufprall erfolgt eine Homogenisierung und Verdichtung und durch die dynamische Wirkung eine Wellenausbreitung, die bei wassergesättigten, bindigen Böden einen Konsolidationsvorgang auslöst, der durch Porenwasserdruckmessungen erfasst werden kann.

Sprengverdichtung

Die einfachste Art der Einleitung großer Stoßimpulse in den Untergrund ist durch Sprengungen möglich. Es werden dafür Sprengladungen in den nichtbindigen Boden eingebracht, gruppenweise miteinander verbunden und in einer vorher festgelegt Folge gezündet.

9.2.3 Bodenaustausch

9.2.3.1 Oberflächennaher Bodenaustausch

Bodenaustausch im Trockenen: Oberhalb des Grundwasserspiegels kann der wenig tragfähige Boden ohne Probleme ausgehoben und durch ein tragfähiges Material ersetzt werden, das lagenweise eingebracht und verdichtet wird. Beim Vollaustausch im Trockenen wird der wenig geeignete Boden bis zur darunter anstehenden, tragfähigen Schicht ersetzt.

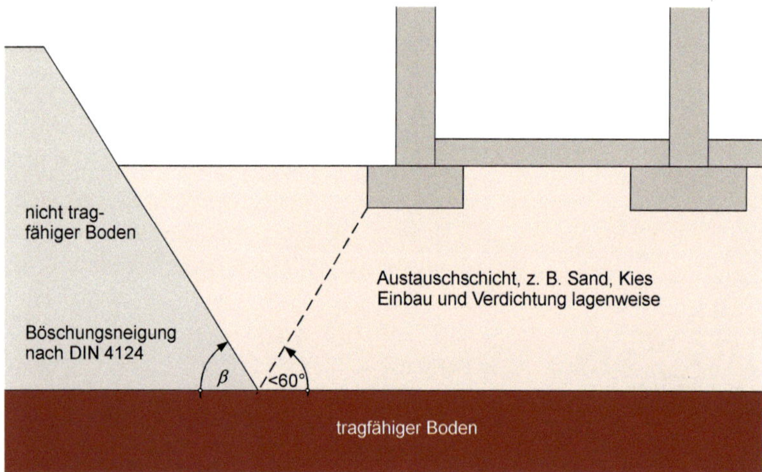

Bild 9.11 Prinzip der Polstergründung

Einbau und Verdichtung des Austauschbodens erfolgen nach den Regeln des Erdbaus. Der Aufwand für das Ausheben, Abtransportieren und Entsorgen des nicht tragfähigen Bodens kann schnell zu unwirtschaftlichen Lösungen führen. Eine Alternative zur Tiefgründung kann auch ein Teilaustausch des Bodens sein gemäß *Bild 9.11*. Bei dieser sogenannten „Polstergründung“ wird eine Pufferschicht zwischen dem Fundament und der wenig tragfähigen Schicht eingebaut, die durch die Lastausbreitung zu einer Verminderung der Spannung beiträgt, die auf die weiche Schicht einwirkt (siehe *Bild 9.12*). Dadurch ist eine Verminderung der Setzungen und der Sohlspannung möglich.

Bodenaustausch im Nassen: Der Austausch eines wenig tragfähigen Bodens unter Wasser lässt sich durch Verdrängung, Ausbaggern oder Absaugen des weichen Materials erreichen. Das Lösen des Bodens erfolgt dabei unter Wasser und der Transport in Rohrleitungen oder schwimmenden Behältern. Zum Einbau kann der tragfähige Boden durch Verklappen oder Aufspülen

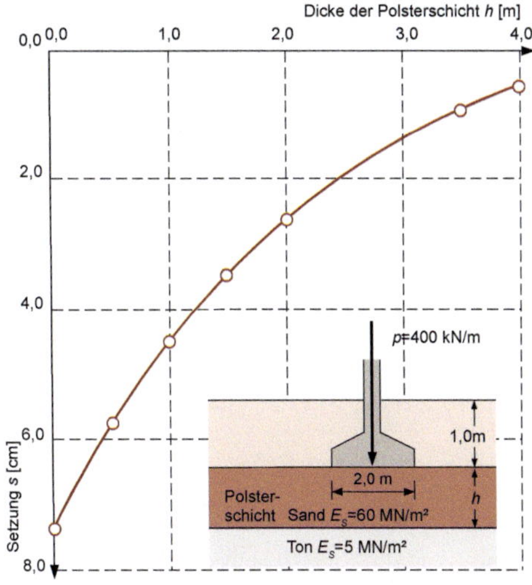

Bild 9.12 Zusammenhang zwischen Setzung und Polsterdicke, Quelle: Grundbautaschenbuch [73]

unter Wasser eingebracht werden. Eine einfache Möglichkeit zur Verdrängung ist das Absenken eines zuvor aufgeschütteten Damms durch Sprengungen. Diese lösen im Bereich unter dem Damm einen Grundbruch aus und führen so zum Absenken des Damms.

9.2.3.2 Bodenaustausch bis in große Tiefe

Rüttelstopfsäulen: Analog der Tiefenverdichtung wird mit einer Vorrichtung Material zur Baugrundverbesserung eingebracht und in größeren Tiefen verdichtet. Der Austausch von Boden bis in größere Tiefen lässt sich durch die Verknüpfung der dynamischen Tiefenverdichtung für nichtbindige Bodenarten und dem Einrütteln von Schotter oder anderen grobkörnigen Materialien erreichen (siehe *Bild 9.13*).

Nach dem Zweiten Weltkrieg ist in Deutschland dafür das Rüttelstopfverfahren für bindige Bodenarten eingeführt worden. Damit ist die Herstellung von Sandpfählen, Schottersäulen oder Steinsäulen möglich. Der Durchmesser von Rüttelstopfsäulen liegt im Bereich zwischen 0,5 und 0,8 m und ist vom Porenvolumen des zu verbessernden Bodens abhängig. Besonders effektiv kann dieses Verfahren in wenig tragfähigen, feinkörnigen Böden eingesetzt werden. Zur Gewährleistung einer säulenartigen Geometrie des eingerüttelten Materials wird die Anwendung des Rüttelstopfverfahrens für Böden mit einer undrainierten Scherfestigkeit c_u größer als 20 kN/m^2 empfohlen. Ein effektives Eindringen der Rüttler ist nur bei Böden möglich, die eine bestimmte Maximalfestigkeit nicht überschreiten. Orientierungsgrößen dafür sind [75]:

- undränierte Scherfestigkeit $c_u \leq 100\,\text{kN/m}^2$
- Spitzendruck oberhalb Grundwasser $q_c \leq 7...10\,\text{MN/m}^2$
- Spitzendruck im Grundwasser $q_c \leq 10...15\,\text{MN/m}^2$

Mit einem Rüttler wird in einem ersten Arbeitsschritt ein Loch im Boden hergestellt, in welches ein grobkörniger Boden eingefüllt wird, z. B. Schotter. Durch Ziehen und Absenken des Rüttlers wird der eingefüllte Boden verdichtet und seitlich in den weichen Boden gestopft. Es entsteht eine Säule, die die Tragfähigkeit und die Verformungseigenschaften des Bodens verbessert und die Durchlässigkeit bereichsweise erhöht, was zu einer weiteren Verfestigung beiträgt. Der umgebende Boden wird verdichtet, gesättigter Boden wird verdrängt und ent-

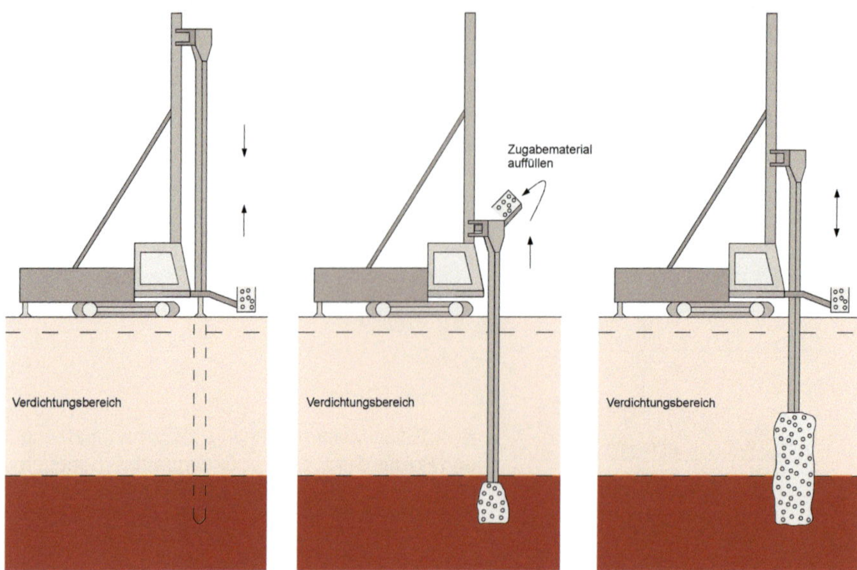

Bild 9.13 Rüttelstopfverdichtung

wässert. Das Einfüllen des Füllmaterials nach dem Ziehen des Rüttlers in das offene Loch ist ungünstig, da beim Ziehen des Rüttlers nach der Verdichtung des eingefüllten Materials ein Unterdruck auftreten kann, der im Grundwasserbereich das Nachbrechen der Lochwandung begünstigt. Besser geeignet sind Schleusenrüttler, bei denen die Zugabe des Füllbodens durch ein innenliegendes Fallrohr an der Spitze des Rüttlers erfolgt. Das Wasser im Bereich der Spitze wird durch Pressluft verdrängt. Durch wiederholtes Ziehen und Absenken des Rüttlers im Pilgerschritt wird das Stopfmaterial verdichtet. Der Verdichtungserfolg wird ähnlich wie bei der Rütteldruckverdichtung über die ansteigende Leistungsaufnahme des Motors bei elektrischem Antrieb oder die Parameter Hydraulikdruck, Vorschubkraft und Eindringgeschwindigkeit bei hydraulischem Antrieb überwacht.

Mit der Rüttelstopfverdichtung wird eine Verbesserung der Bodeneigenschaften durch des Einrütteln von grobkörnigem Material erreicht (siehe *Bilder 9.14* und *9.15*). Die bodenmechanischen Eigenschaften der Stopfsäulen können mit dem Reibungswinkel φ_C und dem Steifemodul $E_{S,C}$ beschrieben werden. Der Querschnitt einer Säule wird durch die Fläche A_C erfasst.

Zwischen den Säulen wird der Baugrund vom anstehenden Boden gebildet, für den die Kennwerte der Scherfestigkeit und Zusammendrückbarkeit φ, c, E_S vor der Herstellung der Säulen festgestellt werden müssen.

Außerdem ist die Wichte γ und die Querdehnzahl μ für die rechnerischen Untersuchungen erforderlich. Die Säulen werden im Grundriss in einem Raster angeordnet, dessen Abmessungen sich durch die Fläche A eines Rastersegments berücksichtigen werden kann. Von PRIEBE [84] wurde ein Verfahren ausgearbeitet, mit dem sich die Eigenschaften des Bodens nach Herstellung der Rüttelstopfsäulen zahlenmäßig vorhersagen lassen. Mit den Kennwerten des verbesserten Bodens sind anschließend die erdstatischen Nachweise zu führen.

Maßgebend für die rechnerische Erfassung der Verbesserung des Untergrunds ist das Verhältnis der Säulenfläche A_C zur Fläche A des Einflussbereichs der Säule. Der Durchmesser der Er-

Bild 9.14 Rüttelstopfverdichtung

Bild 9.15 Freigelegte Stopfsäulen

satzfläche d_e ist bei einem Dreiecksraster (siehe *Bild 9.17*) $d_e = 1,05s$, bei einer Anordnung im Quadrat $d_e = 1,13s$ und bei einem Sechseckraster $d_e = 1,29s$. Das Ergebnis der Verbesserung durch Rüttelstopfsäulen wird zunächst durch einen Grundwert n_0 erfasst.

$$n_0 = 1 + \frac{A_C}{A}\left\{\frac{0,5 + f(\mu, A_C/A)}{K_{a,C} f(\mu, A_C/A)}\right\} \tag{9.4}$$

Durch die Funktion $f(\mu, A_C/A)$ wird der Einfluss der Querdehnung und durch $K_{a,C}$ der Einfluss der Scherfestigkeit der Säule berücksichtigt.

$$f(\mu, A_C/A) = \frac{(1-\mu)\left(1 - \frac{A_C}{A}\right)}{1 - 2\mu + \frac{A_C}{A}}$$

$$K_{a,C} = \tan^2\left(45^\circ - \frac{\varphi_C}{2}\right)$$

Als mittlerer Wert der Querdehnzahl kann für viele Böden von $\mu = 1/3$ ausgegangen werden. Damit erhält man aus *Gl. 9.4* folgenden Ausdruck für den Grundwert der Verbesserung:

$$n_0 = 1 + \frac{A_C}{A}\left\{\frac{5 - \frac{A_C}{A}}{4K_{a,C}\left(1 - \frac{A_C}{A}\right)} - 1\right\} \tag{9.5}$$

Mit dem maßgebenden Wert n erhält man die Beiwerte m' näherungsweise zu

$$m' = \frac{n-1}{n}.$$

Bild 9.16 Schleusenrüttler

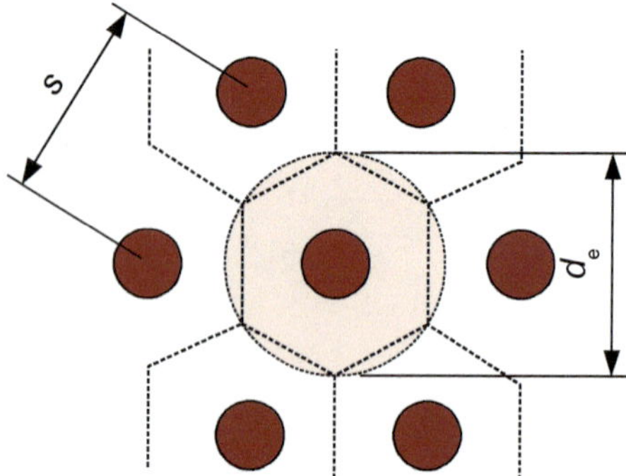

Bild 9.17 Rüttelstopfsäulen im Grundriss

Die Scherparameter $\bar{\varphi}$ und $\bar{c}$ des verbesserten Baugrunds erhält man mit den *Gln. 9.6* und *9.7*.

$$\tan\bar{\varphi} = m' \tan\varphi_C + (1-m')\tan\varphi \tag{9.6}$$

$$\bar{c} = \left(1-m'\right) c \tag{9.7}$$

Es lassen sich mit dem Verfahren von Priebe auch Einflüsse aus dem Überlagerungsdruck und dem Setzungsverhalten der Säulen berücksichtigen. Maßgebend für die weiteren Berechnungen ist dann ein entsprechend modifizierter Wert der Verbesserung n_1 oder n_2.

Zur Berechnung der Setzungen wird das Verhältnis des Steifemoduls der Säule $E_{S,C}$ zum Steifemodul des Bodens E_S ermittelt. Zunächst ist das Flächenverhältnis $a_{c,1}$ zu berechnen, bei dem der Grundwert der Verbesserung n_0 gerade dem Verhältnis der Steifemoduln $\frac{E_{S,C}}{E_S}$ entspricht. Für $\mu = 1/3$ lässt sich $a_{c,1}$ mit folgender Gleichung berechnen:

$$a_{c,1} = \left(\frac{A_c}{A}\right)_1 = \frac{4K_{a,C}(n_0-2)+5}{2(1-4K_{a,C}} \pm \frac{1}{2}\sqrt{\left[\frac{4K_{a,C}(n_0-2)+5}{4K_{a,C}-1}\right]^2 + \frac{16K_{a,C}(n_0-1)}{4K_{a,C}-1}}. \tag{9.8}$$

Maßgebend ist das kleinere positive Ergebnis. Der Verbesserungswert n_1 ergibt sich auf Grundlage der Gl. 9.9, wenn das korrigierte Flächenverhältnis $a_{c,1}$ eingesetzt wird.

$$\bar{a}_c = \frac{1}{\frac{A}{A_C} + \frac{1}{a_{c,1}} - 1}$$

$$n_1 = 1 + \bar{a}_c \left\{ \frac{5-\bar{a}_c}{4K_{a,C}(1-\bar{a}_c)} - 1 \right\} \tag{9.9}$$

Der mit der Tiefe zunehmende Einfluss des Überlagerungsdrucks, lässt sich durch die Vergrößerung des Verbesserungswerts n_1 berücksichtigen. Als korrigierter Wert wird n_2 wie folgt berechnet:

$$n_2 = n_1 f_t = \frac{n_1}{1 - \frac{1}{(1-\sin\varphi_C)} - \frac{\Sigma(\gamma\Delta t)}{p_C}} \tag{9.10}$$

p_C ist die Belastung der Säule und γ die Wichte des die Säule umgebenden Bodens.

Zur Berechnung der Setzungen von Einzel- und Streifenfundamenten wird zunächst die Setzung s_∞ unter einer unbegrenzten Lastfläche nach folgender Gleichung bestimmt.

$$s_\infty = p\frac{t}{E_s n_2}$$

Die Setzung von Einzel- oder Streifenfundamenten erhält man durch Abminderung von s_∞ in Abhängigkeit des Verhältnisses Tiefe zu Durchmesser und der Anzahl der Säulen. Für die Bestimmung des Abminderungsfaktors sind Diagramme entwickelt worden.

9.2.4 Verfestigung

9.2.4.1 Oberflächennahes Einmischen

Durch gezielte Beeinflussung der stofflichen Zusammensetzung ist die Stabilisierung des Bodens möglich. Dies kann durch Einmischen ausgewählter Kornfraktionen oder Zugabe von Bindemitteln erfolgen. Dazu werden i. Allg. Kalk, Zement oder bituminöse Bindemittel oder andere chemische Zusätze eingesetzt. *Bild 9.18* gibt einen Anhalt für die Auswahl des Bindemittels in Abhängigkeit von der Bodenart [58].

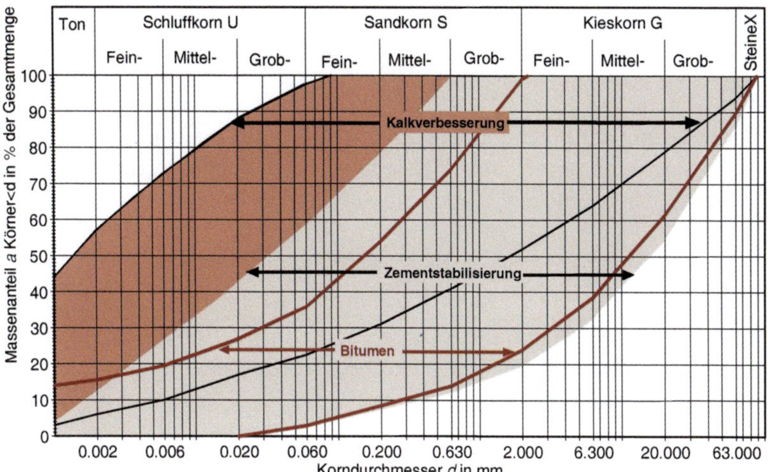

Bild 9.18 Korngrößenbereiche für die Anwendung von Verfahren zur Bodenstabilisierung

Kalkzugabe: Zur Verbesserung oder Verfestigung bindiger Böden kann pulverisierter Branntkalk, gelöschter Kalk oder Kalkmilch in den Boden eingemischt werden, wobei der Boden anschließend zu verdichten ist. Durch die Reaktion zwischen den Tonmineralen und dem Kalk kommt es zur Veränderung der Tonmineraleigenschaften, verbunden mit Krümelbildung,

Wasserentzug, Verringerung der Benetzbarkeit und Veränderung der Konsistenzgrenzen (siehe [76]). Durch die Kalkzugabe verändert sich die Proctorkurve: der Proctorwassergehalt wird größer, die Proctordichte nimmt ab. Anhaltswerte für die Größenordnung der Zugabemengen enthält *Tabelle 9.9.*

Tabelle 9.9 Erfahrungswerte für den Kalkanteil [58]

	Masse Kalk in % der Trockenmasse Boden		
	Feinkalk	Kalkhydrat	hochhydraulische Kalk
Bodenverbesserung (sofort wirkend)	2 ... 4	2 ... 5	2 ... 8
Bodenverfestigung (Langzeitwirkung)	4 ... 6	4 ... 8	4 ... 12

Zementverfestigung: Die Zementverfestigung eignet sich für bindige und nichtbindige Böden. Ihre Wirkung ist abhängig von der Ungleichförmigkeit des Materials. In *Tabelle 9.10* sind Erfahrungswerte für die Zugabe von Zement angegeben.

Tabelle 9.10 Erfahrungswerte für Zementanteil bei Bodenverfestigungen [58]

Bodenart nach DIN 18196	Masse Zement in % der Masse des bei 105 °C getrockneten Bodens
GW, GI, GE, SW, SI	4 ... 7
SE	8 ... 12
GU, GT, SU, ST	6 ... 10
$G\bar{U}$, $G\bar{T}$, $S\bar{U}$, $G\bar{T}$, UL, TL	7 ... 12
UM, UA, TM, TA	10 ... 16

9.2.4.2 Injektionen

Injektionen dienen der Fixierung der Bodenpartikel durch chemische Zugaben, z. B. Zement, Ton, Silikatgel oder Kunstharz. Man unterscheidet zwischen Einpressung und Hochdruckinjektionen. Bei entsprechend hohen Drücken ist auch die Hebung von Bauwerken möglich.

Tabelle 9.11 Einsatzgebiete für Injektionsmittel in Abhängigkeit vom Durchlässigkeitsbeiwert des Bodens

k in m/s	10^{-6}	10^{-5}	10^{-4}	10^{-3}	10^{-1}
Injektionsgut	Harz, Bentonit, Wasserglas	NaCl+Athylacetat, weiche Gele	harte Gele	Ton/Zement	Zement (Mörtel)

Die Injektionsmittel unterscheiden vor allem durch ihre Viskosität (siehe *Tabelle 9.11*. Welches Material für die Injektion anwendbar ist, hängt in erster Linie vom Porenraum des Bodens ab. Die Umweltverträglichkeit des Verfahrens ist grundsätzlich zu prüfen.

Je kleiner die Porendurchmesser sind, desto dünnflüssiger muss das Injektionsgut und desto größer muss der Einpressdruck sein. Nach ihrer Viskosität werden die Verpressmaterialien als Lösungen, Emulsionen, Suspensionen, Pasten oder Mörtel bezeichnet.

Neben der Viskosität und dem Injektionsdruck muss die Menge und die Fördergeschwindigkeit auf den jeweiligen Untergrund angepasst werden. Der Radius R_i des mit dem Injektionsmittel verpressten Bereichs lässt sich theoretisch in Abhängigkeit von der Durchlässigkeit des Bodens k, der Viskosität des Verpressguts η_i, der Fördermenge q, dem Einpressdruck Δp und weiterer Kenngrößen beschreiben.

γ_w – Wichte von Wasser ($10{,}0\,\mathrm{kN/m^3}$)
η_w – Viskosität von Wasser ($10^{-3}\,\mathrm{Ns/m^2}$)
η_i – Viskosität Injektionsmittel [$\mathrm{Ns/m^2}$]
Δp – Einpressdruck [$\mathrm{kN/m^2}$]
k – Durchlässigkeitsbeiwert des Bodens [m/s]
q – Fördermenge des Injektionsguts [$\mathrm{m^3/s}$]
h_i – Höhe der injizierten Schicht [m]
r_b – Bohrlochradius [m]
R_i – Radius des Injektionskörpers [m]

$$\ln\frac{R_i}{r_b} = \frac{\eta_w}{\eta_i}\,\frac{k\Delta p h_i}{\gamma_w q}$$

Wenn ein gleichmäßiger Durchmesser des verpressten Bereichs erreicht werden soll, muss bei sonst gleichen Parametern der Injektionsdruck bzw. die Fördergeschwindigkeit an die Umgebungsbedingungen im Untergrund angepasst werden. Bei einer Einpressung in Poren oder Klüfte vermischt sich das Injektionsgut nicht mit dem Boden. Einpressungen werden beispielsweise für Unterfangungen oder die Herstellung von Dichtungsschürzen eingesetzt.

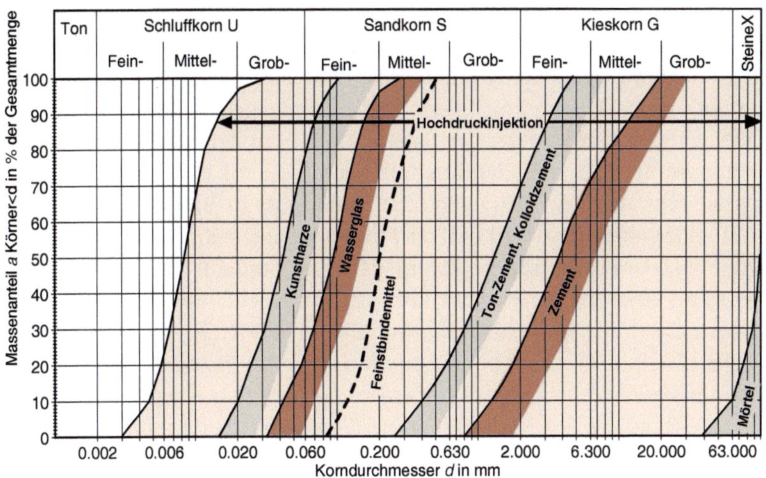

Bild 9.19 Anwendungsbereiche für Injektionsmittel und Injektionsverfahren

Die Anwendungsgrenzen für die unterschiedlichen Injektionsmittel und Injektionsverfahren lassen sich auf Grundlagen der Korngrößenverteilung und der Größe und Form der Porenräume des Bodens abschätzen (siehe *Bild 9.19*). Mit dem in folgender Gleichung definierten Parameter N, der sinngemäß von den Filterregeln abgeleitet worden ist, ist eine erste Bewertung der Eignung eines Injektionsverfahrens möglich.

$$N = \frac{d_{15,\,\text{Boden}}}{d_{85,\,\text{Verpressgut}}} \tag{9.11}$$

Das Verfahren ist geeignet, wenn die Bedingung $N > 24$ eingehalten wird. Bei $N < 11$ ist die Anwendung des Verfahrens nicht möglich. In allen anderen Fällen sollten weitere Untersuchungen und Probeinjektionen durchgeführt werden. Die Zementverfestigung eignet sich für bindige und nichtbindige Böden. Ihre Wirkung ist abhängig von der Ungleichförmigkeit des Materials.

Rüttelortbetonsäulen: Für die Herstellung von Stopfsäulen muss der umgebende Boden eine Mindestfestigkeit aufweisen, damit eine ausreichende seitliche Stützung gewährleistet ist. Diese Mindestanforderungen sind z. B. in den bauaufsichtlichen Zulassungen der Verfahren enthalten. Bei vielen Verfahren wird als Mindestwert der undränierten Scherfestigkeit $c_u \geq 15\,\text{kN/m}^2$ gefordert. Kann diese Stützung nur vorübergehend, während der Herstellung, vorausgesetzt werden, sind zusätzliche Maßnahmen erforderlich. Schottersäulen lassen sich durch die Zugabe einer Zementsuspension vermörteln. Die vermörtelten Säulen verhalten sich nach [50] wie „pfahlähnliche Elemente", für die die Ausführungen der Pfahlnormen und der Empfehlungen des Arbeitskreises Pfähle nicht unmittelbar angewendet werden dürfen. Insbesondere die Pfahlwiderstände sind nicht ohne Weiteres auf Fertigmörtelstopfsäulen übertragbar.

Bei Fertigmörtelstopfsäulen wird ein vorgemischter Mörtel (Fertigmörtel) mit einem Tiefenrüttler in den Untergrund eingebracht. In der bauaufsichtlichen Zulassung des Instituts für Bautechnik sind die Einzelheiten der Anwendung der FSS geregelt. Die Nutzung dieses Verfahrens ist auf Baugrund beschränkt, dessen undränierte Scherfestigkeit $c_u > 15\,\text{kN/m}^2$ beträgt. Zwischenschichten mit c_u-Werten von 8 bis $15\,\text{kN/m}^2$ sind zulässig, wenn sie eine Einzelschichtdicke von 1,0 m nicht überschreiten. Die Herstellung der Säule erfolgt durch abwechselndes Ziehen und Wiederversenken des Rüttlers, bis die Sollabmessungen erreicht sind oder kein weiteres Einrütteln mehr möglich ist. Der Boden wird bei diesem Vorgang zur Seite verdrängt. Während der Herstellung ist sicherzustellen, dass sich stets so viel Fertigmörtel im Materialbehälter befindet, dass der beim Ziehen des Rüttlers freigegebene Raum sofort mit Mörtel gefüllt wird. Der Mindestdurchmesser der Säule muss 40 cm betragen, wobei in Abhängigkeit vom anstehenden Baugrund Säulendurchmesser von 40 bis 80 cm möglich sind. Der tatsächliche Materialverbrauch beim Herstellen der Säule muss in jedem Fall größer als das rechnerische Volumen der Säule sein und darf als Mittelwert aus mehreren hergestellten Säulen bestimmt werden. Bei der Ermittlung des Volumens des verbrauchten Zuschlagmaterials ist eine Wichte von 19 bis $20\,\text{kN/m}^3$ anzusetzen. Während der Herstellung der Stopfsäulen soll bei einer Spannung von 380 V die Stromstärke des Rüttlers im Fußbereich bei bindigen Böden und Sanden zwischen 50 und 100 A und bei Kiessanden um 100 A liegen. Bei ca. 25 % der Säulen sollte die Stromstärke des Rüttlers mittels mit einem Ampere-Schreiber aufgezeichnet werden. Die Leistungsaufnahme des Rüttlers während der Säulenherstellung soll kontinuierlich erfolgen.

In breiigen Böden, bei denen die seitliche Stützung durch den Boden zu gering ist, ist der Einsatz von mit Geotextilien ummantelten Sandsäulen möglich. Bei diesem Verfahren wird im Schutze eines in den breiigen Boden eingebrachten Rohrs ein Schlauch aus zugfestem Geotextil eingebracht und mit Sand gefüllt. Nach dem Ziehen des Rohres übernimmt das Geotextil die seitliche Stützung durch die Ringzugkräfte. Das Verfahren hat sich im Bereich der Landgewinnung bei nahezu flüssigen Böden in Ufernähe bewährt.

9.3 Rechnerische Nachweise bei Erdbauwerken

9.3.1 Grundlagen

Die Standsicherheit von Erd- und Dammbauwerken ist für die Gründung und das eigentliche Bauwerk nachzuweisen. Bei Dämmen für Verkehrswege im Straßen- und Eisenbahnbau werden die Anforderungen der jeweiligen Regelwerke zugrunde gelegt, z. B. nach [109] oder [39].

Während bei Dammbauwerken im Verkehrswegebau Strömungskräfte i. Allg. keine Rolle spielen, sind diese im Wasserbau eine maßgebende Beanspruchung. Als Eingangsgröße für die rechnerischen Nachweise ist im Wasserbau deshalb die rechnerische Untersuchung der Strömungsverhältnisse erforderlich. Die genaue Vorgehensweise ist den Regelwerken der zuständigen Verwaltungen zu entnehmen.

Neben den Nachweisen des Böschungs- und Geländebruchs ist bei Dammbauwerken (Staudämme, Halden, Verkehrsdämme, andere Erdbauwerke) zu prüfen, ob ein Versagen durch Gleiten des Damms auf einer Bodenschicht mit geringer Scherfestigkeit eintreten kann. Dazu muss die Schubspannung in der Grenzfläche zwischen Damm und der gering festen Bodenschicht berechnet werden. Das erste Verfahren dafür ist von RENDULIC [86]. Es stehen eine Reihe von Arbeitsmitteln und Rechenverfahren zur Verfügung, siehe [43], die eine erste Bewertung der Spreizsicherheit mit einfachen Methoden erlauben. Bei der Nutzung von Rechenprogrammen können die Spreiznachweise als Teil der Berechnungen abgebildet werden. Das Spreizen ist unter anderem beim Einbau von Kunststoffdichtungsbahnen zu beachten, die eine vorgegeben Gleitfläche darstellen.

9.3.1.1 Verkehrsbauwerke

Tabelle 9.12 Regelneigungen für Böschungen an Eisenbahnstrecken [39]

Bodenart	Bodengruppe DIN 18196	Böschungshöhe in m	Regelneigung	Böschungswinkel β in °
weit und intermittierend gestufte Kiese	GW, GI	0,0 – 12,0	1:1,5	33,7
eng gestufte Kiese, intermittierend und weit gestufte Sande	GE, SW, SI	0,0 – 12,0	1:1,7	30,5
eng gestufte Sande	SE	0,0 – 12,0	1:2,0	26,5
schluffige/tonige und stark schluffige/tonige Kiese	GU, GU*, GT, GT*	0,0–6,0	1:1,6	32,0
schluffige/tonige und stark schluffige/tonige Sande	SU, SU*, ST, ST*	6,0–9,0 9,0–12,0	1:1,8 1:3,0	29,0 26,5
leicht, plastische Schluffe oder Tone (nur Einschnitt)	TL, UL			

Tabelle 9.12 gibt eine Übersicht über die Regelneigung von Böschungen der Deutschen Bahn nach den Angaben der Ril 836 [39]. Zusätzliche Maßnahmen zur Vermeidung von Erosion bei

neu erstellten Böschungen sind bei Einhaltung der Regelneigungen nach Tabelle 9.12 nicht erforderlich.

Für Straßenböschungen ist die Regelneigung gemäß [57] und [56] allgemein 1:1,5. Die Vorgaben für die Verdichtung sind in den ZTV E-Stb 17 [109] geregelt (siehe Tabelle 9.13).

Tabelle 9.13 Geforderter Verdichtungsgrad und Begrenzung des Luftporenanteils n_a nach [109]

Bereich	Bodengruppen nach DIN 18196	D_{Pr} in %	n_a in %
Planum bis 1 m Tiefe bei Dämmen und 0,5 m bei Einschnitten	GW, GI, GE, SW, SI, SE, GU, GT, SU, ST	100	–
1,0 m unter Planum bis Dammsohle	GW, GI, GE, SW, SI, SE, GU, GT, SU, ST	98	–
Planum bis Dammsohle und bis 0,5 m Tiefe bei Einschnitten	GU*, GT*, SU*, ST*, U, T, OU, OT	97	12

Als Schutz gegen Lärm oder als Sichtschutz kommen auch Erdwälle in Betracht. Diese sollen möglichst nahe zur Verkehrstrasse und steil errichtet werden. Früher war als Mindestforderung in der ZTV E-Stb ein Verdichtungsgrad von $D_{Pr} \geq 95\,\%$ vorgegeben. Seit der neuen Auflage der ZTV E-Stb aus dem Jahr 2017 gilt als Anforderung $D_{Pr} \geq 97\,\%$ für die Herstellung von Schutzwällen.

9.3.1.2 Deiche, Stauanlagen

In Abhängigkeit von den anstehenden Bodenarten haben sich regional typische Deichquerschnitte herausgebildet (siehe [67]). Als Regelneigung für Deiche wird in DIN 19712 [23] bzw. dem Merkblatt DWA-M 507-1 [81] eine Neigung von 1:3 empfohlen. In Abhängigkeit vom Schadenspotential (zu schützende Güter, Wiederkehrintervall) und von der Deichhöhe werden die Deiche in drei Kategorien unterteilt (I-hohe, II-mittlere und III-geringe Anforderungen). Als Bauweisen kommen der homogene Deich (homogener Stützkörper, übernimmt die Dichtungsfunktion), der Zweizonendeich (dichtender Stützkörper, landseitiger Dränkörper „Sickerprisma") und der Dreizonendeich (wasserseitige Dichtung, durchlässiger Stützkörper, landseitiger Dränkörper). Der Querschnitt eines 3-Zonen-Deichs ähnelt sehr stark einem Staudamm. Ähnlich ist die nachträgliche Sicherung von Deichen durch Dichtwände oder eingestellte Spundwände zu bewerten. Die Herstellung von Dichtungen kann sich negativ auf die Strömungsvorgänge im Untergrund und das Wasserspeichervermögen auswirken.

Für Stauanlagen sind die Normen der Reihe DIN 19700 [17] maßgebend. Die Anlagen werden unterteilt in Talsperren [18], Hochwasserrückhaltebecken [19], Staustufen [20], Pumpspeicherbecken [21] und Sedimentationsbecken [22]. Für Bundeswasserstraßen sind die Regeln des Merkblatts „Standsicherheit von Dämmen an Bundeswasserstraßen" [59] zu beachten.

10 Grundbau und bestehende Bauwerke

Die Erhaltung und Weiternutzung bestehender Bauwerke ist ein Gebot der Wirtschaftlichkeit und ein wichtiger Grundsatz des nachhaltigen Bauens. Der Umgang mit Bestandsbauwerken erfordert die zahlenmäßige Bewertung des aktuellen Zustands bzw. Sicherheitsniveaus. Auf dieser Grundlage lassen sich die Auswirkungen aus der geplanten Bautätigkeit und den zukünftige Einwirkungen prognostizieren. Im Ergebnis sind geeignete Verfahren für die Sicherung, Reparatur und Ertüchtigung des Bestands bzw. die Errichtung von neuen Bauwerken im Einflussbereich der vorhandenen baulichen Anlagen auszuwählen.

In den vorangegangen Abschnitten lag der Schwerpunkt auf der Neuerrichtung von Bauwerken. Für das Bauen im Bestand sind in Bezug auf die Auswahl der Verfahren und die Bemessung zusätzliche Einflüsse zu beachten.

10.1 Probleme beim Bauen im Bestand

Die Gründung von Bauwerken umfasst neben der eigentlichen Gründungskonstruktion alle Maßnahmen im Zusammenhang mit der Herstellung der Baugrube, der Verbesserung des Baugrunds, der Sicherung angrenzender Bauwerke, der Gestaltung des Geländes, der Wasserhaltung und anderer bautechnischer Maßnahmen. Baubetriebliche Einflüsse, z. B. in Form von Erschütterungen durch Baufahrzeuge oder Belastungen durch zwischengelagerte Baumaterialien, sind ebenfalls zu beachten. Viele Baumaßnahmen sind in unmittelbarer Nähe zu bestehenden Bauwerken zu planen oder bestehende Bauwerke müssen an die neue Nutzung angepasst werden. Bei der Bearbeitung derartiger Aufgaben treten zum Teil andere Probleme auf als beim Bauen auf freier Fläche. Es ist bei allen Baumaßnahmen zu prüfen, ob negative Auswirkungen auf die vorhandene Bausubstanz ausgeschlossen sind.

Sehr häufig sind Fehler im Zusammenhang mit der Herstellung der Gründung der Bauwerke oder andere Spezialtiefbauarbeiten Ursache für Schäden an den Gebäuden. Kenntnisse zu den möglichen Schadensursachen und Erfahrungen im Umgang mit Schadensfällen helfen Fehlentscheidungen zu vermeiden und die Kosten zu optimieren. In [69] und [74] sind viele nützliche Beispiele und Erfahrungen diesbezüglich zusammengestellt. Schäden an Gebäuden haben oft ihre Ursachen in der vorbereitenden Phase benachbarter Bauten, selbst wenn diese in einem bestimmten Abstand vom Bestandsbauwerk aus errichtet werden und keine direkte Unterfangung erforderlich ist.

Für die Herstellung und Sicherung von Baugruben und Gräben sind die baubetrieblichen Abläufe zu berücksichtigen, die sich auf die Standsicherheit des Bestandsbauwerks auswirken können. Große Aushubtiefen bei Mehrfachunterkellerung vergrößern die Gefährdung. Ein

Komplex von Schadensursachen liegt im Bereich der Herstellungstechnologien für Baugruben:

- Erschütterungen
- Materialaustrag bei der Herstellung von Bohrlöchern für Anker und Pfähle sowie HDI-Körper
- hydraulischer Grundbruch
- unzureichender Stützflüssigkeitsdruck (Schlitzwand, Bohrpfähle)
- Hebungen bei Verpressarbeiten.

Verformungen und Verschiebungen der Baugrubenumschließung selbst sind:

- Rutschungen an Baugrubenböschungen
- Wandverschiebungen infolge unzureichender statischer Bemessung
- Nachgiebigkeit von Verankerungen und Aussteifungen
- mangelnder Kraftschluss von Bauteilen oder zum Untergrund.

Bauwerke, die sich in geringem Abstand zu einer Baugruben- oder Grabenwand befinden, können bereits bei relativ geringen Wandbewegungen geschädigt werden. Die Schäden sind meist die Folge von ungleichmäßigen Setzungen. Es setzt sich meistens das baugrubenzugewandte Fundament und in der Folge reißt die dazugehörige Gebäudewand vom Rest des Bauwerks ab. Besonders gefährdet sind nicht unterkellerte Bauwerke sowie flache Bauwerke mit einer geringen Steifigkeit.

10.1.1 Unterfangung

Wenn unmittelbar neben einem bestehenden ein neues Bauwerk errichtet werden soll, dessen Gründungsebene tiefer liegt, dann muss die Gründung des vorhandenen Bauwerks ebenfalls tiefer angeordnet werden. Dazu werden die Gründungslasten durch spezielle Konstruktionen bis in größere Tiefen abgetragen. Man bezeichnet Verfahren zur Tieferlegung von Gründungen als Unterfangungen.

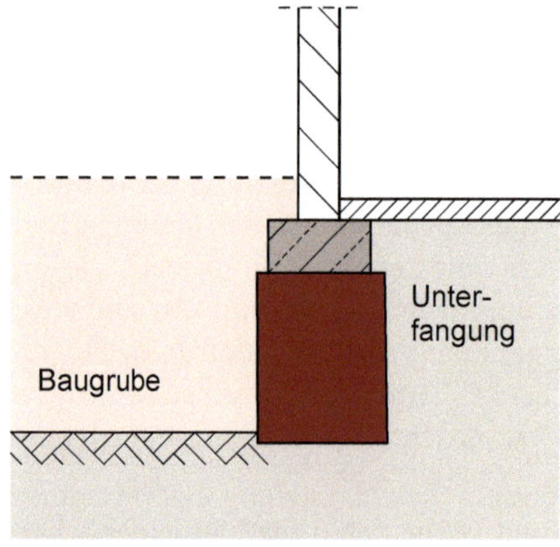

Bild 10.1 Händische Unterfangung

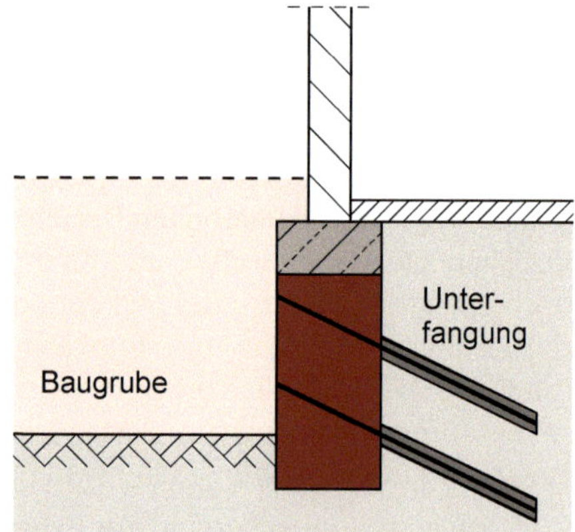

Bild 10.2 Vernagelter Unterfangungskörper

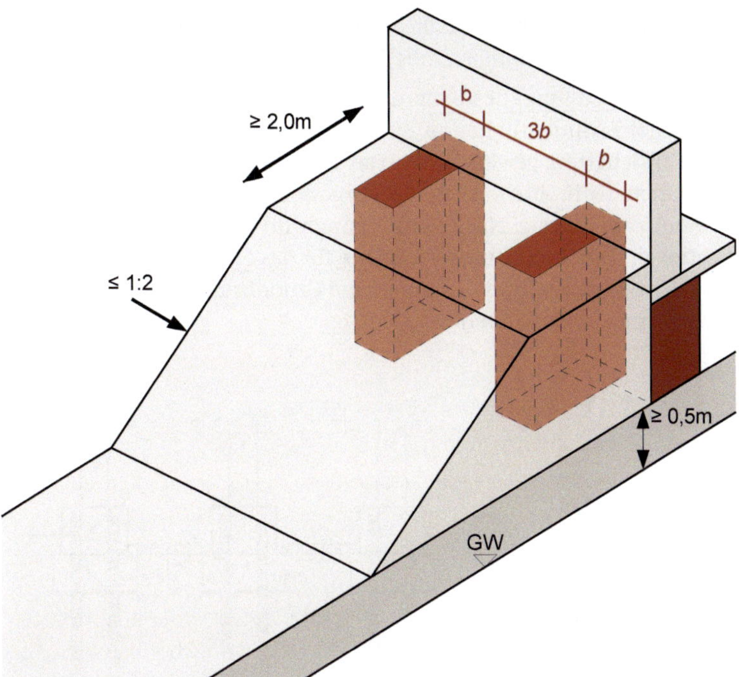

Bild 10.3 Vorgehensweise bei der Unterfangung eines Bauwerks

Im Gegensatz dazu ist eine Unterfahrung die Herstellung eines unterirdischen Hohlraums unterhalb eines bestehenden Bauwerks. Dies kann z. B. durch das Durchpressen von Rahmenkonstruktionen erfolgen.

Die Hauptschwierigkeit sowohl bei Unterfangungen als auch bei Unterfahrungen besteht in der Erhaltung des Spannungszustands im Baugrund und der Verhinderung von Bewegungen. Maßgebend für die Planung von Ausschachtungen und Unterfangungen ist die DIN 4123 [31].

Unterfangungen und Unterfahrungen erfordern große Sorgfalt bei Planung und Bauausführung. Dies umfasst die Erfassung des Ist-Zustands vor und während der Ausführung, die Sicherung des Bauwerks, die Entlastung der Gründung, die Herstellung der neuen Gründung sowie die Herstellung des Kraftschlusses.

Die Herstellung des tiefer liegenden Fundaments ist auf drei Arten möglich:

Händisch: Kennzeichnend für dies Vorgehensweise ist die abschnittweise Herstellung von Unterfangungswänden aus Vollziegeln oder Beton (siehe *Bild 10.1*). Diese konventionelle Unterfangungsmethode ist detailliert in DIN 4123 beschrieben. Die zu unterfangenden Gebäude sollten nicht mehr als 5 Vollgeschosse und Fundamentlasten von höchstens 250 $\frac{kN}{m}$ aufweisen. Das Freilegen von Abschnitten von max. 1,25 m Breite erfolgt vom Rand des Bauwerks beginnend, um eine günstige Muldenlage der Wand zu gewährleisten. Zwischen gleichzeitig freigelegten Bereichen muss gemäß *Bild 10.3* ein Mindestabstand eingehalten werden (mind. $3b$, b Breite eines Abschnitts). Es wird im Pilgerschrittverfahren gearbeitet, d. h. nach dem ersten folgt der dritte und anschließend der zweite Abschnitt. Durch die Vernagelung des Unterfangungskörpers (siehe *Bild 10.2*) ist eine zusätzliche Verstärkung zur Aufnahme größerer Erddrücke und die Begrenzung der Verformungen möglich.

Injektion: Die Stabilisierung (Verfestigung) des Baugrunds unterhalb bestehender Gründungen erfolgt vor dem Beginn der Aushubarbeiten durch Einpressen von Injektionsgut (siehe *Bild 10.4*). Dadurch ist die Vollsicherung gewährleistet. Das Fundament wird nicht unterhalb der Sohle freigelegt. Es kommen die in *Abschnitt 9.2.4.2* dargestellten Verfahren (Hochdruckinjektion und Poreninjektion) zum Einsatz. Nach Verfestigung wird die Last durch einen trapezförmigen Körper abgetragen. Die Bemessung erfolgt wie für das Streifenfundament einer Stützmauer. Es sind die Nachweise gegen Kippen, Gleiten und Grundbruch, Geländebruch sowie die Begrenzung der Verformungen zu führen.

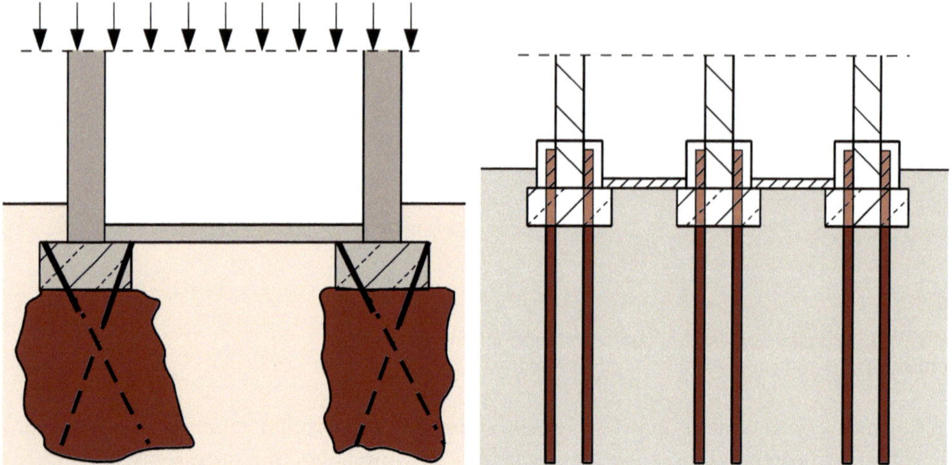

Bild 10.4 Unterfangung mittels Injektion

Bild 10.5 Unterfangung mit Pfählen

Pfähle: Herstellung von Pfählen (verpresste Kleinpfähle) zur Aufnahme der Fundamentlasten gemäß *Bild 10.5*. Diese Unterfangungsvariante entspricht der Vollsicherung. Lastaufnahme z. B. über beidseitig des Fundaments angeordnete Pfähle, die die Lasten über Joche, Abfangträger, Streichbalken oder ähnliche Konstruktionen aufnehmen. Zur Wirtschaftlichkeit gehört auch die Berücksichtigung des Restrisikos. Das zu unterfangende Bauwerk vorübergehend still zu legen kann in manchen Fällen sinnvoll sein.

10.1.2 Unterfahrung

Unterfahrung bedeutet die Errichtung unterirdischer Bauwerke unterhalb einer vorhandenen Bebauung. Dies geschieht, indem Tragwerke im Untergrund eingepresst oder in geschlossener Bauweise (Tunnelbau) hergestellt werden. Es kommt zu einer ähnlichen Lastumverteilung wie bei Unterfangungen. Zur Kompensation sind im Bereich der Querung bestehender Bauwerke Hebungsinjektionen möglich.

10.2 Baugrundverursachte Schäden an Bauwerken

10.2.1 Äußere Anzeichen von Schäden

Ein Bauwerk muss standsicher sein und die Anforderungen erfüllen, die sich aus der geplanten Nutzung ergeben. Die Gewährleistung der Gebrauchstauglichkeit wird durch die Begrenzung der Verformungen und den Schutz vor äußeren Einwirkungen wie Wasser, Frost oder Wind angestrebt. Schäden an Bauwerken sind i. Allg. erkennbar durch sichtbare Verformungen oder das unplanmäßige Eindringen von Wasser, Feuchtigkeit, Frost oder Wind.

Bei der Beurteilung von Schadensbildern sollten die Überlegungen und rechnerischen Ansätze, die der Neuplanung von Bauwerken zugrunde liegen, sinngemäß angewendet werden. Ein wichtiger Grundsatz ist dabei das duktile Verhalten von Bauwerk und Gründung. Dabei wird vorausgesetzt, dass ein Standsicherheitsverlust nicht schlagartig eintritt, sondern sich durch Risse und Verformungen ankündigt. Es ist die Aufgabe des Ingenieurs, aus den Beobachtungen am Bauwerk in Verbindung mit gezielten Versuchen und Messungen am Objekt und rechnerischen Nachweisen die Ursache der Schäden festzustellen. Nur wenn diese bekannt ist, kann eine wirksame Sanierungsvariante ausgewählt werden.

Voraussetzung für die Ermittlung der maßgebenden Schadensursachen ist die unvoreingenommene Untersuchung vieler Szenarien. Dazu sind zunächst die äußeren Anzeichen von Schädigungen zu bewerten. Dies betrifft u. a. die Form und den zeitlichen Verlauf von Rissen.

Risse an Bauwerken

Schäden an der aufgehenden Konstruktion kündigen sich i. d. R. durch Verformungen und Risse an. Risse verlaufen senkrecht zu den Zugspannungen (siehe *Bild 10.6*) und entstehen, wenn die Zugspannung einen materialabhängigen Grenzwert erreicht.

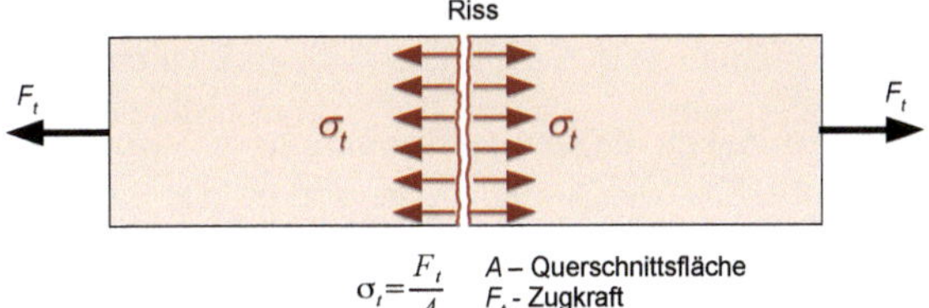

Bild 10.6 Risse senkrecht zu den Zugspannungen

Die Zugspannung ergibt sich als Quotient Kraft durch Flächen. Risse an der aufgehenden Konstruktion entstehen deshalb i. d. R. in Bereichen, die durch Öffnungen (Fenster, Türen usw.) geschwächt sind, sodass die an der Lastabtragung beteiligte Fläche reduziert wird.

Aus dem Rissbild an Bauwerken lassen sich erste Schlüsse über die Schadensursache ableiten. Bei Schäden, deren Ursache im Baugrund liegt, sind die Risse in den untersten Etagen besonders deutlich, siehe *Bild 10.7*. Baugrundverursachte Risse werden vor allem durch Setzungsunterschiede hervorgerufen. In *Bild 3.37* sind die Größenordnungen der Verformungen auf Grundlage von Erfahrungen und numerischen Untersuchungen zusammengestellt. Die Angaben gelten für Muldenlage. Bei der Ausbildung einer Sattellage (siehe *Bild 10.8*) treten Risse bereits bei halb so großen Setzungsunterschieden im Vergleich zur Sattellage auf.

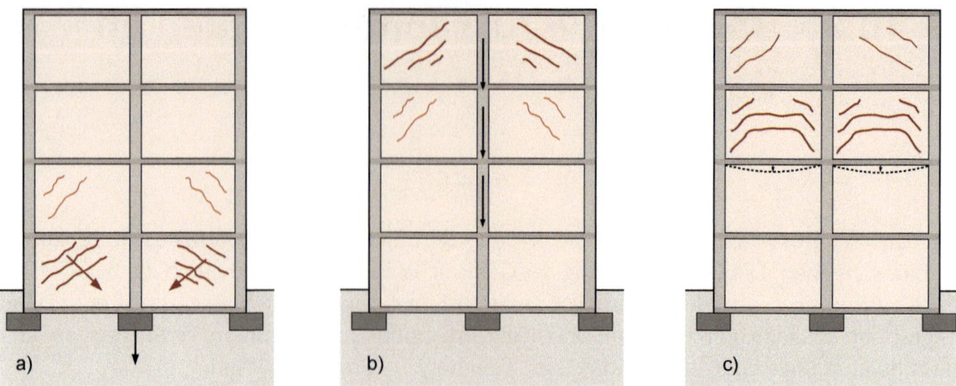

Bild 10.7 Risse an mehrgeschossigen Gebäuden, a) Setzung des Mittelfundaments, b) Schwinden der Mittelwand, c) Deckendurchbiegung

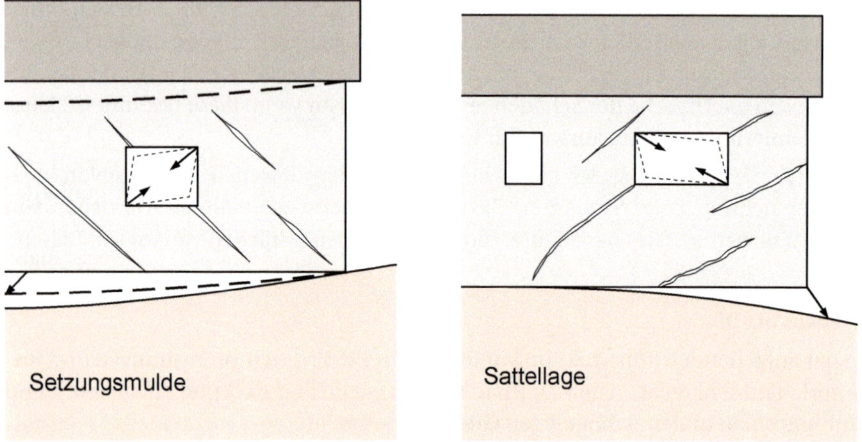

Bild 10.8 Schematische Darstellung von Rissbildern bei Sattel- oder Muldenlage und hohen Wänden

Vor allem flache Bauwerke mit einer geringen Steifigkeit reagieren empfindlich bei Verformungen. Mit zunehmender Bauwerksgröße nimmt i. Allg. die Steifigkeit zu, sodass das Bauwerk weniger stark reißt und teilweise auch Hohllagen überbrücken kann.

10.2.2 Ursachen für Schäden (Beispiele)

Ein Material reagiert auf Kräfte oder bei Änderung der Materialeigenschaften mit Verformungen. Verformungen des Bodens können im Zusammenhang mit der Verdichtung (Zusammendrückung) bzw. Auflockerung (Schwellen, Quellen) oder mit der Mobilisierung der Scherfestigkeit stehen. Bei Flächengründungen lassen sich diese Vorgänge durch rechnerische Ansätze beschreiben [70]. Vertikale Bewegungen werden im Gebrauchszustand durch Setzungsberechnungen oder Bettungsansätze erfasst. Die maßgebende Materialeigenschaft ist hierfür die Zusammendrückbarkeit, die z. B. durch den Steifemodul zahlenmäßig beschrieben wird.

Eine Erhöhung der Normalbelastung auf ein Fundament ist aber auch mit einer stärkeren Ausnutzung des Grundbruchwiderstands verbunden. Die Berechnung des Grenzwerts im Bruchzustand erfolgt mit den Scherparametern φ und c. Bis zur vollen Mobilisierung der Festigkeit sind Verformungen erforderlich, die sich z. B. aus den Ergebnissen von Scherversuchen oder den Mobilisierungsansätzen für die Berechnung des passiven Erddrucks (siehe [55]) ableiten lassen. Zur Feststellung zuerst die äußeren Anzeichen numerisch nachvollziehen, die möglichen Szenarien durch gezielte Messungen und Materialuntersuchungen widerlegen oder nachweisen. Erschütterung im Untergrund [36] sind z. B. als Folge von Rüttel- oder Verdichtungsarbeiten zu erwarten. Beim An- und Abschalten der Unwucht von Baumaschinen sollte darauf geachtet werden, dass dies mit möglichst großem Abstand zu gefährdeten Bauwerken erfolgt, da hierbei ein breites Frequenzband durchlaufen wird.

Zur Feststellung der Ursachen von Schäden sollte neben der Erfassung konstruktiver und bautechnischer Mängel auch die rechnerische Bewertung des Tragwerks herangezogen werden. Erst wenn sich auch der schadhafte Zustand eines Bauwerks mit Berechnungen und Messungen begründen lässt, ist die nachhaltige Beseitigung der Ursachen möglich.

Für die Berechnungen sind die Eigenschaften der Materialien und die Belastungen so realistisch wie möglich anzusetzen. Es dürfen keine Sicherheiten angenommen werden. Im Gegensatz zu den klassischen Nachweisen, bei denen Grenzzustände ausgeschlossen werden sollen, liegt der Schwerpunkt bei der Nachrechnung des Bauwerkszustands auf der Prognose der Verformungen. Bei duktilen Systemen ist jede Veränderung der Lasten mit Verformungen verbunden. Diese können überwacht werden und als Kriterium für die Einleitung von Gegenmaßnahmen dienen. Für die Prognose möglicher Verformungen sollten zunächst die klassischen Ansätze der Bodenmechanik genutzt werden.

Beobachtungen an bestehenden Bauwerken können für die Beurteilung der Baugrundeigenschaften genutzt werden, wenn es gelingt, einen zahlenmäßigen Zusammenhang zwischen dem Zustand des Bauwerks, dem Sicherheitsniveau und dem Verformungszustand herzustellen. Dafür lassen sich stark vereinfachte Berechnungsansätze in Verbindung mit der Einschätzung der summarischen Sicherheit η nutzen. Diese Vorgehensweise wird auch zur Ableitung wirklichkeitsnaher Kennwerte für numerische Untersuchungen genutzt, siehe z. B. GYSI [65] [66].

Mit der Setzung s und der Sohlspannung σ_0 lässt sich der Verformungsmodul des Baugrunds abschätzen. Die Setzung ergibt sich aus der Integration der Verzerrungen $s' = \frac{\sigma_z}{E_S}$ bis zur Grenztiefe t_s. In [55] ist der Berechnungsgang ausführlich dargestellt.

Risse an Bauwerken geben erste Hinweise auf mögliche Ursachen und können für die Einschätzung des aktuellen Sicherheitsniveaus mit herangezogen werden. Der Verlauf der Risse gibt wichtige Hinweise auf die Beanspruchungen und die Untergrundverformungen. Grundsätzlich stellen sich Risse senkrecht zur größten Zugspannung oder in Richtung der größten Schubbeanspruchung ein. Setzungsunterschiede führen bei statisch unbestimmten Bauwerken zu Rissen. Es ist dabei zu unterscheiden zwischen Sattel- und Muldenlage und zwischen flachen Bauwerken mit geringer Systemsteifigkeit und höheren Gebäuden, die durch Querwände und andere Bauwerksteile eine größere Steifigkeit aufweisen.

10.2.3 Zahlenmäßige Schadensbeurteilung

Schadensfreie Bauwerke erfüllen alle Anforderungen an die Standsicherheitsnachweise für die Grenzzustände der Tragfähigkeit (ULS) und Gebrauchstauglichkeit (SLS). Schwieriger ist die Beurteilung von Bauwerken, die Anzeichen von Schäden aufweisen. Diese Schäden lassen sich global durch Angabe eines Sicherheitsniveaus $\eta_{vorh.}$ oder detailliert durch die separate Bewertung der einzelnen Einwirkungen und Widerstände beurteilen. Etwa bis 2005 sind die meisten Bauwerke nach dem summarischen Sicherheitskonzept bemessen worden. Die Regelungen dafür sind z. B. in der DIN 1054 (1976) enthalten. *Tabelle 10.1* enthält eine Zusammenstellung der Sicherheiten, die bei Flächengründungen gefordert sind. In DIN 1054 sind außerdem die Anforderungen an Pfahlgründungen enthalten. Bei Nachweisen nach dem summarischen Sicherheitskonzept wird mit charakteristischen Größen gerechnet. Der Quotient charakteristischer Widerstand zu charakteristischer Beanspruchung darf die Sicherheitsbeiwerte η nicht unterschreiten. Ist diese Bedingung eingehalten, sollte das Bauwerk keinerlei Schäden aufweisen. Werte $\eta < 1,0$ sind nicht möglich. Bei $\eta = 1$ ist der Versagenszustand eingetreten und das Bauwerk nicht mehr nutzbar.

Tabelle 10.1 Summarische Sicherheiten für **Flächengründungen** nach DIN 1054, Ausgabe 1976

Nachweis	Symbol	Lastfall		
		1	2	3
Grundbruchsicherheit	η_P	2,0	1,5	1,3
Gleitsicherheit	η_g	1,5	1,25	1,2
Sicherheit gegen Auftrieb	η_a	1,1	1,1	1,0
Geländebruch (allgemein)	η	1,4	1,3	1,2
lamellenfreie Verfahren, η für Reibung	η_r	1,3	1,2	1,1
lamellenfreie Verfahren, η für Kohäsion und $c \geq 20$ kPa	η_c	1,7	1,6	1,5

Für die Bewertung eines bestehenden Bauwerks, das erste Schäden aufweist, ist zunächst das globale Sicherheitsniveau zu schätzen. Mit Lastfall 1 werden ständige und regelmäßig auftretende Verkehrslasten (Wind) erfasst. Bei Lastfall 2 sind außerdem Bauzustände und besondere Verkehrslasten und bei Lastfall 3 außerplanmäßige Einwirkungen zu berücksichtigen. Als Orientierung für die Bewertung von Bauwerken ist davon auszugehen, dass für völlig schadensfreie Bauwerke die rechnerischen Nachweise für alle Lastfälle erfüllt sind, wobei die Kennwerte und die Einwirkungen mit den charakteristischen Werten anzusetzen sind. Die Rechnung Ansatz mit den Lastannahmen für Neubauten ist nicht sinnvoll. Zur Bewertung eines bestehenden Bauwerks, das erste Schäden aufweist, ist zunächst das globale Sicherheitsniveau η zu schätzen. Für Hänge kann auf Grund von Erfahrungen z. B. $\eta = 1,1$ für stabile Böschungen und $\eta = 1,05$ für Hänge, die bei Durchfeuchtung kleine Verformungen zeigen, angenommen werden. Das Sicherheitsniveau wird bei vielen baulichen Anlagen erheblich von ungleichmäßiger Belastung (Ausmitte) oder ungleichmäßigen Untergrundeigenschaften (unterschiedliche Ausnutzungsgrade) bestimmt. Folgende Vorgehensweise kann hierbei hilfreich sein:

- weist das Bauwerk keinerlei Anfangsschäden auf, ist mindestens vom Sicherheitsniveau nach Lastfall 1 auszugehen
- weist das Bauwerk leichte Anfangsschäden auf, liegt das Sicherheitsniveau in der Größenordnung von 90 % des Lastfalls 2 $(1,07 \leq \eta \leq 0,9\eta_{LF2})$,

- deuten Rissbilder und Schiefstellung auf deutliche Sicherheitsdefizite hin, ein vollständiges Versagen ist aber noch nicht erkennbar, kann die Sicherheit in der Größenordnung von 90 % des Lastfalls 3 $(1{,}0 \leq \eta \leq 0{,}9\eta_{LF3})$ angenommen werden.

Zwischen rechnerischen Nachweisen und dem festgestellten Zustand darf kein Widerspruch bestehen. Mit dieser Bedingung lassen sich durch Variation einzelner Kennwerte die realistischen Größen zuverlässiger ableiten, als auf Grundlage von Laborversuchen an Stichproben.

Eine Übertragung auf das Teilsicherheitskonzept ist möglich, wenn die Lastfälle sinngemäß auf die Bemessungssituationen übertragen werden und der Anteil veränderlicher Lasten realistisch eingeschätzt werden kann.

E_k – charakteristische Beanspruchung
R_k – charakteristischer Widerstand
$\eta = \frac{R_k}{E_k}$ – summarische Sicherheit
$E_{G,k}$ – charakteristische ständige Beanspruchung
$E_{Q,k}$ – charakteristische veränderliche Beanspruchung
γ_G – Teilsicherheitsbeiwert ständige Beanspruchung
γ_Q – Teilsicherheitsbeiwert veränderliche Beanspruchung
γ_R – Teilsicherheitsbeiwert für den Widerstand

Das rechnerische Sicherheitsniveau wird vom Verhältnis der veränderlichen zu den ständigen Beanspruchungen und vom Verhältnis der Sicherheitsbeiwerte beeinflusst.

$\nu_Q = \frac{E_{Q,k}}{E_{G,k}}$ – Anteil der veränderlichen Beanspruchungen
$\xi_Q = \frac{\gamma_Q}{\gamma_G}$ – Verhältnis der Teilsicherheitsbeiwerte

Es ergibt sich damit folgende Gleichung für die Standsicherheitsnachweise:

$$E_{G,k}\gamma_G\{1 + \nu_Q\xi_Q\} \leq \frac{R_k}{\gamma_R} \tag{10.1}$$

und damit für den Zusammenhang zwischen summarischer und Teilsicherheit:

$$\frac{\eta}{\gamma_R} = \left\{\frac{(1 + \nu_Q\xi_Q)}{(1 + \nu_Q)}\right\}\gamma_G \tag{10.2}$$

Der Quotient ξ ist abhängig vom Lastfall (z. B. 1,1 für Lastfall 1, ULS Grenzzustand STR, GEO-2). Die weitere Eingrenzung erfordert die Bewertung der Ursachen bezüglich der Abnahme der Sicherheit auf der Beanspruchungsseite (Erhöhung der Lasten) und/oder der Widerstandseite (Abnahme der Festigkeit).

10.2.3.1 Verfahren zur Abschätzung des Restrisikos

Im Ergebnis langjähriger, systematischer Bauschadensanalysen, insbesondere in den Bereichen des Grund- und Tiefbaus ist durch das Institut für Bauforschung ein praktikables Verfahren zur Abschätzung des Restrisikos entwickelt worden. Von GODEHARDT [61] wurde die im Folgenden beschriebene Methode 1995 erstmals vorgestellt.

Der gesamte Planungs- und Bauausführungsablauf einer Baumaßnahme wird dabei in verschiedene Teilprozesse und Tätigkeiten aufgeteilt. Fehler, die in den Teilprozessen eintreten können, werden unabhängig voneinander hinsichtlich ihres bauschadensinduzierenden Einflusses bewertet. Das Restrisiko selbst stellt ein Maß für das theoretisch mögliche Auftreten eines Bauschadens dar. Der Restrisikowert R_B ergibt sich nach folgender Gleichung:

$$R_B = \frac{\sum_{h=1}^{n_h} \left(g'_h \sum_{a=1}^{a_h} s_{a,h}\right)}{n_a} \tag{10.3}$$

$$g'_h = \frac{n_a}{\left(a_h \frac{1}{g_h}\right)}$$

g'_h – normierter Gewichtsfaktor für die Hauptbereiche H_i
n_h – Gesamtanzahl der Hauptbereiche H_i
n_a – Gesamtanzahl der Arbeitsschritte A_K
$s_{a,h}$ – Skalenwert eines Arbeitsschritts, der einem Hauptbereich H_i zugeordnet ist
a_h – Anzahl der Arbeitsschritte, die einem Hauptbereich zugeordnet sind

Zur Bewertung der einzelnen Arbeitsschritte werden Skalenwerte s für 5 Risikostufen vergeben:

- sehr geringes Risiko $s = 1$
- geringes Risiko $s = 2$
- mittleres Risiko $s = 3$
- hohes Risiko $s = 4$
- sehr hohes Risiko $s = 5$

Aus den statistischen Auswertungen von Schadensanalysen wurden Gewichtungsfaktoren g_n für die Hauptbereiche H_i in Abhängigkeit von der quantitativen Fehlerverteilung und in Abhängigkeit von den Schadenskosten (Klammerwerte) abgeleitet:

H_1 – Voruntersuchung $g_1 = 0,13$ (0,26)
H_2 – Planung $g_2 = 0,29$ (0,26)
H_3 – Bauausführung $g_3 = 0,26$ (0,29)
H_4 – Kommunikation $g_4 = 0,11$ (0,12)
H_5 – Schadenssanierung $g_5 = 0,21$ (0,07)

Aus dem mit *Gl. 10.3* berechneten Restrisikowert R_B erhält den Restrisikograd G_R und damit verbunden eine Bewertung des Restrisikos. Die Umrechnung des Restrisikowerts R_B in G_R erfolgt mit *Gl. 10.4.*

$$G_R = 0,25\,(R_B - 1)\,100\,\% \tag{10.4}$$

Für die Einordnung der Gefährdung auf Grundlage des Risikograds G_R kann die Einteilung nach *Tabelle 10.2* benutzt werden.

Tabelle 10.2 Abschätzung des Risikograds

Restrisikograd G_R [%]	Beschreibung
$0 \leq G_R < 5$	unvermeidbares menschliches Risiko
$5 \leq G_R < 10$	sehr geringes Risiko
$10 \leq G_R < 25$	geringes Risiko
$25 \leq G_R < 40$	mittleres Risiko
$40 \leq G_R < 60$	hohes Risiko, zusätzliche Maßnahmen einleiten
$60 \leq G_R < 75$	sehr hohes Risiko, zusätzliche Maßnahmen dringend erforderlich
$75 \leq G_R \leq 100$	außergewöhnlich hohes Risiko, Bauschäden treten mit Sicherheit auf

Tabelle 10.3 Abschätzung des Restrisikos – Arbeitsschritte, Hauptgruppen

Hauptgruppe	Arbeitsschritt	Beschreibung der Arbeitsschritte	Feststellungen (Beispiele)	Skalenwert
H_1	A_1	Erkundung der geologischen und hydrologischen Verhältnisse	Aufschlüsse, Feldprüfungen in ausreichendem Umfang	1
	A_2	Wahl der Verfahren für Aufschlüsse und Baugrunduntersuchung	Probenahme und -untersuchungen in ausreichendem Umfang	1 (3)
	A_3	Erkundung vorhandener Bauwerke	Beweissicherungsgutachten vorhanden (nicht sehr gründlich)	2 (4)
	A_4	Bestimmung der Anzahl und der Anordnung der Baugrundaufschlüsse	Aufschlüsse in ausreichender Anzahl und Tiefe (hier Minimum, DPL)	2 (1)
H_2	A_5	Ermittlung der Baugrundkennwerte	Tabellenwerte und Korrelationen, keine direkte Bestimmung	2 (3)
	A_6	Beurteilung der Auswirkung der Baugrundverhältnisse auf das Bauverfahren	gemäß Baugrundgutachten keine Besonderheiten, teilweise aber lockere Lagerung	3 (3)
	A_7	Berücksichtigung der örtlichen Gegebenheiten	Nachbarbebauung unmittelbar angrenzend	5 (5)
	A_8	Überprüfung der allgemeinen Anforderungen	Unterfangung an einem vorgeschädigten Haus erforderlich, Anker	3 (5)
	A_9	Wahl zutreffender rechnerischer Ansätze	übliche und hinreichende Ansätze	2 (5)
	A_{10}	Überprüfung der planungsrelevanten Eingangsparameter	ausreichende Überprüfung	2 (5)
	A_{11}	Überprüfung der Arbeitsschritte in der Planung	Kontrolle durch Projektsteuerer	1 (5)
	A_{12}	Überprüfung der rechnerischen Nachweise	vom Prüfstatiker bestätigt	1 (2)
	A_{13}	Bewertung der Anforderungen an das Personal	erfahrenes Personal in ausreichender Anzahl	1 (3)
H_3	A_{14}	Überprüfung der Eignung der eingesetzten Baugeräte	moderne Geräte in einwandfreiem Zustand	1 (1)
	A_{15}	Überprüfung der Eignung der verwendeten Baustoffe	vollständige und umfassende Materialkontrolle	1 (2)
	A_{16}	Kontrolle während der Ausführung der Baumaßnahme	regelmäßiger Planvergleich und regelmäßige Kontrollen	3 (4)
H_4	A_{17}	Übergreifende Kommunikation in den Bereichen Vorerkundung, Planung und Bauausführung	regelmäßige Baubesprechungen, Protokolle vollständig, Termine und Verantwortlichkeiten	2 (3)
H_5	A_{18}	Überprüfung der Möglichkeit einer Schadenssanierung	ohne Einschränkungen möglich	1 (5)

In *Tabelle 10.3* ist ein Beispiel mit insgesamt 18 Arbeitsschritte aufgeführt. Diese sind den 5 Hauptgruppen H_1 bis H_5 zugeordnet. Jeder Arbeitsschritt wurde mit einem Skalenwert zwischen 1 und 5 bewertet. BILZ [41] berichtet über ein reales Bauvorhaben, bei dem die Restrisikobewertung als Entscheidungsgrundlage benutzt worden ist.

Diese Tabelle kann als Vorlage für praktische Bewertungen dienen. Die Anzahl der Arbeitsschritte und deren inhaltliche Beschreibung sind entsprechend der Problemstellung des Schadensfalls individuell festzulegen. *Tabelle 10.3* soll nur der Orientierung dienen. Die Klammerwerte in der letzten Spalte beziehen sich auf ein Beispiel, bei dem ein bestehendes Gebäude nach einer Unterfangung abgerissen werden musste, weil starke Rissbildungen in allen Geschossen eine Sperrung erforderlich gemacht hatten und die Sanierung im Vergleich zu Abriss und Neubau unwirtschaftlich gewesen wäre. Durch die Abschätzung des Restrisikos kann nachgewiesen werden, dass bei ordnungsgemäßer Planung und Überwachung die Herstellung der Unterfangung nicht zwangsläufig zu einem Schaden am Bauwerk führen muss.

10.2.3.2 Anwendungsbeispiel - Stützmauer

Die Beurteilung des Zustands von Ingenieurbauwerken ist z. B. erforderlich, wenn Schäden am Bauwerk auftreten oder eine Veränderung der Nutzung geplant ist. Schäden rechtzeitig zu erkennen, ist eine wichtige Voraussetzung für die vorausschauende Wartung und Pflege und die Planung der erforderlichen Aufwendungen für Instandsetzungsarbeiten.

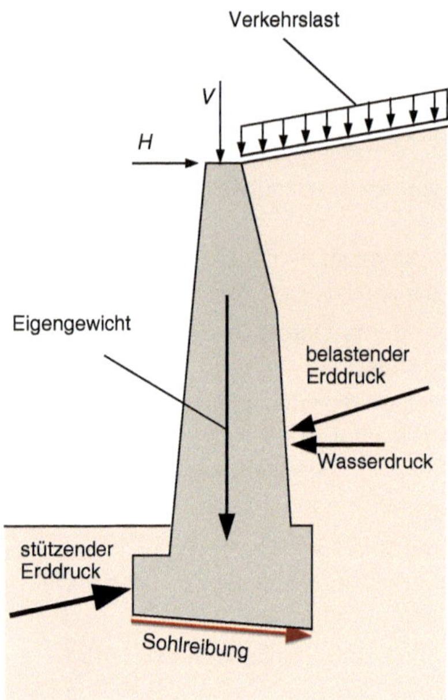

Bild 10.9 Stützmauer: Kräftegleichgewicht

Bild 10.9 zeigt schematisch die Einwirkungen und Widerstände sowie die Geometrie von massiven Stützmauern. Aufgrund des hohen Anteils der Verkehrslasten, der Alterung der Bauwerke, sowie sich ändernder Einflüsse (Witterung, bauliche Eingriffe, geänderte dynamische Beanspruchungen) ist bei Stützbauwerken die regelmäßige Inspektion ein wichtiges Instrument zur Bauwerksüberwachung. Auch wegen des großen Gefährdungspotentials wird die Überwachung von Ingenieurbauwerken dringend empfohlen. Diese Überwachung kann wesentliche

Informationen für die Planung von Erhaltungs- und Sanierungsmaßnahmen sein und ist eine Voraussetzung für die Anwendung der Beobachtungsmethode.

Für die Bewertung des Sicherheitsniveaus bestehender Bauwerke ist die Erfassung der Wechselwirkung Bauwerk–Baugrund, d. h. die komplexe Betrachtung von Bruch- und Verformungsprozessen erforderlich. Bei bestehenden Stützwänden wird die tragwerksplanerische Berechnung erforderlich, wenn:

1. durch Umnutzung erhebliche Laständerungen aufgenommen werden müssen
2. der Zustand der Stützwand auf teilweisen Verlust der Standsicherheit hindeutet

Rechnerische Nachweise können bei bestehenden Stützwänden mit dem wirklichen Zustand im Widerspruch stehen. Ursache dafür sind unterschiedliche Berechnungsannahmen und unzutreffende Materialkennwerte. Die Beobachtungsmethode ermöglicht, die Nachweise durch andere Methoden zu ergänzen bzw. zu ersetzen. Dies erfordert aber die nähere Untersuchung der Wechselwirkung Bauwerk–Baugrund, die rechnerische Simulation und die Überwachung des Bauwerks. Bezogen auf die jeweiligen besonderen Bedingungen sind komplexe bautechnische Untersuchungen erforderlich. Diese umfassen die Erfassung der Materialeigenschaften, insbesondere des Baugrunds, die Simulation der Wechselwirkung Bauwerk–Baugrund durch Berechnungen, die Planung der Beobachtung (Messung) des Bauwerks sowie ein Konzept für Erhaltungsmaßnahmen, die in Abhängigkeit des Bauwerkszustands erforderlich werden.

Feststellung des Schädigungsgrads, Bauwerksüberwachung: Als schadensfrei können Bauwerke gelten, wenn das Erscheinungsbild nicht dagegen spricht, die Nutzungsanforderungen uneingeschränkt erfüllt werden und alle rechnerischen Nachweise geführt werden können. Einige Regelwerke gestatten die rechnerische Nachweisführung durch komplexere Methoden zu ersetzen bzw. zu ergänzen. Dabei werden die Wechselwirkungen zwischen Bauwerk und Baugrund durch numerische Untersuchungen in Verbindung mit Messungen am Bauwerk stärker berücksichtigt (siehe *Bild 10.10*).

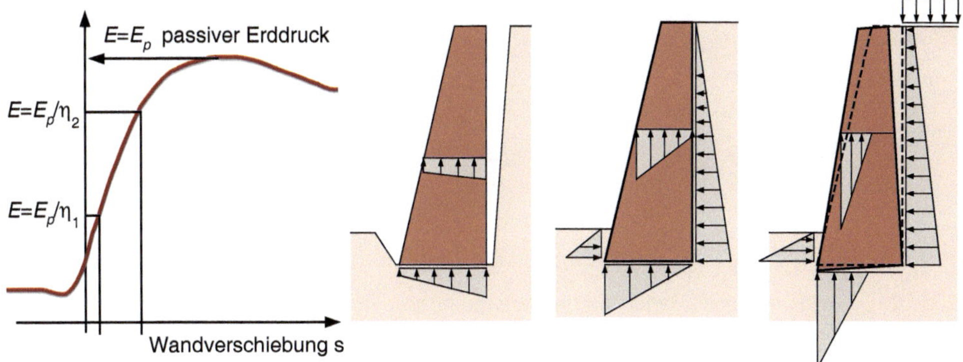

Bild 10.10 Stützender und belastender Erddruck, Sohldruckverteilung und Schnittkräfte in Abhängigkeit der Wandverschiebung. Sicherheitsbeiwert als verformungsabhängige Größe

Diese Herangehensweise wird als „Beobachtungsmethode“ bezeichnet. Die Richtlinie Ril 836 der Bahn erlaubt unter bestimmten Voraussetzungen die Änderung der Sicherheitsbeiwerte für erdstatische Nachweise.

Schäden an Bauwerken resultieren aus der Überschreitung der Materialfestigkeit. Dies kann auf unterschiedlichem Wege erfolgen.

Vergrößerung der Einwirkungen: Änderung der Verkehrslasten, Erhöhung der Wichte des Bodens (Wasseranstieg), Wasserdruck, Frost-Tauwechsel, Wurzeleinwirkungen, Schrumpfen oder Quellen, dynamische Beanspruchungen, Ermüdung.

Abnahme der Materialwiderstände: Die innere Festigkeit von Stützmauern vermindert sich im Laufe der Zeit durch Verwitterung und Entfestigung (Steine, Mörtel, Beton). Im Bereich des Baugrunds kann die Abnahme der Scherfestigkeit, z. B. durch Wasserzutritt, zur Abnahme des stützenden Erddrucks beitragen.

Die Schäden zeigen sich durch Verformungen. Bei Entfestigung der Stützmauer kommt es zu Ausbauchungen, Rissen oder Abplatzungen. Die Abnahme der Widerstände des Baugrunds geht mit Verkippungen und Setzungen der Stützmauer oder des Bodens vor und hinter der Stützwand einher. Bis zum völligen Versagen des Bauwerks sind allerdings erhebliche Verformungen erforderlich, die messtechnisch leicht festzustellen sind. Eine Erhöhung der Einwirkungen durch Baumaßnahmen kann die Standsicherheit während der Bauzeit gefährden, bis hin zum völligen Versagen der Konstruktion (siehe z. B. [69]).

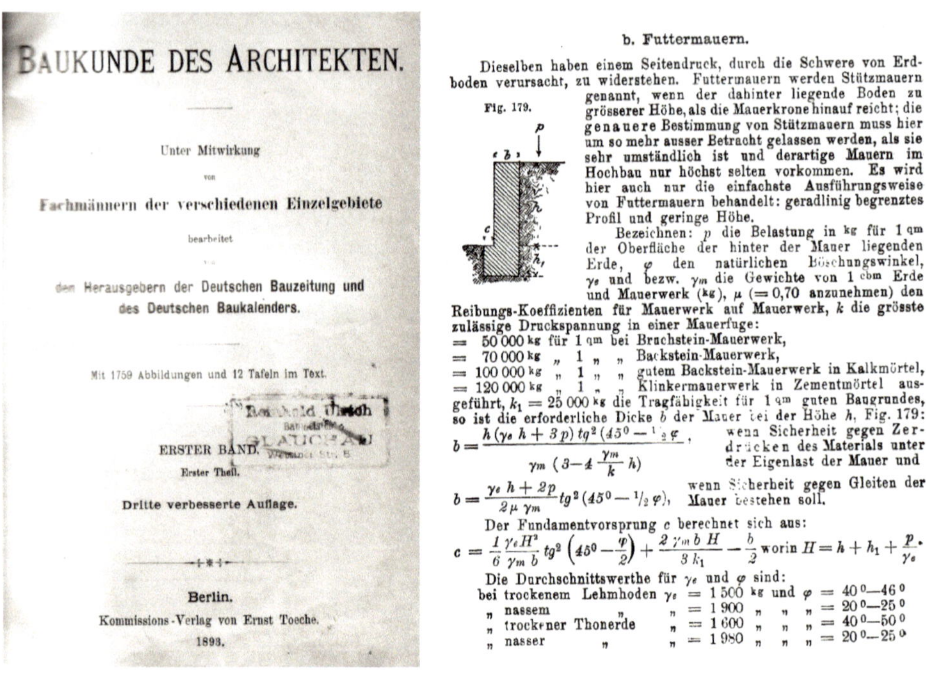

BAUKUNDE DES ARCHITEKTEN.

Unter Mitwirkung von Fachmännern der verschiedenen Einzelgebiete bearbeitet von den Herausgebern der Deutschen Bauzeitung und des Deutschen Baukalenders.

Mit 1759 Abbildungen und 12 Tafeln im Text.

ERSTER BAND. Erster Theil.

Dritte verbesserte Auflage.

Berlin.
Kommissions-Verlag von Ernst Toeche.
1893.

b. Futtermauern.

Dieselben haben einem Seitendruck, durch die Schwere von Erdboden verursacht, zu widerstehen. Futtermauern werden Stützmauern genannt, wenn der dahinter liegende Boden zu grösserer Höhe, als die Mauerkrone hinauf reicht; die genauere Bestimmung von Stützmauern muss hier um so mehr ausser Betracht gelassen werden, als sie sehr umständlich ist und derartige Mauern im Hochbau nur höchst selten vorkommen. Es wird hier auch nur die einfachste Ausführungsweise von Futtermauern behandelt: geradlinig begrenztes Profil und geringe Höhe.

Fig. 179.

Bezeichnen: p die Belastung in kg für 1 qm der Oberfläche der hinter der Mauer liegenden Erde, φ den natürlichen Böschungswinkel, γ_e und bezw. γ_m die Gewichte von 1 cbm Erde und Mauerwerk (kg), μ (= 0,70 anzunehmen) den Reibungs-Koeffizienten für Mauerwerk auf Mauerwerk, k die grösste zulässige Druckspannung in einer Mauerfuge:
= 50 000 kg für 1 qm bei Bruchstein-Mauerwerk,
= 70 000 kg „ 1 „ „ Backstein-Mauerwerk,
= 100 000 kg „ 1 „ „ gutem Backstein-Mauerwerk in Kalkmörtel,
= 120 000 kg „ 1 „ „ Klinkermauerwerk in Zementmörtel ausgeführt, $k_1 = 25\,000$ kg die Tragfähigkeit für 1 qm guten Baugrundes, so ist die erforderliche Dicke b der Mauer bei der Höhe h, Fig. 179:

$$b = \frac{h(\gamma_e h + 3p)\, tg^2(45^0 - \frac{1}{2}\varphi)}{\gamma_m \left(3 - 4\frac{\gamma_m}{k} h\right)},$$ wenn Sicherheit gegen Zerdrücken des Materials unter der Eigenlast der Mauer und

$$b = \frac{\gamma_e h + 2p}{2\mu\gamma_m} tg^2(45^0 - \tfrac{1}{2}\varphi),$$ wenn Sicherheit gegen Gleiten der Mauer bestehen soll.

Der Fundamentvorsprung c berechnet sich aus:

$$c = \frac{1}{6}\frac{\gamma_e H^2}{\gamma_m b} tg^2\left(45^0 - \frac{\varphi}{2}\right) + \frac{2\gamma_m b H}{3 k_1} - \frac{b}{2} \text{ worin } H = h + h_1 + \frac{p}{\gamma_e}.$$

Die Durchschnittswerthe für γ_e und φ sind:

bei trockenem Lehmboden	γ_e = 1 500 kg	und φ =	40°–46°
„ nassem „	„ = 1 900 „	„ „ =	20°–25°
„ trockener Thonerde	„ = 1 600 „	„ „ =	40°–50°
„ nasser „	„ = 1 980 „	„ „ =	20°–25°

Bild 10.11 Zeitgenössische Regeln für die Bemessung von Stützmauern [1]

Der Überwachung von Stützbauwerken liegen die gleichen Prinzipien zugrunde, die bei der Bemessung benutzt werden. Grundsätzlich ist davon auszugehen, dass eine Veränderung der Sicherheit mit Verformungen verbunden ist. Es sollen mit der Bauwerksüberwachung möglichst frühzeitig Schadensursachen festgestellt und beseitigt werden. Deshalb sind neben der Verformungsbeobachtung die Funktionsfähigkeit der Bauwerksteile (Entwässerung, Kolkschutz, etc.) ständig zu kontrollieren. Art, Umfang und zeitlicher Ablauf der Überwachung sind oft in Unternehmensrichtlinien oder Normen geregelt. Nach der deutschen Norm DIN 1076 [5] sind alle Bauwerke zu überwachen, für die Standsicherheitsnachweise erforderlich sind (z. B. Stützbauwerke mit mind. 1,5 m Höhe).

Bei der Prüfung bestehender Stützbauwerke können die Empfehlungen oder Normen sinngemäß genutzt werden. Die Ergebnisse sollten mit Bezug zu Lage und Zeitpunkt der Begutachtung dokumentiert werden (GIS).

Untersuchung des Zustands: Informationen zur Baugeschichte können zur Optimierung des Untersuchungsaufwands beitragen und helfen bei der Vermeidung von Fehlinterpretationen. In der Vergangenheit wurden Stützmauern oft als Futtermauern, Trockenmauern oder mit nicht ebener Mauerrückseite hergestellt. Durch Umbauten oder Sanierungsmaßnahmen ist der ursprüngliche Zustand nur schwer festzustellen. Wenn Bauunterlagen nicht vorhanden sind, sollten die zur Zeit der Errichtung geltenden Regeln der Baukunst berücksichtigt werden. Diese liefern Anhaltspunkte über Abmessungen und konstruktive Ausführung.

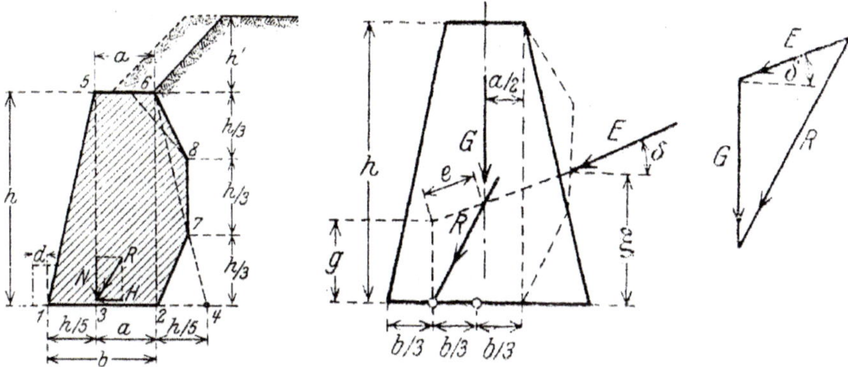

Bild 10.12 Berechnungsansatz für Stützmauern am Anfang des 20. Jahrhunderts [44]

Die Bemessungsgrundlagen haben sich seit Anfang des 20. Jahrhunderts erheblich verändert (siehe *Bild 10.11*). So wurde bei bindigen Böden bis ca. 1920 keine Kohäsion berücksichtigt, dafür aber mit relativ großem Reibungswinkel bemessen. Die resultierende Kraft in der Sohlfuge muss innerhalb der zweiten Kernweite liegen (siehe *Bild 10.12*).

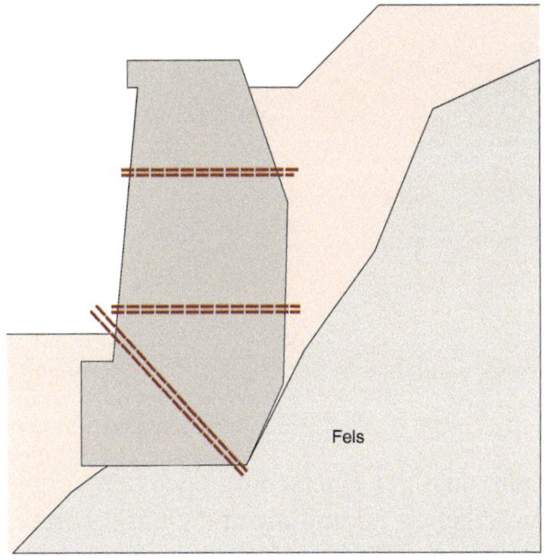

Bild 10.13 Anordnung von Bohrungen (Feststellung Mauergeometrie, Probenahme Mauerwerk und Baugrund)

Die Feststellung der Abmessungen einer bestehenden Stützwand ist bei nicht ebener Mauerrückseite nur mit großem Aufwand durch direkte Verfahren möglich (Kernbohrungen, Schürfe) und i. d. R. mit Eingriffen in das Bauwerk verbunden. Aus der Baugeschichte und der Art der Stützmauer lassen sich erste Anhaltspunkte über die Geometrie der Stützkonstruktion ableiten. Das Erkundungsprogramm muss auf Grundlage dieser Annahmen geplant werden (siehe *Bild 10.13*). Gleichzeitig sollten die Aufschlusspunkte für die Feststellung der Eigenschaften des Baugrunds, des Hinterfüllungsbereichs und unterhalb der Gründungssohle genutzt werden.

Für ausgewählte Schnitte ist die Hinterfüllung, der Baugrund vor dem Mauerfuß und der Bereich unmittelbar unter der Gründungssohle zu erkunden. Die näherungsweise Bestimmung der Festigkeit und der Dichte mit Tabellenwerten ist meist sehr vorsichtig und kann zu unrealistischen Ergebnissen beitragen. Für die Ermittlung realer Kennwerte des Bodens ist die Entnahme von Proben hoher Qualität eine wesentliche Voraussetzung. Die Ermittlung der Kennwerte sollte durch Versuche im Labor, Feldversuche und unter Berücksichtigung des Zustands des Bauwerks erfolgen. Der durch Nachrechnungen mit charakteristischen Parametern beschriebene Zustand darf nicht im Widerspruch zu den Feststellungen in situ stehen. Deshalb sind Berechnungen unter Variation der Bodenkennwerte ein wichtiges Hilfsmittel.

In *Bild 10.14* sind beispielhaft die Ergebnisse der Standsicherheitsberechnungen für einen Stützmauerquerschnitt einer Bahnstrecke dargestellt. Bei diesem Beispiel handelt es sich um unbewehrte Betonstützwände, die keinerlei Anzeichen von Schäden aufwiesen. Es wurden keine Ausbauchungen und auch keine Verkippungen beobachtet. Bei den ersten Planungen sind Geometrie und Baugrund so stark vereinfacht worden, dass die Standsicherheit der Mauern auch bei Vernachlässigung der Verkehrslast nicht eingehalten worden ist (siehe *Bild 10.14*).

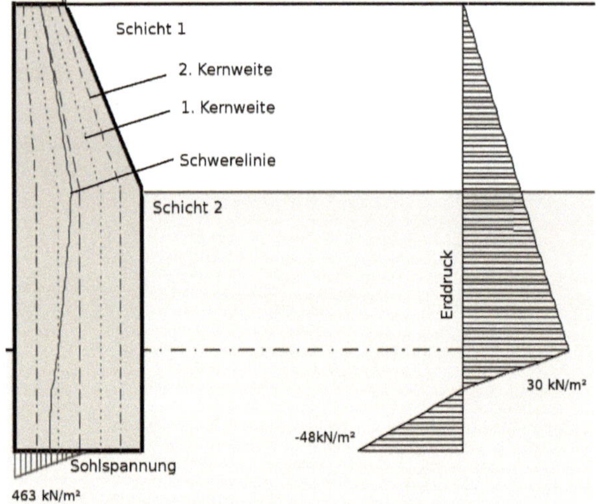

Bild 10.14 vereinfachte Geometrie, vorsichtige Kennwerte, vereinfachte Schichtung: mit Verkehrslast: Sicherheiten $\eta < 0{,}5$, ohne Verkehrslast Außermittigkeit $> b/6$

Nach dem Alter der Mauern war davon auszugehen, dass der Querschnitt etwa den Vorgaben gemäß *Bild 10.12* entspricht. Mit wenigen, zusätzlichen Erkundungen (Schürfe) konnte die Geometrie überprüft und die Baugrundschichtung den wirklichen Verhältnissen angenähert werden. Der Mauerquerschnitt wurde durch schräge Kernbohrungen ermittelt und mit den historischen Regelwerken verglichen.

Die Gewinnung ungestörter Proben des Untergrunds bzw. des Hinterfüllmaterials war nicht möglich. Deshalb sind die Berechnungskennwerte des Untergrunds innerhalb der plausiblen Größenordnungen variiert und der rechnerische Zustand mit dem beobachteten verglichen worden. Die Berücksichtigung der Verkehrslasten hat dabei erheblichen Einfluss auf die Größe des Kippmoments in der Fundamentsohle und damit die Außermitte der Resultierenden. Es ist wegen der meist kurzen Einwirkungszeiten nicht in jedem Fall mit dauerhaften Verformungen durch den rollenden Verkehr zu rechnen. Außerdem enthalten die Lastannahmen selbst bereits eine Reihe von Sicherheiten.

Wenn als Kriterium für die Beurteilung des geotechnischen Modells der Vergleich zwischen festgestelltem und berechnetem Zustand des Bauwerks herangezogen wird, müssen alle Größen als charakteristische Größen eingehen, auch die Belastungsannahmen, oder es sind auf der sicheren Seite liegende Annahmen zu treffen. Im vorliegenden Beispiel ist eine solche sichere Annahme durch den Ansatz einer verminderten Verkehrsbelastung bei den Berechnungen zu erreichen. Die Bodenkennwerte werden solange variiert, bis Beobachtung und Berechnung übereinstimmen. Unter Zugrundelegung eines realistischen Mauerquerschnitts und der Berücksichtigung der Schichtung im Hinterfüllungsbereich erhält man für die Stützmauer eine resultierende Beanspruchung, die nahezu in der Mitte der Gründungssohle angreift, wenn die Verkehrsbelastungen zunächst komplett vernachlässigt werden. Der stützende Erddruck vor der Stirnseite des Fundaments wurde hierbei mit angesetzt. Mit dem auf diese Weise abgeleiteten geotechnischen Modell ist die wirtschaftliche Planung der Sanierungsmaßnahmen zur Ertüchtigung der Stützmauern für größere Verkehrsbelastungen möglich.

Literatur

[1] *Baukunde des Architekten.* Kommissions-Verlag von Ernst Toeche, Berlin, dritte edition, 1893.

[2] VDI 4640 Blatt 1. Thermische Nutzung des Untergrundes - Grundlagen, Genehmigungen, Umweltaspekte. 2000.

[3] DIN 1054. Baugrund; Zulässige Belastung des Baugrunds. 1976.

[4] DIN 1054. Baugrund - Sicherheitsnachweise im Erd- und Grundbau. 2010.

[5] DIN 1076. Ingenieurbauwerke im Zuge von Straßen und Wegen - Überwachung und Prüfung. 1999.

[6] DIN EN 12063. Ausführung von besonderen geotechnischen Arbeiten (Spezialtiefbau) -Spundwandkonstruktionen. 1999.

[7] DIN EN 12699. Ausführung spezieller geotechnischer Arbeiten im Spezialtiefbau - Verdrängungspfähle. 2015.

[8] DIN EN 12794/A1. Betonfertigteile - Gründungspfähle. 2007.

[9] DIN EN ISO 13793. Wärmetechnische Bemessung von Gebäudegründungen zur Vermeidung von Frosthebung. 2001.

[10] DIN EN 14199. Ausführung von besonderen geotechnischen Arbeiten im Spezialtiefbau - Mikropfähle. 2015.

[11] DIN EN 14490. Ausführung von besonderen geotechnischen Arbeiten im Spezialtiefbau - Bodenvernagelung. 2010.

[12] DIN EN 1536. Ausführung von besonderen geotechnischen Arbeiten im Spezialtiefbau - Bohrpfähle. 2015.

[13] DIN EN 1537. Ausführung von besonderen geotechnischen Arbeiten im Spezialtiefbau-Verpreßanker. 2014.

[14] DIN EN 1538. Ausführung von besonderen geotechnischen Arbeiten im Spezialtiefbau-Schlitzwände. 2015.

[15] DIN 18195. Abdichtunge von Bauwerken-Begriffe. 2017.

[16] DIN 18313. VOB Vergabe- und Vertragsordnung für Bauleistungen – Teil C: Allgemeine Technische Vertragsbedingungen für Bauleistungen (ATV); Schlitzwandarbeiten mit stützenden Flüssigkeiten. 2016.

[17] DIN 19700-10. Stauanlagen - Teil 10: Gemeinsame Festlegungen. 2004.

[18] DIN 19700-11. Stauanlagen - Teil 11: Talsperren. 2004.

[19] DIN 19700-12. Stauanlagen - Teil 12: Hochwasserrückhaltebecken. 2004.

[20] DIN 19700-13. Stauanlagen - Teil 13: Staustufen. 2004.

[21] DIN 19700-14. Stauanlagen - Teil 14: Pumpspeicherbecken. 2004.

[22] DIN 19700-15. Stauanlagen - Teil 15: Sedimentationsbecken. 2004.

[23] DIN 19712. Hochwasserschutzanlagen an Fließgewässern. 2013.

[24] DIN EN 1990. Eurocode: Grundlagen der Tragwerksplanung. 2010.

[25] DIN EN 1997-1. Eurocode 7: Entwurf, Berechnung und Bemessung in der Geotechnik – Teil 1: Allgemeine Regeln. 2014.

[26] DIN EN 1997-2. Eurocode 7: Entwurf, Berechnung und Bemessung in der Geotechnik – Teil 2: Erkundung und Untersuchung des Baugrunds. 2010.

[27] DIN 4017. Baugrund - Berechnung des Grundbruchwiderstands von Flachgründungen. 2006.

[28] DIN 4018. Baugrund; Berechnung der Sohldruckverteilung unter Flächengründungen. 1974.

[29] DIN 4019-2. Baugrund; Setzungsberechnungen bei schräg und bei außermittig wirkender Belastung. 1981.

[30] DIN 4085. Baugrund - Berechnung des Erddrucks. 2017.

[31] DIN 4123. Ausschachtungen, Gründungen und Unterfangungen im Bereich bestehender Gebäude. 2013.

[32] DIN 4124. Baugruben und Gräben - Böschungen, Verbau, Arbeitsraumbreiten. 2012.

[33] DIN 4126. Nachweis der Standsicherheit von Schlitzwänden. 2013.

[34] DIN 4127. Erd- und Grundbau; Prüfverfahren für Stützflüssigkeiten im Schlitzwandbau und für deren Ausgangsstoffe. 2014.

[35] DIN ISO 9245. Erdbaumaschinen - Leistung der Maschinen. 1995.

[36] M. Achmus. Gebäudeschäden infolge Erschütterungswirkungen aus Tiefbauarbeiten. In *Schäden an erdberührten Bauteilen, 41. Bauusachverständigen-Tag*, S. 19–26, Frankfurt am Main, 2006.

[37] Arcelor. *Piling Handbook*. 9 edition, 2016.

[38] P. Arz, H.G. Schmidt, J. Seitz, and S. Semprich. Grundbau. In *Betonkalender*, Ernst & Sohn, Berlin, 1994. Bilfinger und Berger Bauaktiengesellschaft.

[39] Deutsche Bahn. Ril 836 - Erdbauwerke und sonstige geotechnische Bauwerke planen, bauen und Instand halten. 2013.

[40] ThyssenKrupp GfT Bautechnik. Spundwandhandbuch, 04 2005.

[41] P. Bilz. Gebäudeschädigung und nachfolgender Abriss bei Baugrubenaushub und Unterfangung – Fallbeispiel für eine strittige Entscheidung. In *Proceed. Conf. Geotechnical Structures Optimization*, Bratislava, 2001.

[42] L. Bjerrum. Allowable settlements of structures. *Norwegian Geotechnical Institute*, (98), 1973.

[43] H. Brendlin. Die Schubspannungsverteilung in der Sohlfuge von Dämmen und Böschungen. Technical Report 10, Institut für Boden- und Felsmechanik der Universität Karlsruhe, 1962.

[44] P. Christiani. Eine Entwurfsformel für Stützmauern. *Der Bauingenieur*, 20(39):673–675, 1930.

[45] C. A. Coulomb. Essai. Sur une aplication des reles de maximis et de minimis a quelques problemes de statique, relativs a l'architecture. In *Memoires de Savants Etrangers a l'Academie de Paris*, Band VII, 1773.

[46] R. Dallmann. *Baustatik 1 - Berechnung statisch bestimmter Tragwerke.* Fachbuchverlag Leipzig im Carl Hanser Verlag, Leipzig, 2006.

[47] DGGT. Empfehlungen „Verformungen des Baugrund bei baulichen Anlagen". 1993.

[48] DGGT. *Empfehlungen für den Entwurf und die Berechnung von Erdkörpern mit Bewehrungen aus Geokunststoffen - EBGEO.* 2. Auflage. Verlag Ernst und Sohn, 2010.

[49] DGGT. *Empfehlungen des Arbeitskreises „Baugruben".* 5. Auflage. Verlag Ernst und Sohn, 2012.

[50] DGGT. *Empfehlungen des Arbeitskreises „Pfähle".* 2. Auflage. Verlag Ernst und Sohn, 2012.

[51] DGGT. *Empfehlungen des Arbeitskreises „Ufereinfassungen" Häfen und Wasserstraßen.* 11. Auflage. Verlag Ernst und Sohn, 2012.

[52] W. Dörken, E. Dehne, and K. Kliesch. *Grundbau in Beispielen Teil 1.* 6. Auflage. Bundesanzeiger Verlag, Köln, 2016.

[53] G. Drees. 100 Jahre Spundwandbauweise - Spundwandprofile und Rammgeräte effektiv eingesetzt. *Tiefbau,* (6):311–317, 2002.

[54] EC7. *Handbuch Eurocode 7, Geotechnische Bemessung, Band 1: Allgemeine Regeln.* 2. aktualisierte Auflage. Beuth Verlag, Berlin, 2015.

[55] J. Engel and C. Lauer. *Einführung in die Boden- und Felsmechanik.* 2. Auflage. Fachbuchverlag Leipzig im Carl Hanser Verlag, Leipzig, 2017.

[56] FGSV. Richtlinien für die Anlage von Autobahnen. 2008.

[57] FGSV. Richtlinien für die Anlage von Landstraßen. 2012.

[58] R. Floss. *ZTVE, Kommentar mit Kompendium Erd- und Felsbau.* 4. Auflage. Kirschbaum, Bonn, 2011.

[59] Bundesanstalt für Wasserbau. Merkblatt Standsicherheit von Dämmen an Bundeswasserstraßen (MSD). 2011.

[60] C. Göbel and C. Lieberenz. *Handbuch Erdbauwerke der Bahnen.* 2. Auflage. Eurail press, Hamburg, 2013.

[61] K. Godehardt, V. Rizkallah, and J. Vogel. Zur Abschätzung des Restrisikos einer Baumaßnahme. Technical Report 11, Informationsreihe Institut für Bauschadensforschung, Hannover, 1995.

[62] J. Göttsche and M. Petersen. *Festigkeitslehre klipp und klar.* Fachbuchverlag Leipzig im Carl Hanser Verlag, Leipzig, 2006.

[63] K. Grönemeyer. Baupraktische Hinweise zur Bauausführung. In *BAW Kolloquium: Erfahrungsaustausch zur Planung, Bemessung und Ausführung von Stahlspundwänden,* Hamburg, 22. September 2005.

[64] G. Gudehus. Vereinfachte Ermittlung der Dicke von Flachfundamenten aus Stahlbeton. *Bauingenieur,* 59:337–345, 1984.

[65] H. Gysi. Einige Gedanken zu probabilistischen Berechnungen in der Geotechnik. In Ronald B. J. Brinkgreve, Hermann Schad, Helmut F. Schweiger, and E. Willand, Hrsg., *Neue Entwicklungen in der Geotechnik, Geotechnical Innovations,* S. 223–234, Essen, 2004. Verlag Glückauf.

[66] H. Gysi. Ermittlung der Bodenkennwerte aus Sicht des Praktikers. In B. Oddson, Hrsg., *Bodenkennwerte in Theorie und Praxis, 39. Blockkurs ETH,* Zürich, 2012.

[67] R. Haselsteiner. *Hochwasserschutzdeiche an Fließgewässern und ihre Durchsickerung.* PhD thesis, Technischen Universität München, Lehrstuhl und Versuchsanstalt für Wasserbau und Wasserwirtschaft, 2007.

[68] W. Herth and E. Arndts. *Theorie und Praxis der Grundwasserabsenkung.* Ernst und Sohn, Berlin, 1994.

[69] Hilmer. *Schäden im Gründungsbereich.* Ernst u. Sohn, Berlin, 1991.

[70] K. Hilmer, M. Knappe, and K. Englert. *Gründungsschäden.* Frauenhofer IRB Verlag, Stuttgart, 2004.

[71] HOAI. *Verordnung über die Honorare für Architekten- und Ingenieurleistungen (Honorarordnung für Architekten und Ingenieure).* Werner Verlag, 2013.

[72] M. Hoffmann. *Zahlentafeln für den Baubetrieb.* B. G. Teubner Verlag, Stuttgart, Leipzig, Wiesbaden, 2002.

[73] U. Smoltczyk (Hrsg). *Grundbautaschenbuch, Band 1 bis 3.* 5. Auflage. Ernst & Sohn, Berlin, 1996.

[74] V. Rizkallah (Hrsg.). *Bauschäden im Hoch- und Tiefbau.* Frauenhofer IRB Verlag, Stuttgart, 2007.

[75] W. Jebe and K. Bartels. Entwicklung der Verdichtungsverfahren mit Tiefenrüttlern von 1976-1982. In *VIII. Europäische Konferenz über Bodenmechanik und Grundbau,* Helsinki, 1983.

[76] A. Kézdi. *Bodenmechanik im Erd-, Grund und Straßenbau,* Band 2 *Handbuch der Bodenmechanik.* Verlag für Bauwesen, Berlin, 1969.

[77] W. Kinze and D. Franke. *Grundbau.* Verlag für Bauwesen, Berlin, 1990.

[78] G. Kovács. *Seepage hydraulics.* Elsevier, Amsterdam, 1981.

[79] E. Kranz. *Über die Verankerung von Spundwänden,* Band 11 *Mitteilungen aus dem Gebiete des Wasserbaues und der Baugrundforschung.* Verlag Ernst und Sohn, Berlin, 1953.

[80] B. Löser and H. Löser. *Bemessungsverfahren.* Wilhelm Ernst und Sohn, Berlin, 1971.

[81] DWA Merkblatt 507-1. Deiche an Fließgewässern - Teil 1: Planung, Baus und Betrieb. 2011.

[82] C. Neuberg. Ein Verfahren zur Berechnung des räumlichen passiven Erddrucks vor parallel verschobenen Trägern. Technical Report 11, Institut für Geotechnik, TU Dresden, 2002.

[83] H. Ostermayer. Verpreßanker. In *Grundbautaschenbuch,* Band 2, Berlin, 2001. Ernst und Sohn.

[84] H. H. Priebe. Die Bemessung von Rüttelstopfverdichtungen. *Bautechnik,* 72(3):183–191, 1995.

[85] W. J. M. Rankine. On the stability of loose earth. In *Philosophical Transaction Proceedings of Royal Society of London,* 1856.

[86] L. Rendulic. Der Erddruck im Straßen und Brückenbau. Technical Report 10, Forschungsarbeiten Straßenwesen, 1938.

[87] S. Roth. Stahlspundwände im Spezialtiefbau, Entwicklungen und Tendenzen. In K. Englert und M. Stocker, Hrsg., *40 Jahre Spezialtiefbau 1953-1993, Technische und rechtliche Entwicklungen,* S. 139–172. Werner Verlag, Düsseldorf, 1993.

[88] R. Rybicki. *Faustformeln und Faustwerte.* Werner Verlag, Düsseldorf, 1998.

[89] W. Schnell. *Verfahrenstechnik zur Sicherung von Baugruben.* B.G. Teubner, Stuttgart, 1995.

[90] J. Seitz and H.G. Schmidt. *Bohrpfähle.* Ernst & Sohn,, Berlin, 2000.

[91] A. Silveira. An analysis of the problem of washing through in protective filters. In *Proc. 6th ICSMFE, Montreal,* Band 2, S. 551–555, 1965.

[92] U. Smoltczyk. Deep compaction, general report. In *VIII ECSMFE,* Band 3, S. 1105–1116, Helsinki, 1988.

[93] H. Sommer, R. Katzenbach, and C. De Benedittus. Last-Verformungsverhalten des Messeturms Frankfurt/Main. In *Vorträge der Baugrundtagung,* S. 371–397, Karlsruhe, 1990. DGEG.

[94] W. Striegler. *Dammbau.* Verlag für Bauwesen, Berlin, 1998.

[95] E. Titze. *Über den seitlichen Bodenwiderstand bei Pfahlgründungen.* Bauingenieur-Praxis. Ernst & Sohn, München, 1970 (1943).

[96] J. Verdeyen. Geschichte der Bodenmechanik. *VDI-Zeitschrift,* 106(14):591–594, 1964.

[97] N. von der Hude and M. Sauerwein. Energiepfähle in der praktischen Anwendung. *Mitteilungen des Institutes und der Versuchsanstalt für Geotechnik der Technischen Universität Darmstadt, Heft 76,* S. 95–109, 2007.

[98] B. Wehner, P. Siedek, and K.-H. Schulze. *Handbuch des Straßenbaus, Band 2: Baustoffe, Bauweisen, Baudurchführung.* Springer-Verlag, 1977.

[99] A. Weißenbach. *Baugruben. Teil 3: Berechnungsverfahren.* Ernst u. Sohn, Berlin, München, Düsseldorf, 1977.

[100] A. Weißenbach. *Baugruben. Teil 1: Konstruktion und Bauausführung.* Ernst u. Sohn, Berlin, München, Düsseldorf, 1975.

[101] A. Weißenbach. *Baugruben. Teil 2: Berechnungsgrundlagen.* Ernst u. Sohn, Berlin, München, Düsseldorf, 1975.

[102] K.-P. Wenz. Über die Größe des Seitendrucks auf Pfähle in bindigen Erdstoffen. Technical Report 12, Institut für Boden- und Felsmechanik der Universität Karlsruhe, 1963.

[103] L. Wichter. Bauweisen mit Stützelementen. In *Vorträge der Erd- und Grundbautagung der FGSV in Stade, Heft Nr. 9 der AG Erd- und Grundbau,* Kirschbaum Verlag, Köln, 2003.

[104] L. Wichter and M. Brüggemann. Das Bauverfahren Bewehrte Erde - eine weltweite Erfolgsgeschichte. *Straße und Autobahn,* (3), 2007.

[105] L. Wichter and W. Jeltsch. Zum Knicknachweis für Verpresspfähle mit kleinem Durchmesser. *Österreichische Ingenieur- und Architekten-Zeitschrift,* 49(5):155–159, 2004.

[106] L. Wichter and M. Nimmesgern. Stützmauern aus Kunststoffen und Erde. Bemessung und Ausführung. *Bautechnik,* 67(3):109–114, 1990.

[107] K. J. Witt. Der Selbstfiltrationsindex als Suffosionskriterium für nichtbindige Erdstoffe. *Geotechnik,* 36(3):160–168, 2013.

[108] ZTVE. Zusätzliche Technische Vertragsbedingungen und Richtlinien für Erdarbeiten im Straßenbau, ZTV E-StB 09. Technical report, Bundesministerium für Verkehr, 2009.

[109] ZTVE. Zusätzliche Technische Vertragsbedingungen und Richtlinien für Erdarbeiten im Straßenbau, ZTV E-StB 17. Technical report, Bundesministerium für Verkehr, 2017.

Index